Airframe

항공기기체

저자 | 김귀섭, 백형식, 안정호, 한용희

大英社

머리말

우리나라는 지난 2010년 「항공산업발전 기본계획」을 수립하면서 2020년 생산 200억 달러, 수출 100억 달러 달성 및 항공산업 G7 도약 비전을 제시했다. 이를 실현하기 위해 각종 민수·군수 완제기 및 항공 핵심부품 연구개발을 지원하고 있으며, 중소 항공업체 육성을 위해 업체가 밀집한 지역을 항공산업 특화단지로 지정하여 각종 지원 사업을 추진할 예정이다.

항공산업은 기계·전자·소재·IT 등 각 산업분야의 첨단기술이 융복합된 종합시스템 산업으로 현재 우리나라의 발달된 관련 산업을 기반으로 성장 가능성이 높은 차세대 성장 동력 산업이다. 또한, 국가 전략분야인 우주개발과 방위산업에 핵심기술과 생산기반을 제공하는 모태산업으로 각 선진국 정부들도 지원 중인 분야이다.

현재 우리나라의 항공 기술 수준이 상당히 높아졌고 이제 국내에서도 항공기 생산이 이루어지고 있으며, 항공기 제작, 정비 및 수리를 위한 기초 작업의 중요성이 한 층 강조되고 있는 실정이다. 항공기는 그 대수로나 정비기술면에서 세계굴지의 수준까지 도달하였다. 또한 항공 기술 분야에 종사하는 정비사나 기술자들도 상당수에 달하였고 앞으로 계속 증가할 추세에 있다. 이와 같이 항공분야에 대한 기술, 인력이 급속도로 성장되고 있는 반면 여기에 뒷받침이 되어야 할 기술서적의 출판은 국내에서 아직 미흡한 상태에 있다.

"항공기 기체"는 그동안 항공 기술 분야에 종사하는 정비사와 기술자는 물론 이 분야에 새로 입문하고자 하는 학생들이 항공기 기체의 제작, 수리, 정비에 필요한 기초 지식을 이해하고 응용하는데 도움이 되기를 바라는 마음으로 국내판 기초서적을 집필하게 된 것이다. 이 책은 원서를 국내여건에 맞는 수준으로 편집 저술하였으며 주로 미국연방항공청에서 출판한 "Aviation Maintenance Technician Handbook- Airframe, FAA-H-8083-31"을 참조하였다.

따라서 항공 기술을 연마하고자 하는 학생은 첨단 기술을 다룬다는 자부심과 긍지를 가지고 기술 습득에 힘을 기울여야 하며, 기본 기술을 철저하고 충실하게 습득한 다음, 그것을 바탕으로 전문 지식을 쌓아 나가야 한다.

이 책은 1. 항공기 기체의 일반, 2. 헬리콥터, 3. 항공기 재료, 4. 기체의 하중과 강도, 5. 착륙장치 계통, 6. 조종계통, 7. 연료계통으로 구성하였다.

끝으로 이 책을 출간하는데 적극 협조해 주신 "대영사" 여러분께 깊은 감사의 뜻을 표한다.

2014년 2월

저자

차 례

Chapter **1** 항공기 기체의 일반 / 7

1. 기체의 개요 ······ 7
2. 항공기에 작용하는 힘 ······ 9
3. 항공기 기체의 명칭 및 기능 ······ 14
4. 기체 구조 형식 ······ 16
5. 항공기 기체 구조 ······ 23
6. 항공기의 도면 ······ 48

Chapter **2** 헬리콥터 / 69

1. 헬리콥터의 종류 ······ 69
2. 헬리콥터 기체의 구성 ······ 72
3. 조종 장치 ······ 92
4. 동력 전달 장치 ······ 96
5. 헬리콥터의 정비((14 CFR) Part 91.) ······ 98

Chapter **3** 항공기 재료 / 125

1. 금속재료 ······ 125
2. 철 금속 ······ 137
3. 비철금속 ······ 148
4. 금속의 부식 및 방식조치 ······ 159
5. 비금속재료 ······ 179
6. 복합재료 ······ 181

Chapter **4 기체의 하중과 강도 / 203**

1. 구조역학의 기초 ········ 204
2. 비행 상태의 하중 ········ 220
3. 무게와 평형(Weight and Balance) ········ 236
4. 강도와 안정성 ········ 246

Chapter **5 착륙장치 계통 / 253**

1. 개요 ········ 253
2. 착륙장치 ········ 255
3. 착륙장치의 구성품(Landing Gear Component) ········ 262
4. 착륙 계통의 유압 장치와 완충 스트럿의 작동 ········ 267
5. 착륙장치의 지시 계통 ········ 268
6. 완충 장치 ········ 270
7. 제동장치(Brake System) ········ 273
8. 조향장치(Nose Wheel Steering System) ········ 288
9. 착륙장치 계통의 작동 점검 및 조절 ········ 295

Chapter **6 조종계통 / 299**

1. 개요 ········ 299
2. 조종계통(Control System)의 부착 구조 ········ 301
3. 조종면(Flight Control Surface) ········ 304
4. 조종장치의 구성 ········ 319
5. 조종계통의 입력장치 ········ 348
6. 조종장치 ········ 355
7. 조종계통의 작동점검 및 조절 ········ 364

Chapter **7 연료계통 / 367**

1. 개요 ········ 367
2. 항공기용 연료의 특성 ········ 368
3. 연료 저장장치 ········ 373
4. 급유, 배유 및 방출계통 ········ 387
5. 연료계통의 작동 점검 및 조절 ········ 397

■ 참고문헌 / 403

■ 찾아보기 / 405

Chapter 1

항공기 기체의 일반

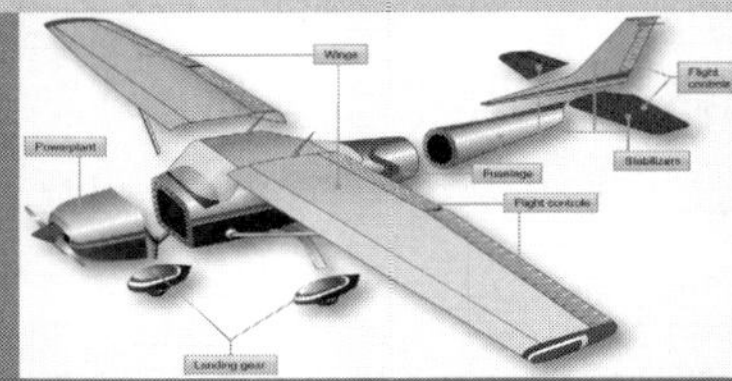

1 기체의 개요

하늘을 날고자 하는 인류의 꿈은 15세기 이탈리아의 예술가이고, 과학자이며, 또한 기술자인 레오나르도 다빈치(Leonardo da Vinci)에 의해 시작되었다. 그는 새의 비행을 관찰하고 과학적 비행원리에 근거한 날개치기(Flapping Wing) 날개에 의한 비행 장치와 나사의 원리를 이용한 회전익 항공기 및 낙하산 등을 고안한 것처럼 여러 방면에서 활공기와 동력비행기들에 대한 연구가 계속되었으며, 오늘날의 첨단 항공기로 개발되기에 이르렀다.

대형화, 고고도 비행 및 고속화된 첨단 항공기는 기체에 작용하는 여러 가지 힘(양력, 항력, 추력 등)에 견딜 뿐 아니라, 그 형태를 유지해야 하며 아무런 손상 없이 안전하게 비행할 수 있도록 설계 되어야 한다.

항공기 구조의 주요 부분은 크게 기체, 동력장치, 전기전자장치로 구분된다. 여기서 항공기 기체는 날개가 달린 유선형의 물체로 양력 발생과 승객 및 화물을 적재하는 역할을 한다. 동력장치(엔진)는 기체를 앞으로 전진시키는 추력에 의해 날개에 양력을 발생시켜 비행을 가능하게 하는 역할을 한다. 그리고 전기전자장치는 항공기가 목표 지점에 정확하고 안전하게 비행하도록 항공기를 조종, 통제, 확인하는데 필요한 장치들을 말한다.

항공기 기체는 그림 1-1에서 보듯이 동력장치와 전기전자장치를 제외한 거의 모든 구조 부분을 말하며 고정익 항공기(Fixed Wing Aircraft)의 기체는 일반적인 구성 요소인 동체(Fuselage), 날개(Wing), 꼬리날개(Empennage), 조종장치(Control Surface), 착륙장치(Landing Gear) 그리고 엔진마운트와 낫셀(Engine Mount & Nacelle)로 구성되어 있다.

회전익 항공기(Helicopter)의 기체도 동체(Fuselage), 회전날개(Main Rotor), 기어박스(Gear Box), 꼬리 회전날개(Tail Rotor)와 착륙장치(Landing Gear)로 구성되어 있으며 회전날개(Main Rotor)가 양력 및 추진력을 동시에 담당하게 된다. 기체의 구성품은 다양한 종류의 재료로서 만들어지며 리벳, 너트, 볼트, 용접 (Welding)이나 접착제(Adhesives)에 의하여 결합되어 있다.

항공기의 구성품은 구조 부재(Structural Member)라고 하는 스트링거(Stringer), 세로대(Longeron), 벌크헤드(Bulkhead), 리브(Rib) 등의 여러 가지 부재들로 구성되어 있다. 이들은 기체에 가해지는 하중(Load)을 감당하거나, 응력(Stress)에 견디도록 설계되며, 단일 구조 부재(Single Member of the Structure)라도 여러 다른 응력의 조합(Combination of Stress)에 견딜 수 있어야 한다.

항공기의 기체는 항공기에 작용하는 모든 힘을 견뎌내야 하고, 용도에 맞게 공간이 마련되어야 한다. 따라서 이 단원에서는 항공기 기체의 주요 구성 부분의 형태, 구조, 기능 등에 대하여 알아보기로 한다.

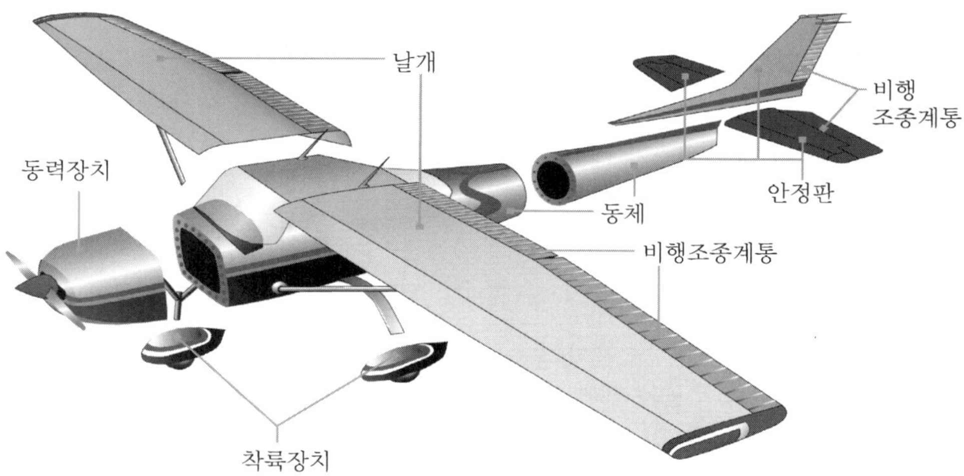

[그림 1-1] 항공기 주요 명칭

2 항공기에 작용하는 힘

1) 항공기에 가해지는 하중(Load)

하중이란 외부에서 물체에 가해지는 힘을 하중(Load)이라 하며, 항공기 기체에는 비행 중이거나 지상에 착륙되어 있을 때 여러 가지 힘들이 복합적으로 작용한다. 항공기에 작용하는 하중에는 기체와 탑재물의 무게(Weight)에 의한 중력(Gravity), 공기력(Aerodynamic Forces: 양력 및 항력), 관성력(Inertial Forces), 가속력(Acceleration Forces), 착륙시 지면의 반력인 충격력(Impulsive Forces) 등이 있다.

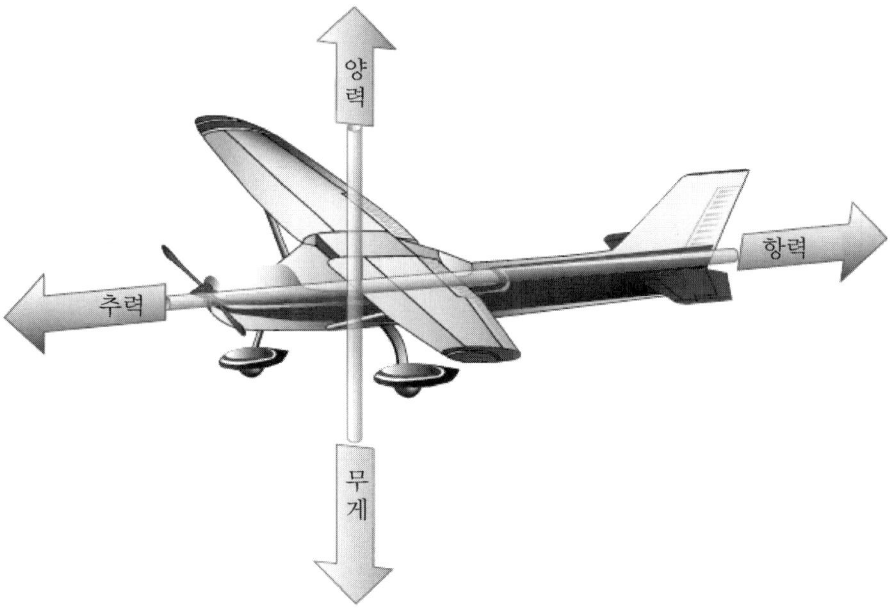

- 양력(Lift): 항공기 수직 상방으로 작용하는 공기력의 합성 성분
- 무게(Weight): 항공기 수직 상방으로 작용하는 기체/탑재물의 중량
- 추력(Thrust): 항공기 진행 방향으로 작용하는 추진력
- 항력(Drag): 항공기 진행 역방향으로 작용하는 공기력 합성 성분
- C.G(Center of Gravity): 항공기 무게중심
- A.C(Aerodynamic Center): 항공기에 작용하는 공기력 중심

[그림 1-2] 항공기에 작용하는 힘

항공기가 지상에 정지된 경우 또는 동일 고도에서 등속비행(가속도가 작용하지 않음)을 할 때는 가속력과 관성력은 유발되지 않는다. 항공기에 작용하는 공기력은 조종 상황과 주위의 기류 및 고도에 따라 달라지며, 추력은 엔진의 작동상태에 따라, 항공기 무게는 연료의 소모, 여객/화물의 변동에 따라 변화하게 된다. 따라서 하중과 응력의 계산은 구조적인 제한범위를 결정하기 위해 각 부재에 작용하는 힘을 계산하여 극한 하중 조건을 설정하고, 다양한 경험과 연구 실험을 거듭하여 얻어진 결과에 의해 기체 주요부분에 대한 응력과 재료의 조건을 결정하는 것이다. 그림 1-2와 같이 항공기에 가해지는 하중을 간략히 나타낼 수 있다.

항공기에는 비행 중이거나 지상에서 여러 힘들이 복합적으로 작용하는 구조물이며, 항공기 구조는 기체에 작용하는 모든 하중을 견뎌내야 하고, 항공기의 비행 및 운동 특성상 어느 구조물보다 동적이고 독립적인 구조가 되어야 한다. 따라서 항공기 구조의 각 부분은 복잡하고 복합적인 구조로 이루어지며 높은 신뢰성이 요구되고 있다. 실제로 항공기 구조는 독립된 주요 구조물로 나누어 제작되고 이들을 전체적으로 조립함으로써 완전한 구조물을 이룬다.

2) 응력(Stress)

재료역학은 가해진 하중에 대하여 각 부재의 강도를 평가하고 변형을 예측하는 학문이므로 부재의 강도와 변형정도를 정량적으로 나타내 주는 척도를 필요로 한다. 그런데 부재의 강도를 주어진 하중에 대하여 발생하는 내력으로 평가하기에는 부적절하다. 왜냐 하면 재료에 발생하는 내력이 같을지라도, 그림 1-3과 같이 단면적에 따라 늘어나는 길이(δ)가 달라진다는 것을 체험할 수 있다.

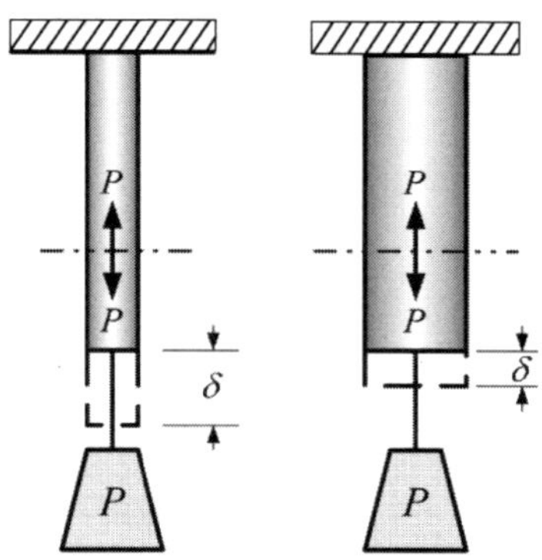

[그림 1-3] 부재에 작용하는 응력

이러한 현상은 내력으로는 강도평가가 부적절하고, 도리어 단위면적당의 내력으로 평가하는 것이 바람직하다는 것을 말해준다. 그리하여 단위면적당 발생하는 내력의 크기를 응력(Stress)이라 정의하고 재료강도의 평가척도로 삼고 있으며, 응력의 차원은 단위면적당의 힘, 단위는 $N/m^2 = Pa$ (Pascal)을 사용한다.

▶ 응력 = 힘/면적 (Stress = Force/ Area)

▶ 응력의 단위: Pa, psi(lb/in^2) : KPa $=10^3$ Pa, MPa $=10^6$ Pa

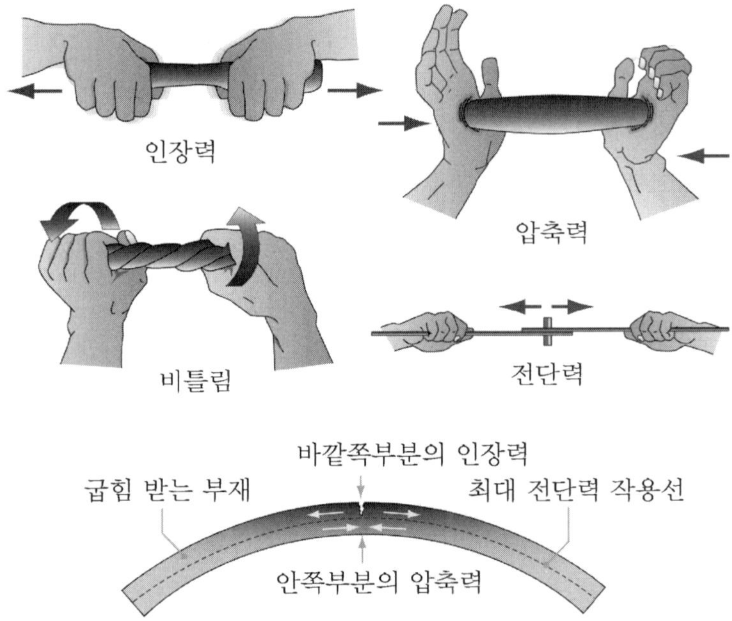

[그림 1-4] 항공기 부재에 작용하는 5가지 힘(응력)

항공기에 작용하는 응력(힘)은 그림 1-4와 같이 압축(Compression), 인장(Tension), 비틀림(Torsion), 전단(Shear), 굽힘(Bending)의 5가지로 분류할 수 있다.

압축(Compression)은 압력에 의해 가해지는 응력으로 항공기 착륙장치는 항공기가 지상에 계류 시 자중에 의한 압축응력을 받게 된다. 인장(Tension)은 힘을 가하여 구조 부재(Structural Member)를 잡아당길 때 걸리는 응력으로 2개 부품을 볼트(Bolt)의 인장응력을 이용하여 고정한다.

비틀림(Torsion)은 구조 부재의 양끝에 비틀림 모멘트(Twisting Moment)가 작용하는 경우에 물체 내부에 발생하는 응력으로 힘이 걸리는 회전축의 내부에는 비틀림 응력이 발생하며 물체의 중심축에서는 0이고 중심축으로부터 거리가 멀어지면 응력도 커지게 된다.

전단(Shear)은 2개의 판재를 리벳(Rivet)이나 볼트(Bolt)로 체결하고 판재에 인장력을 가했을 때 리벳(Rivet) 또는 볼트(Bolt)의 내부 단면에 서로 반대 방향의 힘이 작용하여 발생하는 응력이다.

굽힘(Bending)은 판재가 굽힘 하중을 받을 때 중심선(Imaginary Line) 위로는 인장 응력, 아래로는 압축응력이 동시에 발생하며 이로 인해 중심선을 경계로 전단응력이 발생하는 복합 응력(Combination Stress)이다.

부재는 일반적으로 굽힘(Bending) 보다는 인장(Tension)이나 압축(Compression)에 견디도록 설계된다. 항공기를 설계할 경우에는 항공기 운용 중 모든 부분에 가해지는 정적(Static), 동적(Dynamic) 하중에 대해서 견딜 수 있도록 설계가 이루어져야 하고 이러한 하중을 결정하고 분석하는 과정을 응력분석(Stress Analysis)이라 하며 항공기가 결함이나 파손의 위험 없이 인가된 제원(Approved Specification)에 의하여 안전 운항할 수 있는 것이다.

3) 비행 중 구조 하중

기본 비행 하중은 추력(Thrust), 항력(Drag), 양력(Lift), 무게(Weight), 돌풍(Gust), 바람(Wind), 여압(Cabin Pressure) 등이며 선회, 가속 및 감속에 따른 관성력은 가속력과 원심력이 발생한다.

(1) 양력(Lift)은 날개(Wing)와 꼬리날개(Empennage)에서 불균등 분포 하중형태로 발생하여 날개(Wing)와 동체 결합부분에 인장, 압축, 굽힘, 전단, 비틀림, 응력을 유발한다.

(2) 항력(Drag)은 기체 각 부분에서 공기력에 의해 발생되는 불균등 분포 하중으로서 기체 결합부에 집중 하중으로 작용한다.

(3) 무게(Weight)는 각 구조부분의 전체 하중으로 각 구조부분의 개별 하중으로도 작용하며, 비행 중 하중으로는 무게 중심(Center of Gravity)에 집중하는 집중하중으로 계산하되 항공기의 균형을 잡기위해서는 주어진 한계 안에 있어야 한다.

(4) 객실여압(Cabin Pressurization)은 동체 외피에 원주 방향의 힘으로 작용하여 전단흐름(Shear Flow: 단위길이당 작용하는 전단력)을 유발하여 동체를 파괴할 수 있는 워핑현상(Warping: 비틀림 모멘트에 의해 단면이 찌그러지는 현상), 좌굴현상(Buckling:

단면에 비해 길이가 긴 부재가 압축력을 받을 때 부재가 휘어지는 현상), Oil Canning 현상 (석유통 등 박판 판금 제품의 곡률이 작은 면의 볼록한 부분을 누르면 튀어 나온 부분이 들어가고 대신 반대쪽이 볼록하게 튀어 나오는 경우가 있다. 또 평면 부분의 판이 지나치게 커서 요철이 관찰되는 경우도 있다. 이와 같은 판금 제품의 불량 현상의 하나를 말한다.)등을 발생하게 한다.

(5) 크리프(Creep) 응력은 일정 응력상태(힘이 변화하지 않을 때)에서 온도와 시간의 변화에 따른 변형율(늘어난 길이: Strain)의 변화를 일으킨다. (예: 고무줄에 추를 매달 때, 줄이 시간이 갈수록 늘어나는 현상)

항공기에 작용하는 힘

■ 지상에 주기된 항공기

• 기체의 자중에 의한 아래 방향 굽힘 모멘트로 하중이 작용하며, 비행 중 응력 상태와 반대로 나타난다.

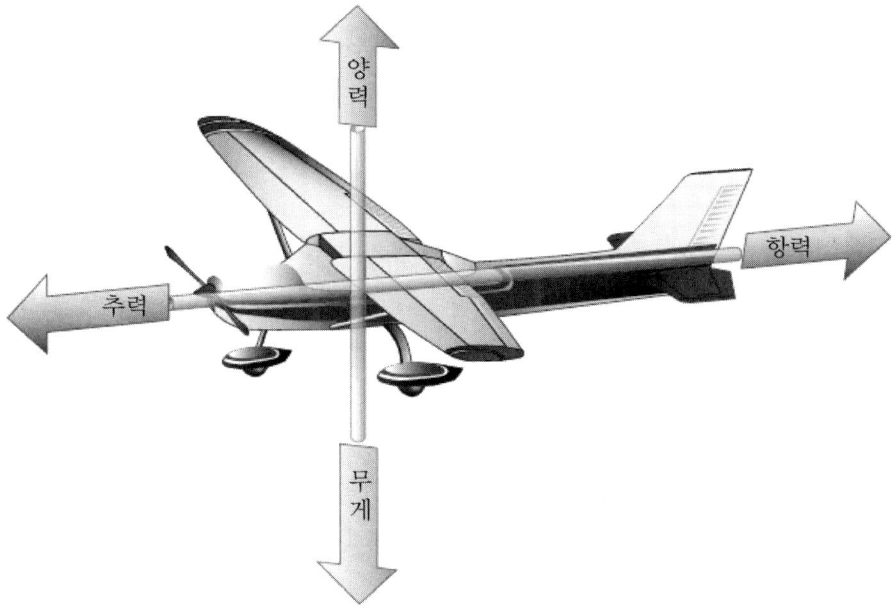

■ 비행중인 항공기의 하중

• 날개 위: 압축 응력(Compression)
• 날개 아래: 인장 응력(Tension)
• 날개 단면: 전단 응력(Shear)
• 동체: 복합하중(압축, 인장, 전단, 비틀림, 굽힘)

[그림 1-5] 지상 계류와 비행 중 응력상태

(6) 피로 응력(Fatigue Stress)은 특정 부위에 반복적인 하중의 횟수 증가로 인하여 발생하는 응력으로 한계하중을 예측하기가 어렵다.
(7) 관성력(Inertial Force)은 상승(Climbing), 하강(Descent), 롤링(Rolling) 시에 발생하는 가속력과 원심력에 의해 발생하며 주로 조종면에서 발생하여 날개(Wing)와 꼬리날개(Empennage)로 전달된다.

지상에 착륙된 항공기에는 공기 기체의 무게가 아랫방향으로 작용하므로 날개의 경우에는 외팔보와 같으므로 날개 상면에 인장응력이 발생하고, 아랫면은 압축응력이 발생한다.

비행 중인 항공기에는 항공기 기체의 양력이 윗 방향으로 작용하므로 날개 상면에 압축응력이 발생하고, 아랫면은 인장응력이 발생한다.

그리고 날개의 단면은 주로 전단응력을 받고, 동체는 복합하중(압축, 인장, 전단, 굽힘, 비틀림 등)을 받는다.

3 항공기 기체의 명칭 및 기능

항공기 기체는 동력 장치와 주요 장비를 제외한 항공기의 골조 및 여러 가지 계통을 말한다. 또, 항공기는 승객과 승무원 및 화물을 수용할 수 있는 공간이 마련되어 있어야 항공기로서의 용도를 다할 수 있다. 그러므로 항공기의 기체는 그 용도와 종류에 따라 차이는 있으나, 비행할 수 있는 요구 조건을 만족할 수 있도록 그 구조와 형태가 결정된다. 일반적으로, 그림 1-6에서 보듯이 비행기는 동체, 날개, 꼬리날개, 나셀, 착륙장치로 구성되어 있다. 여기서는 이들 주요 부분의 명칭과 그 기능에 대하여 알아보기로 한다.

(1) 동체

동체(Fuselage)는 날개와 꼬리날개, 동력 장치, 착륙장치 등을 장착하는 항공기의 몸체로서, 승무원과 승객 및 화물을 싣는 공간이다.

(2) 날개

날개(Wing)는 공기 역학적으로 항공기를 공중으로 들어 올리는 양력을 발생하며, 조종에 필요한 여러 가지 장치가 날개에 부착되어 있다. 또, 날개 안에 연료탱크가 부착되어 있다.

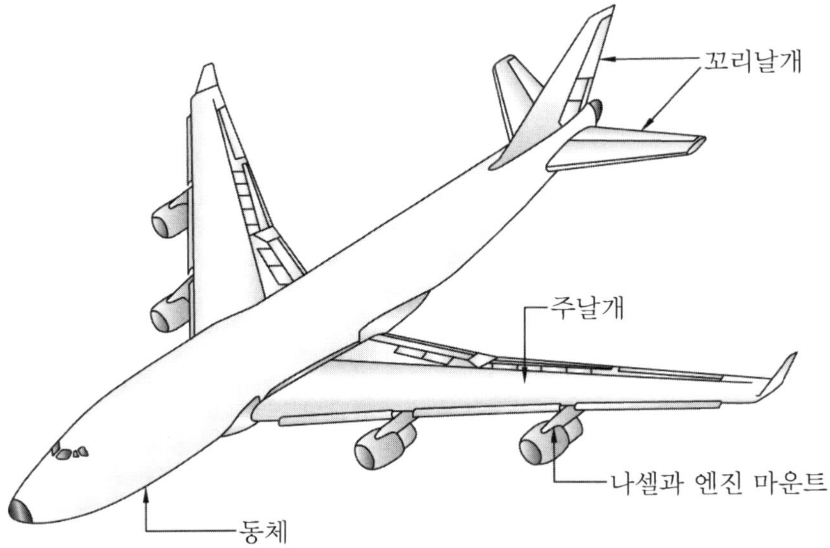

[그림 1-6] 항공기 주요 명칭

(3) 꼬리날개

꼬리날개(Tail Wing)는 동체의 꼬리 부분에 위치하여 수평 안정판과 승강키 및 수직 안정판과 방향키로 구성되어 있으며, 항공기의 안정성과 조종성을 유지해 준다.

(4) 착륙장치

항공기의 착륙장치(Landirg Gear)는 항공기가 지상에 정지하고 있을 때와 이륙 및 착륙을 할 때 항공기의 무게를 지지하며, 착륙할 때에는 동체에 전달되는 충격을 흡수하는 역할을 한다.

(5) 엔진 마운트와 나셀

엔진 마운트(Engine Mount)는 엔진을 기체에 장착하는 지지부로서, 엔진에서 발생한 추력을 기체에 전달한다. 나셀(Nacelle)은 엔진의 작동에 필요한 모든 장치 계통을 말한다. 특히 유선형으로 엔진을 둘러싼 부분을 카울링(Cowling)이라 하며, 공기역학적 구조로 만들어진다.

4 기체 구조 형식

항공기 기체의 구조부분은 1차 구조(Primary Structure)와 2차 구조(Secondary Structure)로 분류되며, 1차 구조(Primary Structure)는 항공기 기체의 중요한 하중을 담당하는 구조부분으로 비행중 이 부분의 파손은 심각한 결과(비행사고)를 유발할 수 있는 구조부분으로 날개보(Spar), 리브(Rib), 외피(Skin), 벌크헤드(Bulkhead), 세로대(Longerlon), 프레임(Frame), 스트링거(Stringer) 등과 같은 부재들이 속한다. 반면 2차 구조(Secondary structure)는 비교적 적은 하중을 담당하는 구조로서 2개의 날개보를 가지는 날개의 앞전, 객실의 선반이나 문고리 및 칸막이 등은 구조 부재로 취급하지 않는 부재들이다.

항공기의 기체 구조는 그 형식에 따라 다음과 같이 나뉜다.

(1) 트러스 구조

송전탑이나 다리 등에서 볼 수 있는 구조로서, 초창기 항공기에서는 보(Beam), 로드(Rod), 관(Tube), 철사(Wire)등으로 강체(Rigid) 골격 구조를 구성하고 그 위에 천 외피(Fabric Cover)를 씌운 구조 형식이다. 기체에 가해지는 하중은 트러스(Truss) 구조만이 감당하고, 천 외피는 공기 역학적으로 외형을 유지해주며, 단지 공기력을 트러스(Truss)구조에 전달하므로 기체에 작용하는 하중은 대부분 트러스가 담당하게 된다.

(2) 응력 외피형 구조(Stressed Skin Type)

트러스 구조와 같은 골격이 없어 기체에 작용하는 모든 하중을 외피가 담당하는 구조 형식이다. 기체 내부에 응력을 담당하기 위한 골격이 없으므로 내부 공간을 크게 마련할 수 있고, 외형을 유선형으로 하여 공기 저항을 최소화할 수 있는 장점이 있지만, 균열과 같은 작은 손상에도 전체 구조의 안전에 영향을 끼친다는 단점이 있다. 응력 외피 구조(Stress Skin Structure)에는 모노코크 구조(Monocoque Type)와 세미모노코크 구조(Semi Monocoque Type)가 있다.

(3) 여압(PRESSURIZED) 구조

여압구조는 그림 1-7과 같이 일종의 세미모노코크(Semi-Monocoque) 구조가 발전된 형태로 고고도를 비행하는 대형 항공기에 적합한 구조형식이다.

객실 여압장치에 의한 객실 내부와 외부의 압력차(Differential Pressure), 금속의 피로파괴(Metal Fatigue Cycle)를 대비한 보강재가 세미모노코크(Semi-Monocoque) 구조에 부가적으로 더 보강되었으며, 주로 다경로 하중구조(Redundant Path Structure)와 페일 세이프(Fail Safe) 구조가 보강재로 사용된다.

[그림 1-7] 객실여압(Cabin Pressurization)

(4) 파손안전구조(Fail Safe Structure)

기체구조의 피로에 대한 강도는 제2차 세계대전까지의 항공기에서는 그다지 문제가 되는 경우는 없었다. 당시의 항공기는 보통 수년 밖에 사용되지 않았고 여압실도 없었기 때문이다. 하지만 1940년대부터 항공기가 실생활과 전쟁에서 사용되고 다년에 걸쳐 연간 수천 시간씩 비행하게 되면서 날개나 동체 구조의 피로파손에 의한 사고가 종종 일어나게 되었다. 특히 1954년 세계 최초의 실용 제트 여객기인 코멧의 연속 추락사고가 여압 동체의 피로파손에 의한 것으로 밝혀진 것이 강한 동기가 되어 1956년에 수송기의 감항성 기준에 피로에 대한 요구가 확실하게 포함되어 Boeing 707, DC-8 등 초기의 제트 수송기부터 이에 의한 설계가 이루어졌다.

이때의 기준은 만약 파괴되면 치명적인 주요 구조는 다음의 안전수명구조(Safe Life Structure) 또는 파손안전구조(Fail Safe Structure)의 어느 쪽이든 적합 하도록 만들어야 한다는 것으로 보잉(Boeing) 747 등의 시대까지 적용되었다. 안전수명구조란 안전수명(비행시간 또는 횟수)을 정해놓고 그 수명동안에는 피로균열이 아예 발생하지 않게 충분한 강도를 가지도록 하는 구조를 의미한다. 파손안전구조란 구조의 일부가 파손되어도 그 것을 발견해서 수리할 때까지는 안전하게 날수 있는 강도가 아직 남아 있도록 하는 구조이다.

안전수명구조(Safe Life Structure)는 안전하고 우수한 방법으로 보이지만 실제는 피로로 인한 균열이 발생하는 횟수는 같은 구조라 하더라도 제각각이고 어떤 것은 언제까지나 균열이 발생하지 않는 반면 어떤 것은 빨리 균열이 발생하기도 한다. 그런데 한계사용시간 중 단 한대의 항공기에서도 피로파손이 일어나지 않도록 하기 위해서는 피로강도의 분산에 대한 여유를 매우 크게 해두지 않으면 안 된다. 따라서 안전수명구조로 했을 때는 한계사용시간 내에 예상되는 비행횟수의 3배 이상의 피로시험을 해서 안전성을 확인하는 것이 보통이다. 사용 중에 부식이나 피로 이외의 원인으로 파손되는 경우가 있을지 모르기 때문이다. 한계사용시간이 오면 아직 사용할 수 있을 것 같아 보여도 안전상 교환하지 않으면 안 되기 때문에 경제성이 떨어진다.

그래서 수송기 등에서는 착륙장치 등 일부를 제외하고는 파손안전구조를 사용한다. 그러나 아무리 파손안전구조라고 해도 항상 여기저기 피로균열이 발생하는 것은 곤란하다. 따라서 파손안전구조에서도 항공기가 퇴역하기까지 좀처럼 파손되지 않을 정도의 피로강도는 가지도록 하는 것이 보통이다. 다만 파손 안전구조로 된 것은 만약 파손되어도 안전성은 유지되기 때문에 피로강도의 분산에 대한 여유를 안전수명구조만큼 엄격히 하지 않아도 된다. 따라서 설계 시에 고려되는 경제운용수명의 2배의 비행회수(2 life cycle)에 상당히는 피로시험을 하는 것이 보통이다. 또 파손안전구조는 물체의 충돌 등으로 인한 피로 이외의 예상치 않은 손상에 대해서도 안전성이 좋다는 장점이 있다.

이러한 피로파괴의 안정성 확보를 위해 항공기 기체 구조는 한 구조물이 여러 개의 구조 요소로 연결되어 있어, 하나의 구조 요소가 파괴되더라도 나머지 구조가 파괴된 구조의 기능을 담당해 줄 수 있어야 한다. 파손안전구조(Fail Safe Structure)는 하나의 주 구조가 피로파괴 되거나 일부분이 파괴되더라도 다른 구조에 의해 하중을 담당할 수 있도록 하여 항공기 안전에 영향을 끼치는 치명적 파괴 또는 과다한 구조변형이 생기지 않도록 설계된 구조이다.

비행 중 장시간에 걸쳐 여러 가지 하중을 반복해 받는 항공기는 그 피로 파괴에 대한 안전성을 보장하기 위해 파손안전(Fail Safe)구조방식을 채택하고 있으며, 파손안전구조방식에는 다음과 같은 4가지 방법이 있으며 단독 또는 혼용하여 사용된다.

① 다경로 구조(Redundant Structure)

이 방식에 의한 구조는 그림 1-8(a)와 같이 많은 수의 부재로 되어 있으며 각각의 부재는 하중을 분담해서 담당하도록 설계된 구조이다. 하나의 부재가 파괴되더라도 다른 부재들이 분담하여 하중을 담당하여 치명적인 사고를 예방하도록 설계된 구조 형식이다.

② 이중 구조(Double Structure)

그림 1-8(b)와 같은 이중 구조(Double Structure)는 1개의 큰 부재 A를 쓰는 대신 2개 이상의 작은 부재들을 결합해서 1개의 큰 부재와 같거나 그 이상의 강도를 담당하도록 하는 구조이다. 이중 구조는 균열이 부재에 발생하는 경우, 결합 면에 의해 균열이 저지되어 전체 부재로 균열이 전파되지 않기 때문에 오랜 시간동안 원래 강도를 유지할 수 있게 된다.

③ 대치 구조(Back-up Structure)

대치 구조은 그림 1-8(c)와 같이 규정된 하중은 모두 좌측 부재에서 담당하고 우측 부재는 예비부재로 보통 하중을 담당하지 않고 있다가 하중을 담당하는 부재가 파괴된 후에 예비부재(우측부재)가 대신하여 전체하중을 담당하도록 설계된 구조 형식이다.

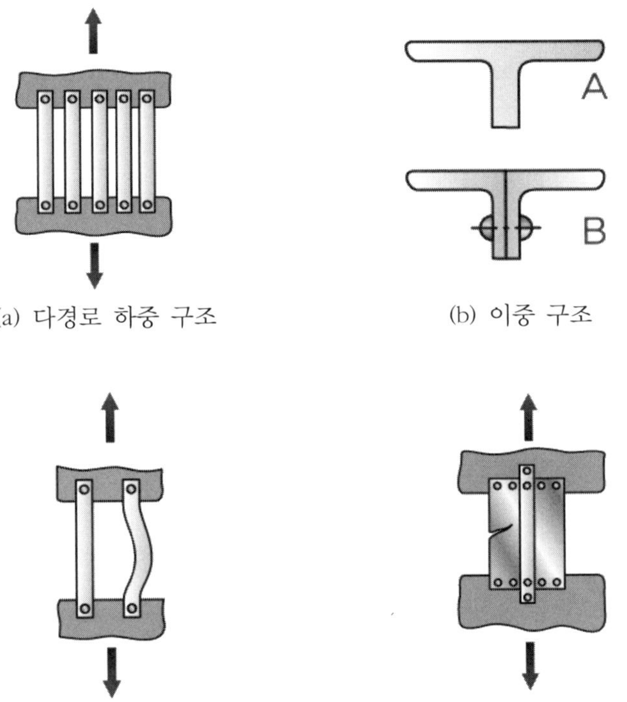

(a) 다경로 하중 구조 (b) 이중 구조

(c) 대치 구조 (d) 하중 경감 구조

[그림 1-8] 페일 세이프(Fail Safe) 구조 방식

④ 하중 경감 구조(Load Dropping Structure)

하중 경감 구조(Load Dropping Structure)는 그림 1-8(d)와 같이 딱딱한 보강재를 댄 구조 방식으로써 보강재가 감당할 수 있는 이상의 하중을 분담할 수 있다. 하중을 담당하

는 주 부재에 균열이 발생하면 주 부재가 담당하던 하중이 보강재로 이동하여 균열이 주 부재 전체에 미치는 것을 방지하여 구조의 치명적 파괴를 방지할 수 있도록 설계된 구조 형식이다.

(5) 손상 허용 설계(Damage Tolerance Design)

군용기에서는 미공군의 경우 이전에는 안전수명만 요구하였고 파손안전을 요구하지 않았다. 그러나 F-111의 사고나 C-5의 피로문제로 재평가가 행해져 1972년에는 구조의 손상 허용성(Damage Tolerance)을 요구하게 되었고 새로운 군용기에 적용하게 되었다. 한편 민항기에서도 그때까지의 피손 안전기준에는 피로파손 후의 잔류강도에 대한 요구만이 있었다. 그러나 실제로 파손안전요구를 만족시키기 위해서는 발생한 균열이 성장해서 잔류강도가 부족하지 않은 동안에 수리를 해야만 하기 때문에 파손이 발견되기 쉬워야 하며 발견과 수리가 안전한 가운데 이루어질 수 있도록 검사주기의 설정도 필요하다. 그래서 1970년대 후반 이러한 손상 허용성을 고려하여 수송기의 기준을 개정하게 되었다.

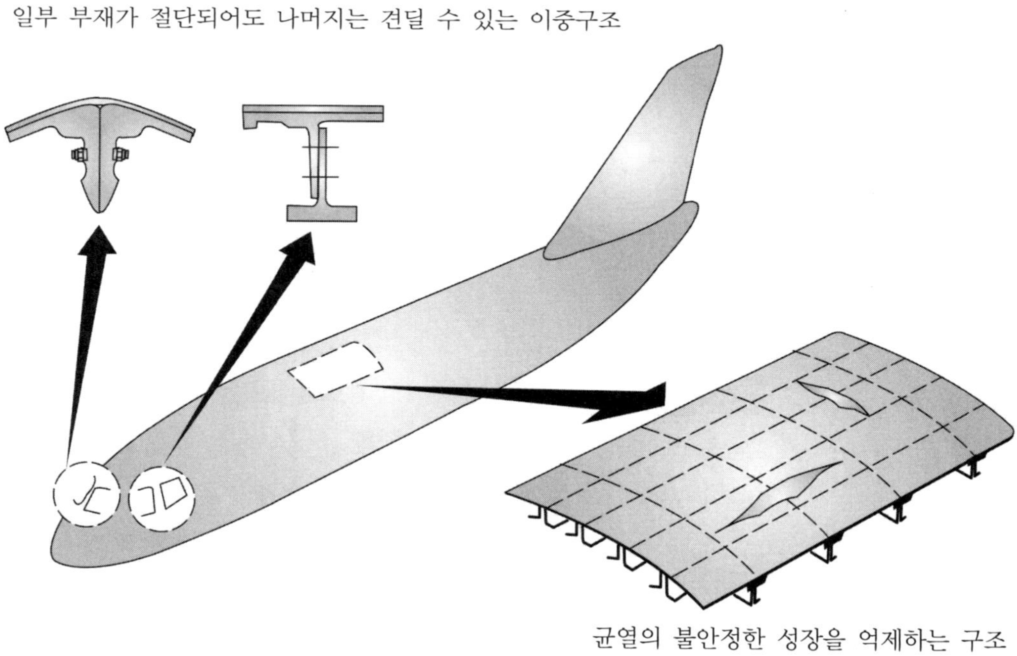

[그림 1-9] 손상허용구조의 개념

이 개정기준은 Boeing 767 등 그 이후의 개발기에 적용되고 있지만 그 이전에도 DC-10 등 70년대의 기체는 거의 이것에 적합하다. 또한 장기간 운항한 기체구조의 안전성을 유지하기 위해 구 기준의 기체도 손상 허용성을 재고하여 보충검사요령(SID: Supplemental Inspection Document)을 발행하고 손상을 안전한 상태에서 발견, 수리하도록 검사하게 하였다. 개정 후의 기준에서도 "안전수명구조는 파손안전구조로 할 수 없는 경우만"이라고 규정하고 있고 실제로 인정되는 것은 착륙장치나 엔진장착부 정도이다.

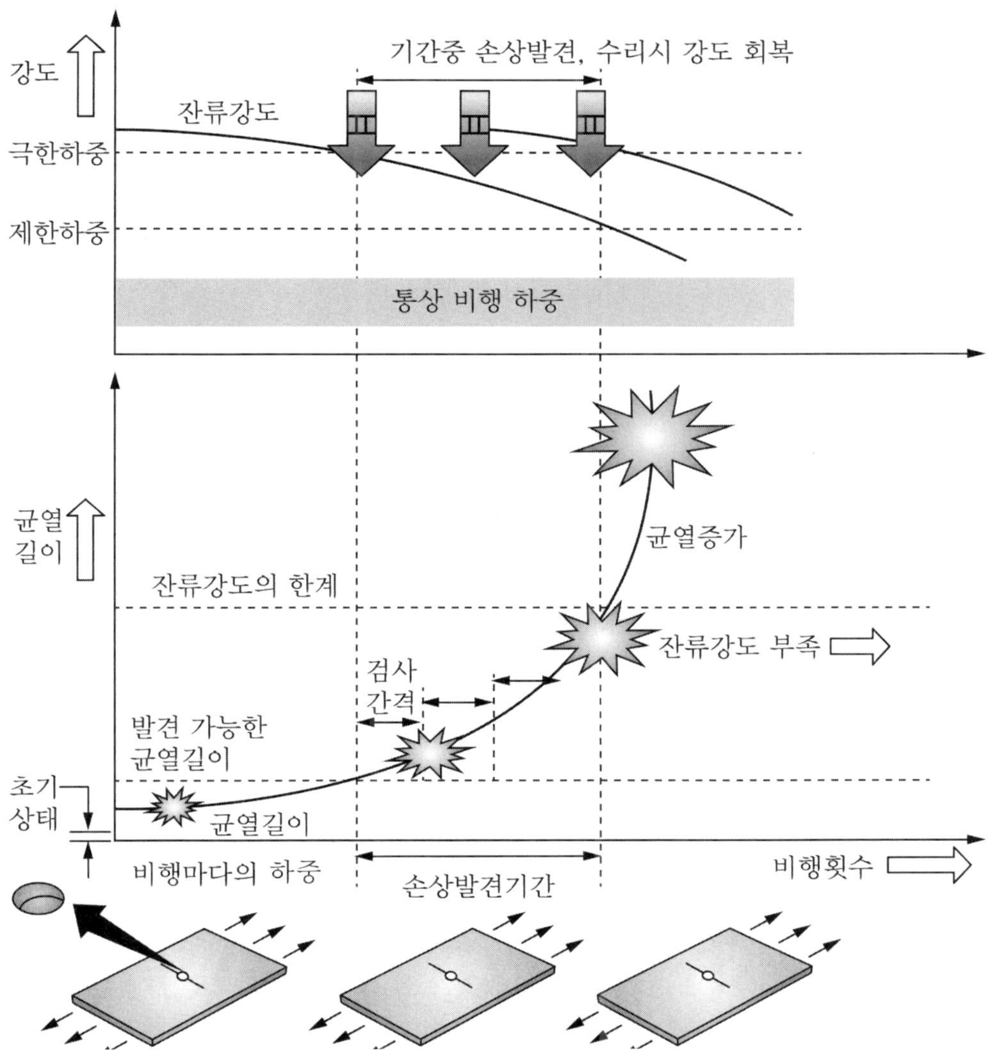

[그림 1-10] 균열의 성장과 잔류강도

한편, 파손안전 구조로의 요구는 "손상허용기준"에 의해 정해졌다. 또 엔진파편의 비산 등 피로 이외의 손상에 대해서도 안전한 잔류강도를 가지도록 기준에 추가하였다.

손상허용설계(Damage Tolerant Design)에서는 그림 1-10에 보인 바와 같이 균열의 원인이 되는 눈에 보이지 않는 미세한 손상이 드릴 구멍의 가장자리 등에서 기체 제작시부터 이미 조금씩 성장하고 있다고 가정한다. 따라서 극한하중에 견디는 강도를 갖고 있던 구조는 균열의 성장과 함께 차차 잔류강도가 저하 된다. 수송기 T종의 기준에서는 그 잔류강도가 한계하중 이하로 되지 않는 상태에서 손상을 발견해도 수리하는 것으로 되어 있다. 수리는 균열이 발견 가능한 크기가 된 후부터 아직 잔류강도의 여유가 있는 상태에서만 할 수 있다.

그래서 이 기간(균열발견에서 잔류강도 여유가 영이 되는 시기까지)이 가능한 한 길게 하기 위하여 균열이 발견되기 쉽고 성장이 빠르지 않아야 한다. 따라서 이 기간 내에 발견하여 수리를 확실하게 할 수 있도록, 결함을 놓칠 경우까지도 생각하여 검사주기를 설정한다. 그러므로 손상허용설계에서는 그림 1-10에서 보듯이 균열의 성장속도와 잔류강도를 확실하게 추정하여야만 한다. 그것이 파괴역학(Fracture Mechanics)의 발전으로 가능하게 된 것이고 기준의 도입배경이 되었다. 즉 손상 허용 설계라고 하는 개념은 페일 세이프 구조를 더욱 발전시킨 새로운 방식이다.

이 개념은 항공기의 운용시간(Operational Life) 동안 중대한 피로 균열, 부식 또는 일시적인 손상이 발생하더라도 그 손상이 탐지될 때까지 기체 구조는 파손이나 과도한 변형 없이 하중을 견딜 수 있도록 보증하는 것이다. 따라서 손상 상태가 치명적 크기로 진전되기 전에 발견될 수 있는 주기적 점검을 요하는 정비방식과 연계되어 있다.

(6) 샌드위치 구조

그림 1-11은 2개의 외판 사이에 벌집(Honeycomb)형, 거품(Foam)형, 파(Wave)형 등의 심(Core)을 넣고 고착시켜 샌드위치 모양으로 만든 구조형식이다.

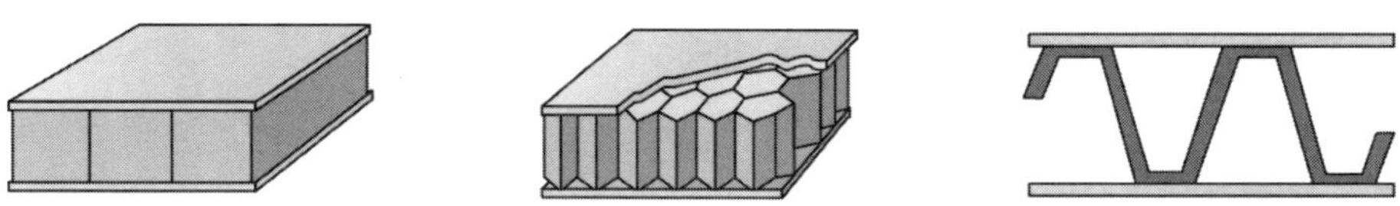

(a) 발사형 (b) 벌집형 (c) 파형

[그림 1-11] 샌드위치 구조의 종류

항공기의 전체적인 구조 형식은 아니지만, 날개, 꼬리날개, 조종면 등의 일부분에 많이 사용되고 있다. 샌드위치 구조(Sandwich Structure)는 응력 외피 구조보다 강도와 강성을 크게 하면서 무게를 가볍게 하고 국부적인 굽힘 응력이나 피로에 강하다. 따라서 이 구조는 같은 강도 및 강성에 대하여 항공기의 무게를 감소시킬 수 있는 장점을 갖고 있다.

5 항공기 기체 구조

1) 동체 구조

항공기의 동체는 날개(Wing), 동력장치(Engine), 착륙장치(Landing Gear), 미부동체(Empennage) 및 각종 부품류(Components)가 장착되는 몸체로서 승객, 승무원, 화물을 실을 수 있어야 하며 여러 가지 복합하중을 받으므로 충분한 강도를 가져야 한다.

동체의 모양과 구조는 비행기의 용도와 종류에 따라 다르나, 일반적으로 대형 여객기는 동체를 앞부분, 중앙 부분, 뒷부분으로 구분한다. 동체의 구조 형식에 따라 트러스 구조형식 동체와 응력 외피 구조형식 동체로 구분하며, 또 응력 외피 구조형식 동체는 모노코크 구조와 세미모노코크 구조로 구분된다. 따라서 항공기 동체의 구조는 최대 강도와 최소 무게가 요구되고 있다.

(1) 트러스 구조형식 동체

트러스 구조형식 동체는 그림 1-12와 같이 강관이나 봉 등과 같은 여러 개의 부재로 트러스 구조를 만든 다음, 그 위에 외피인 우포나 얇은 금속판을 씌운 것이다.

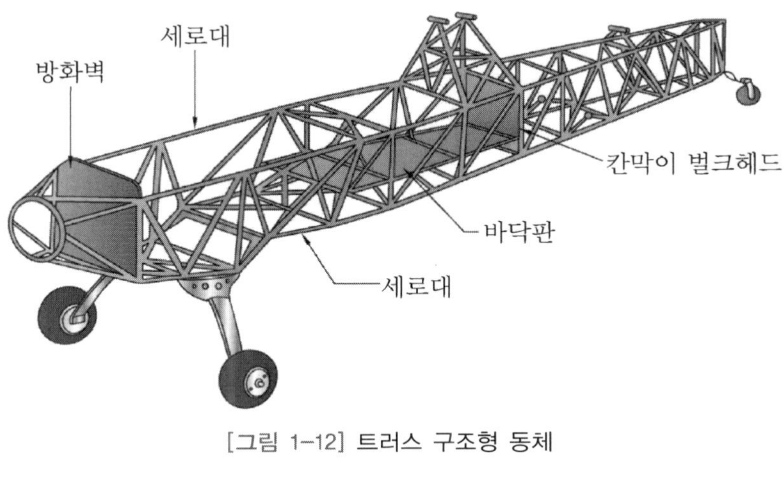

[그림 1-12] 트러스 구조형 동체

기체 구조에 작용하는 모든 힘은 강관이나 봉 등과 같은 부재가 담당하며, 외피는 공기력을 트러스 구조에 전달하는 역할 만을 한다. 강관을 용접한 동체가 가장 많이 사용되며, 이때 사용되는 강관의 재료는 용접성이 좋은 저탄소강이나 니켈-크롬-몰리브덴강 등을 사용한다.

그림 1-13과 같은 트러스 구조는 설계와 제작이 용이하고 비용이 적게 소요되지만 내부 공간 마련이 어렵고 외형이 유연하지 못해 대부분 초창기 경비행기의 동체 및 날개에 적용 되었고 지금은 사용되지 않고 있으며, 프렛형(Pratt)형과 워렌(Warren)형이 있다.

① 프렛(Pratt)형: 수직부재가 압축하중을, 대각부재는 주로 인장하중을 담당하는 구조로 주로 우포 항공기(Fabric Covered Aircraft) 날개에 적용하였다.

② 워렌(Warren)형: 수직부재 없이 대각부재가 압축 및 인장하중 모두 감당하는 구조로 내부 공간 확보가 용이하여 용접 강철 트러스 동체(Welded-Steel Truss Fuselage)에 주로 적용하였다.

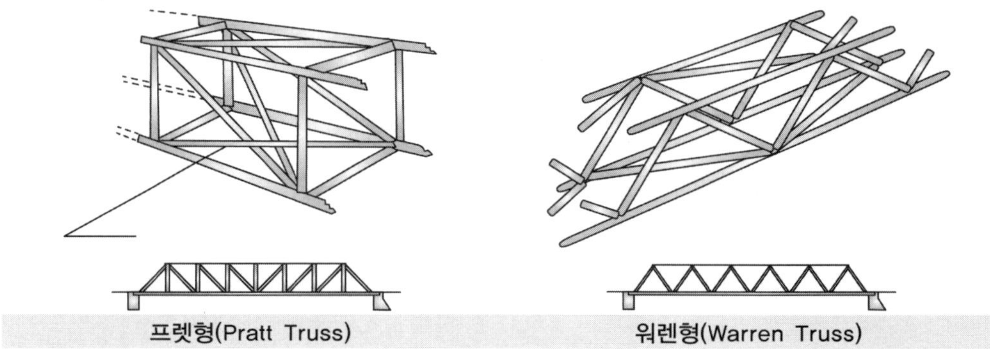

[그림 1-13] 트러스 구조의 프렛형과 워렌형

(2) 응력 외피 구조형식 동체

응력 외피형 구조는 트러스 형과는 달리 공기 역학적으로 효율적인 유선형의 얇은 판(Sheet)을 접합시킨 구조 형태로 외피(Skin)도 항공기에 작용하는 하중을 일부 감당하는 구조이며 내부에 트러스(Truss)가 없으므로 공간 확보가 쉽고 외형을 유선형으로 하여 공기 저항을 최소화 할 수 있어 항력(Drag)이 작다는 장점이 있다.

응력 외피구조형식 동체는 항공기의 외형을 만드는 외피가 항공기에 작용하는 하중의 일부분을 담당하기 때문에 응력 외피 구조형식 동체라고 한다. 그 종류에는 그림 1-14와 같이 모노코크 구조 형식과 세미모노코크 구조 형식이 있으나, 오늘날 대부분 세미모노코크 구조 형식 동체가 사용된다.

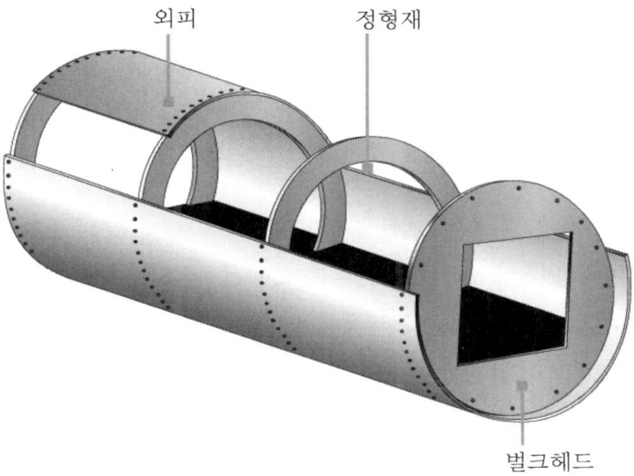

(a) 모노코크 구조형식 동체

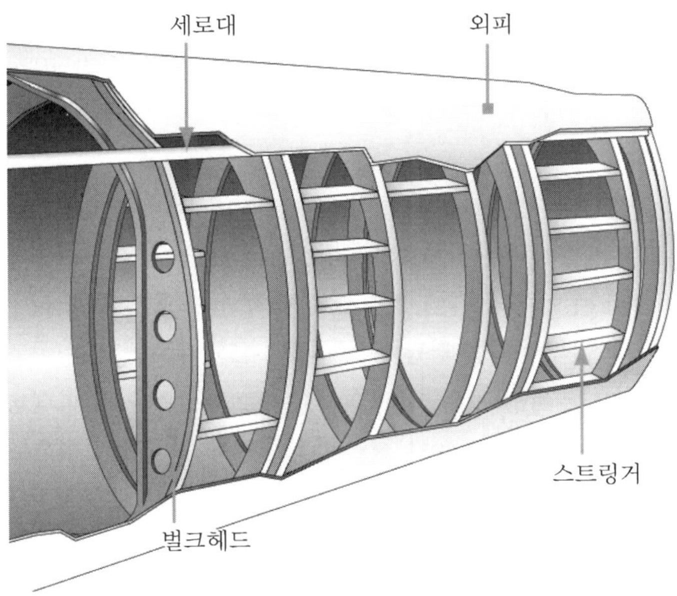

(b) 세미모노코크 구조형식 동체

[그림 1-14] 응력 외피 구조형식의 동체

① 모노코크 구조형식

그림 1-14(a)와 같이 정형재(Former), 벌크헤드(Bulkhead)에 의해 동체 형태가 이뤄지고, 비교적 두꺼운 외피는 대부분의 하중을 담당한다. 이때 정형재(Former)는 주요 하중을 담당하지 않고 형태만을 유지시켜 주는 역할을 한다. 따라서 외피가 두꺼워 구조의 무게에 대한 강도가 작다. 따라서 구조의 무게에 대한 강도를 크게 하기 위해 외피의 두께를 얇게 하면 압축하중에 의한 좌굴 현상이 발생하게 된다. 그러므로 항공기 동체 구조로는 적합하지 못하고, 미사일 구조 등에 사용된다.

② 세미모노코크 구조형식

세미모노코크 구조형식 동체는 그림 1-14(b)와 같이 모노코크 구조형식 동체 구조에 프레임(Frame)과 세로대(Longeron), 스트링어(Stringer) 등을 보강하여 그 위에 외피를 얇게 입힌 구조이다. 모노코크 구조 형식 동체에 비해 외피가 얇지만, 동체의 길이방향으로 세로대와 스트링어가 보강되었기 때문에 압축 하중에 의한 좌굴문제가 없으며, 기체의 무게를 감소시켜 무게당 높은 강도를 유지할 수 있어 대부분의 항공기는 이 형식을 사용하고 있다.

벌크헤드(Bulkhead)는 동체의 앞뒤에 하나씩 있는데, 이것은 여압식 동체에서 공기 압력을 유지하기 위하여 밀폐하는 격벽판으로 사용된다. 또한 동체 중간의 필요한 부분에 링과 같은 형식으로 배치되어 날개, 착륙장치 등의 장착부로 사용하기도 한다. 이 벌크헤드는 동체가 비틀림 모멘트에 의해 동체의 단면이 찌그러지는 워핑(Warping)현상을 방지하며, 프레임, 링 등과 함께 집중 하중을 받는 부분으로부터 동체의 외피로 응력을 확산시키는 일도 한다.

스트링어(Stringer)는 세로대(Longeron)에 비해 단면적이 적어 무게가 가볍고 동체의 형태에 맞추어 표피(Skin)을 부착하는데 사용되며 강성을 위해 성형 또는 압출에 의해 제작된다.

스트링어와 세로대는 동체의 길이 방향으로 배치되며, 동체에 작용하는 굽힘 모멘트에 의한 인장 응력과 압축 응력을 담당한다. 그림 1-15와 같이 스트링어와 세로대의 단면이 L, Z, T, N, H자형으로 되어 있으며, 보통 알루미늄 합금판을 접어 성형하거나 인발 또는 압출에 의해 제작한다. 그림 1-16과 같이 스트링어를 적당한 간격으로 배치하여 프레임에 결합한다.

정형재, 프레임, 링 등도 역시 합금 판으로 성형하여 조립하며, 축 방향의 힘과 굽힘 모멘트에 견딜 수 있도록 되어 있다.

알루미늄 합금 판으로 된 외피는 스트링어, 세로대, 프레임, 링, 정형재 등에 리벳으로 고정하는데, 주로 동체에 작용하는 전단력과 비틀림 모멘트를 담당한다.

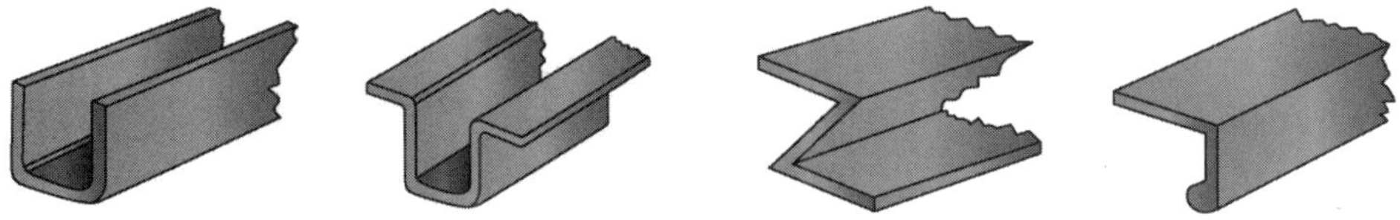

[그림 1-15] 세로대, 스트링어

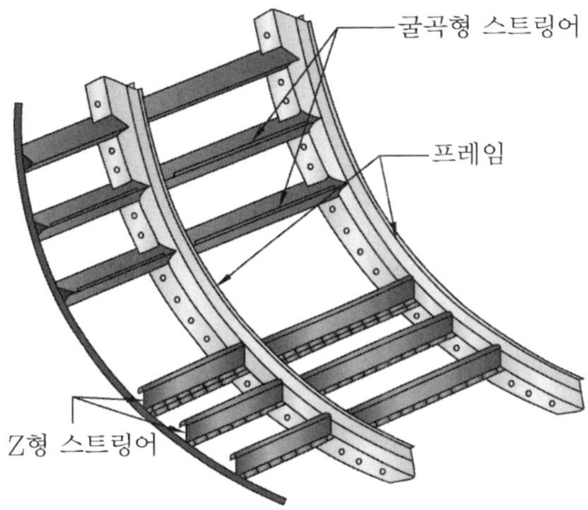

[그림 1-16] 프레임과 스트링어의 결합

2) 날개 구조

그림 1-17과 같은 항공기의 날개는 동체에 부착되어 비행 중 발생하는 양력과 항력에 의한 공기력을 발생하며, 동력장치와 착륙장치를 지지하는 구조물로 여러 가지 하중이 동시에 작용하는 복합하중을 담당한다. 날개의 구조는 비행 중 양력에 의한 굽힘 모멘트 하중이 윗 방향으로 작용하며, 지상에 주기하고 있을 때는 날개(Wing) 자체 무게와 엔진(Engine)의 무게 및 연료 무게 등에 의해 아래 방향으로 굽힘 모멘트 하중을 받는다. 비행 중일 때는 항력(Drag)에 의해 후방으로 굽힘 하중을 받으며, 실제로 날개(Wing) 길이(Span) 방향으로 배열된 날개단면(Airfoil)의 공력중심(Aerodynamic Center)의 위치가 무게중심과 다르기 때문에 비틀림 모멘트(Torsion Moment)를 받는다. 따라서 날개(Wing) 구조는 이들 굽힘 모멘트와 비틀림 모멘트(Torsion Moment)에 견딜 수 있어야 한다. 날개(Wing) 내부는 연료탱크(Fuel Tank)로 사용되며, 플랩(Flap), 보조날개(Aileron), 슬랫(Slat), 스포일러(Spoiler) 등이 날개에 장착되어 비행 성능(양력 및 항력의 증감)을 향상시키고 있다.

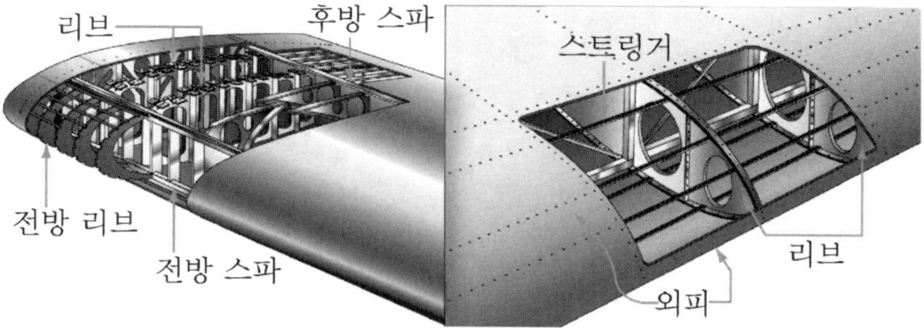

[그림 1-17] 날개의 주요 명칭

(1) 날개 구조의 형식

날개를 구성하는 주요 구성 부재는 날개 보(Spar), 리브(Rib), 스트링어, 정형재 및 외피 등이다. 날개 길이 방향으로 배치된 날개 보(Spar: Wing Beam)를 놓고, 이것에 직각으로 날개단면(Airfoil)의 형태를 만들기 위한 리브를 배치한 다음 그 위에 외피를 씌운다.

① 트러스 구조형식

날개보와 리브가 그림 1-18과 같이 트러스 구조형식으로 되어 있으며, 그 위에 얇은 금속판이나 우포를 씌운 것이다. 날개보와 리브를 고정하는데 그림 1-18과 같이 대각선으로 금속 와이어(Bracing Wire)를 사용하여 고정한다. 전단력, 굽힘 모멘트, 비틀림 모멘트는 날개보와 리브가 담당하며, 외피는 날개의 공기 역학적 외형만 유지하고 힘을 받지 않는다. 트러스 구조형식 날개는 주로 소형 항공기에 사용된다.

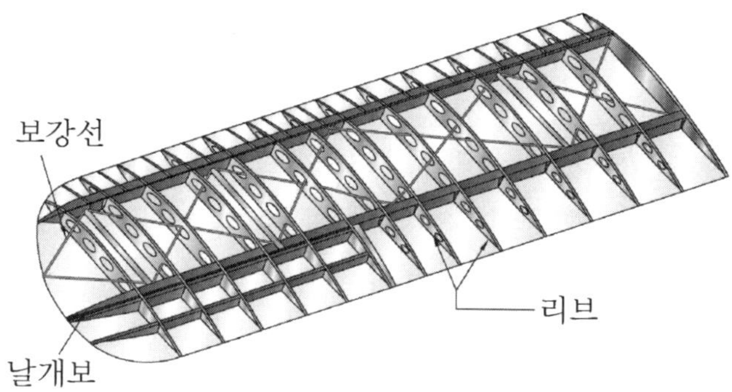

[그림 1-18] 트러스 구조형식 날개의 구조

② 응력 외피 구조형식

응력 외피 구조의 날개는 다중 날개보(Multi-Spar), 리브(Rib), 스트링어(Stringer)로 구성된 세미모노코크(Semi-Monocoque) 구조로서 고강도의 알루미늄 합금(Al Alloy) 외피(Skin)를 씌운다. 일반적으로 날개보는 2~3개가 사용되며, 날개보와 외피에 의해 그림 1-19와 같이 사각형 상자 구조를 구성한다. 날개단면의 형태를 만들기 위하여 날개보에 직각으로 그림 1-19와 같이 리브를 리벳 접합시킨다. 이때 리브의 주위에 압축하중에 의한 좌굴을 방지하기 위해 적당한 간격으로 스트링어를 배치한다.

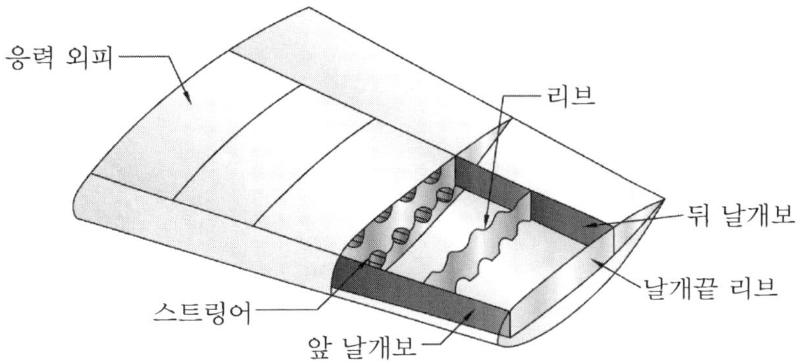

[그림 1-19] 응력 외피형 날개의 구조

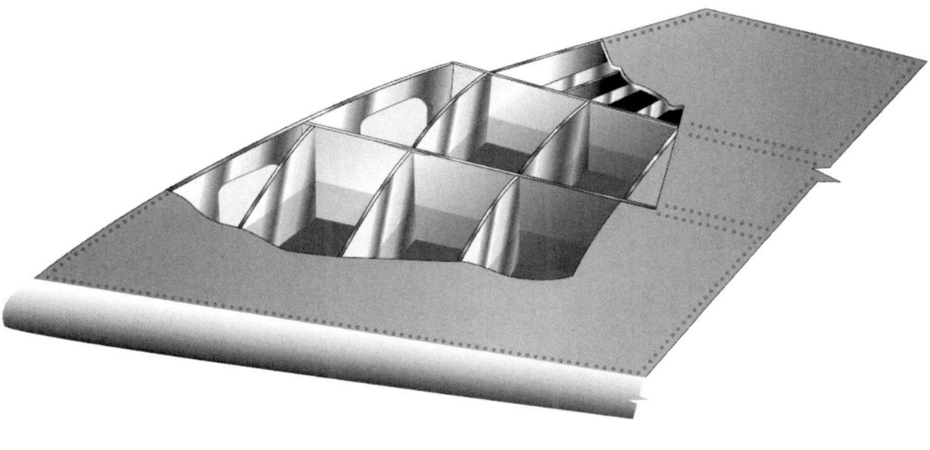

[그림 1-19] 박스(상자)형 날개의 구조 단면

(2) 날개의 주요 구조 부재

날개의 주요 구조 부재는 날개보(Spar), 리브(Rib), 스트링어(Stringer) 및 응력 외피(Skin)로 구성된다.

날개보의 구조는 그림 1-20, 21과 같이 날개에 작용하는 하중의 대부분을 담당하며 트러스형 및 I 형으로 되어 있다. 날개보에 작용하는 주요 하중은 굽힘에 의한 하중(굽힘 모멘트)과 비틀림에 의한 하중이다. 비행 중에는 날개보가 위로 휘어지게 하는 굽힘 모멘트가 작용하므로 날개보의 윗면 플랜지에는 압축력이 생기고 밑면 플랜지에는 인장력이 생기며, 웨브에는 전단력이 생긴다.

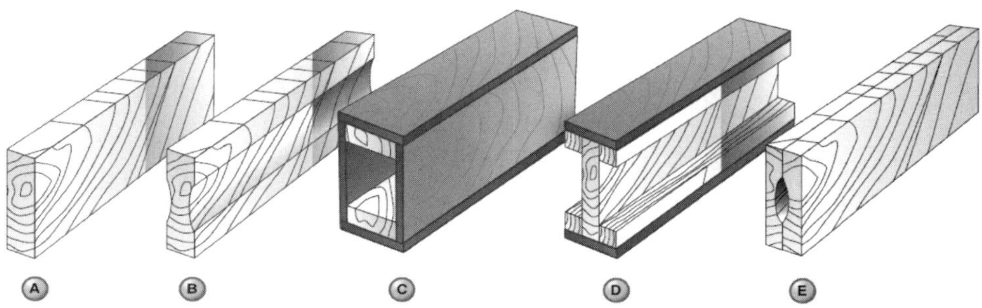

[그림 1-20] 일반적인 나무 날개보 모양

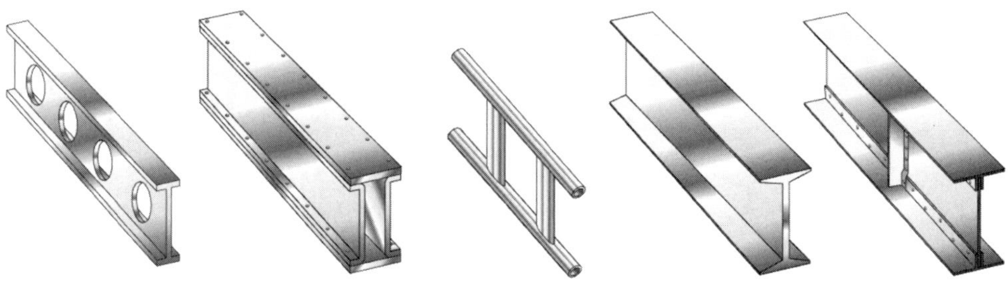

[그림 1-21] 금속 날개보 모양

리브(Rib)는 그림 1-25와 같이 날개의 단면이 공기 역학적인 날개 단면의 외형을 유지하도록 날개의 윤곽을 만들어 주며, 날개 외피에 작용하는 하중을 날개 보에 전달한다.

스트링어는 날개(Wing)의 굽힘 강도를 증가시키고 비틀림 하중을 감당하기 위해 날개

(Wing)길이(Span) 방향으로 적당한 간격으로 리브(Rib)둘레에 배치되는 보강재이다. 스트링어의 단면의 형태는 보통 L형, Z형, M형 등이 사용된다.

외피는 날개 구조상의 응력을 받기 때문에 응력 외피라 하며, 날개에 작용하는 비틀림 모멘트를 전단력으로 담당한다. 따라서 외피는 높은 강도가 요구되어 합판처럼 층상(Laminar)구조로 이루어져 있고, 부식 방지를 위해 코팅(Coating)된 알크래드(Alclad) 판이 사용된다.

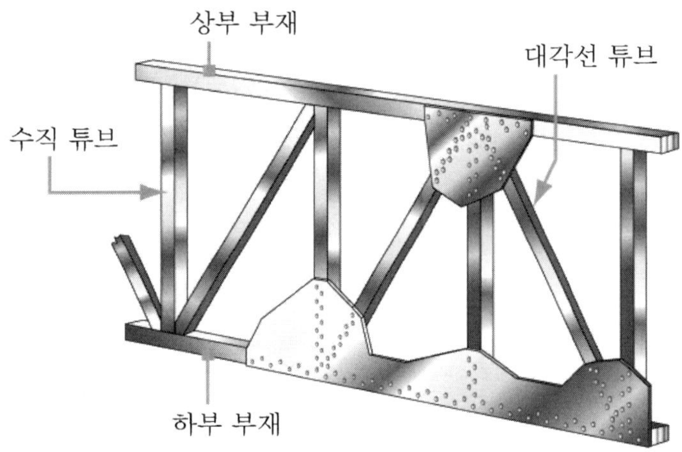

[그림 1-22] 트러스 날개 스파

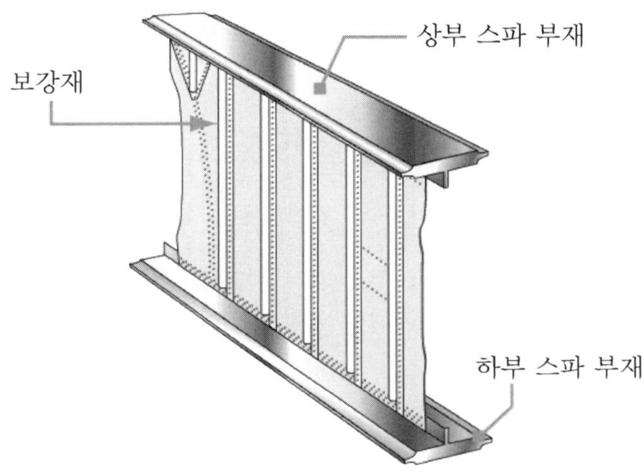

[그림 1-23] 수직 보강재를 지닌 날개 웹 스파

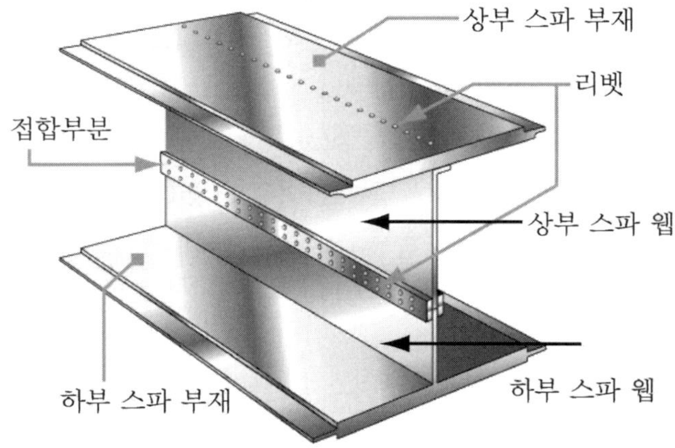

[그림 1-24] 리벳 접합된 파손 안전구조 스파

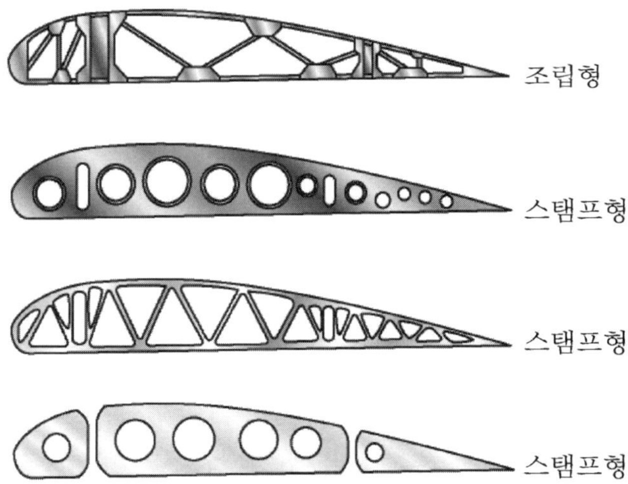

[그림 1-25] 리브의 종류

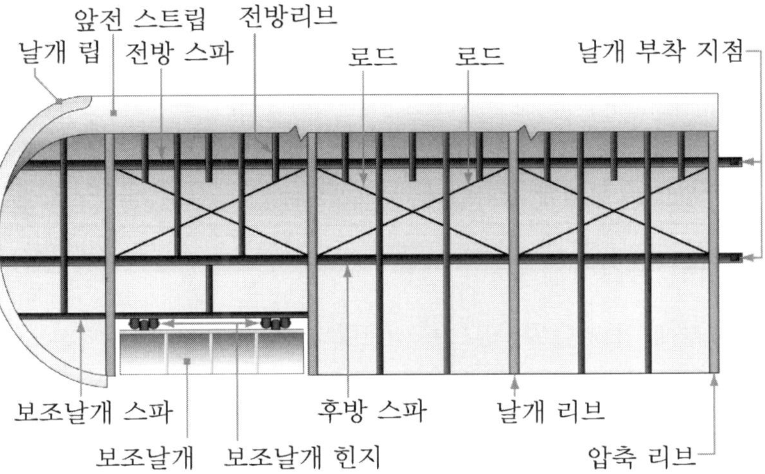

[그림 1-26] 기본 나무 날개 구조와 명칭

(3) 날개의 장착

항공기 날개를 장착하는 방법은 그림 1-27과 같이 지주식 날개(Braced Type Wing)과 외팔보식 날개(Cantilever Wing)가 일반적으로 사용된다.

① 지주식 날개(Braced Type Wing)

지주식 날개는 주로 경항공기에 이용되는 방식으로 날개의 중간부와 동체를 지수로 연결한 것으로 구조가 가벼운 장점이 있으나 항력이 증가하는 단점이 있다. 날개와 동체를 연결하는 스트러트(strut)는 인장하중을 받으며, 외팔보식에 비하여 무게가 가볍고, 간단하게 장착할 수가 있다.

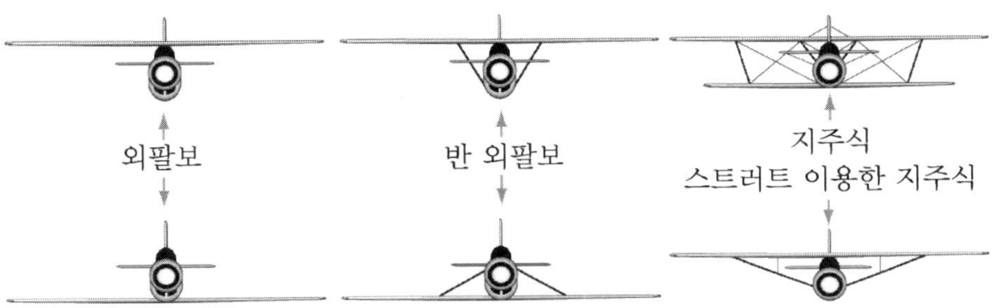

[그림 1-27] 날개의 장착 방식

② 외팔보식 날개(Cantilever Wing)

외팔보식 날개는 날개의 모든 하중이 날개 장착부분에 작용하며, 항력이 적어 고속기에 적합하며, 중형기 이상의 거의 모든 항공기에 사용된다. 이 날개는 다소 무게가 무겁다는 단점이 있으며, 벌크헤드와 프레임으로 보강하며, 앞 뒤 날개보의 뿌리를 상하 각각 2개의 장착 핀으로 동체에 장착한다.

(4) 날개의 내부 공간

날개(Wing)내부에 연료탱크가 있으며 리브(Rib), 날개보(Spar), 외피(Skin)로 구성된다. 연료탱크의 종류는 인테그럴 연료탱크와 블래더형 연료탱크가 있다.

① 인테그널 연료탱크(Integral Fuel Tank)

인테그럴 연료탱크는 전·후방 날개보 사이와 외피로 이루어진 공간을 밀폐제를 이용하여 완전히 밀폐시켜서 연료탱크로 사용한다. 이 방식은 무게가 가볍고, 오늘날의 대부분의 여객기에 사용되고 있다.

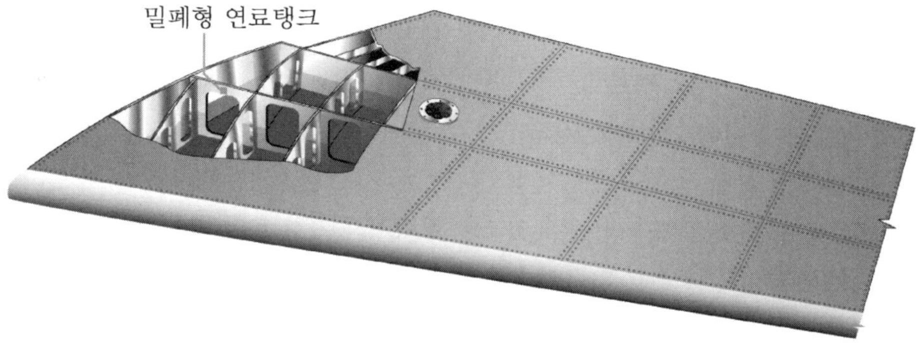

[그림 1-28] 인테그럴 연료 탱크

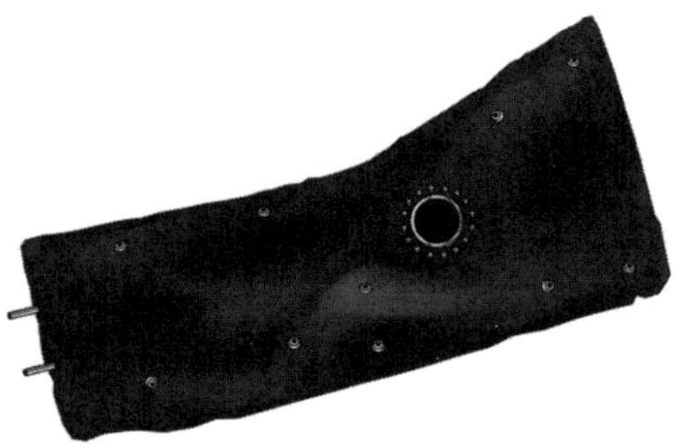

[그림 1-29] 경비행기의 블래더형 연료탱크

② 블래더형 연료탱크(Bladder Fuel Tank)

블래더형 연료탱크에는 셀형 연료탱크와 블래더형 연료탱크가 있으며, 셀형 연료탱크(Cell Fuel Tank)는 합성 고무제품의 연료탱크로 구식 군용기 연료탱크로 많이 사용된다. 블래더형 연료탱크는 금속으로 연료탱크를 따로 만들어 장착한다.

[그림 1-30] 경비행기의 동체 연료탱크

(5) 날개의 부착 장치와 조종면

날개에는 여러 용도의 부착 장치가 설치되는데, 여기에는 공력 보조 장치, 도움 날개, 날개의 방빙 및 제빙장치, 연료탱크 등이 있다.

공력 보조 장치란 양력이나 항력을 목적에 따라 변화시키기 위해서 날개 또는 동체에 부착된 장치를 말하며, 여기에는 고양력 장치와 고항력 장치가 있다.

고양력 장치는 양력을 증가시키는 장치로서 항공기가 이륙하거나 착륙할 때에 사용한다. 고항력 장치는 항력을 증가시키는 장치로서, 항공기가 공중에서 급강하하거나 착륙할 때 속도를 줄이기 위하여 사용하며, 또 지상에 바퀴가 닿았을 때에 착륙 거리를 단축하기 위하여 사용한다.

① 날개의 앞전(Leading Edge)

날개 앞전부에는 후방에 비해 몇 배에 해당하는 압력이 작용하며, 형상이 조금만 일그러져도 공력특성에 큰 영향을 주게 된다. 특히 이, 착륙 중 조류나 이물질에 부딪히거나 공기 중의 습기에 의해 얼음이 다수 형성되기도 하기 때문에 일반적으로 주 구조에 비해 1/2 정도로 리브(Rib) 간격을 좁게 하며, 외피는 비교적 두꺼운 판을 사용한다. 점검 및 수리를 위해 장탈 · 장착이 용이하게 설계한다.

앞전(Leading Edge)에는 제빙 · 방빙(Anti/De-icing) 기능이 있다. 중 · 소형기에서는 장착된 부츠(Boots) 내부로 공기를 불어 넣고 공기압의 팽창, 수축을 활용해서 붙어 있는 얼음을 깨트리거나, 중 · 대형기에서는 외피를 이중으로 하고 그 사이로 가열 공기를 통과시키는 방빙식을 사용하여 얼음을 제거하기도 한다.

② 날개의 뒷전(Trailing Edge)

후방(Rear) 날개보(Spar) 후면의 구조로 날개 후반부에서 위치하며, 비교적 하중이 작으나, 주변 조종면과의 간격치수, 작업 중 손상 등에 주의를 기울여야 한다. 변형 발생하면 기체의 조종성에 좋지 않은 영향을 끼치게 된다.

③ 고양력장치(High Lift Device)

항공기의 규모가 대형화되고, 성능이 향상됨에 따라 이 · 착륙 속도가 높아지면서 더욱 넓고 길이가 긴 활주로가 필요하게 되었다. 고양력 장치는 항공기의 이륙과 착륙시에 단시간내 큰 양력을 발생시켜, 비행성능을 향상하고 안전한 이착륙을 유도한다. 같은 속도로 비행하는 항공기에 큰 양력을 발생시키기 위해서는 날개면적을 크게 하거나 날개주위의 공기흐름을 강하게 변화시키면 된다. 기본적으로는 날개(Wing) 앞쪽의 슬랫(Slat)을 이용하여 받음각을 증가시키고, 날개(Wing) 뒤쪽은 플랩(Flap)을 이용하여 면적증가 효과를 기해 양력을 증가시킨다.

날개의 받음각과 관계없이 양력을 증가시키는 장치가 바로 고양력 장치이며, 고양력 장치의 종류로는 앞전 고양력 장치, 뒷전 고양력 장치가 있다.

(가) 앞전 고양력 장치(Leading Edge High Lift Device)

제트기에 사용하는 에어포일(고속용 Airfoil)은 두께도 얇고 앞전 반지름이 작으므로 큰 받음각을 받게 되면 날개 앞전부터 실속에 들어가게 되고, 그러면 양력이 급격히 떨어져 위험한 비행 상태로 될 염려가 있다. 이러한 문제점을 해결하기 위한 것이 앞전 고양력 장치로 날개 앞전 반지름을 크게 하는 효과가 있고, 큰 받음각에서도 흐름의 떨어짐이 일어나지 않게 한다. 그 종류에는 슬롯과 슬랫(Slot and Slat: Fixed or Movable), 크루거 플랩(Kruger Flap), 드루프(Drooped flap) 앞전 등이 있으며, 자세한 내용은 제6장에서 다룬다.

(나) 뒷전 고양력 장치(Tailing Edge Figh Lift Device)

뒷전 고양력 장치는 날개의 안쪽 뒷전에 부착되어 양력을 발생하는 장치로 날개의 양력 발생 원리를 응용하여 날개 윗면이 공기속도를 증가시켜 양력을 발생시킨다. 날개 뒷전에 부착된 플랩을 밑으로 구부려서 캠버를 크게 하거나, 어떤 것은 날개 면적도 크게 함으로써 양력을 증가시키는 장치이다. 그 종류에는 단순 플랩(Plain Flap), 스플릿 플랩(Split Flap), 슬롯 플랩(Slotted Flap), 파울러 플랩(Fowler Flap) 등이 있으며, 자세한 내용은 제6장에서 다룬다.

(다) 날개의 방빙 및 제빙장치

항공기가 공중을 비행할 때 기상 조건에 따라 항공기의 날개 앞전, 꼬리날개의 앞전, 또는 프로펠러 등에 얼음이 생성될 수 있다. 이런 곳에 얼음이 생성되면 양력은 감소되고, 항력이 증가하여 항공기에 나쁜 영향을 미친다.

따라서 항공기에는 얼음 제거에 대한 장치가 있는데, 얼음이 생성되기 전에 미리 가열하여 얼지 않게 방지하는 장치인 방빙 장치(Anti-icing System)와 얼음이 언 것을 제거하는 제빙 장치(Deicing System)가 있다.

방빙 장치에는 전열식과 가열 공기식이 있고, 제빙 장치에는 알코올 분출식과 제빙 부츠(Deice Boots)식이 있다.

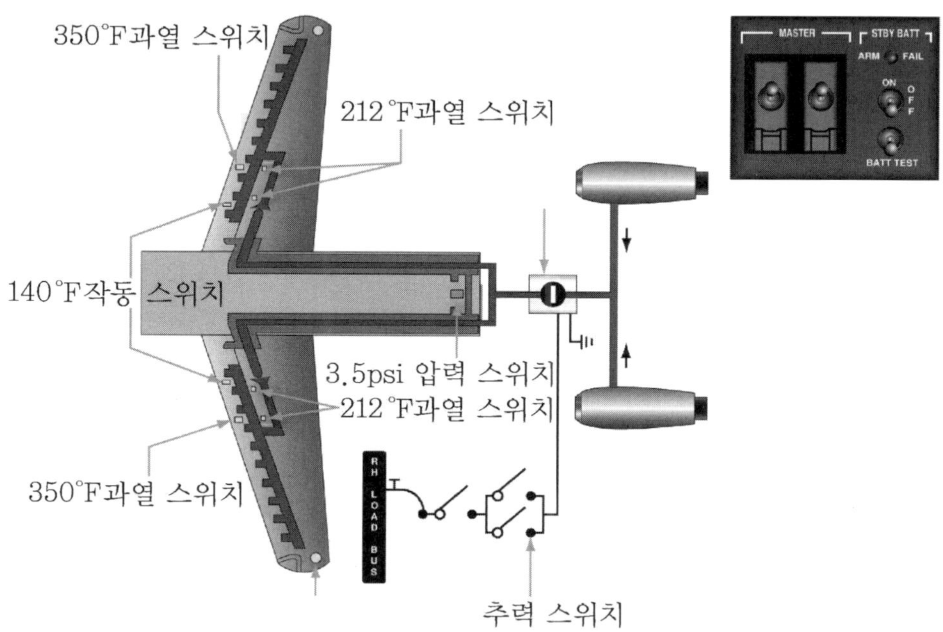

[그림 1-31] 열 WAI(Wing Anti-Ice: 날개 방빙) 시스템

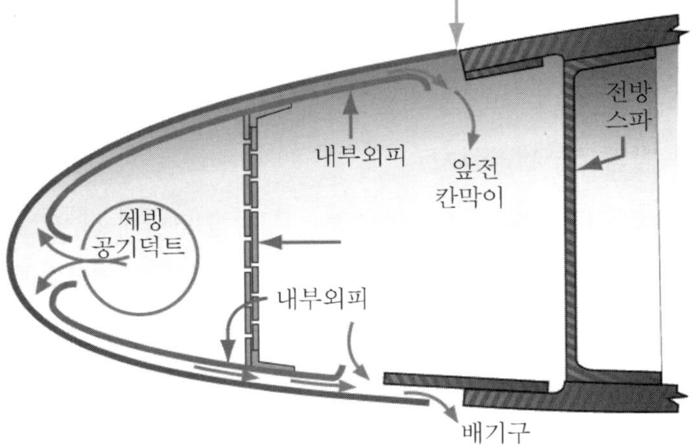

[그림 1-32] 공기 가열식 방빙장치

전열식 방빙 장치는 날개 앞전의 내부에 전열선을 설치하여 전기에 의해 날개 앞전을 가열하는 것이고, 가열 공기식 방빙 장치는 날개 앞전의 내부에 설치된 덕트(Duct)로 가열 공기를 공급하여 날개 앞전 부분을 가열하는 것이다.

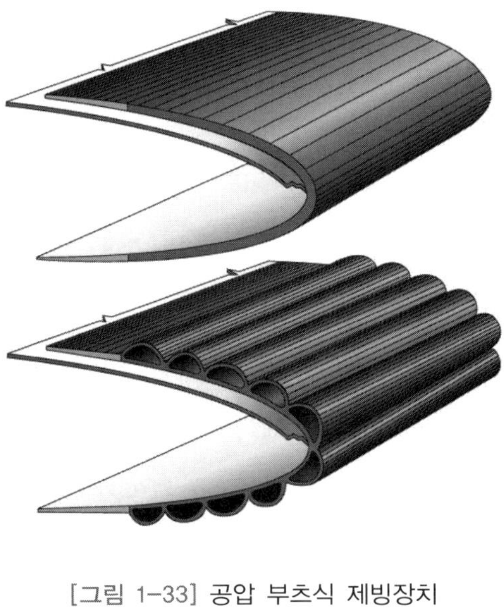

[그림 1-33] 공압 부츠식 제빙장치

알코올 분출식 제빙 장치는 날개 앞전의 작은 구멍을 통하여 알코올을 분사하여, 결빙되는 온도를 낮아지게 함으로서 얼음을 제거한다.

공압 부츠식 제빙 장치는 고무로 된 여러 개의 적당한 굵기의 긴 공기 부츠를 날개 앞전에 부착하여 압축 공기를 번갈아 공급하고 배출하면 부츠도 팽창과 수축을 반복하게 되어서 부츠 위의 얼음을 제거할 수 있다.

3) 꼬리날개

꼬리날개는 항공기의 안정성과 조종성을 유지하기 위해 동체의 꼬리에 설치되어 있다. 꼬리날개는 보통 수평꼬리날개와 수직꼬리날개로 되어 있으나, 어떤 항공기는 T형, V형 등의 꼬리날개가 사용되기도 한다.

일반적으로 꼬리날개의 구조는 그림 1-34와 같이 고정면과 작동면, 그리고 몸체로 구성된다.

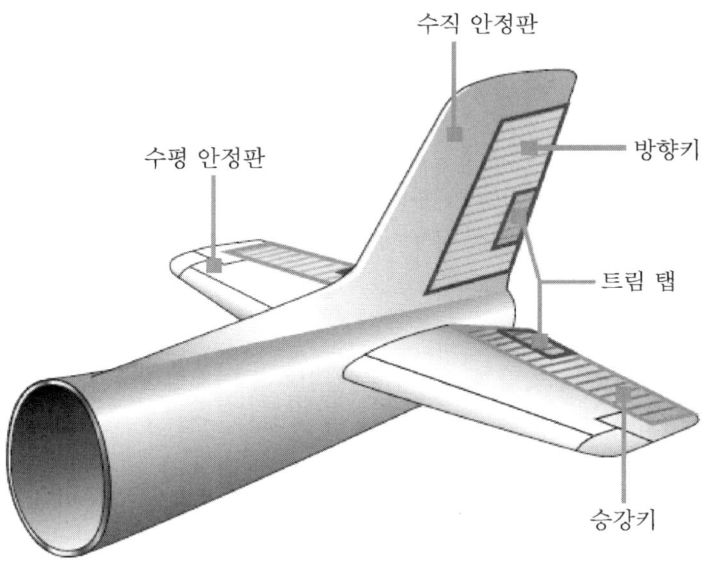

[그림 1-34] 꼬리날개의 명칭

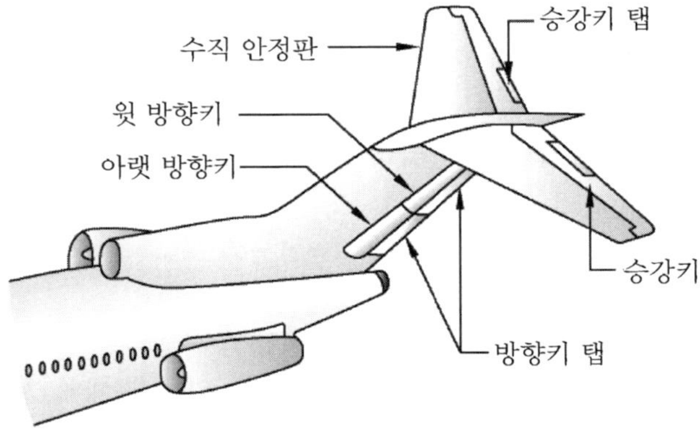

[그림 1-35] T형 꼬리날개

그림 1-35와 같이 수평꼬리날개가 수직꼬리날개의 위쪽에 T 형으로 설치되는 것도 있는데, 이러한 꼬리날개를 T형 꼬리날개라 한다. T형 꼬리날개는 동체를 통과한 바람의 영향을 받지 않아 수평꼬리날개의 성능을 좋게 할 수 있다. 또, 어떤 항공기는 꼬리날개의 면적을 줄이기 위하여 수평꼬리날개와 수직꼬리날개를 하나로 만든 V형 꼬리날개 형태를 가진 것도 있다.

(1) 수평꼬리날개

수평꼬리날개는 수평 안정판(Horizontal Stabilizer)과 승강키(Elevator)로 구성되며, 수평 안정판은 항공기가 비행할 때 항공기의 세로 안정성을 유지한다. 구조는 그림 1-36과 같이 날개의 구조와 유사하게 구성되어 있으나, 날개보다 응력을 적게 받기 때문에 경량의 구조물로 되어 있다.

승강키(Elevator)는 수평꼬리날개의 뒷부분에 위치하면서 상하로 움직여 항공기의 상승 및 하강비행인 피치 운동(Pitching)을 조종하는 것이며, 비행 조종계통에 연결되어 있다. 승강키의 구조는 플랩이나 도움 날개와 비슷하며, 샌드위치 구조로 되어 있는 것도 있다.

(2) 수직꼬리날개

수직꼬리날개는 수직 안정판(Vertical Stabilizer 또는 Fin)과 방향키(Rudder)로 구성되며, 수평꼬리날개와는 달리 동체 구조에 부착이 된다. 동체와 수직꼬리날개 앞부분의 부착 부분은 유해 항력을 줄이기 위하여 도살핀(Dorsal Fin)을 부착하기도 한다. 도살 핀은 수직안정판과 방향키(Rudder)사이로 흐르는 공기의 흐름을 유연(안정되게)하게 하는 역할을 한다.

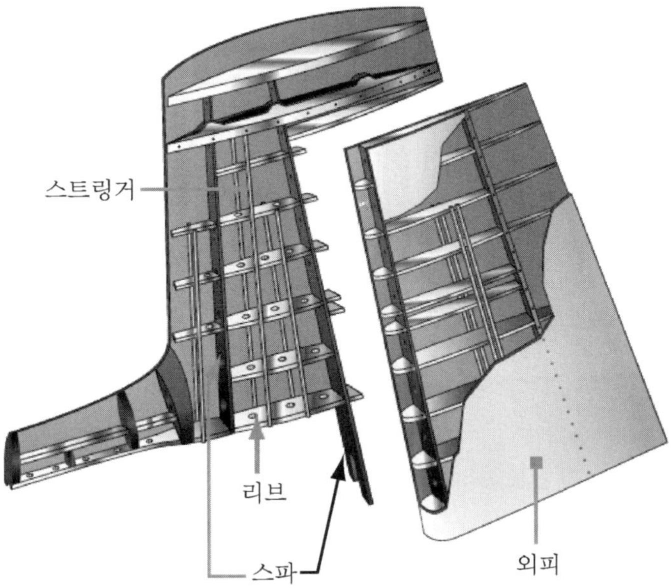

[그림 1-36] 수직 안정판의 구조

수직 안정판은 비행할 때 항공기의 방향 안정성을 담당하며, 수평 안정판과 비슷한 구조로 구성되어 있다. 어떤 대형 항공기는 엔진이 3개일 경우 수직 안정판에 엔진이 장착되기도 하기 때문에 더 큰 강도가 요구된다.

방향키는 수직꼬리날개의 뒷부분에 위치하면서 좌우로 움직여 항공기의 방향을 바꾸는 빗놀이 운동(Yawing)을 담당한다. 방향키의 구조도 승강키와 비슷하게 되어 있다.

4) 엔진 마운트와 나셀

항공기의 엔진을 지지하고 추력(Thrust) 하중을 항공기로 전달하는 기능은 나셀(Nacelle), 파일론(Pylon), 카울링(Cowling)이 담당하고 있다. 파일론(Pylon)은 엔진과 항공기 간의 화재예방(Fire Protection)이 되어 있으며 엔진을 지지하기 위한 엔진마운트(Mount)와 진동을 감지하는 장치도 갖추고 있다.

엔진은 대부분 항공기에서 쉽게 장착하고 떼어낼 수 있게 되어 있으며, 특히 엔진에 부착되어 있는 연료계통, 유압계통, 전기계통, 조종계통(Control Linkage) 및 엔진 마운트(Engine Mount) 등을 신속하고 용이하게 장, 탈착 할 수 있는 엔진을 QEC(Quick Engine Change) 엔진이라 한다.

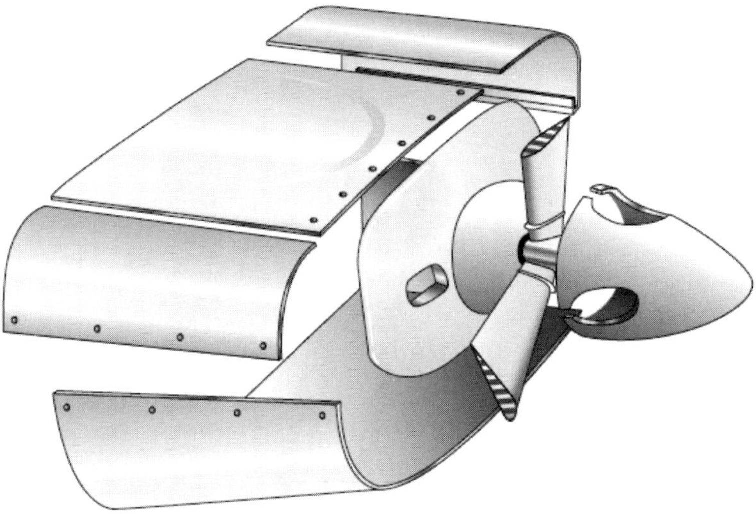

[그림 1-37] 수평 대향형 왕복엔진의 일반적인 카울링

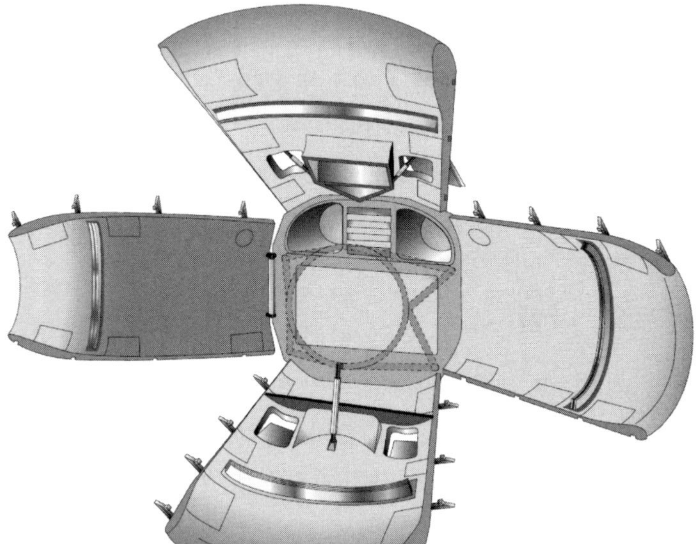

[그림 1-38] 대형 성형왕복 엔진의 오렌지 필 카울링

파일론(Pylon)방식은 구조적으로 무게를 줄일 수 있고, 플러터에 대한 진동억제 효과와 정비점검의 용이성, 화재에 대한 안전성이 우수하여 현재 대형기의 엔진장착에 많이 쓰인다. 후방에 엔진을 장착하는 방식은 날개구조가 단순하게 되며, 고양력 장치의 효과가 높아진다. 또한 객실내의 소음이 작고, 엔진에 고장이 발생하더라도 좌, 우 추력 불균형에 의한 흔들림이 적다. 그러나 무게중심이 후방으로 이동, 비행성이 나빠지기 쉬운 경향이 있으며, 객실하부로 연료배관을 하기 때문에 동체 착륙시 화재 위험이 증가되는 단점이 있다.

(1) 엔진 마운트

엔진은 보통 날개 또는 동체에 장착하는데, 이 엔진을 장착하기 위한 구조물을 엔진 마운트라고 한다. 엔진 마운트는 엔진의 종류나 엔진의 장착 위치, 또는 장착 방법에 따라 그 종류가 여러 가지이다.

엔진 마운트는 엔진의 무게를 지지하고, 엔진의 추력을 기체에 전달하는 구조물로서, 하중을 가장 많이 받는 곳 중의 하나이다. 따라서 엔진 마운트는 항공기 주요 구조물에 견고하게 장착되어야 하며, 엔진을 교환할 때에는 장착부로부터 쉽게 떼어내고 장착할 수 있도록 되어 있다.

엔진 마운트와 기체 중간에는 엔진의 고온과 엔진의 화재에 대비하여 기체와 엔진을 차단하는 벽이 있는데, 이것을 방화벽(Fire Wall)이라고 한다.

① 왕복 엔진 마운트

왕복 엔진 마운트에는 그림 1-39와 같이 성형 엔진 마운트, 수평 대향형 엔진 마운트 등이 있다.

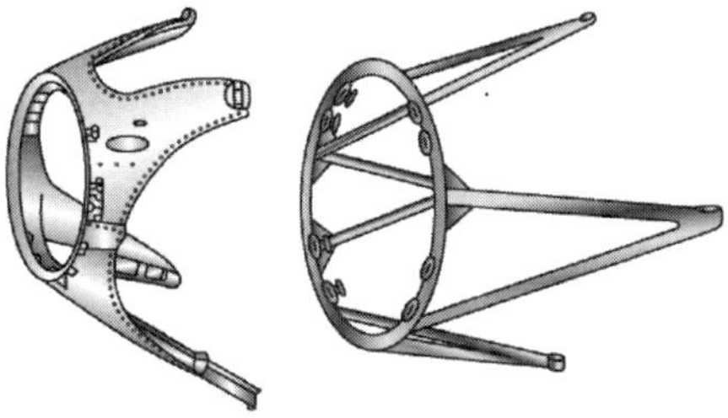

(a) 성형 기관용

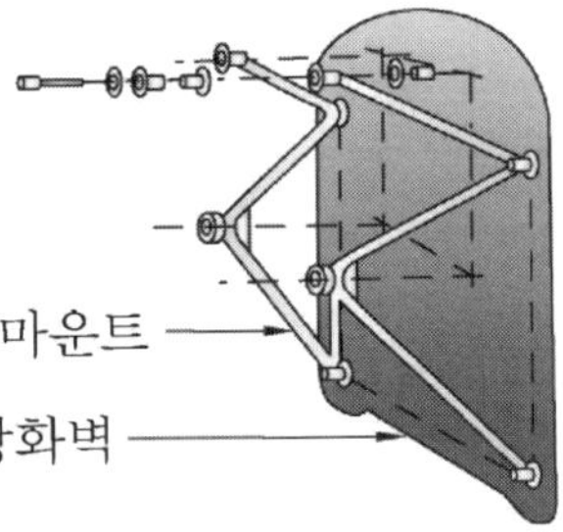

(b) 수평 대향형 기관용

[그림 1-39] 왕복 기관 마운트

엔진 마운트는 방화벽에 부착되고, 엔진은 엔진 마운트에 진동 흡수 고무를 통하여 볼트와 너트로 고정되어 있다. 왕복 엔진에서 방화벽은 엔진 뒤쪽에 위치하고, 구조 역학적으로 벌크헤드의 역할도 한다.

② 가스 터빈 엔진 마운트

가스 터빈 엔진은 날개에 장착하는 방법을 가장 많이 사용하며, 그림 1-40과 같이 날개 앞에서 밑으로 파일론(Pylon)을 설치한 다음 엔진을 여기에 장착하는 형식과, 날개 밑면에 피팅을 달아 엔진을 장착하는 형식이 있다.

파일론 안에는 엔진 마운트와 방화벽이 설치되어 있으며, 방화벽은 엔진과 파일론 사이에 위치하여 화염이 기체에 전파되지 않도록 한다. 그 밖에, 가스 터빈 엔진은 동체 안에 장착하거나, 수직꼬리날개나 동체 후방 양쪽에 장착하기도 한다.

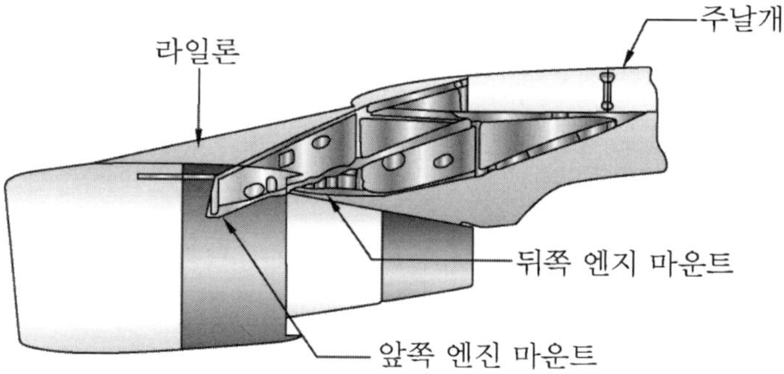

[그림 1-40] 가스 터빈 기관 마운트

(2) 나셀

나셀은 기체에 장착된 엔진 및 엔진에 부수되는 각종장치를 수용하기 위한 공간이다. 나셀은 항력을 줄이기 위해 유선형으로 하며, 엔진의 냉각과 연소에 필요한 공기를 유입하는 흡입구와 배기를 위한 배기구가 마련되어 있다.

나셀은 동체구조처럼 세미모노코크 구조로서, 외피, 카울링, 구조 부재, 방화벽, 그리고 엔진 마운트로 구성되어 있다. 카울링이란 엔진이나 엔진에 부수되는 보기, 엔진 마운트 및 방화벽 등을 둘러싼 덮개를 말하며, 정비나 점검을 쉽게 하도록 열고 닫을 수 있게 되어 있다.

① 공랭식 왕복 엔진의 나셀

공랭식 왕복 엔진의 나셀 카울링은 나셀 바깥면의 공기 저항을 감소시키는 역할뿐만 아니라, 엔진을 냉각시키기 위한 냉각 공기를 조절하는 기능도 가진다. 나셀 앞쪽에서 나셀 안으로 흘러 들어온 공기는 엔진의 냉각에 사용되며, 엔진의 냉각 상태를 조절하기 위해 그림 1-41과 같이 카울링 플랩(Cowling Flap)을 설치하는 것도 있다. 이 카울링 플랩은 나셀 안을 통과해서 나가는 공기의 양을 조절하여 엔진의 냉각을 조절한다. 또 나셀의 앞쪽에 위치한 앞 카울링(Nose Cowling)에는 기화기를 통해 엔진에 흡입되는 공기 통로의 입구가 있는데, 이것을 공기 흡입구(Air Scoop)라고 한다.

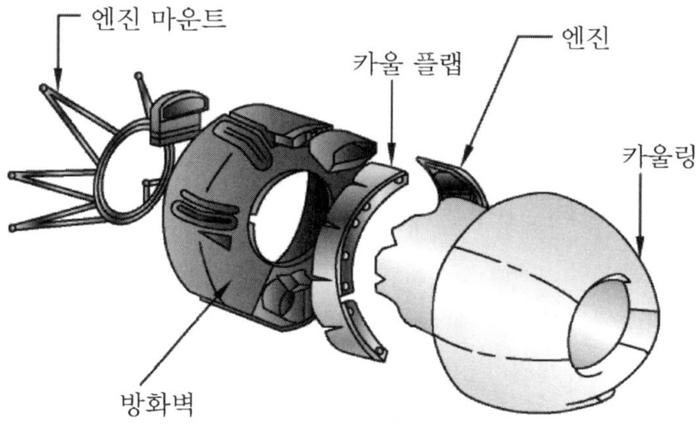

[그림 1-41] 왕복기관의 나셀

② 가스 터빈 엔진의 나셀

가스 터빈 엔진의 나셀은 날개의 앞전에서 밑으로 설치된 파일론에 붙어 있는 것이 대부분이며, 그림 1-42와 같이 앞 카울링과 옆 카울링으로 구성되어 있다.

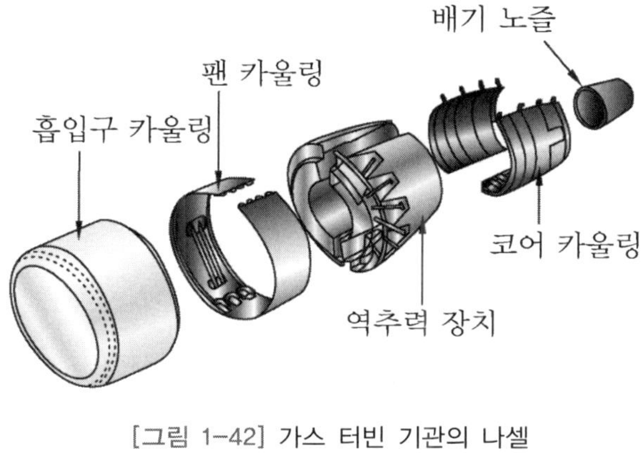

[그림 1-42] 가스 터빈 기관의 나셀

앞 카울링의 공기 입구 통로는 공기역학적으로 엔진의 성능에 중요한 영향을 미친다. 또 나셀의 앞 카울링 입구에는 방빙 장치가 되어있어 얼음이 어는 것을 방지하고, 나셀의 뒤쪽에는 활주 거리를 단축시키기 위한 역추력 장치가 장착되어 있는데 항공기가 착륙할 때 잠시 사용한다.

5) 항공기 위치 표시 방법

항공기 구조 각 부위의 정확한 위치를 나타내기 위해 대부분의 항공기 제작사는 항공기 동체 구조(A/C Fuselage Frames), 날개 리브(Wing Rib) 또는 다른 구조 부재의 특정 위치를 숫자로 나타내는 체계(Location Numbering System)를 사용한다.

(1) 동체 위치선(Fuselage Station: FS, Body Station: BSTA)

항공기 전후의 위치를 명확히 나타내기 위하여 기수나 기수 부근의 어떤 가상적인 수직면 (기준면)을 영점(Zero Point)으로 하여 여기로부터 수평거리를 Inch로 표시한 번호이다. 거리는 보통 기수에서 꼬리동체(Tail Cone)의 중심선을 잇는 중심선의 길이로 측정된다. 일부 제작사에서는 동체위치선(F.S)을 Body Station이라고 하고 B.S로 표시하는 경우가 있다. 또한 각 범위를 나타내기 위하여 Section Number가 사용되기도 한다.

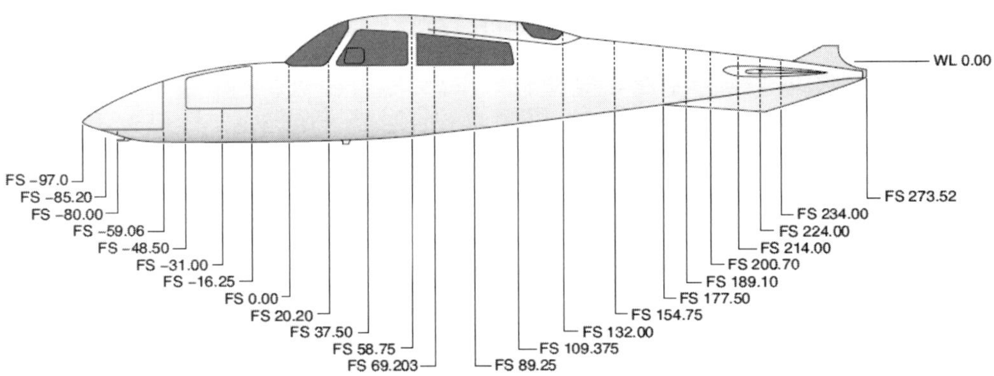

[그림 1-43] 동체 위치선

(2) 수위선(Water Line: WL)

수위선(W.L)은 항공기 높이의 위치를 표시하기 위하여 동체의 임의의 높이에 기준면을 정하고, 이를 기준으로 높이를 Inch 단위로 측정하여 위치를 표시하는 방식이다.

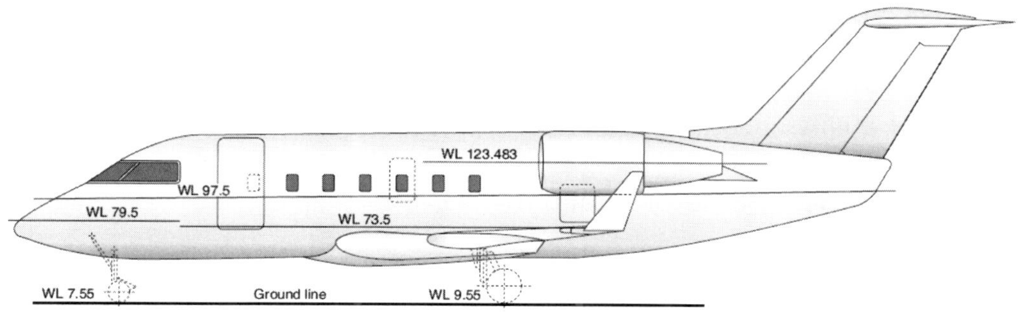

[그림 1-44] 수위선(Water Line)

(3) 버턱선(buttock Line or Butt Line: B.L)

버턱선(B.L)은 항공기의 수직 중심선을 기준으로 여기에 평행으로 좌우로 측정된 거리를 Inch로 표시하는 방식으로, 동체 중심선을 기준으로 오른쪽과 왼쪽으로 평행한 넓이(폭)를 나타낸 선이다.

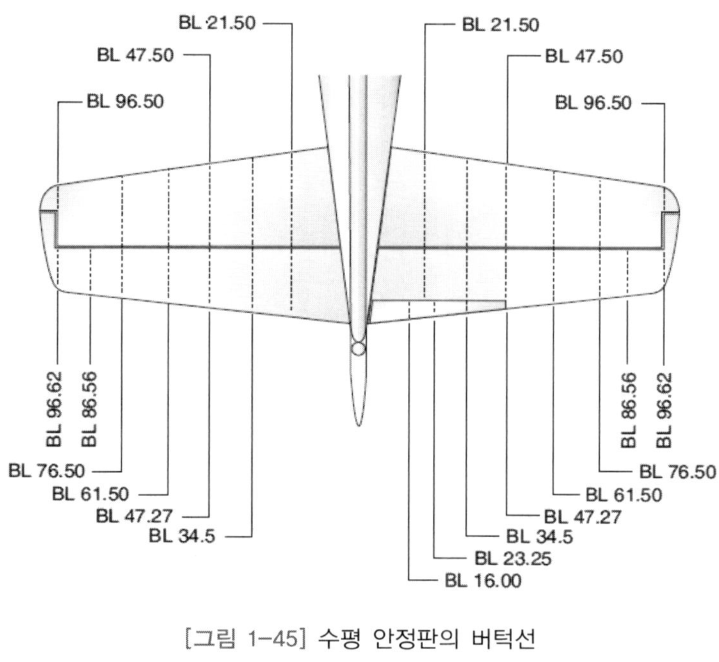

[그림 1-45] 수평 안정판의 버턱선

(4) 날개 위치선(Wing Station Number(W.S) or Span Station(S.S))

항공기 날개(Wing)의 위치를 표시하기 위한 날개위치선은 날개의 앞전(Wing L/E)와 90°로 날개 뿌리(Wing Root)에서 날개 끝단(Tip)쪽으로 평행한 폭을 나타낸다.

(5) 도움날개 위치선(Aileron Station)

도움날개 위치선(A.S)은 날개의 후방 날개보(Spar)에서 90°로 도움날개(Aileron)의 동체 측의 끝에 평행하게 안쪽에서 바깥쪽으로 측정한 값을 나타낸다.

(6) 플랩위치선(Flap Station)

플랩위치선(F.S)은 날개의 후방 날개보(Spar)에서 90°로 플랩(Flap)의 동체 측의 끝에 평행하게 안쪽에서 바깥쪽으로 측정한 값을 나타낸다.

(7) 나셀위치선(Nacelle Station)

나셀위치선(N.S)은 정해진 수평면에서 직각으로 날개의 전방 날개보(Wing Front Spar)의 전방 또는 후방의 어느 쪽인가에 측정한 값으로 나타낸다.

일반적으로 A/C 구조부재의 위치를 찾아내기 위해서는 그 항공기 제작사에서 번호를 부여하는 방법과 약어에 대해 Manual을 참고해야 한다.

6 항공기의 도면

1) 도면의 종류

항공기 제작 및 정비는 수많은 부품들이 설계 및 조립되어야 완벽한 성능을 발휘할 수 있으므로 항공기 도면에 관련된 고도의 기술과 완벽한 작업을 요구한다. 특히 현대의 항공기는 소수의 설계자가 전체 부품을 설계하는 것이 불가능하며, 각 전문 분야별 설계자들이 아이디어를 집약 및 구체화시키기 위해서 상징화된 선, 기호, 문자 등을 사용하여 도면을 작성하게 된다. 따라서 도면은 사용자가 오차 없이 정확히 해독하여야만 항공기 설계 성능을 발휘하여 항공기 안전을 확보할 수 있다.

(1) 도면의 기능

도면은 일반적으로 청사진 또는 기술도면이라 하며, 항공기 부품 및 구성에 대한 생각을 선, 기호, 주석 및 약어 등을 사용하여 도면에 관계된 모든 사람들을 서로 연결해 준다. 따라서 항공기를 제작, 조립, 정비 및 수리하는 정비사에게는 도면에 제시된 그림 및 사용기호 등에 대한 정확한 의미를 이해하는 것이 매우 중요하다.

① 도면은 설계자, 제작자, 정비 작업자 및 도면에 관계된 모든 사람들 사이에 약속된 하나의 규약으로 만들어진 설계 규격이다. 즉 도면에 관계된 모든 사람들 간에 정보 전달의 기능을 가지고 있다고 할 수 있다.

② 한 번 작성된 도면은 향후 재사용이나 수정을 통하여 새로운 설계의 기초 자료가 될 수 있으며, 도면을 통한 정보의 저장이나 관리가 컴퓨터 및 도면작성 관련 소프트웨어를 이용하여 도면 정보를 매우 쉽게 보관할 수 있게 되었다.

③ 도면은 머릿속에 있는 아이디어를 상징화된 선, 기호, 문자 등을 사용하여 집약 및 구체화시켜 주는 기능을 수행한다.

④ 도면은 항공기와 관련된 작업을 수행할 때 모든 작업관련자에게는 절대적인 지침이며, 도면을 읽을 필요가 있을 때에는 도면의 내용을 정확히 해독할 수 있어야 한다.

(2) 도면의 종류

항공기 제작 및 정비에 사용되는 도면은 작업도면, 상세도면, 조립도면, 장착도면으로 분류되고, 좀 더 구체화된 정보 제공을 위해 단면도면, 부품 배열도면, 논리 흐름 도면, 블록선도, 전기 배선도면, 전기 계통도면 등이 부가적으로 사용된다.

① 작업도면

작업도면은 항공기 부품의 크기, 모양과 사용되는 재료, 재료의 기계가공, 주조, 단조, 굽힘, 배선방식 뿐만 아니라 각 부품들의 조립과정, 그 밖에 구조물의 제작이나 조립하는데 중요한 사항들을 명시하는 도면이다. 항공분야 기술자와 정비사들이 가장 많이 사용하는 도면이다.

② 상세도면

상세도면은 특정한 하나의 부품에 대해서 그 부품을 제작하는데 필요한 세부적인 정보를 상세하게 나타내는 도면이다. 부품을 제작할 수 있도록 치수, 형상, 제작 및 검사 방법 등이 자세하게 명시된 완전한 정보가 상세도면에 작성되어야 한다. 가끔 도면의 이해를 쉽게 하기 위해 확대 면이나 다른 면의 도면도 첨부될 수 있다. 도면 번호는 각 도면마다 부여되고, 이것은 각 부품의 부품번호가 되어 항공기 부품을 제작하게 하고, 제작된 부품들을 조립 및 장착할 수 있도록 한다.

③ 조립도면

조립도면은 상세도에 의해 제작된 두 개 이상의 부품으로 구성된 조립품의 상호 위치 관계 및 조립에 필요한 사항들을 나타낸다. 부품도면에 의해 제작된 부품은 조립도면에 세부사항이 명시되어 있지 않으나, 별도의 부품도면이 없는 경우 조립도면상에 부품제작 요구조건을 명시한다.

④ 장착도면

항공기에서 각 부품이나 조립물체의 최종적인 장착위치나 장착작업을 위해 필요한 사항이 장착도면에 명시된다. 또 장착도면에는 부품제작이나 부품조립에 관련된 사항이 명시된 경우도 있다. 부품들 위치의 일반적인 배열과 장착을 위한 정보, 주 구조물이나 항공기에 장착하는데 필요한 모든 정보를 포함하는 도면을 말한다.

⑤ 단면도

단면도은 물체의 한 부분을 절단하여 그 절단면의 모양과 구조를 보기 위한 도면이다. 절단 부분은 절단선을 이용하여 표시하며, 물체의 보이지 않는 내부 구조나 모양을 나타내기 위해 사용한다.

⑥ 부품 배열도

각 부품의 조립 형태를 보여주기 위해 부품 배열도를 사용한다. 모든 부품들은 그것의 모양과 명칭 또는 부품 목록에 수록된 참조번호를 알 수 있도록 하기 위해서 상호 관련된 위치에서 바깥쪽으로 펼쳐서 그려 놓았다.

⑦ 논리 흐름도면

고장탐구를 더 쉽게 하기 위해서 개발된 도면이고, 특별한 설명이나 기술정보가 없고 기계, 전기 그리고 전자 작용들을 이해 할 수 있도록 나타낸 도면이다.

(3) 도면의 치수

도면에 나타내어야 하는 것은 각 부품의 모양뿐만 아니라 부품의 모든 치수를 정확하고 알기 쉽게 제시해 주어야 한다.

① 허용도(Tolerance)

도면에 나타낸 치수는 완벽한 치수로 기록되고, 이 치수를 기본 또는 명목상(Nominal) 치수라 한다. 이러한 도면에 주어진 치수에 허용되는 범위를 주는데 사용하는 더하기(+) 숫자는 허용할 수 있는 최대값을 의미하고, 빼기(−) 숫자는 허용할 수 있는 최소값을 나타내며, 더하기(+)와 빼기(−)의 간격 값을 허용도(Tolerance)라 한다.

예를 들면 0.225+0.0025, 0.225−0.0005를 사용했을 때 그 부품의 치수는 0.225보다 0.0025이상 크지 않아야 하고, 0.225보다 0.0005이상 작지 않아야 한다는 것을 나타내며, 이때의 허용도는 0.0030이 된다. 다만 더하기(+)와 빼기(−)의 간격이 같은 경우는 0.224±0.0025와 같이 표시하며, 이때의 허용도는 0.0050이 된다. 오차에 숫자는 분수 또는 소수점을 사용해서 표시할 수 있으나, 대단히 정밀함이 요구되는 치수에는 소수점이 사용되고, 정밀함이 그리 요구되지 않는 경우에는 분수를 사용한다.

② 치수의 배치

대부분 항공기 도면은 기준선(Datum Line)의 끝이나 주어져 있는 모든 치수를 참조한 표면을 사용해서 치수가 매겨져 있다. 그림 1-46에서 보면 재료 내부에 6개의 구멍이 뚫어져 있으며, 이러한 구멍들은 재료의 한 쪽 모서리를 참조하여 모든 위치를 표시하고 있다. 그러므로 각 구멍의 중심을 쉽게 찾아 낼 수 있고, 중복된 실수도 줄일 수 있고, 만약 인접 구멍의 중심에서 측정된다면 반복해서 실수가 발생할 수 도 있다. 도면위에 치수를 나타내는 방법은 두 가지가 있으며, 한 가지 방법은 치수선에 수직으로 모든 치수를 기입하는 것이다. 이 방법은 숫자들을 수직 치수선과 경사진 표면이 있는 부품들을 위한 도면에 다양한 각도로 가로지르는 치수들을 위하여 도면의 오른쪽 끝에 평행하게 기록한다. 항공기 도면협의회에서 사용하는 모든 도면 치수는 도면의 바닥에 평행하게 기록한다.

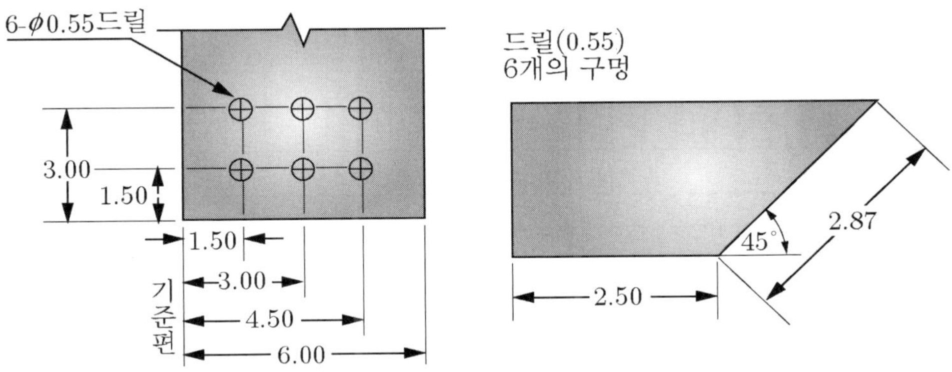

[그림 1-46] 치수의 배치

2) 도면 관련 문서

(1) 도면 관련 문서의 배포 체계

항공기 도면의 경우에 도면 한 장만으로는 모든 정보를 완전하게 표현하거나 해독할 수 없어, 부수적인 도면 관련 문서들이 첨부되어야 도면에 관련된 완전한 기술 정보를 얻을 수 있게 된다. 항공기 도면과 함께 발행되는 도면 관련 문서에는 적용목록, 부품목록 및 기술변경서 혹은 도면변경서 등이 있으며, 필요에 따라 각각의 도면에 첨부되는 도면 변경사항이나 부품목록 등과 같이 여러 종류의 추가 정보를 포함하고 있다.

(2) 적용 목록의 취급

해당 도면상에 명시되거나 부품목록과 함께 사용되어, 적용 목록에 다음 조립 및 장착품 번호, 장착항공기 모델명 및 적용성 여부, 부품 소요량 등이 명시된다. 적용 목록의 번호는 관련 도면의 번호 앞에 AL이라는 문자가 추가되어 부여된다.

그림 1-47은 부품 목록에 포함하지 않고 분리형으로 발행하는 적용목록 문서의 한 예를 보여주며, 적용 목록에 기재된 번호에 대한 주요 내용은 다음과 같다.

<table>
<tr><td colspan="2">KOREA AVATION
JUN 14 1997</td><td colspan="2">CONTRACT
NO.</td><td></td><td>GAGEC
81755</td><td colspan="2">① AL 16H1701</td></tr>
<tr><td colspan="2">DRAWING TITLE : ②
PIPING INSTELLATION-HYD. LG.
BRAKE AND STREERING</td><td>DWG
TYPE :</td><td colspan="2">DISTRIBUTION
CODE : AS</td><td>SIZE A</td><td colspan="2">③
SHEET 1 OF 27</td></tr>
<tr><td>④ RELEASE
DATE:
99-06-25</td><td>INTERRETATION
PER: 162001</td><td>⑤
AL ISSUE
NO: 416</td><td>⑥
PL ISSUE
NO: 410</td><td colspan="3">⑦
AL/PL
ISSUE DATE: 97-06-27</td><td>⑧ AL/PL
REV LTR:
NS</td></tr>
<tr><td>⑨
DRAWING
SHEET
STATUS</td><td colspan="5">SH SZ RV SH SZ RV SH SZ RV SH SZ RV SH SZ RV</td><td></td><td>⑩ OUTSTANDING
DWG REVISIONS</td></tr>
<tr><td colspan="8">*** APPLICATION LIST ***</td></tr>
<tr><td colspan="8"></td></tr>
</table>

[그림 1-47] 적용목록의 문서정보 기록 영역

① 적용 목록 번호는 AL 뒤에 관련 도면 번호를 붙여서 AL 16H1701의 도면에 대한 적용목록임을 의미한다.

② 관련도면의 도면명을 기록한다.

③ 해당 적용 목록의 쪽(sheet)수 및 전체 쪽수를 기록한다.

④ 초판 적용목록이 발행된 날짜가 기입된다.

⑤ 적용 목록 발행판의 일련번호가 기록된다.

⑥ 부품 목록 발행판의 일련번호를 기록한다.

⑦ 해당 적용 목록 및 부품목록 발행판이 발행된 날짜를 기입하는 란이다.

⑧ 해당 적용목록 발행판의 개정 문자(Revision Letter)를 기입해 놓은 란이다.

⑨ 도면의 쪽 수, 도면 크기, 각 장의 최신 개정 상태를 기록하는 영역이다.

⑩ 도면에 삽입되지 않은 기술 변경서에 관한 정보를 기록하는 난이다.

그림 1-48은 적용목록에서 문서 내용 영역에 기록하는 부품에 관련된 적용항목들을 보여 주고 있으며, 주요 사항들을 다음과 같이 포함하고 있다.

문서 정보 기록 영역											
*** APPLICATION LIST ***											
*** FORMAL PRODUCTION APPLICATION LIST ***											
① PART NUMBER	② QNA	③ QFA	④ NOMEN-CLATURE	⑤ TYPE VERS	EFEECTIVE ON ⑥		A P P	CONFIGURATION ITEM	⑦ NEXT ASSEMBLY	ATTRIBUTE/ MISCELLANEOUS	⑧ I A D
					FROM	THRU					
- 1	1 1 1	1 1 1	HYD INSTL	5A 5B 5C	1 1 1	ON ON 625			16H050		
- 3	1 1 1	1 1 1	HYD INSTL	5A 5B 5C	1 1 1	ON ON 625			16H050		
- 5	1 1 1	1 1 1	HYD INSTL	5A 5B 5C	1 1 1	ON ON 625			16H050		
- 803	1 1 1 1	1 1 1 1	PIPING INSTL	5A 5B 5C 5D	1 1 1 1	ON ON 625 87			16H050		

[그림 1-48] 적용목록 내용 영역

① 도면에 제시된 부품번호를 기록하는 난이다.

② 다음 조립품에 조립되는 해당 부품수가 기록된다.

③ 최종 조립품에 소요되는 해당 부품수가 기록된다.

④ 각각의 부품명칭들이 기입되는 난이다.

⑤ 항공기의 모델과 항공기의 개량부호(Version)를 나타낸다.

⑥ 적용성을 나타내는 부분으로서 해당 부품이 사용되는 초기 부품 번호 및 최종 부품 번호를 기록한다.

⑦ 해당 부품이 사용될 다음 조립 부품의 부품번호를 표기한다.

⑧ IAD(Installation · Assembly · Detail)란은 식별 번호를 표기하는 란으로 1은 장착, 2는 조립, 3은 상세를 나타내며, 6은 기존 부품으로 다시 작업한 후 번호를 다시 부여하였음을 뜻한다.

(3) 부품목록의 취급

부품목록은 조립 및 장착을 위한 각 부품을 명시하는 란으로 표제란 바로 위에 위치하거나 부품목록의 분량이 많아 도면의 작도 영역을 침해하는 경우에는 부품목록을 도면과 분리하여 작성한다.

분리 작성된 부품목록은 PL(Part Lists)이라는 약자로서 표시되며, 이 약자 뒤에 도면번호를 붙여서 부품목록 번호로 사용한다. 그림 1-49와 같이 부품목록에는 도면의 이름, 도면 변경 일자, 조립에 요구되는 부품의 수량, 부품목록 번호, 부품의 명칭, 부품에 대한 설명, 개정문자와 발행일자 및 쪽의 수 등에 대한 내용이 기록되어 있다.

KOREA AVATION JUN 14 1997	CONTRACT NO.		GAGEC 81755	① PL 16H1701

DRAWING TITLE : ② PIPING INSTELLATION-HYD. LG. BRAKE AND STREERING	③ DWG TYPE:	④ DISTRIBUTION CODE : PO	⑤ SIZE A	⑥ SHEET 1 OF 27

⑦ RELEASE DATE: 99-06 -25	⑧ INTERRETATION PER: 162001	AL ISSUE NO	⑨ PL ISSUE NO: 410	AL/PL ISSUE 97-06-27 DATE:	⑩ AL/PL REV/ LTR: NS

*** PARTS LIST ***

*** CHANGE HISTORY ***

⑪ DWG REV	⑫ PL REV	:	⑬ ECN	⑭ RELEASE DATE	⑮ INCORP STATUS
-	LN		06X48	06/06/97	
KT	LK		91U00	04/22/97	
KN	LE		36U95	11/14/96	
KK	LB		71T76	04/03/96	
JY	KP		23K66	04/01/93	
JS	KK		93P93	11/06/90	

DWG REV STATUS	PL REV	:	ECN	RELEASE DATE	INCORP DATE
JJ	-		41157	01/16/90	
JE	JU		59A23	12/01/96	
-	JK		12254	08/19/88	
HY	JG		5X881	06/28/88	
HV	JG		1X719	06/11/88	

*** PARTS LIST NOTES ***

A. VERIFICATION OF HT TREATMENT PER NDTS1500 REQD

B. VENDOR ITEM. SEE SPEC CONTROL DWG

[그림 1-49] 부품목록의 문서정보 기록영역

(4) 기술 변경서의 취급

항공기 제작회사는 도면, 적용목록, 부품목록 등이 개정되어야 할 필요성이 있을 때 우선적으로 기술변경서 혹은 우선 도면 변경서를 발행한다. 기술 변경서는 도면이 변경될 때까지 작업 현장에서 사용할 수 있도록 배포되는 양식이다. 항공기 제작회사에 따라 도면 변경서로 발행하기도 하는데 기술 변경서와 유사한 기능을 한다.

기술 변경서가 발행되면 기술 변경 사항이 문서화되며 변경 내용이 도면에 삽입될 때까지 현장에 배포되어 모든 작업에 참조된다. 도면은 주기적으로 개정되어 일련의 기술

변경서의 변경 내용이 수시로 삽입된다.

3) 도면 읽기

(1) 도면 형식

항공기 제작사에 따라 약간씩 다르지만, 도면 형식은 표제란, 개정란, 일반주석란 및 도면 작성 영역의 4가지 영역으로 구분된다.

(2) 도면 크기 및 도면 구역

① 도면 구역

그림 1-50과 같이 도면의 가장자리에 가로방향에서 오른쪽으로부터 숫자로 표기되어 있으며 쪽수 2부터는 쪽 번호를 앞에 붙여서 두 자리 수로 표시하고, 세로 방향은 아래로부터 A, B, C, D로 나타낸다. 도면의 구역설정은 특정부분의 위치를 지정하고 찾는데 매우 유용하게 활용된다. 도면에서 구역지정은 테두리에 표시된 문자와 숫자의 조합으로 표시한다.

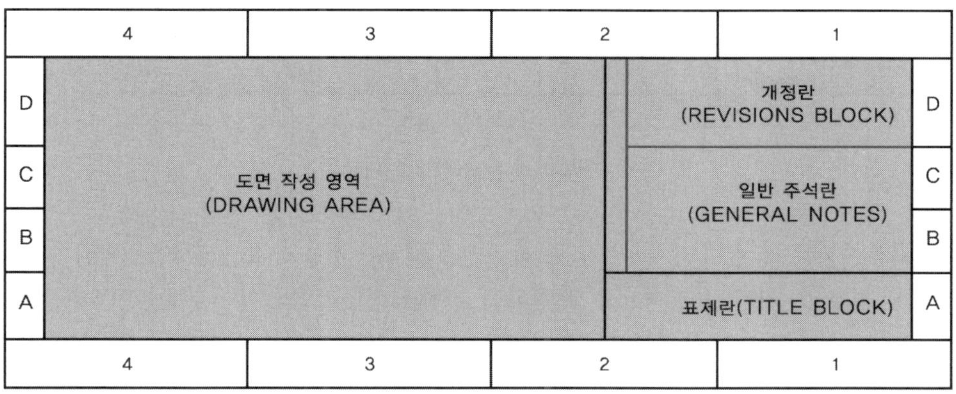

[그림 1-50] 도면의 구역

② 도면의 크기

표준 도면의 크기는 A, B, C, D, R의 문자로 표시하며, 표준크기의 글씨로 명시된다. 복사도면을 사용할 경우, D, R의 크기는 편의상 원도의 약 1/2 크기로 만들어 사용한다.

- A 크기 도면: $8\frac{1}{2} \times 11$ in
- B 크기 도면: 11×17 in
- C 크기 도면: 17×22 in

- D 크기 도면: 22 × 34 in
- R 크기 도면: 두루마리 종이로 만들어져 있는 큰 도면으로 폭이 36~42inch임.

(3) 도면 표제란 읽기

표제란은 다른 도면과 구별하기 위해 사용되며 눈에 잘 보이도록 대부분 도면 우측 하단에 위치하거나, 하단전체를 사용하기도 한다. 항공기를 생산하는데 필요한 제작정보를 포함하고 있으며, 기본적으로 도면번호 및 명칭, 설계/인가자, 회사명, 축적, 도면의 쪽수, 자재 명세서(Bill of Materials), 조립 및 장착품 번호, 장착 항공기 모델 및 적용성 여부, 항공기 한 대당 부품 및 조립품의 소요량 등이 명시된다.

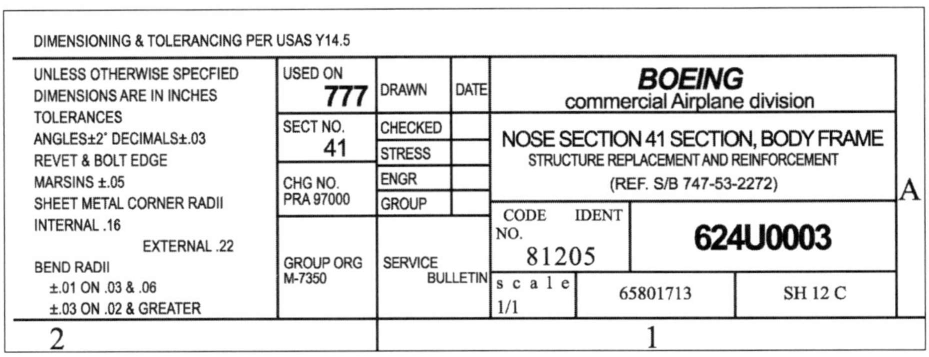

[그림 1-51] 도면의 표제란

① 도면 이름

도면의 이름은 가장 상징적으로 표현하기 위해 그림 1-52와 같이 2부분으로 구성되며 하이픈으로 구분하여 표기한다. 첫 부분은 도면의 기본명칭을 나타내며 기본 부품 명칭, 도면 형태 및 수정 부분으로 구성되고, 둘째 부분은 상세식별이 가능하게 하는 부분으로 추가적인 수정자를 나타낸다.

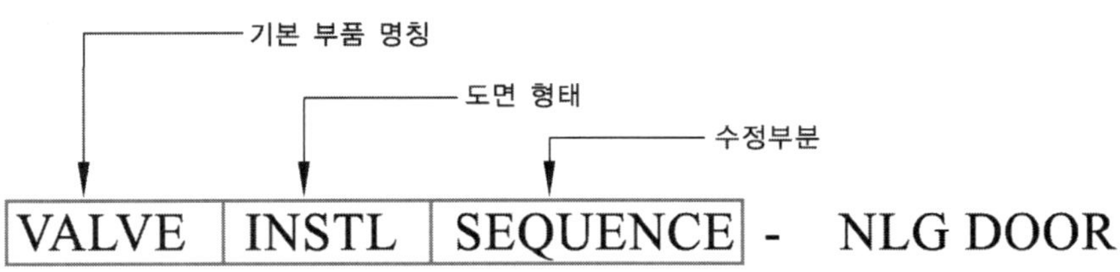

도면의 형태 (세부도면: 명기하지 않음, 조립도면: ASSY, 장착도면: INSTL)
수정부분: 장착장소/계통, 수행기능 등을 명시(단순 부품은 생략)

[그림 1-52] 도면 이름 부여 방식

도면의 표제는 일반적으로 약자를 많이 사용하며, 아래에 예를 제시하였다.

- STUBE FRAME INSTL. - STA 1899.05 MAIN DECK CARGO DOOR
- HINGE FITTING ASSY. - OUTBD, INBD TE, FLAP

※ 록히드 마틴사의 경우
- FUSELAGE, FORWARD - FS65 TO FS 243, ASSY OF
- RIB CHORD REPAIR INSTL - UPPER, BBL 70.5, S-16 THRU S-21

첫 부분은 부품의 기본명칭을 나타내며, 대쉬(Dash) 부호 뒤의 둘째 부분은 상세식별 명칭을 표시한다. "Instl"은 Installation의 약자로서 장착도면임을 의미하며, "ASSY"는 Assembly 의 약자로서 조립도면임을 나타낸다. 또 STA 번호나 FS 번호 등은 항공기 기체 상의 위치를 나타내는 약어들이다.

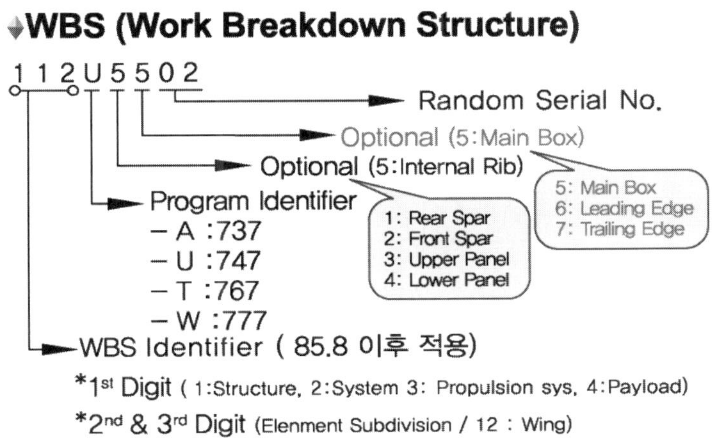

[그림 1–53] 보잉사 도면 번호 부여 방식(WBS)

② 도면번호

도면에 부여되는 번호이며, 도면에 번호를 부여하는 체계는 보잉사(Boeing)의 경우는 작업 분류 구조(Work Breakdown Structure)와 비 작업 분류 구조(Non-work Breakdown Structure)가 있으며, 에어버스사(Airbus)의 경우는 독자적인 체계를 사용하고 있다.

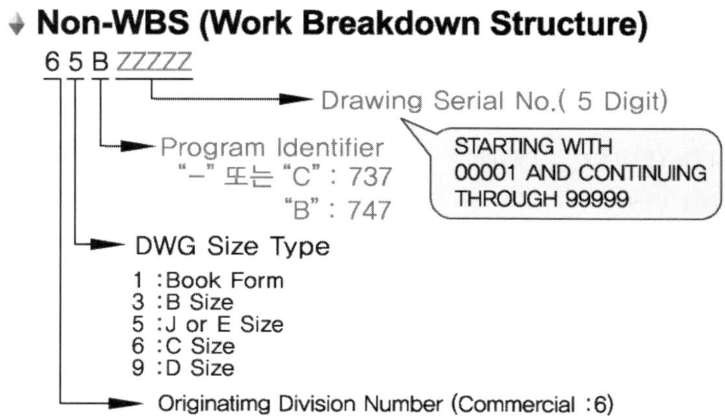

[그림 1-54] 보잉사 도면 번호 부여 방식(NON-WBS)

③ 도면의 쪽 수

도면의 표제란에서 우측 도면번호 아래 부분에 전체 도면의 쪽수(Sheet Number)가 기입된다. 첫째 쪽은 전체 쪽수 중의 첫째 쪽(SHEET 1 OF 5)을 표시하고 둘째 쪽에서부터는 대개 SHEET 2 등으로 표기한다.

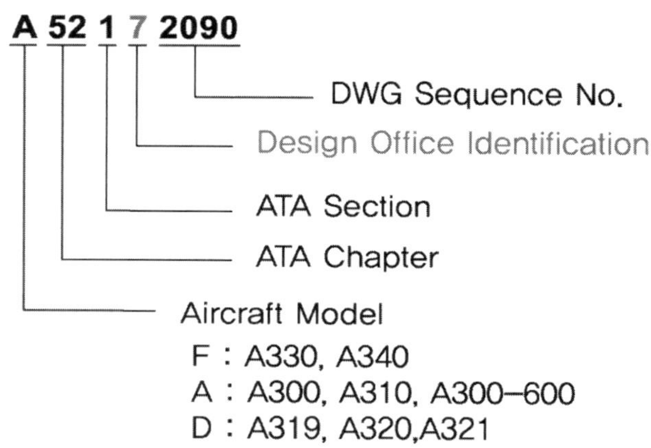

[그림 1-55] 에어버스 도면 이름 부여 방식

〈표 1-1〉 항공기 도면의 척도

척도	내 용	척도	내 용
1/1	실물 크기로 제도	1/2	실물 크기의 1/2로 제도
2/1	실물 크기의 2배로 제도	1/4	실물 크기의 1/4로 제도
4/1	실물 크기의 4배로 제도	1/10	실물 크기의 1/10로 제도
10/1	실물 크기의 10배로 제도	1/20	실물 크기의 1/20로 제도

④ 도면 척도

기술자는 가능한 부품이나 조립 물체를 실제의 크기로 제도하지만, 모든 부품을 실제 크기로 도면을 작성하기 어려워 척도(Scale)를 사용하여 실제보다 작게 또는 크게 도면을 제도하고, 도면의 척도란에 원도의 척도를 숫자로 나타낸다.

⑤ 표준 공차

도면의 표제란에 도면내용에 기록된 공차(Tolerance)에 대한 기준을 기록한다. 도면 내용 중에 특별히 기록된 내용이 없는 한 여기서 지정한 공차기준을 적용하게 된다. 공차는 선 공차와 각 공차로 구분하여 지정하고 있으며 선 공차는 길이단위로 각 공차는 각도 단위로 주어지게 된다.

⑥ 표면 거칠기

도면에서 어떤 부품을 제작할 때, 표면 거칠기에 대한 기준을 삼는 참고목록이 제시되어 있다. 이 참고목록은 각 국가의 표준 공업규격에 의하여 규정되어 있다.

⑦ 리벳 장착 규정

도면상에 나타나는 리벳에 관련된 규격이나 장착의 표준이 되는 문서번호를 기술하고 있다. 여기서는 "~에 따라 리벳장착(Install Rivets Per ~)"라는 문구가 규격과 함께 표시되어 있다.

⑧ 부품 표시

부품 식별 방법을 규제하는 규격이나 표준을 나타내기 위하여 사용하며, 보통 "~에 따라 부품표시(Mark Parts Per)"라고 쓴다. 표준이 아닌 방법에 대하여는 일반 주해에 그 내용이 언급된다.

⑨ 구역문자

도면상에 나타나는 단면도와 상세도 등에 부여되는 알파벳 문자를 말하며, "차기 구역문자(Next Sect. Letter)"로 명시하여 다음에 사용될 문자를 나타낸다.

⑩ 관련목록

도면 표제란에 표시된 관련목록(Associated Lists)란에는 부품목록, 각 도면의 상태(Sheet Status), 적용정보 등이 수록되어 있는 위치를 AL, PL과 같이 문자로써 구분하여 나타낸다.

⑪ 리벳 및 패스너 코드

항공기 구조물 조립에는 수 많은 영구 고정형 볼트 또는 리벳이 장착되는데 이들을 도면에 자세히 표시하고 고유의 부품 번호를 일일이 명시하는 것은 상당한 시간과 노력이 요구되며, 도면이 매우 복잡하게 되므로 리벳장착기호가 사용된다. 영구 고정형 리벳 장착기호는 NAS523(Fastener Code System) 규격이 주로 사용되며 그 표기 방법은 다음과 같다.

(1) NAS523(Fastener Code System) 규격

리벳 및 패스너 코드는 그림 1-56과 같이 + 자형으로 각 4개 위치별(A, B, C, D) 세부사항이 명시되며 영구 고정형 리벳 장착기호는 NAS523(Fastener Code System) 규격이 사용되며 그 표기방법은 다음과 같다.

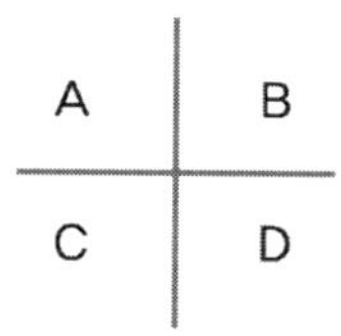

[그림 1-56] 패스너 코드 설명

① A 구역: 패스너 분류 코드(Code)를 명시(NAS523 규격에 의거 2자리 또는 3자리 알파벳 문자를 사용하며, 예를 들면 BJ는 MS20470AD 리벳을 의미한다.)
② B 구역: 리벳 생크의 직경 및 리벳 헤드의 장착방향을 표시(리벳생크의 직경은 1/32인치 단위로 표시하며, 5는 5/32인치 직경을 의미한다. 리벳 머리의 장착방향은 머리의 장착위치를 명시하는 것으로 N(Near Side) 또는 F(Far Side)를 표시한다.)
③ C 구역: Count Sinking 또는 Dimpling을 명시(D: Dimpling, C: Count Sinking)
④ D 구역: 리벳의 길이를 1/16인치 단위(즉 6 → 6/16 인치)로 표시하며, 흔히 사용하는 NAS1097, MS20426, MS20470 등은 길이를 생략할 수 있다.

(2) 패스너 코드 란(Fastener Code Block)

도면의 표제란과 인접해서 또는 그 주위에 해당 도면에 사용되는 패스너 코드 및 작업 지침 등이 명시된다.

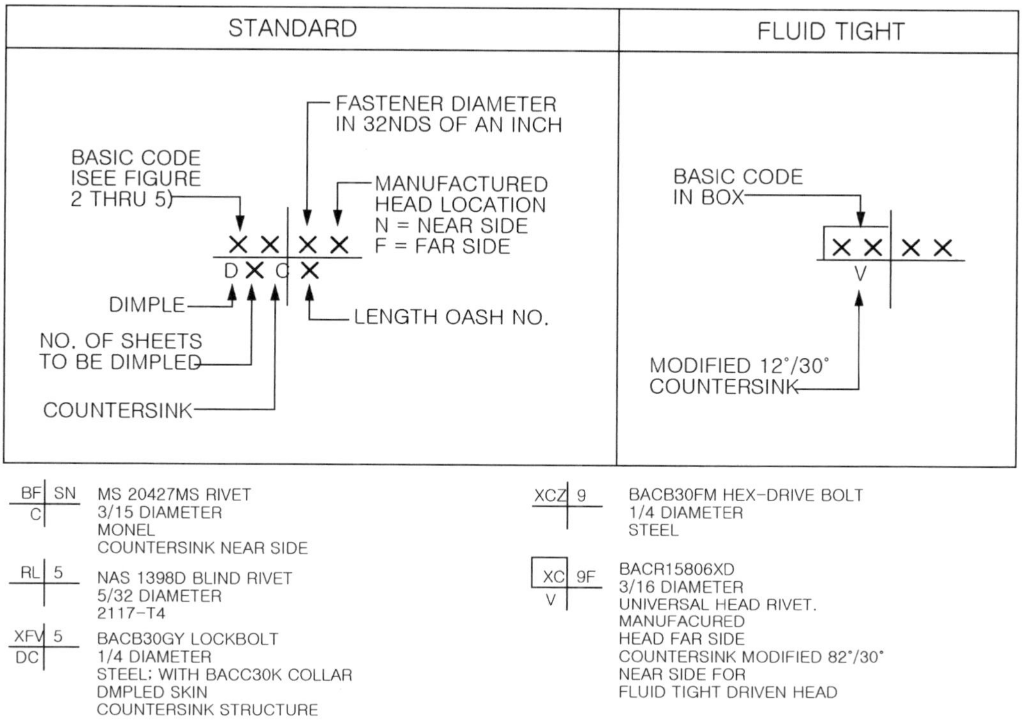

[그림 1-57] RIVET 장착기호

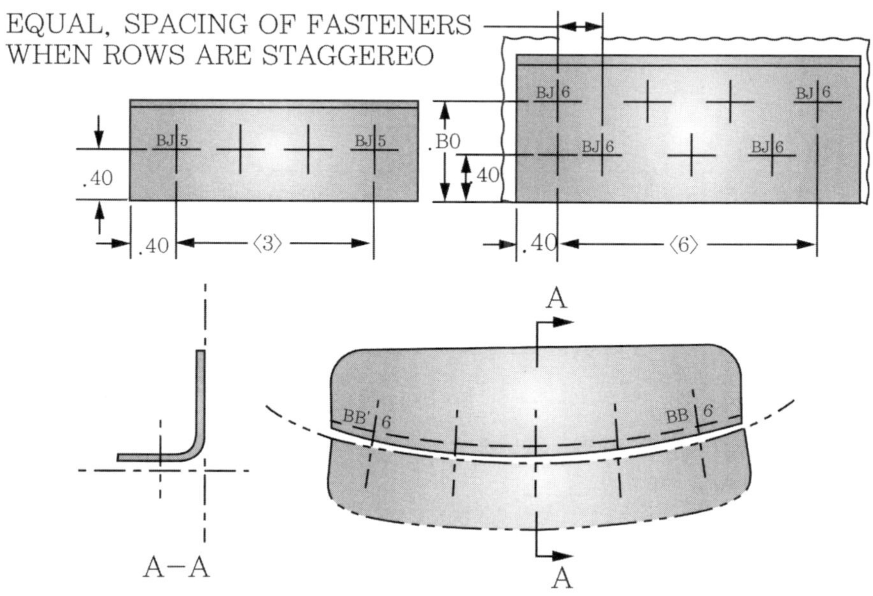

(a) FASTENER 장착 CODE의 부분생략(예)

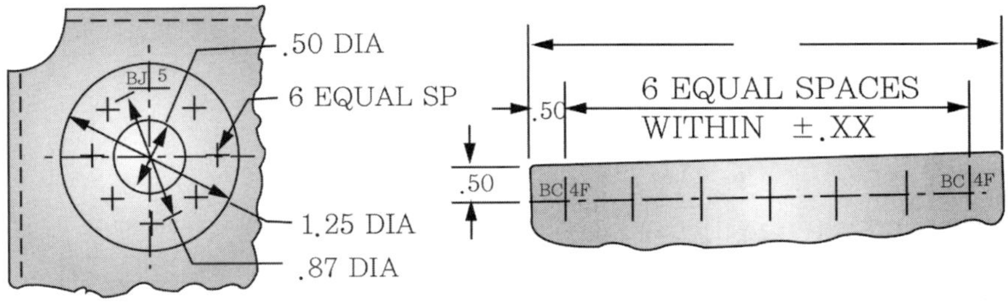

(b) FASTENER 장착위치 표기(예)

[그림 1-58] 패스너 장착 위치 표시

(3) 패스너 장착위치 표시

그림 1-58의 예와 같이 쉽게 확인이 가능한 경우 부분적으로 패스너 코드를 생략할 수 있으며, (b)의 경우와 같이 패스너 장착위치가 수치로 표기된 경우 수치를 계산해서 장착위치를 정해야 한다. (1:1 무 치수 도면인 경우는 패스너 장착위치를 정확히 자로 재서 작업을 하면 되지만, 무 치수 도면이 아닌 경우는 도면상의 치수를 자로 재서 이용할 수 없다.)

(4) 선 및 기호

항공기 도면에서 선만 사용하여 제작이나 정비에 필요한 사항을 명시하기 어려워 상징화된 선, 문자 및 기호를 사용하여 정보를 제공한다. 항공기 도면에서 사용되는 선의 종류와 용도는 그림 1-59와 같다.

선의 명칭	표시	용도
외형선 Visible Line	———	보이는 부분에 대한 물체의 형상을 나타내는 선 (굵은 실선)
은선(숨은선) Hidden Line	- - - - -	보이지 않는 부분의 형상 표시
중심선 Center Line	—-—-—	축이나 선에 대칭면을 표시
가상선 Phantom Line	—--—--—	가상적인 위치나 상태 표시 (물체이동 전후의 위치, 장착 상태 등)
치수선 Dimension Line	→ ← / ← →	치수기입을 위한 선

선의 명칭	표시	용도
치수 보조선 Extension Line		치수가 표시될 부분을 연장하는 선 (가는 실선)
지시선 Leader Line		기호나 수치를 기입하기 위해 사용
투영표시선 Cutting or Viewing Plane	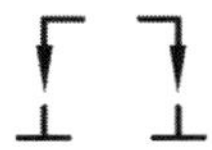	물체를 원하는 방향으로 절단하여 단면을 투영하거나 보조 투영을 딴 곳에 표시하기 위해 사용
꺽임 절단선 Offset View	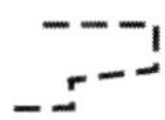	물체 내부를 여러 방향으로 절단하여 투영할 필요가 있을 때 사용
단면표시선 Section Lining		물체의 절단된 표면을 나타내는 선
파단선 Break Line	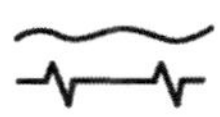	물체의 부분생략 및 중간생략을 위해 사용
바느질선 Stitch Line		바느질을 표시

[그림 1-59] 선의 의미와 용도

(5) 도면 변경란 읽기

도면의 변경란은 도면의 우측상단에 위치하며, 도면이 변경되면 기술변경서 또는 우선 도면 변경서의 양식을 사용하여 변경된 사항을 기록한다. 도면의 변경란에는 도면의 변경 이유, 변경날짜, 변경내역, 변경인가자, 변경시킨 제도사를 쓰게 된다. 그림 1-60은 도면 변경란의 예를 보여준 것이다.

(6) 일반 주석란 읽기

도면의 일반주석(General Notes)은 도면의 우측 상단의 변경란과 도면 표제란 사이에 위치하는 것이 일반적이다. 주석내용을 기록하는 번호는 아래에서부터 위쪽으로 순서대로 부여한다. 일반주석을 사용하는 목적은 도면에서 주석의 불필요한 반복을 피하기 위하여 사용한다. 단, 주석을 기록할 공간이 부족할 경우에는 나머지 주석을 찾아볼 수 있는 구간을 마지막 부분에 명시하여 쉽게 찾아볼 수 있도록 하고 있다.

REVISIONS				
ZONE	LTR	DESCRIPTION	DATE	APPROVED
A2	A	SEE DCN 7-13-95	6-1-97	T.Andrew
A3	B	SEE DCN 10-10-95	6-1-98	C.Andrew
A5	C	INC DCN 12-20-95	3/20/99	P.Jacob
B5	D	DEsign CHG DCN	11-2-99	R.Peterson
C2	E	PRR 94000: INCORPORATED ADCN 4.5 reason: BRING DRAWinG UP TO DATE	11/24/99	DWG: Jenny CHK : K.DAVIS APVD : Robert

[그림 1-60] 도면의 변경란

(7) 도면 내용 읽기

그림 1-61은 항공기 도면의 일부를 나타낸 것으로 도면의 내용을 읽기 위하여 제시된 것이다. 항공기 도면에 표현되는 각종 그림, 기호, 문자 등은 기본적으로 어떤 도면이나 거의 유사하게 사용된다.

예로 제시된 항공기 도면을 직접 읽어봄으로써 기본적인 읽기 능력을 갖출 수 있는 계기를 마련하고 실습을 통하여 습득할 수 있도록 구성하였다. 그림 1-61을 보면서 다음의 사항들을 하나씩 확인해 보고 나머지 사항들도 꼼꼼히 살펴보도록 하자.

AFH	O5N
	O2

AFH	5

AFH	5N
	02

① 37 RVT EQ SP STAGGERED: 37개의 리벳을 똑같은 간격으로 좌우로 엇갈린 배열에 따라 장착한다.

② R-R_D22, D24은 단면도를 그리는 단면을 나타낸다. 이 단면도는 같은 도면상의 다른 구역에 작성되어 있을 것이다.

③ 리벳 및 패스너 코드

AFH는 기본부호이며, 05는 5/32in의 직경을 나타내고, N(S)은 머리가 가까운 쪽(Near Side)으로 장착해야 함을 의미한다. N(S) 대신에 F(S)가 사용되면 먼 쪽(Far Side)이란 의미이다. 02는 리벳의 그립 길이가 2/16in임을 의미한다.

BJ 리벳 부호는 AN470AD4유니버셜 헤드 리벳으로 헤드의 방향이 표기되어 있지 않으므로 헤드의 방향은 의미가 없는 것으로 간주한다.

리벳의 직경은 5/32in이며, 그립의 길이 역시 표기되어 있지 않다.

BB 리벳부호는 AN426D4 100의 100° 카운터싱크 헤드 리벳으로 헤드가 가까운 쪽에 위치되어야 함을 나타내고 있으며, 리벳의 직경은 5/32in, 그립의 길이는 2/16 in인치임을 나타내고 있다.

④ 4 RVT EQ SP은 4개의 리벳이 같은 간격으로 장착되어야 함을 의미한다.

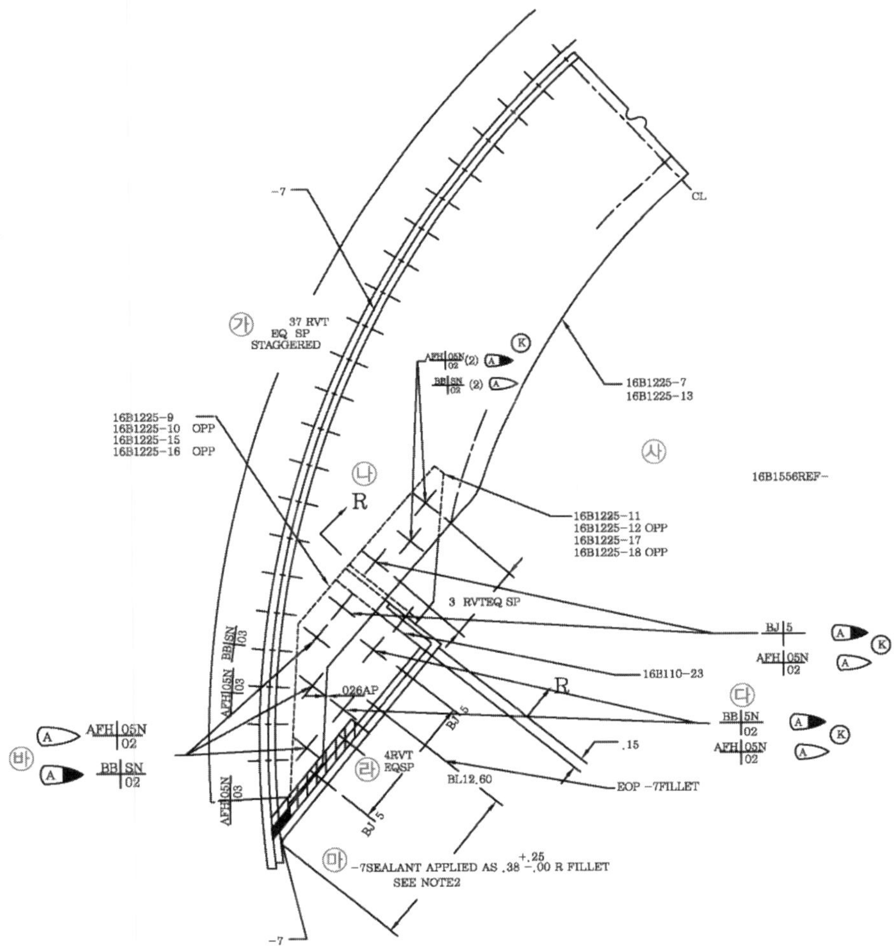

[그림 1-61] 항공기 예제 도면

⑤ −7 SEALANT APPLIEDAS .38+0.25/−.00 R FILLET: 부품번호 −7은 밀봉재를 라운드 반경이 0.38인치에 +공차가 0.25이내 -공차는 허용되지 않도록 하는 필릿(Fillet) 작업을 나타낸다. 여기서, SEE NOTE 2는 주석 2번을 참고할 것을 지시하는 것이다.

⑥ 적용성 부호

총알모양의 기호에 검게 색칠된 모양은 지시된 내용만 적용하며, 총알모양의 기호에 검정색으로 채워지지 않은 모양은 주어진 내용에 대해 적용하지 말 것을 의미한다.

⑦ 16B1225-7, 16B1335-13

도면번호 16B1225의 부품번호 7, 16B1225의 부품번호 13을 참고할 것을 지시하고 있다.

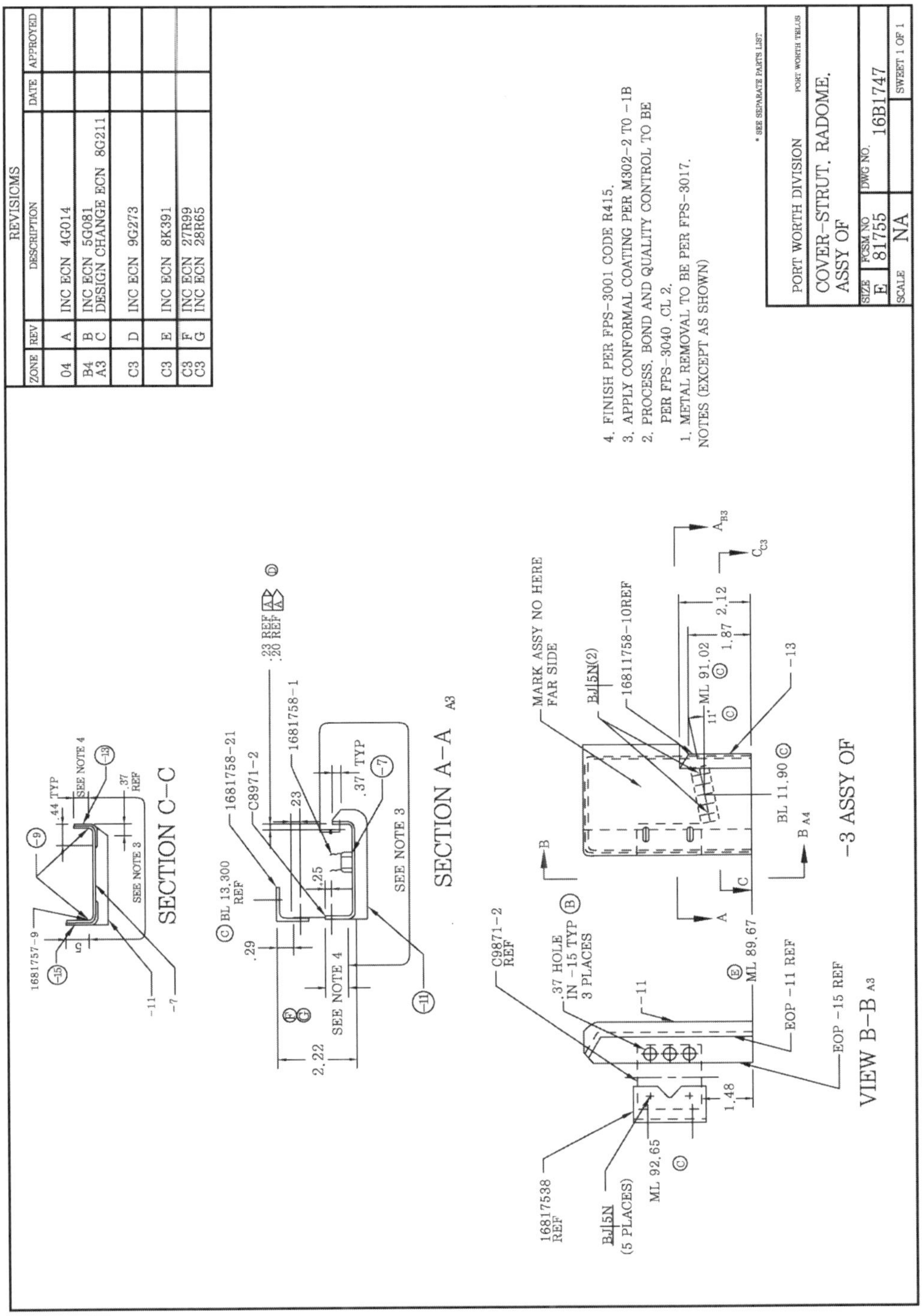
REVISICMS
ZONE REV DESCRIPTION DATE APPROYED
04 A INC ECN 4G014
B4 B INC ECN 5G081
A3 C DESIGN CHANGE ECN 8G211
C3 D INC ECN 9G273
C3 E INC ECN 8K391
C3 F INC ECN 27R99
C3 G INC ECN 28R65
4. FINISH PER FPS-3001 CODE R415.
3. APPLY CONFORMAL COATING PER M302-2 T0 -1B
2. PROCESS, BOND AND QUALITY CONTROL TO BE PER FPS-3040 .CL 2.
1. METAL REMOVAL TO BE PER FPS-3017.
NOTES (EXCEPT AS SHOWN)
PORT WORTH DIVISION
COVER-STRUT, RADOME, ASSY OF
SIZE E FCSM NO. 81755 DWG NO. 16B1747
SCALE NA SWEET 1 OF 1
SECTION C-C
SECTION A-A
VIEW B-B
-3 ASSY OF
MARK ASSY NO HERE FAR SIDE
SEE NOTE 3
SEE NOTE 4

Chapter 2

헬리콥터

1 헬리콥터의 종류

항공기는 공기보다 가벼운 항공기와 무거운 항공기에 대한 정의로부터, 공기보다 무거운 항공기는 날개가 고정되어 있는 고정날개 항공기(Fixed Wing Aircraft)와 날개가 회전하는 회전날개 항공기(Rotor Craft)로 분류된다. 그리고 회전날개 항공기는 다시 헬리콥터, 오토자이로(Autogyro) 또는 자이로콥터(Gyrocopter), 수직 이·착륙 항공기 등으로 분류된다.

오토자이로는 헬리콥터가 개발되기 전에 주로 고정 날개 항공기의 윗부분에 회전날개를 장착하여 비행을 시도한 것으로, 큰 성공을 이루지 못했다. 그러나 외형적으로는 헬리콥터와 비슷하지만, 비행하는 원리에서는 오토자이로를 흉내 낸 자이로콥터가 개발되었다.

국제 민간 항공 기구(ICAO)의 분류에 의하면, 공기보다 무거운 항공기는 고정 날개 항공기와 회전 날개 항공기의 두 종류이다. 회전 날개 항공기의 종류에는 오토자이로 또는 자이로콥터, 수직 이·착륙기, 헬리콥터 등과 같이 수직 이륙이 가능한 여러 종류가 있으나, 현재 운용되고 있는 것은 대부분 헬리콥터이다.

회전 날개 항공기에서 가장 많이 사용되고 있는 헬리콥터의 종류에 대해 살펴보기로 한다. 헬리콥터에는 여러 가지 종류가 있으며, 헬리콥터를 주 회전 날개의 배치와 수에 따라 분류하며, 각각의 특징에 대해서도 알아보기로 한다.

1) 단일 회전 날개 헬리콥터

그림 2-1의 단일 회전 날개 헬리콥터는 현재 사용되고 있는 헬리콥터 중 가장 기본적인 형식으로, 하나의 주 회전 날개와 꼬리 회전 날개를 가지고 있다. 이 헬리콥터의 특징은, 하나의 주 회전 날개에 의해 발생하는 토크를 꼬리회전 날개에 의해 상쇄시키고, 꼬리 회전 날개의 피치 각(Pitch Angle)을 바꾸어 줌으로써, 헬리콥터의 방향 조종을 가능하게 하는 것이다.

단일 회전 날개 헬리콥터의 장점으로는 헬리콥터의 회전 날개 회전축 중심에서 꼬리 회전 날개의 회전축 중심까지의 거리가 길기 때문에, 토크를 보상하기 위해 필요한 꼬리 회전 날개의 동력이 다른 종류의 헬리콥터에 비해 적게 소모된다. 그리고 주 회전 날개가 하나이므로 조종계통이 단순하며 출력 전달 계통의 고장이 적고, 조종성과 성능이 비교적 양호하며 가격이 싸다는 점이다.

단점으로는 동력의 일부를 꼬리 회전 날개의 구동에 사용해야 하며, 꼬리 회전 날개는 토크의 보정만을 위해 사용되므로 양력 발생에 도움이 되지 않는다. 그리고 긴 꼬리 부분은 격납고에 보관하는데 불편하며, 지상에서 꼬리 회전 날개의 회전은 사람들에게 위험을 줄 수 있다는 점이다.

[그림 2-1] 단일 회전 날개 헬리콥터

[그림 2-2] 동축 역회전 날개 헬리콥터

2) 복수 회전 날개 헬리콥터

이 헬리콥터는 같은 크기의 회전 날개 2개를 설치하여, 서로 반대방향으로 회전시키면 토크가 상쇄되는데, 그 설치 위치에 따라 다음과 같이 구분된다.

(1) 동축 역회전 회전날개 헬리콥터

동축 역회전 회전날개 헬리콥터는 그림 2-2와 같이 초기의 헬리콥터에 많이 사용된 형식으로서, 동일한 축 위에 2개의 주 회전 날개를 아래위로 겹쳐서 설치하는 형식이다.

이 헬리콥터의 장점은 2개의 주 회전 날개가 서로 반대 방향으로 회전하므로, 각각의 회전 날개에서 발생되는 토크는 서로 상쇄된다. 따라서 조종성도 좋고 주 회전 날개에 의해 발생되는 양력도 커지게 된다.

단점으로는 동일한 축에 2개의 주 회전 날개를 부착시키므로 조종 기구가 복잡해지며, 두 개의 주 회전 날개의 회전에 의해 발생되는 와류(Vortex)의 상호 작용에 의해 성능이 저하될 수 있다. 또한 두개의 주 회전 날개가 회전할 때 서로 충돌하지 않도록 하기 위해 간격을 두어야 하므로 기체의 높이가 높아진다는 단점이 있다.

(2) 병렬식 회전 날개 헬리콥터

병렬식 회전 날개 헬리콥터는 가로 안정성을 좋게 하기 위하여 그림 2-3과 같이 비행 방향에 대해 옆으로 두 개의 회전 날개를 배치한 것으로, 헬리콥터가 개발되던 초기에 많이 사용되던 형식이다.

이 헬리콥터 장점으로는 좌우에 회전 날개를 배치함으로써 가로 안정성이 매우 좋으며, 동력 장치의 동력을 모두 양력 발생에 효과적으로 사용할 수 있고, 꼬리 부분에 토크 상쇄용 기구가 필요 없으므로 기체의 길이를 짧게 할 수 있다. 그리고 좌우의 회진 날개에 의해 발생된 와류가 서로 간섭하지 않으므로 수평 비행 시 양력 손실이 적게 되고, 좌우의 회전 날개를 부착하는 곳을 비행기의 날개처럼 해 줌으로써 고속 수평 비행 시 추가의 양력을 발생시켜 준다는 점이다.

[그림 2-3] 병렬식 회전 날개 헬리콥터

[그림 2-4] 직렬식 회전 날개 헬리콥터

단점으로는 헬리콥터의 앞에서 본 단면적이 크기 때문에 수평 비행 시의 유해 항력이 크며, 세로 안정성이 좋지 않기 때문에 꼬리날개를 가지는 경우가 많으며, 무게 중심 위치의 세로 방향으로의 이동 범위가 제한되므로 대형기에 부적합하다.

(3) 직렬식 회전 날개 헬리콥터

직렬식 회전 날개 헬리콥터는 그림 2-4와 같이 2개의 주 회전 날개를 비행 방향에 대해 앞뒤로 배열시킨 형식으로 특징은 대형화에 적합하다는 것이다.

직렬식 회전 날개 헬리콥터 장점은 주 회전 날개가 앞뒤로 배치되어 있으므로 세로 안정성이 좋고, 무게 중심 위치의 이동 범위도 커서 무거운 물체의 운반에도 적합하며, 구조적으로 간단하다는 점이다. 단점으로는 앞뒤로 놓여 진 주 회전 날개에 동력을 전달하는 기구가 복잡하고, 일반적으로 가로 안전성이 나쁘기 때문에 수직 안정판을 설치한 기종이 많으며, 앞・뒤의 주 회전 날개가 교차되므로 회전 속도를 동조시키는 장치가 필요하다.

2 헬리콥터 기체의 구성

헬리콥터 구조는 헬리콥터에 독특한 비행 특성을 제공하도록 설계되어 있다. 헬리콥터의 비행은 헬리콥터의 로터에 의해 이루어지며, 로터는 회전하는 에어포일로서 양력을 제공하는 것이다. 이 로터의 에어포일은 고정익 항공기에 양력을 제공하는 것과 유사한 방식으로 양력을 발생시킨다.

공기가 로터의 곡선 상부 표면을 빠르게 흐르면, 상부 표면에 음(−)의 압력을 발생 시켜서 헬리콥터를 상승시킨다. 회전하는 브레이드의 받음각을 변화시켜서 헬리콥터를 상승시키거나 하강시킨다. 로터의 회전 평면을 기울여서 헬리콥터를 수평으로 이동하도록 한다.

주 회전날개는 양력과 추력을 발생시키는 장치로서 2개 이상의 회전날개 깃(Rotor Blade)과 회전날개 허브(Rotor Hub)로 구성되어 있다. 동체는 항공기와 마찬가지로 승객과 화물을 싣는 공간이며, 착륙 스키드(Landing Skid)는 항공기의 착륙장치에 해당하고 여기에 지상 취급용 바퀴를 부착하여 지상에서의 이동이 가능하다.

꼬리 붐(Tail Boom)은 꼬리 회전날개를 장착할 수 있는 지지대의역할을 하며, 전진 비행 시의 안정성을 주기 위한 수평 안정판을 부착하고, 꼬리 회전 날개를 지탱하는 구조물인 수직 핀(Vertical Fin)이 장착된다. 이 수직 핀은 꼬리 회전날개와 더불어 주 회전날개에 의해 발생되는 토크를 어느 정도 상쇄시킬 수 있는 수직 안정판의 역할도 수행한다.

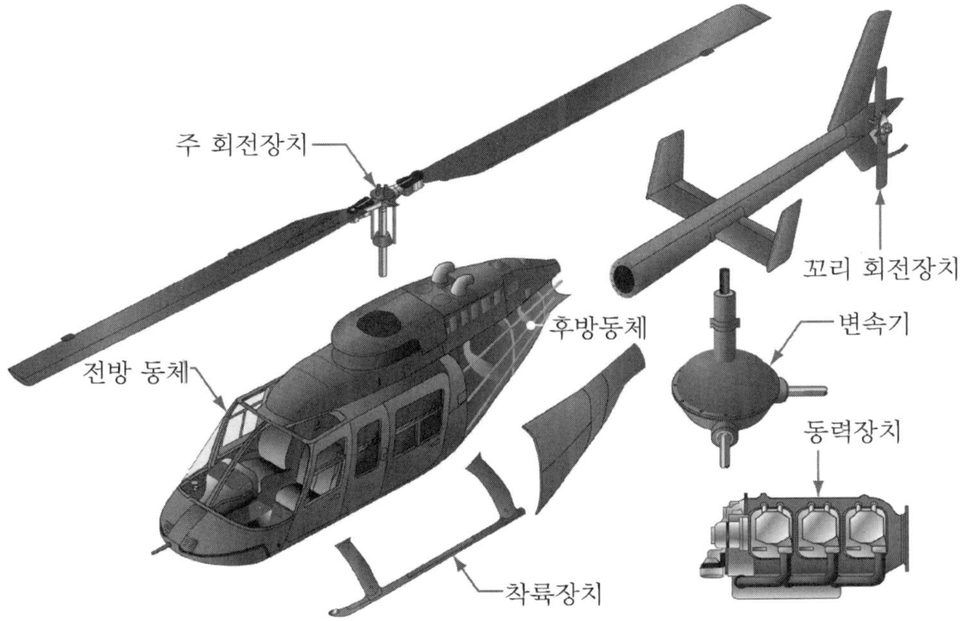

[그림 2-5] 헬리콥터 주요 명칭

꼬리 회전 날개의 주 기능은 주 회전날개에 의해 발생되는 토크를 상쇄하는 반 토크 작용(Anti-Torque Action)을 갖기 위한 추력을 발생시키는 것이며, 주 회전날개 구동축을 중심으로 헬리콥터 동체를 왼쪽과 오른쪽으로 회전시키는 방향 조종(Directional Control)의 기능도 한다. 그림 2-5은 일반적인 헬리콥터의 주요 구성 요소를 나타낸다.

1) 헬리콥터 기체 구조의 구분

헬리콥터 기체의 구조는 크게 동체(Fuselage)와 테일 붐(Tail Boom), 꼬리부분으로 나누어지지만, 구성 부분에 따라 여러 가지 형태와 재료로 제작된다. 일반적으로 몸체 구조(Body Structure), 하부 구조(Bottom Structure), 객실 구조(Cabin Structure), 뒤 구조(Body Structure), 테일 붐(Tail Boom), 안정판, 착륙 장치 등으로 구분된다.

(1) 동체구조(중심구조: Body Structure)

동체는 중요 구조부분으로 기체가 받는 대부분의 하중을 담당하며, 동체에 작용하는 하중을 지지하기 위해 보강재로 강화된 구조로 되어 있다. 동체는 연료탱크를 포함하며, 동체의 하부구조(Bottom Structure)는 앞쪽에 위치하며 객실하중을 지지하고, 이 하중을 중심구조 부재에 전달하는 역할을 한다. 객실구조(Cabin Structure)는 지붕, 윈드실드, 수직 구조부재로 구성되며, 윈드실드는 투명 고탄소 경화수지로 만들어 진다. 동체의 후방구조(Rear Structure)는 화물실로 이용된다.

① 트러스 구조

트러스가 헬리콥터에 작용하는 하중을 담당하며, 초기의 헬리콥터에 사용되었다. 정비가 용이하나 유효공간이 적고 정밀제작이 어렵다.

② 세미모노코크형 구조

무게가 가볍고 강도가 크며 견고해서, 대부분의 헬리콥터에서 사용한다.

③ 모노코크형 구조

충분한 강도를 유지하기 위해 외피가 두꺼워야 하므로 동체의 무게가 무거우나, 유효공간이 크고 정밀하게 가공할 수 있다. 최근에는 강화 플라스틱, 유리섬유재료, 열경화성수지등의 신소재로 헬리콥터의 동체를 제작한다.

(2) 테일붐

테일 붐은 테일 로터(Tail Rotor), 테일 로터 구동축, 파일론을 지지하며, 세미모노코크(Semi-Monocoque)형 또는 모노코크(Monocoque)형으로 제작한다. 세미모노코크형 테일붐은 정형재, 링 및 스트링거, 외피로 구성되어 있으며, 동체의 뒷 부분에 볼트로 연결된다.

(3) 안정판

수직핀(Vertical Fin)과 수평 안정판으로 구성되어 있으며, 수직핀은 비행 중 발생한 토크를 상쇄하는 역할을 하며, 수평안정판은 수평에서 2°정도 아래로 경사져 있는데 이것은 전진비행시 아래쪽으로 힘을 만들어 줌으로써 동체가 수평을 유지할 수 있도록 한다.

(4) 착륙장치

지상에서 기체를 지지해 주며, 회전날개가 회전중일 때에는 진동을 완화시키는 역할을 한다.

2) 헬리콥터에 작용하는 힘

헬리콥터에 작용하는 힘은 추력, 양력, 항력 및 헬리콥터는 무게가 작용하며, 이들 힘들이 상호 작용에 의해 헬리콥터의 운동을 결정하게 되며, 헬리콥터는 다음과 같이 호버링, 수직상승 및 하강, 전진 및 후진 그리고 좌우 측면운동을 하게 된다. 사이클릭 조종간(Cyclic Stick)에 의해 추력의 방향이 결정되며, 축력의 방향으로 헬리콥터 운동이 이루어진다.

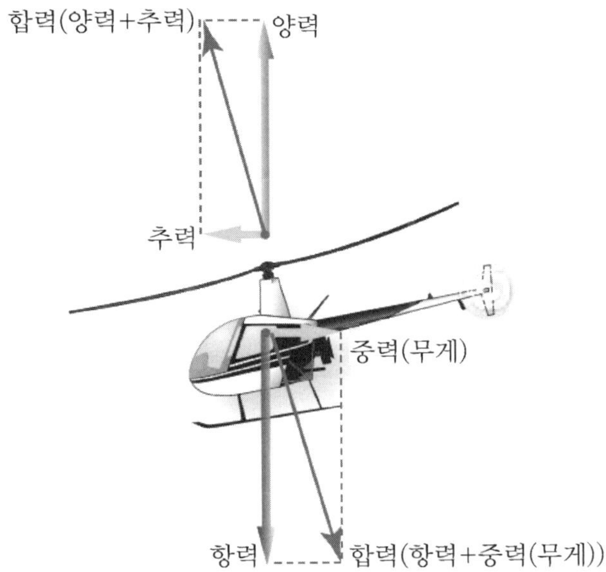

[그림 2-6] 헬리콥터에 작용하는 힘

(1) 호버링(Hovering) 비행

그림 2-7과 같이 회전날개의 회전면이 수평으로 회전하면서 양력과 무게가 평형(같아짐)을 이루어서, 헬리콥터가 제자리 비행하는 것을 호버링(Hovering) 비행이라 한다.

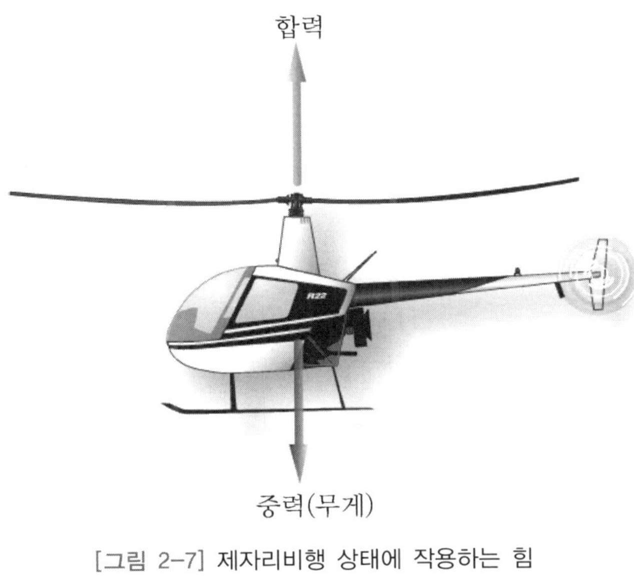

[그림 2-7] 제자리비행 상태에 작용하는 힘

(2) 수직 상승 및 하강 비행

위쪽으로 작용하는 추력이 아래쪽으로 작용하는 무게 및 항력의 합보다 크면 수직 상승 비행 운동을 하게 되며, 위쪽으로 작용하는 양력 및 항력의 합이 아래쪽으로 작용하는 무게보다 작으면 수직 하강 비행을 하게 된다.

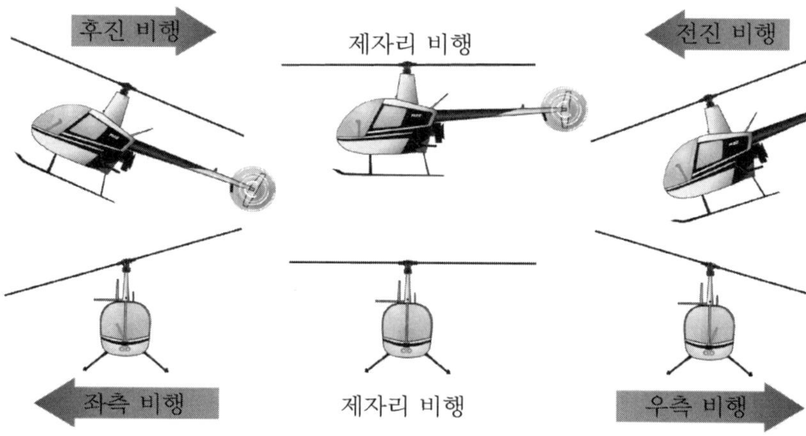

[그림 2-8] 사이클릭 조종스틱(주기 조종 스틱)와 주회전 날개 회전면의 위치

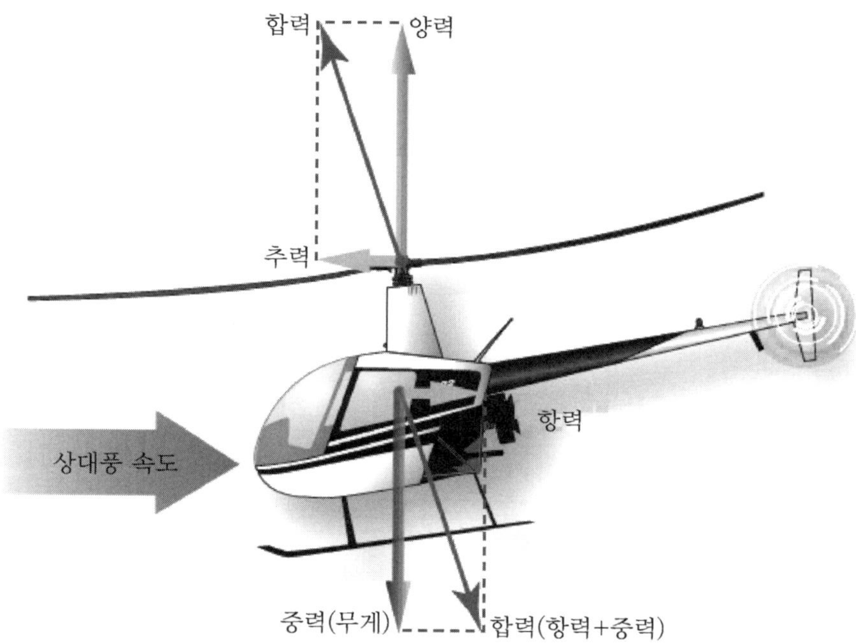

[그림 2-9] 등속도 비행 상태에 작용하는 힘

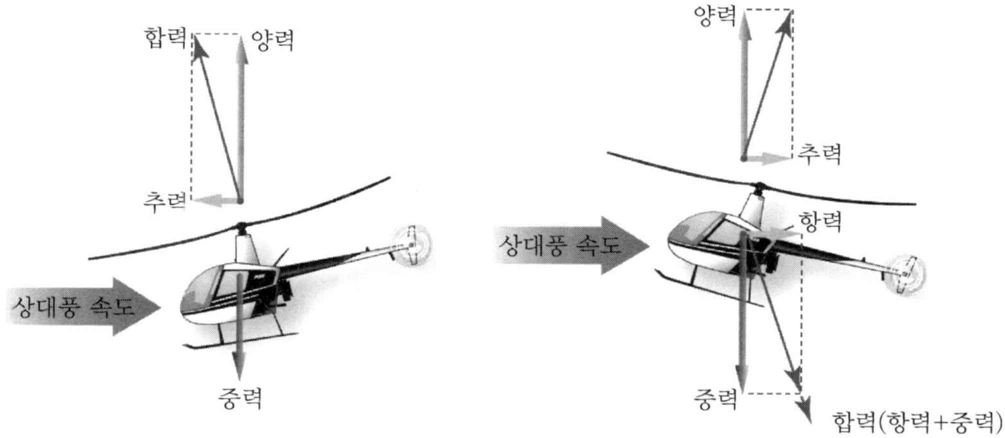

[그림 2-10] 가속 또는 감속비행시 작용하는 불균형적인 힘

(3) 전진 및 후진 비행

헬리콥터에 작용하는 추력의 방향이 헬리콥터의 앞 및 뒤 방향으로 향할 때 헬리콥터는 전진 및 후진 비행을 하게 된다.

(4) 좌 · 우측 비행

헬리콥터에 작용하는 추력의 방향이 헬리콥터의 측면 방향인 좌 또는 우측 방향으로 향하면, 헬리콥터는 좌측 또는 우측 방향으로 비행을 하게 된다.

3) 꼬리회전날개와 토크

헬리콥터는 주회전 날개가 회전하는 방향과 반대방향으로 회전하는 토크(Torque)가 생기며, 이 토크에 의해 헬리콥터 동체를 주 회전날개의 방향과 반대방향으로 회전시키려 한다. 그림 2-11과 같이 이 토크를 상쇄시켜서 동체의 회전을 방지하기 위해 꼬리회전날개(Tail Rotor)를 설치하여 헬리콥터의 방향 안정을 도모한다.

(1) 노타(Notar)의 장점

테일 로터리스(Tail Rotorless) 또는 노타(Notari No Tail Rotar)라 하며, 노타(Notar) 헬리콥터는 꼬리회전날개(Tail Rotor)를 없애고 꼬리부분의 로터(Rotor) 대신에 제트(Jet)가스를 분사해서 공기압력을 조절한다. 이 공기 압력에 의해 주회전날개의 토크를 상쇄하거나 조절하는 장치를 말한다. 꼬리부분의 구멍에서 분출된 저압의 공기가 회전날개 주위의 공기

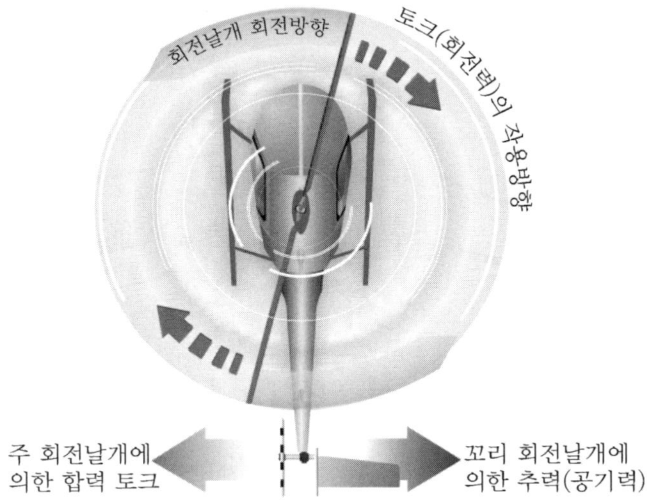

[그림 2-11] 꼬리회전날개와 토크

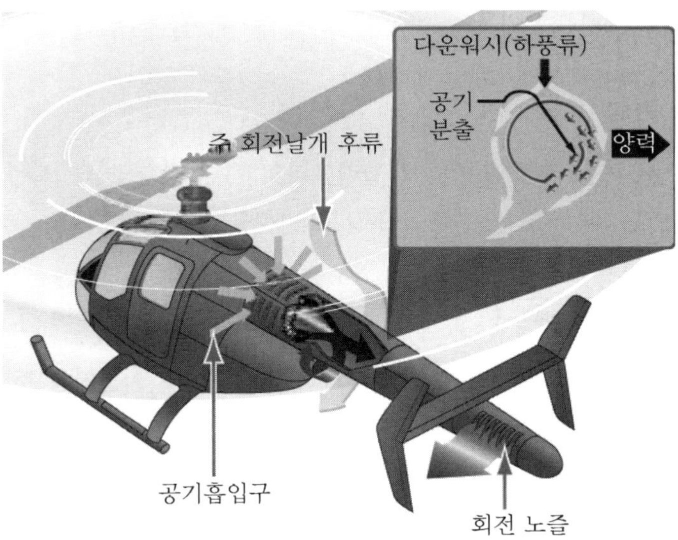

[그림 2-12] 코안다 효과(Coanda Effect)

흐름과 합쳐져 "코안다 효과(Coanda Effect)"를 일으켜 오른쪽 방향으로 양력(그림 2-12)을 발생시키고, 이 양력에 의해 동체의 회전을 방지시킨다. 예를 들면 제자리 비행할 때 방향을 유지하기 위해 필요한 힘 즉 반토크는 코안다 효과로 발생하는 양력이 2/3의 추력을 담당하고, 나머지(1/3)은 노즐에서 분출하는 공기의 추력이 담당한다.

① 장점

㉠ 조종이 용이하여 조종사의 작업 부담이 줄어들고, 꼬리회전날개가 없어 소음이 적다.

㉡ 꼬리회전날개가 부딪칠 위험 요소가 줄어들어 기동성이 향상된다.

㉢ 꼬리회전날개 및 구동축, 기어박스가 필요하지 않으므로 무게를 감소시킨다.

㉣ 정비나 유지하기가 쉽다.

② 단점

㉠ 꼬리회전날개 대신에 제트 가스를 사용하기 때문에 적외선 열추적시스템이 있는 미사일에 취약해서 군용으로 사용하기 어렵다.

㉡ 제트 가스의 뜨거운 공기가 직접 테일붐에 들어가지 않도록 하기 위해 엔진 배출구마다 두 개씩의 깃(blade)이 있어야 한다.

(2) 페네스트론(Fenestron)

동체의 회전을 방지하기 위해 토크를 상쇄시키는 반토크 회전날개로서 페네스트론(Fenestron) 즉 꼬리 내부에 팬(Fan-In Tail)이 있는 형식이다. 이 형식은 회전날개가 수직꼬리날개 내부의 원형도관에 들어 있어서 지상의 사람이나 기타 물체와 부딪칠 염려가 없다.

4) 주 회전날개(Main Rotor Blade)

회전 날개는 항력 힌지, 플래핑 힌지, 패더링 힌지 등 3개의 힌지를 부착하여 전후, 상하로 자유로이 움직이게 되어 있다. 회전 날개가 회전하면 회전 날개에 작용하는 양력, 항력, 원심력 및 날개의 무게 등에 의하여 어느 방향으로나 일정한 회전면을 유지하면서 회전축 둘레를 회전한다. 만약 날개가 회전축에 고정되어 있다면, 날개의 회전에 의해 새긴 양력, 항력, 원심력, 중력 등의 합성력이 비행 자세에 따라 회전축을 통하여 휨 모멘트를 기체에 가해 주므로 기체가 전복될 수 있으나, 이들 3개의 힌지 때문에 회전 날개는 항상 상하, 전후로 균형을 유지하면서 회전한다.

항력 힌지와 플래핑 힌지는 회전면 안에서 날개에 작용하는 공기 항력이나 양력 성분을 원심력과 평형이 되도록 균형을 잡아 준다. 페더링 힌지는 조종 계통과 연결하여 헬리콥터를 조종한다.

날개의 좌우에서 대기와의 상대 속도의 차이가 생기게 되는데, 이와 같이 좌우에서 양력의 차이가 생기면 헬리콥터는 전복한다. 그러므로 페더링 힌지는 회전 날개가 오른쪽을 돌때에는 피치를 작게 해 주고 왼쪽을 돌 때에는 크게 해 준다. 또, 헬리콥터를 전진, 후진 또는 측면으로 운동할 때는 회전 날개의 회전축을 운동하고자 하는 방향으로 기울여야 한다. 이와 같이 하기 위하여 회전 날개의 회전 위치에 따라 피치를 바꾸는데, 이것을 주기적 피치제어라 한다.

예를 들면, 조종간을 앞으로 밀면 회전날개가 헬리콥터 전방 부분을 지나는 동안은 피치가 감소하고 후방부분을 지나는 동안은 피치가 증가하면서 회전하므로 회전면이 앞으로 기울어져 회전면에서의 힘의 수평 분력만큼 전진력이 생겨 전진비행을 한다. 또, 조종간을 오른쪽으로 기울이면 회전 날개가 왼쪽을 통과하는 동안은 피치가 감소하고 오른쪽을 통과하는 동안은 피치가 증가하면서 회전하므로 회전면이 오른쪽으로 기울어지게 되어 우측 비행을 하게 된다.

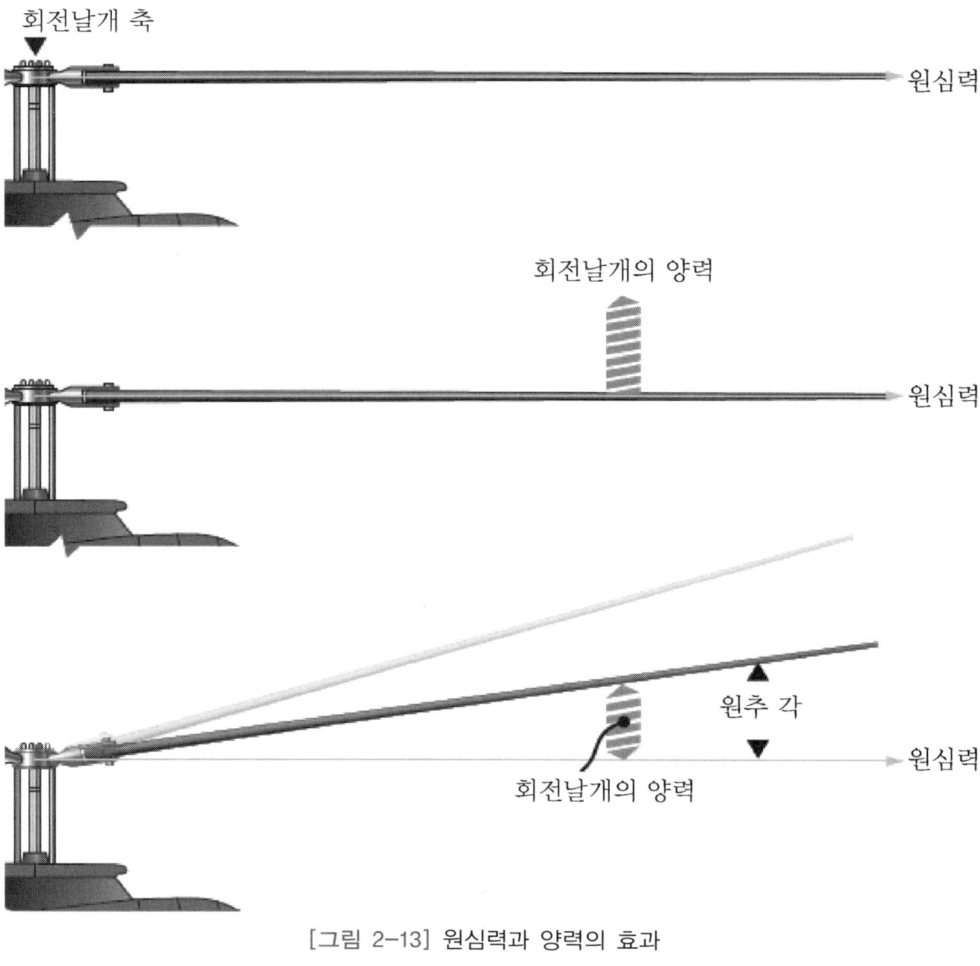

[그림 2-13] 원심력과 양력의 효과

그리고 헬리콥터가 상승, 하강 운동을 하려면 헬리콥터의 전체 양력이 증가하거나 감소해야 한다. 그러므로 모든 회전 날개의 피치를 동시에 늘렸다 줄였다 하는 기구가 동시(콜렉티브) 피치 레버와 연결되어 있다. 이 레버를 올리면 날개의 피치가 커지고, 피치를 크게하면 기관의 동력도 많이 필요하므로, 일반적으로 기관 스로틀 밸브와 연동으로 하여 기관 출력을 증대시켜 기체를 상승시킨다. 강하할 때에는 이와 반대로 작동하는데, 이것을 동시 피치 제어라 한다.

(1) 주 회전날개에 작용하는 힘과 운동

주 회전날개에 작용하는 힘에 의해 주 회전날개 깃의 모양(형태) 및 궤도에 대해 간단히 설명하면 다음과 같다.

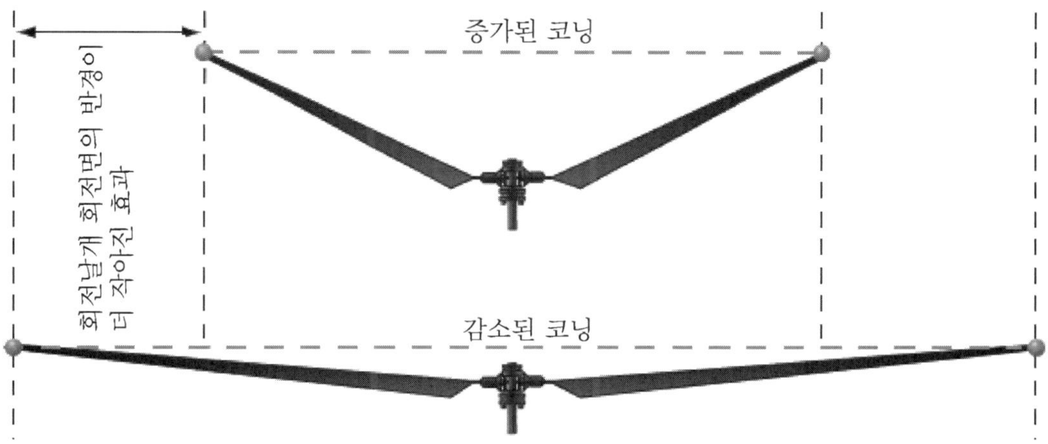

증가된 코닝에 의한 회전날개의 회전면 직경이 더 감소된 코닝의 회전날개 회전면의 직경보다 작아진다는 것을 유의해야 한다.

증가된 코닝: 효과적인 회전날개 회전면의 감소로 인해 회전날개에 발생하는 양력 감소

감소된 코닝: 더욱 더 효과적인 수직 양력 발생

[그림 2-13] 코우닝(원추)의 효과

① 주 회전날개에 작용하는 힘

㉠ 처짐(Droop): 회전날개가 정지상태에서 처지는 현상

㉡ 코닝(Coning): 양력과 원심력의 합력으로 깃이 위로 올라간 형태

㉢ 회전면(Rotor Disk): 회전시 회전날개 끝단(Blade Tip)이 원형을 그리면서 회전하는 면

㉣ 궤도(Track): 로타(Rotor)가 회전시 각각의 회전날개 깃(Blade)의 궤적간의 거리

㉤ 이탈궤도(Out of track): 제 위치를 벗어난 깃(Blade)의 운동

② 주회전날개의 양력불균형과 플래핑 힌지

㉠ 주회전 날개의 양력 불균형

깃의 피치각이 같은 경우 전진 깃(Advancing Blade)에서 발생하는 양력은 후진 깃(Retreating Blade)에서 발생하는 양력보다 큼으로써 생기는 양력 차이를 말한다. 그림 2-15에서 보는 바와 같이 헬리콥터의 전진 비행속도가 100knot(1knot=1.852 km/h)이고, 이 헬리콥터 깃의 끝단 속도(Tip Speed)가 300knot라면, 전진 깃의 영역에서는 상대속도가 400knot이나, 후퇴 깃의 영역에서는 200knot가 된다. 그러므로 이 속도의 차이로 인해 주 회전날개에 양력의 불균형이 발생하게 된다.

㉡ 플래핑 힌지(Flapping Hinge)

주 회전날개에 발생하는 양력 불균형 때문에 회전날개가 위·아래로 움직이는 운동을 플래핑 운동이라 하며, 플래핑 운동을 할 수 있도록 지지하는 힌지를 플래핑 힌지(Flapping hinge)라 한다.

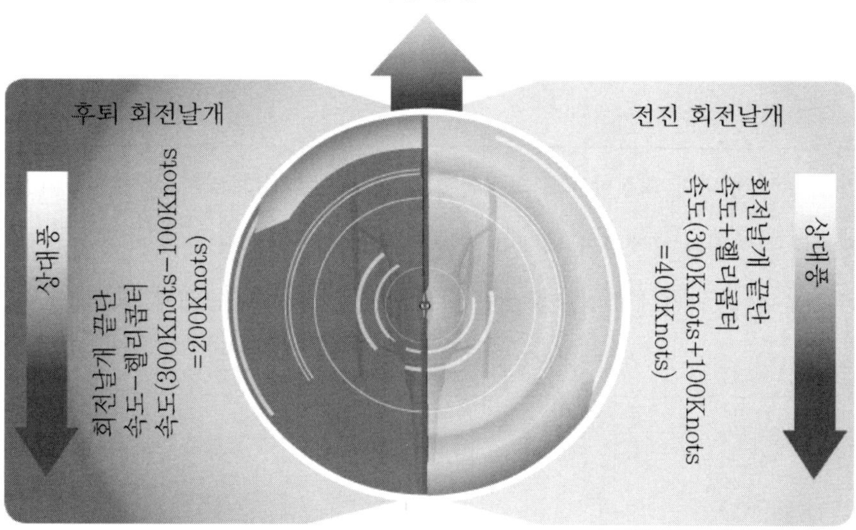

[그림 2-15] 회전날개의 양력 불균형

③ 코리올리 효과와 항력 힌지

전진하는 깃(Advancing Blade)은 양력의 증가로 질량중심이 회전축에 가까워지기 때문에 가속되어 앞서가는 리드(Lead) 운동을 하게 되고, 후진하는 깃(Retreating Blade)은 질량중심이 회전축에서 멀어지기 때문에 감속해서 처지게 되는 래그(Lag) 운동을 하게 되는데 이러한 효과를 코리올리스 효과(Coriolis Effect)라 한다. 그림 2-16과 같이 회전날개의 코리올리스 효과에 의한 기하학적 불균형을 해소하기 위한 힌지를 항력 힌지(Drag 또는 Lead-Lag Hinge)라 한다.

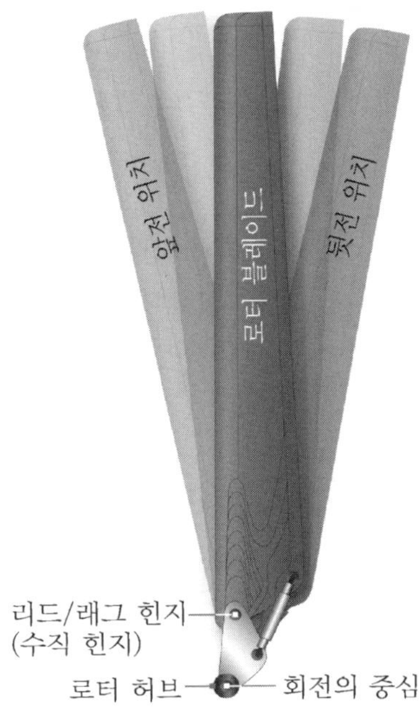

[그림 2-16] 리드/래그(항력) 힌지

[그림 2-17] 완전 관절형 플래핑 허브

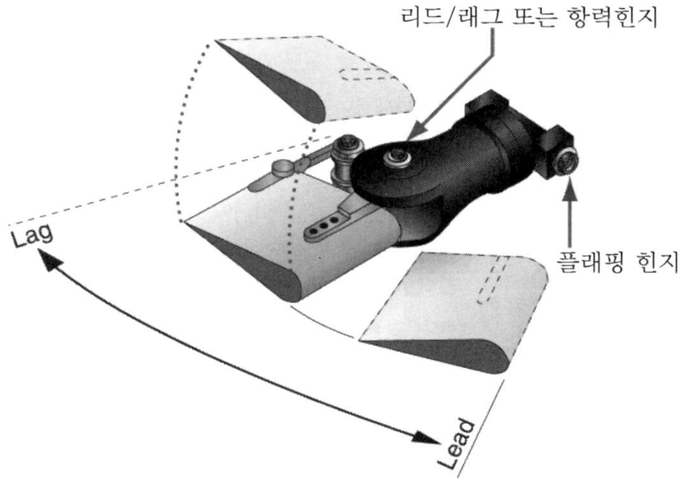

[그림 2-18] 리드/래그(항력) 힌지

④ 회전날개의 피치 변화와 깃의 단면

양력의 변화를 주기 위해서는 회전날개의 피치를 변화시키는 것이 필요하며, 회전면을 기울이기 위해서는 각각의 회전날개 깃도 회전하면서 피치를 변화시킬 수 있어야 한다. 페더링 힌지(Feathering Hinge)는 페더링 축을 움직여서 깃의 단면을 변화시키는 역할을 한다.

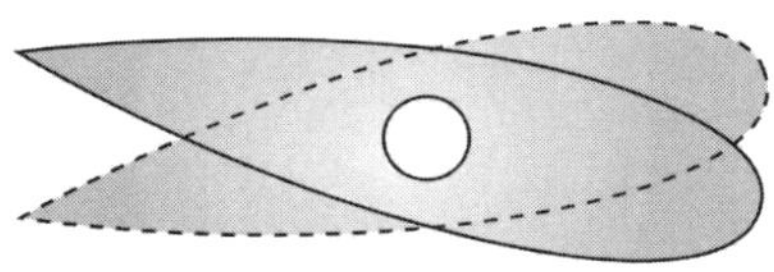

(a) 페더링 축

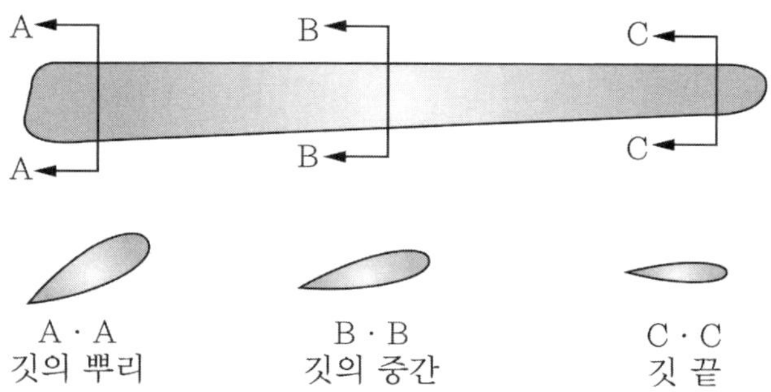

(b) 깃의 비틀림

[그림 2-19] 회전날개의 피치 변화와 깃의 단면

깃(Blade)의 단면은 깃의 길이 방향에 따라 양력의 증가를 일정하게 위해서는 비틀림을 주며, 비틀림은 깃의 뿌리에서 가장 크고 깃의 끝에서 가장 작게 작용한다.

2) 주 회전날개의 형식과 구조

주 회전날개 장치는 주 회전날개 허브를 중심으로 회전날개가 어떻게 작동되는가에 따라 구분하며, 완전 관절형과 반 관절형(반 고정형), 그리고 고정형인 기본 3가지 형태가 있다.

① 완전 관절형 회전날개

이 장치는 그림 2-20과 같이 각각의 회전날개를 여러 개의 힌지를 사용하여 중심축에 연결시켜 서로 자유롭게 즉 독립적으로 작동할 수 있도록 한 것이다.

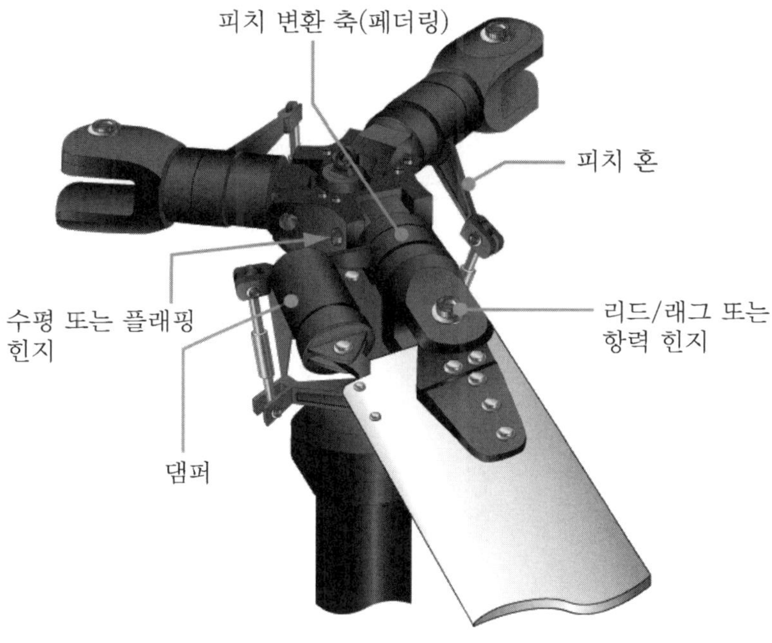

[그림 2-20] 완전 관절형 회전날개 장치

㉠ 플래핑 힌지

플래핑 힌지(Flapping Hinge)는 수평방향의 힌지로 회전날개가 위 아래로 움직일 수 있도록 한다. 이런 움직임을 플래핑이라 하며 양력의 불균형을 해소하기 위한 것이다.

㉡ 리드-래그 혹은 드래그 힌지

리드-래그 혹은 드래그 힌지(Lead-Lag or Drag Hinge)는 수직방향의 힌지로 회전날개가 앞뒤로 움직일 수 있도록 한다. 이런 움직임을 리드-래그 또는 드래그라 한다. 드래그 힌지를 중심으로 회전날개가 너무 심하게 앞뒤로 움직이지 않도록 일반적으로 댐퍼를 설치하고 있다. 드래그 힌지와 댐퍼의 역할은 코리올리스 효과(Coriolis Effect)에 의한 회전날개의 가속이나 감속현상을 보완하기 위한 것이다.

㉢ 페더링 힌지

모든 회전날개가 회전날개 길이방향의 축을 중심으로 회전하는 것을 페더링(Feathering)이라 한다. 이 움직임은 회전날개의 피치각을 변화시켜준다. 회전날개의 피치각이 변하면 추력과 회전 날개 회전면의 방향이 달리진다.

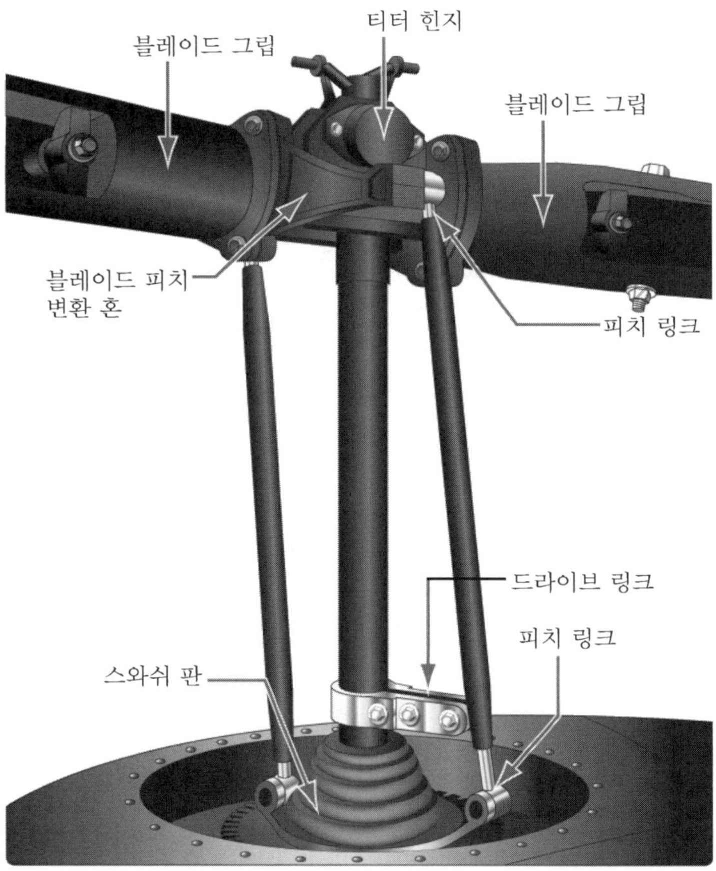

[그림 2-21] 반 관절형 회전날개 장치

② 반 관절형 회전날개

이 장치는 그림 2-21, 22와 같이 회전 날개의 중심축에 고정된 2개의 회전 날개 구조에서 사용한다. 회전날개 중심축이 테터링 힌지(Teetering Hinge)라고 부르는 회전 날개 회전축을 기준으로 자유롭게 시소와 같이 움직인다. 이러한 움직임으로 한 회전날개가 올라가면 반대편 회전날개는 내려가서 동시에 2개의 회전날개가 한 쌍으로 플래핑을 하는 것이다. 이 장치에는 수직힌지인 드래그 힌지가 없어 회전날개 자체가 휘어져 리드-래그 힘을 흡수하여야 하며, 플래핑 힌지와 페더링 힌지만 허브에 연결된 형식이다.

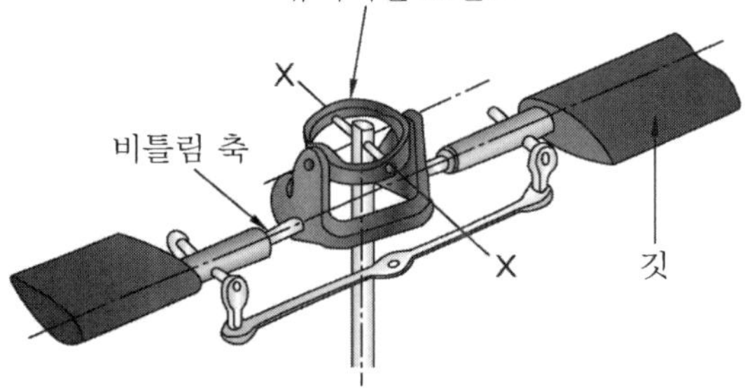

[그림 2-22] 반 관절형 회전 날개 장치

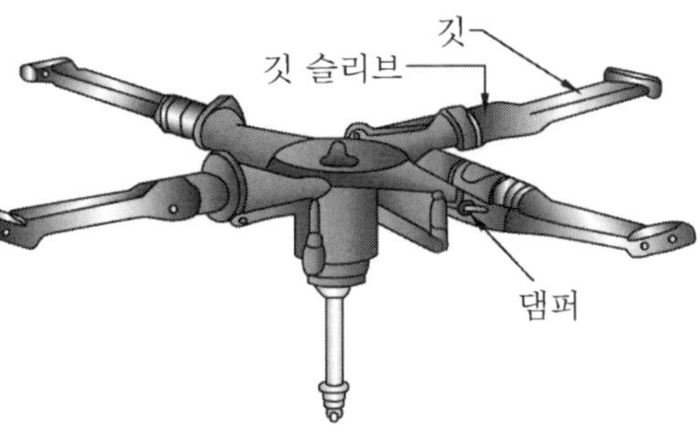

[그림 2-23] 고정형 회전 날개 장치

③ 고정형 회전날개

이 장치에서는 그림 2-23, 24와 같이 회전날개와 중심축과 회전축이 서로 고정되어 있다. 그래서 수평방향이나 수직방향에 아무런 힌지가 없어 플래핑(Flapping)이나 드래깅(Dragging)을 할 수가 없고 오직 페더링(Feathering)만 가능하다. 플래핑과 리드-래그 힘은 모두 회전날개가 자체적으로 흡수하여야 하며, 초기 헬리콥터 또는 오토자이로에 주로 사용되었다.

④ 베어링리스 회전날개

베어링리스 로터 시스템은 블레이드 및 허브의 구조가 응력을 흡수하는 다른 방법의 회전날개 시스템이다. 유로 콥터 시스템과 같은 베어링리스 로터 시스템은 블레이드의 변형과 비틀림을 지탱 할 수 있는 탄력 복합체 성분으로 만든 접촉면이나 부하 지점이 있다. 이러한 구성 요소의 대부분은 금속 피로로 인해 파괴될 수 있으며, 이 부분이 파괴되더라도 항공기가 착륙을 안전하게 할 수 있도록 복합 성분이 설계된다.

이 시스템은 힌지가 없고 깃의 탄성 변형에 의한 형식으로 꼬리 회전날개에 주로 사용되며, 무게가 가볍고 구조가 간단하며, 안전성, 정비성, 공기저항이 작다는 장점이 있으며, 상당히 고가의 시스템이다.

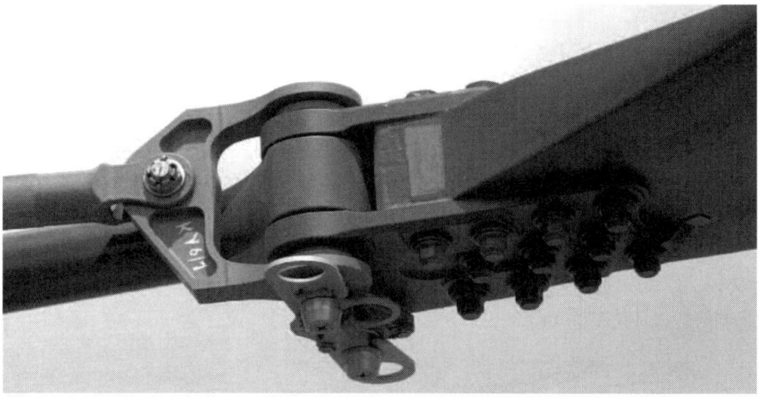

[그림 2-24] 고정형 회전날개 장치

[그림 2-25] 베어링리스 회전날개 장치

(3) 주 회전날개 깃의 종류

회전날개로는 일반적으로 가로 세로비(aspect ratio)가 15~20이고, 두께 비는 10~15%이며, 공력 중심 주위에 모멘트가 생기지 않는 대칭형 날개골이 사용된다. 공기 역학적으로는 날개의 끝을 가늘게 하고 날개 끝에서 피치가 작아지도록 비틀림을 주는 것이 좋으나, 제작상 시위(chord)를 일정하게 하고 비틀림만 주고 있는 것이 많다. 소형기에는 목재를 층으로 결합한 통나무(laminated solid wood)제의 회전 날개를 사용하나, 습기 등에 약하기 때문에 거의 금속제 회전날개를 사용하고 있다. 대표적인 구조는 앞전 부분에는 D형의 경합금 압출 형재를 쓰고, 뒷전 부분에는 얇은 판의 구조 또는 강화 플라스틱 벌집형 구조의 형태를 가진다. 이 밖에 앞전 부분에 약간 두꺼운 스테인리스 강판을, 뒷전 부분에 얇은 경합금 판을 굽혀서 접착하여 조립한 것도 있다.

① 목재 깃

목재로 만들어진 깃(Blade)은 주로 자작나무, 전나무, 소나무, 발사 등을 여러 층으로 접합시켜 만든다. 그림 2-26에서 보는 바와 같이 질량밸런스(Mass Balance)는 깃의 무게 중심을 맞추는 역할을 한다. 캡(Cap)은 앞전의 마멸을 방지하기 위하여 스테인리스강으로 만든 캡을 씌운다. 뒷전에 위치한 탭은 깃의 궤도를 맞추는데 사용한다. 팁 포켓(Tip Pocket)은 길이 방향의 평형을 맞추는데 사용한다.

목재 깃은 교환할 때에는 한 쌍으로 교환하며, 강도, 습도에 약하고 제작비가 싸고 정비가 용이하다.

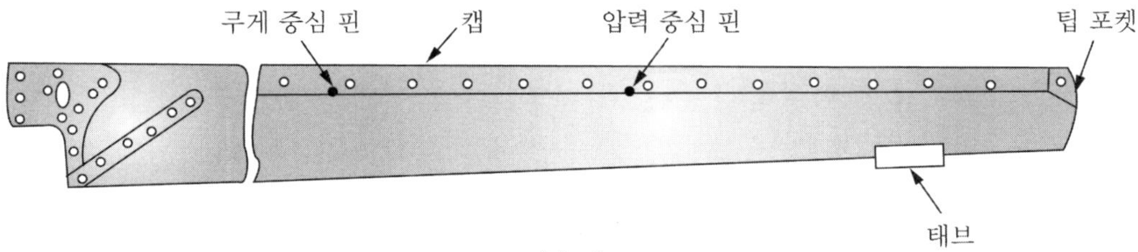

(a) 깃

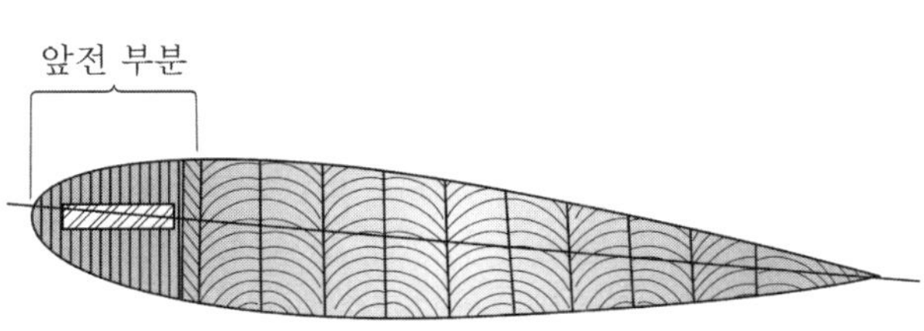

(b) 깃의 단면

[그림 2-26] 목재 깃(blade)

② 금속 깃

금속으로 만들어진 깃은 알루미늄 합금, 합금강, 스테인리스강, 티탄합금 등이 주로 사용되며, 스테인리스강 스트립은 모래나 먼지 등에 의한 마멸을 방지할 수 있다. 그립 플레이트(Grip Plate)와 더블러(Doubler)는 깃의 뿌리에 부착되어 있으며, 깃이 받는 하중을 허브에 전달하는 역할을 한다. 트림 탭(Trim Tab)은 깃의 궤도를 맞추는데 사용하고, 팁 포켓(Tip pocket)은 길이 방향의 평형을 맞추는데 사용한다.

③ 복합재료 깃

복합재료 깃은 유리섬유, 케블라, 탄소섬유, 허니컴, 스테인리스강, 티탄 등이 사용되고, 날개보(Spar)는 금속소재, 외피는 유리섬유가 주로 사용된다.

외피에 사용되는 유리섬유는 깃의 수명을 연장하고, 부식이 없으며, 결함의 확산 속도가 빠르지 않으며, 접착제에 의해 수리가 용이하다.

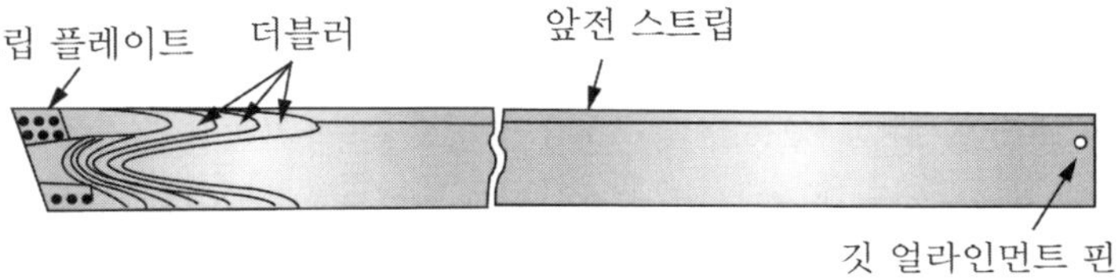

(a) 깃

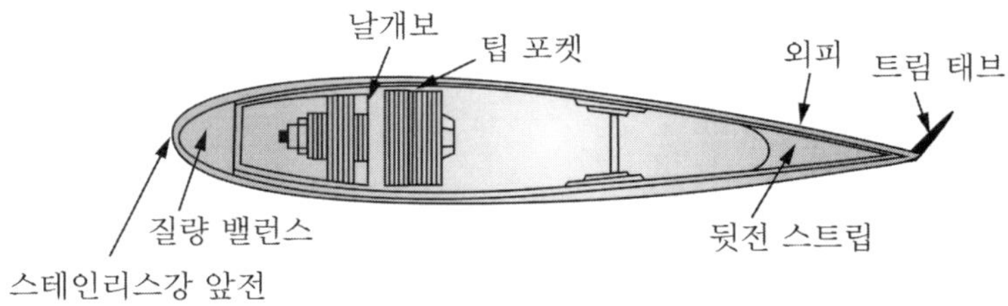

(b) 깃의 단면

[그림 2-27] 금속 깃

5) 꼬리 회전날개

꼬리 회전날개는 1개의 허브와 2개의 깃으로 구성된다. 각각의 깃은 피치 변환축(Pitch Change Axis)상의 깃에 설치된 구형 베어링에 의해 허브에 장착된다. 구형 베어링으로 장착되는 것은 꼬리 회전날개에 플래핑 운동을 허용하기 위함이다. 그리고 허브는 90° 기어박스 출력 축(gearbox output shaft)에 스플라인 트러니언(Splined Trunnion) 방식에 의해 연결된다. 그림 2-28에서 피치 혼(Pitch Horn)과 크로스 헤드(Cross Head) 및 피치 링크

(Pitch Link)는 피치 변환 축에 대해 꼬리 회전날개 깃의 피치를 변화시켜 주는 기구이다.

보강 블록과 더블러는 꼬리 회전날개 깃을 그립에 부착하여 강도를 높이기 위한 것이다. 그리고 마모 스트립(Abrasive Strip)은 비행 중 미세한 외부 입자들로부터 꼬리 회전날개 깃의 앞전 마모를 방지하기 위해 띠 형태의 금속 박판을 앞전에 부착한 것을 말한다. 코어는 꼬리 회전날개 깃의 강성을 주기 위한 내부 보강재를 일컫는다.

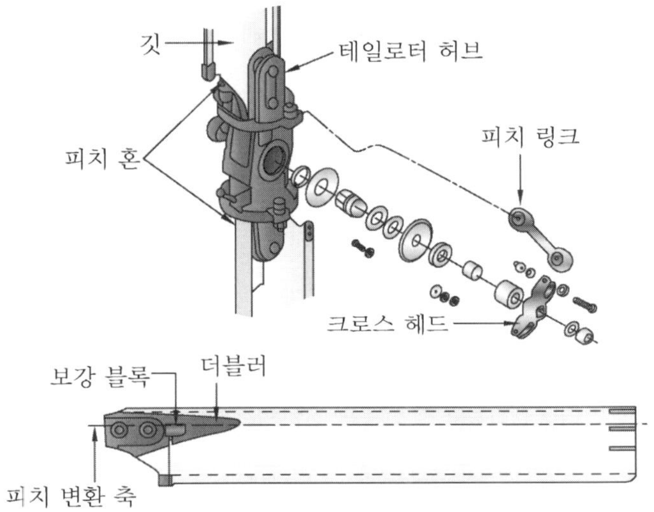

[그림 2-28] 꼬리 회전날개의 구성

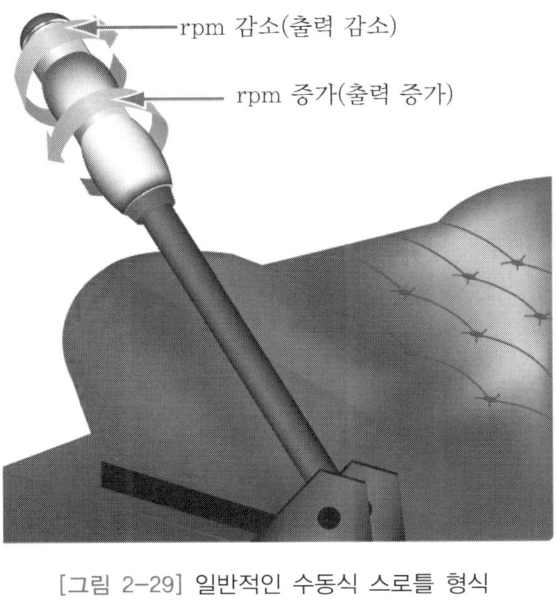

[그림 2-29] 일반적인 수동식 스로틀 형식

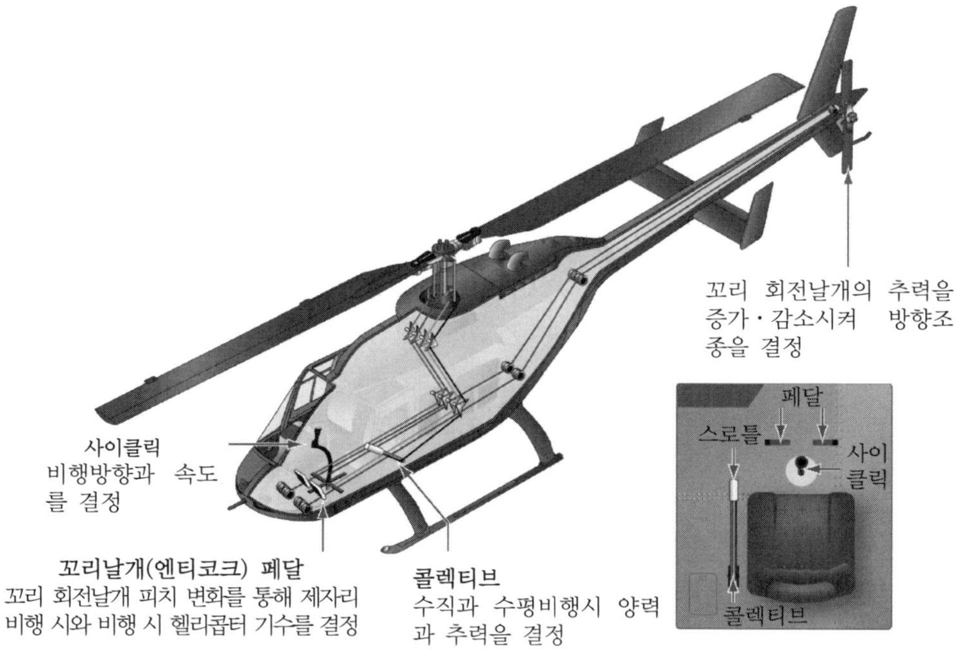

[그림 2-30] 헬리콥터 주요 조종 장치 및 조종실의 조종장치 위치

3 조종 장치

헬리콥터 회전날개 조종 장치는 크게 3가지로 구분할 수가 있다.

1) 주기 피치 조종 장치

그림 2-31과 같이 회전하고 있는 주 회전날개를 전·후·좌·우로 경사지게 함으로써 헬리콥터를 전진 비행, 후진비행 및 측면(횡진) 비행이 가능하도록 하는 주기 피치 조종 장치(Cyclic Pitch Control System)가 있다. 조종간을 앞으로 밀면 전진하는 방향의 회전날개 받음각이 작아지고 후진하는 방향의 회전날개 받음각이 커지므로 헬리콥터가 전진 비행을 하게 된다. 즉 회전 날개의 회전면이 헬리콥터가 진행하고자 하는 방향으로 경사지도록 조종하는 장치가 주기 피치 조종 장치이다.

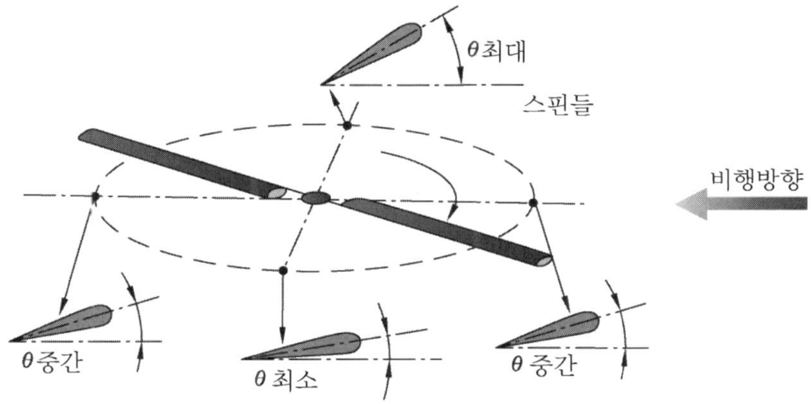

[그림 2-31] 주기 피치 조종 원리

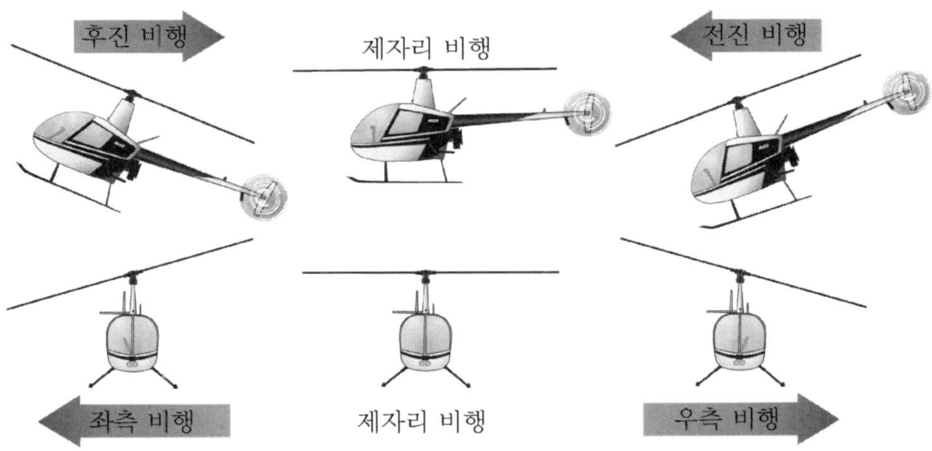

[그림 2-32] 사이클릭 조종스틱(주기 조종 스틱)와 주회전 날개 회전면의 위치

2) 동시 피치 조종 장치

주 회전날개의 추력(양력)을 증가감소시키기 위하여 주 회전날개 깃의 피치 각을 동시에 증가 · 감소시켜주는 동시 피치 조종 장치(Collective Pitch Control System)가 있다. 이 장치는 헬리콥터가 이륙하거나 상승하기 위해서는 큰 양력이 필요할 때 조종간을 당기면 회전 날개의 양력이 커져 상승하고, 반대의 경우 조종간을 밀면 양력이 작아져 하강비행을 하도록 조종하는 장치이다. 주 회전날개 깃의 피치 각이 증가하면 항력이 증가하므로 회전 속도가 감소한다.

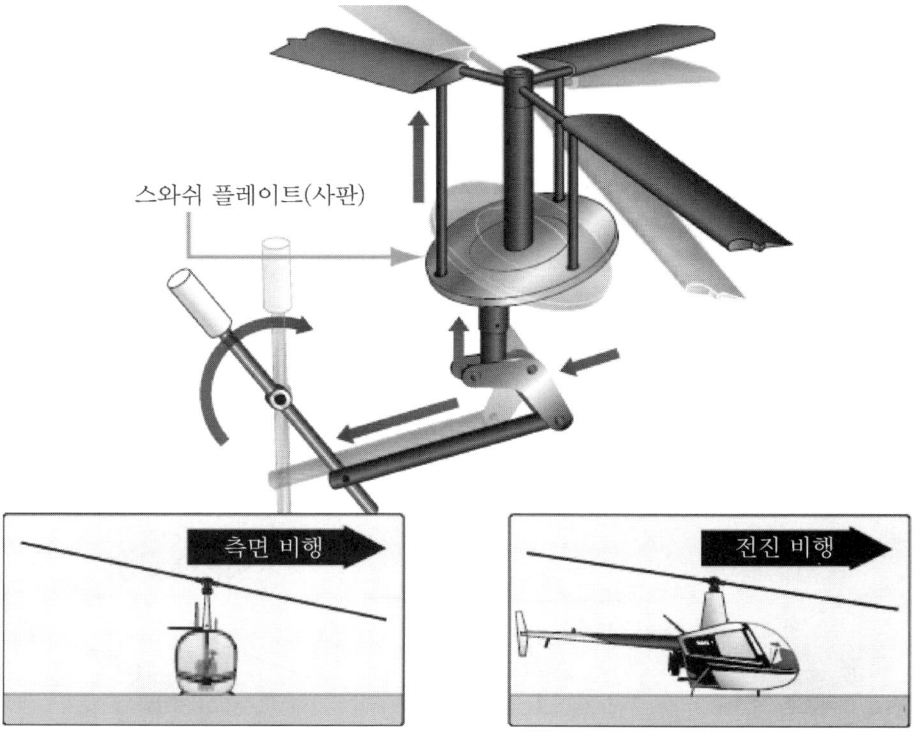

[그림 2-33] 사이클릭 조종 스틱, 스와쉬 플레이트 및 비행 방향과의 관계
(사이클릭 조종 스틱은 회전날개 회전면을 변화시키는 스와쉬 플레이트의 각을 변화시킨다. 즉 사이클릭 조종 스틱의 위치에 따라 비행 방향이 변화한다.)

따라서 주 회전날개의 회전속도를 일정하게 하기 위해 엔진의 출력을 증가시켜 주어야 한다. 반대로 주 회전날개 깃의 피치 각이 감소하면 반대 현상이 나타나므로 엔진의 출력을 감소시켜 주어야한다. 이러한 이유에서, 동시 피치 조종간의 변위와 헬리콥터 엔진 출력을 조절하는 스로틀의 변위를 연동시킬 수 있도록 하는 것이 바람직하다.

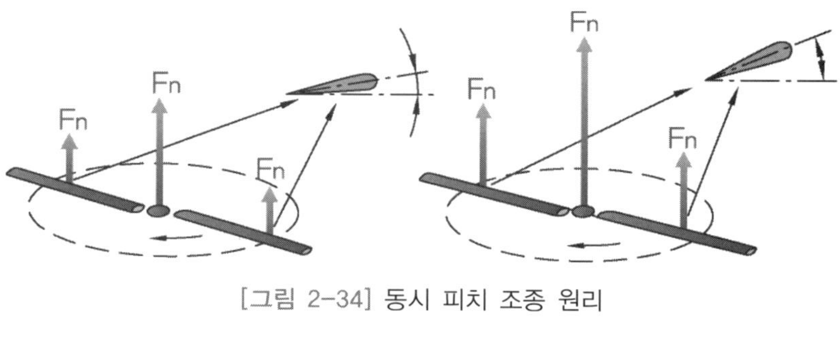

[그림 2-34] 동시 피치 조종 원리

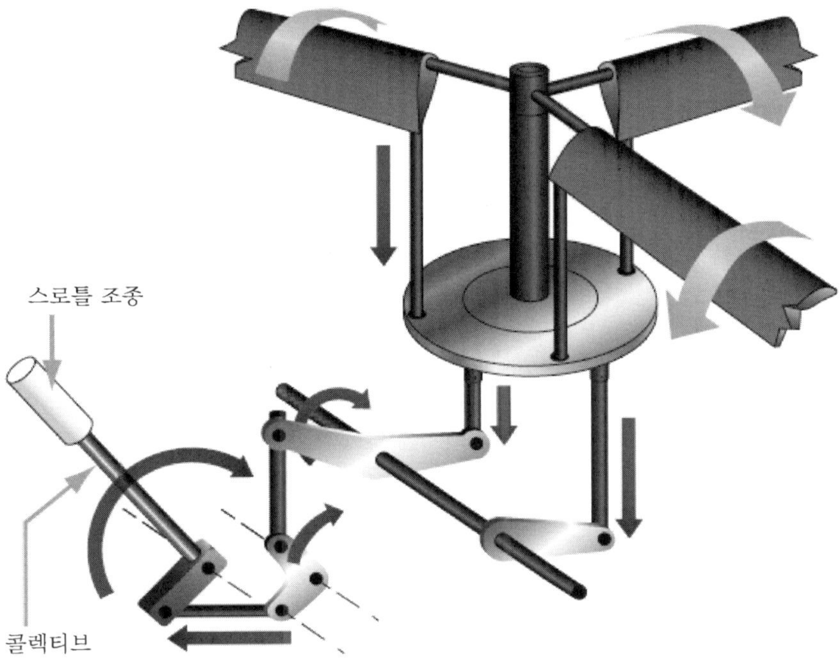

[그림 2-35] 콜렉티브 조종 스틱과 양력(콜렉티브 조종 스틱은 모든 회전날개의 피치를 변화시킨다. 그러므로 회전날개의 양력을 증감시키다.)

3) 방향 조종 장치

헬리콥터 기수를 주 회전날개 회전축을 중심으로 시계 방향 또는 반 시계 방향으로 회전시킬 수 있는 방향 조종 장치(Directional Control System)가 있다. 그림 2-36에서 보는 바와 같이 회전날개로 인하여 발생하는 동체의 회전력을 꼬리날개가 발생시키는 회전력으로 상쇄시키면 헬리콥터는 직선 비행을 하게 된다. 만약 회전날개로 인하여 발생하는 동체의 회전력을 꼬리날개가 발생시키는 회전력으로 상쇄시키지 못해, 동체의 회전력이 꼬리날개의 회전력보다 크면 헬리콥터의 기수는 좌측으로 회전 비행을 하게 된다. 즉 이 조종 장치는 꼬리 회전날개의 추력을 증가·감소시켜 방향조종이 이루어지게 한다. 그러나 꼬리 회전날개가 추력을 발생시키는 기본 목적은 주 회전날개의 회전력에 따른 반대 방향의 토크를 상쇄하기 위해 반 토크 작용을 주기 위한 것이다.

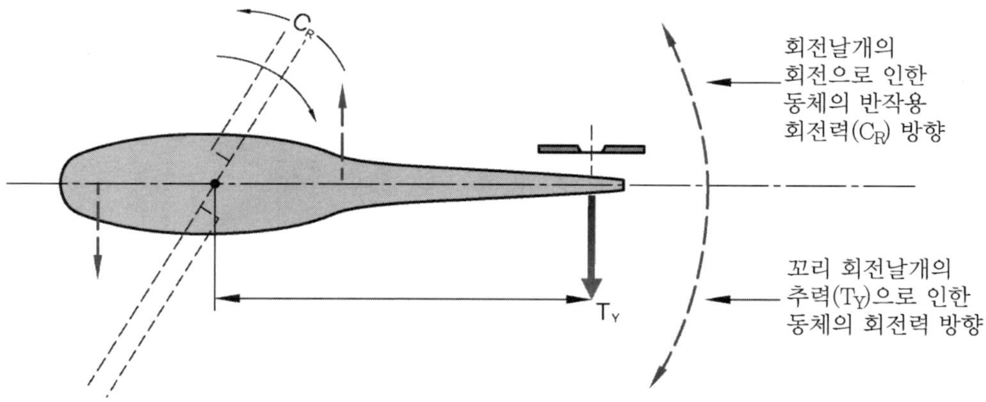

[그림 2-36] 방향 조종의 원리

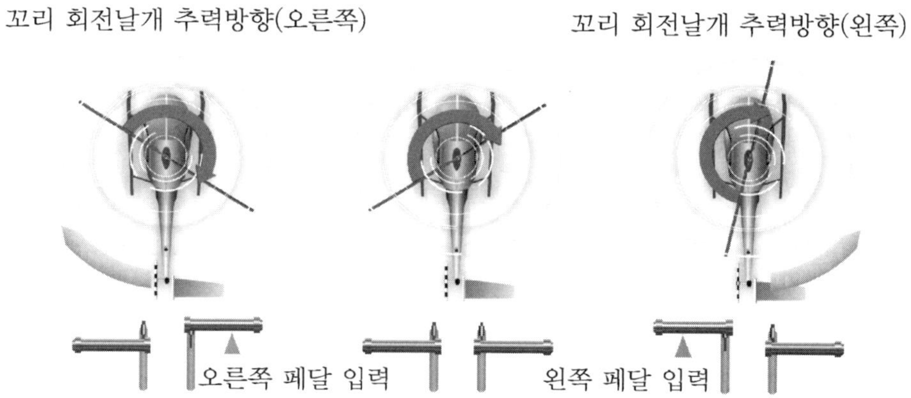

[그림 2-37] 페달 조종 위치와 꼬리로부터의 추력

4 동력 전달 장치

동력 구동(전달) 장치는 헬리콥터 엔진의 구동력을 주 회전날개와 꼬리 회전날개까지 전달하는 동력 전달 장치를 의미한다.

헬리콥터의 회전날개는 회전 반지름이 커서 저속으로 회전시켜도 날개 끝에서의 속도는 150~250m/s 가량 되기 때문에, 진행 방향의 비행 속도가 가산되면 쉽게 음속을 넘게 되고 충격파를 발생하여 심한 진동과 효율 저하를 가져온다. 그러므로 구동축과 회전날개 사이에 감속비 10 : 1 정도의 감속 장치가 있어야 한다. 또, 엔진을 시동할 때 회전날개와 분리하고, 시동한 다음 일정 속도에 도달하면 회전날개와 여결할 수 있도록 클러치가 설치되어 있다. 그리고 클러치와 감속장치 사이에는 자유회전장치(free wheel)가 설치되어 있어 엔진에서 회전날개를 가동할 때에는 회전력이 전해지나, 엔진이 정지하였을 때에는 자동적으로 분리되기 때문에 회전날개 축이 자유롭게 되어 자유회전을 할 수 있게 되어 있다.

꼬리 회전날개의 축은 회전날개의 축과 연결이 있으므로, 엔진이 고장났을 때 자동 회전을 하는 회전날개가 꼬리 회전날개를 가동시킬 수 있으며, 꼬리 회전날개의 피치 조절 장치는 브레이크 페달과 연결되어 있어 비행기와 똑같이 페달을 밟아 방향 조종을 한다.

그림 2-38과 같이 엔진의 구동력을 엔진 구동축(Engine Drive Shaft)과 자유회전 장치(Free Wheeling Unit)를 거쳐 변속기(Transmission)에 전달시킨다. 엔진구동축 양단에는 커플링(Coupling)이 부착되어, 구동축 사이에 존재할 수 있는 각도 차이를 보상해 줄 수 있다.

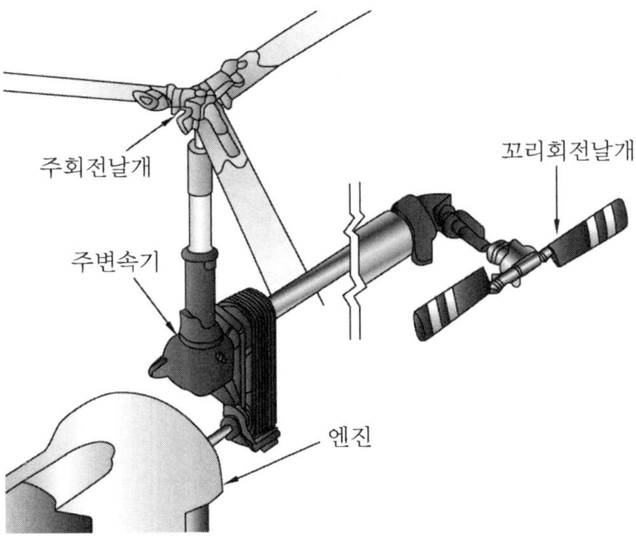

[그림 2-38] 엔진 구동축

그리고 자유 회전 장치는 일종의 클러치로서, 엔진에 이상이 발생하여 주 회전날개를 구동시킬 수 없거나 주 회전날개 회전 속도보다 느릴 때, 주 회전날개 구동축과 엔진 구동축을 분리시켜, 주 회전날개가 자동 회전 비행(Auto Rotation)이 가능하도록 해준다. 변속기는 엔진 구동축의 회전력을 전달받아 주 회전날개 구동축과 꼬리 회전날개 구동축에 전달해 주는 회전 속도 변속 및 전달 장치이다.

변속기는 2 단계의 유성 기어 열을 이용하여 엔진 구동축과 주 회전날개 구동축 및 꼬리 회전날개 구동축과의 특정한 회전 속도비로 감속시킨다.

그림 2-39는 변속기에 장착된 주 회전날개 구동축을 보여주고 있으며, 이를 마스트(mast)라고도 한다. 이 구동축은 엔진구동축으로부터 전달받은 회전력을 흡수해야 하며, 헬리콥터 무게를 견딜 수 있는 인장력을 받는다. 따라서 이러한 주 회전날개 구동축은 한정된 수명을 가지고 있으며, 정밀한 검사를 수행해야 하는 중요한 부품 중의 하나이다.

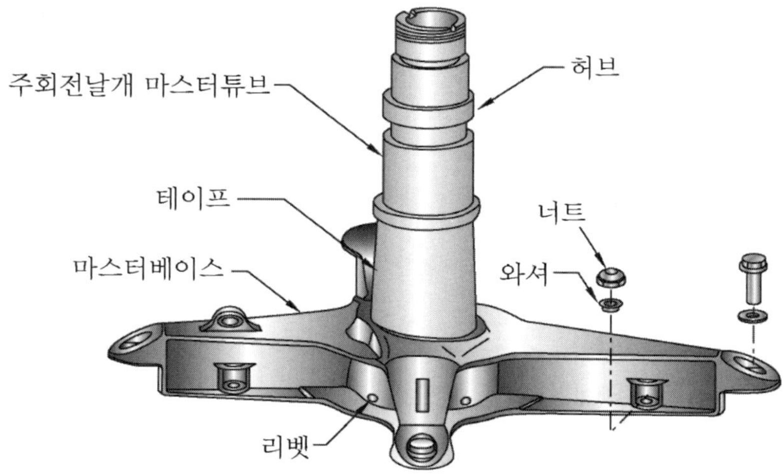

[그림2-39] 회전 날개 구동축(Mast Assembly used on the Hughes)

5 헬리콥터의 정비

헬리콥터는 회전 날개 항공기의 종류 중에서도 가장 실용화되어 보편적으로 활용되고 있는 항공기이다. 이 항공기는 주 회전 날개(Main Rotor)를 회전시켜 양력과 추력을 발생하고, 꼬리 회전 날개(Tail Rotor)의 회전과 더불어 비행 방향을 결정함으로써 여러 가지 형태의 비행 자세를 취할 수가 있다. 그리고 이와 같은 비행 특성을 이용하여 수직 이착륙 비행을 할 수 있으며, 3차원 공간에서 어느 방향으로도 직선 이동이 가능하고, 공중 정지 비행을 할 수 있기 때문에 용도가 매우 다양하다.

헬리콥터는 활용 목적에 따라 여러 가지로 분류할 수 있고, 구조적인 면에서도 매우 다양하다. 헬리콥터를 정비하기 위해서는 기본적인 헬리콥터의 정비 능력을 갖춘 후에 이를 응용하여 특정한 형태의 헬리콥터 정비에 적용하도록 한다. 헬리콥터의 정비는 고정 날개 항공기인 일반 항공기의 정비와 특성상으로 비슷하다. 따라서 헬리콥터의 정비는 고정익 항공기와 같은 공통적인 정비 사항을 제외한 헬리콥터의 정비 개요와 회전 날개 계통의 정비 및 동력 구동 장치 계통의 정비 등으로 구분할 수 있다.

1) 헬리콥터의 정비 개요

헬리콥터를 정비하기 위해서는 헬리콥터의 기체 구조에 대한 지식 및 정비 지원에 대한 이해가 필요하다. 헬리콥터의 기체 구조와 정비 지원에 대한 정비 사항은 일반 항공기와 동일한 방법으로 시작된다. 그러나 헬리콥터는 일반 항공기와는 다른 고유한 특성을 가지고 있으며, 헬리콥터의 회전 날개 형식과 기관의 종류 및 기체 구조의 형태에 따라 정비 방법과 절차를 다르게 한다.

2) 헬리콥터의 구조

헬리콥터는 동체, 기관, 회전 날개, 착륙장치 및 동력 구동장치 등으로 구성되어 있다. 헬리콥터의 동체 구조는 일반 항공기와 마찬가지로 트러스 구조, 세미모노코크 구조 또는 모노코크 구조 등으로 되어 있으며, 조종실, 객실, 화물실, 기관실 등으로 구분하여 사람과 화물 및 장비품을 적재할 수 있는 공간을 구성하고 있다. 그리고 동체의 뒷부분은 테일 붐(Tail Boom)으로 되어 있어 그 곳에 파일론(Pylon)이 부착된다. 그리고 파일론에는 꼬리 회전 날개와 수평 안정판 등이 장착된다. 회전 날개는 주회전 날개와 꼬리 회전 날개로 구분한다. 각각의 회전 날개는 회전 날개 헤드(Rotor Head)에 부착되고, 회전 날개 헤드는 조종 기구와 더불어 구동축에 연결되어 회전 날개깃(Rotor Blade)에 조종 변위와 동력을 전달할 수 있도록 되어있다. 헬리콥터의 착륙장치에는 일반 항공기와 같은 착륙장치를 가지고 있는 것과 착륙 스키드로 되어 있는 것이 있다. 착륙 스키드를 가지는 헬리콥터는 지상 이동시에 지상 이동용 바퀴(Ground Handling Wheel)를 착륙 스키드에 설치한다. 동력 구동 장치는 기관으로부터 나오는 출력을 회전 날개 구동축, 꼬리 회전 날개 구동축 및 회전 날개 제동장치 등으로 구송 되어 있다. 그리고 헬리콥터에서는 헬리콥터의 자동 회전 비행(Auto Rotation)을 할 때에 회전 날개 구동축이 기관 구동축과 분리될 수 있도록 자유 회전 장치(Free Wheel Unit)를 갖추고 있어야 한다.

3) 헬리콥터의 지상 정비 지원

헬리콥터의 지상 정비 지원은 헬리콥터가 운항하기 위한 기본적인 정비 작업으로서 운항 정비에 속한다. 지상 정비 지원에는 헬리콥터의 지상 취급, 보급, 세척 및 작동 점검 등이 포함된다. 이러한 지상 정비 지원은 작업이 단순하지만 안전한 운항을 하기 위해서는 매우 중요한 헬리콥터의 지원 정비 작업이라고 볼 수 있다.

(1) 지상 취급

헬리콥터의 지상 취급은 헬리콥터를 지상에서 다루는 작업으로서 견인, 계류, 호이스트 및 잭 작업 등이 있다.

① 견인 작업

견인 작업은 매우 중요한 작업으로서, 자격을 갖춘 정비 요원을 배치하여 철저한 준비를 한 후에 규정된 작업절차를 엄격히 준수하면서 수행되어야 한다. 견인 작업에 요구되는 정비 요원은 최소한 3명으로, 감독 요원과 견인 차량의 운전 요원 및 조종실의 운용 요원이다.

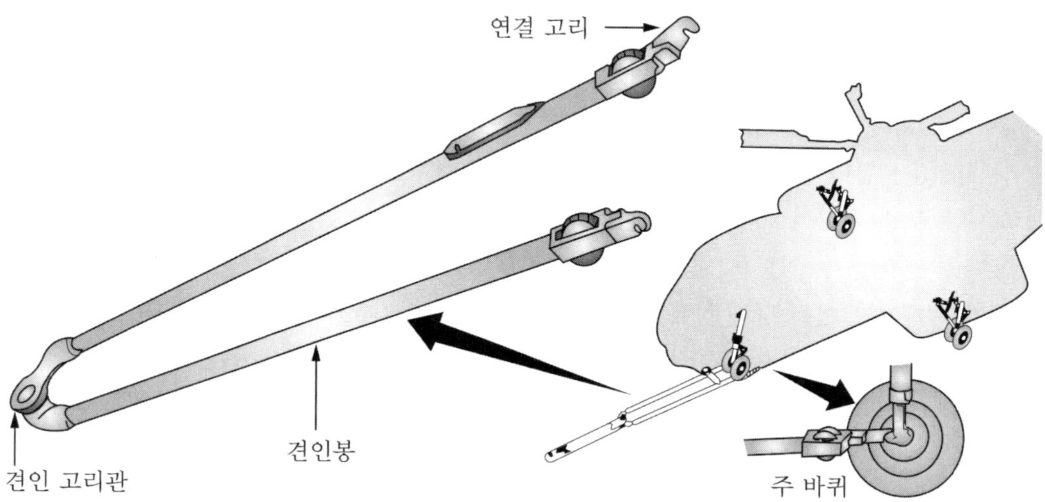

[그림 2-40] 견인작업

그러나 견인 작업이 어려운 장소에서는 그 밖에 조종실 보조 요원, 항공기 양쪽 및 뒤쪽에 보조 감시 요원을 보충하여 모두 7명으로 작업을 한다. 감독 요원은 견인 차량 앞에서 걸어가면서 감독을 하며, 견인 속도, 견인 방향, 지면의 상태 및 충돌 위험성 등을 판단하여 무선 신호나 수신호로 지시한다.

이때, 견인 속도는 8km/h(5mph) 이상을 초과하지 않도록 한다. 견인 차량을 사용하여 견인 작업을 할 경우에는 차량과 항공기 사이를 견인 봉(Tow Bar) 또는 로프나 케이블로 연결하는데, 그림 2-40은 견인 봉을 헬리콥터의 착륙장치에 연결한 상태를 나타낸 것이다.

② 계류 작업

계류 작업은 기상 조건에 따라 헬리콥터를 안전하게 고정하는 작업이다. 헬리콥터를 지상에 위치시킬 때에는 항상 바람이 부는 방향으로 기수가 향하게 하며, 주위의 물체와 다른 헬리콥터 등으로부터 회전 날개 지름의 배 이상의 거리를 두는 것이 바람직하다. 바람의 속도가 10.3m/s(20knot) 이상일 때에는 반드시 계류 작업을 하여야 한다.

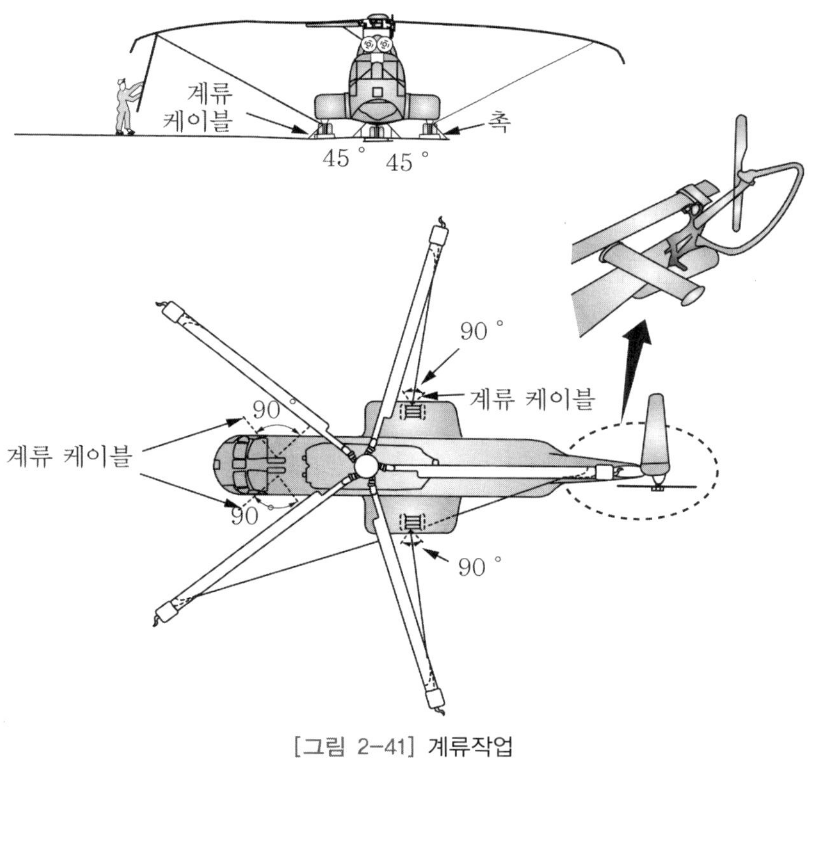

[그림 2-41] 계류작업

회전 날개의 제동장치가 있는 항공기의 경우에는 이 장치를 고정한다. 또, 헬리콥터 좌우의 평형을 맞추기 위하여 그림 2-41와 같이 회전 날개깃 중의 하나를 동체 후방의 길이 방향과 일치시킨다. 그 밖의 고정 장치를 체결해 주고, 보호 장구 등을 씌워 준다. 그러나 심한 강풍이 예상되고, 시간적인 여유가 없었다면 회전 날개깃을 장탈할 수도 있다. 계류 작업을 하기 위한 준비가 완료되면 그림 2-41과 같이 계류 장치와 케이블을 이용하여 회전 날개깃과 동체를 지상에 고정 한다.

이때, 회전 날개깃을 묶는 케이블을 지나치게 죄어지지 않도록 하고, 회전 날개깃이 정상 상태로부터 어느 한계 이상 휘어지지 않도록 주의한다.

③ 잭 작업

잭 작업은 필요한 정비 작업을 하기 위하여 헬리콥터를 지상으로부터 들어 올리는 작업으로, 헬리콥터의 종류에 따라 잭을 고정하는 위치가 다르다. 특히, 잭 작업 중에 실수가 있는 경우에는 치명적인 인적 및 물적 피해를 가져오므로, 해당되는 작업 절차에 따라 정확히 작업을 수행한다. 바람이 제한 속도 이상으로 불 때에는 잭 작업을 하지 말아야 하며, 제한 속도가 제시되어 있지 않을 때에는 통상적으로 24km/h이상이면 잭 작업은 표면이 단단한 수평면상에서 실시하며, 지정된 형식과 규정 용량을 갖춘 잭을 사용한다. 잭의 하중 용량은 잭의 표면에 기재되어 있다. 잭 작업은 항공기의 모든 전원을 차단하고, 수평 측정 장치를 설치한 후 수행하되, 항공기가 수평을 유지하도록 그림 2-42와 같이 모든 잭을 동시에 서서히 작동시킨다. 사고를 예방하기 위하며 감독 요원은 수평 측정 장치를 지속적으로 살펴보면서 작업 요원이 동시에 잭을 작동시키도록 지시며, 잭의 램 고정 너트(Ram Lock Nut)를 적절하게 사용하도록 하고, 불필요한 인원이 항공기 밑에 남아 있지 않도록 주의한다.

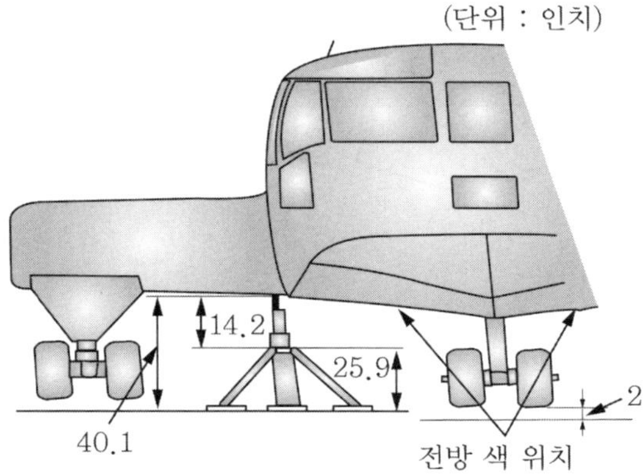

[그림 2-42] 잭작업

경우에 따라 호이스트 작업(Hoisting)을 통하여 항공기를 매달 수도 있지만, 이러한 작업은 소형 헬리콥터를 취급하는 경우 이외에는 잘 사용하지 않는 방법이다. 호이스트 취급하는 경우 이외에는 잘 사용하지 않는 방법이다. 호이스트 작업도 잭 작업 이상으로 주의가 필요하므로 호이스트 작업은 지정된 호이스트 작업 절차에 따라 정확히 수행되어야한다.

(2) 보급

헬리콥터의 유류 보급은 일반적으로 고정 날개 항공기의 각종 유류 보급 방법 및 절차와 비슷하다. 특히, 연료를 보급하는 경우에는 지정된 장소에서 화재 예방에 대한 철저한 조치를 취한 후 보급 장비와 헬리콥터 및 지면과의 전기적인 3점 접지를 한 상태에서 연료를 보급하도록 한다. 이 때, 보급 장소로부터 15m(50 ft)이내에서는 동력으로 작동되는 모든 장비의 작동을 하지 말아야 하며, 불필요한 장비는 보급 장소로부터 철수시켜야 한다. 번개를 동반한 폭풍이 우려되거나 30m(100 ft)이내 거리에서 고주파 전자 장비가 작동 중인 경우에는 연료 보급을 해서는 안 된다. 또, 연료를 보급 중이거나 보급을 마친 후 15분이 경과되지 않은 상태에서는 지상 장비를 가동시키거나 전기적인 동력을 항공기에 공급하여서는 안 된다. 헬리콥터에서 윤활유는 기관뿐만 아니라 변속기 및 기어 박스 등에도 공급되므로, 특성에 맞는 적정 규격 및 등급의 윤활유를 보급하도록 한다. 그러나 종류가 다른 윤활유로 보급할 경우에는 사용하던 윤활유를 배출시키고, 세척한 후에 필터와 여과기를 교환한 다음 새로운 윤활유를 보급한다. 그리고 일정 시간 동안 기관을 작동한 다음에 필터와 여과기를 점검하고 세척하여 다시 장착한다. 이 때, 필터가 심하게 오염되었다면 다시 동일한 절차를 반복하여 수행한다. 또, 각종 기계적인 작동 부위에 그리스를 보급하는 경우에는 지정된 절차에 따라 보급 작업이 이루어져야 한다. 보급할 위치가 수분이나 솔벤트 혹은 다른 외부 물질에 오염되지 않도록 세척을 하고, 마른 헝겊으로 닦아 낸 후 적정 규격의 깨끗한 그리스를 보급하도록 한다. 이 때, 보급을 쉽게 하기 위하여 그리스를 가열하지 말아야 한다.

(3) 세척

헬리콥터의 세척은 일반적으로 내부 세척과 외부 세척으로 구분한다. 내부 세척은 헬리콥터의 내부 공간이나 투명 플라스틱 표면, 천으로 된 표면 및 축전지 전해액이 오염된 부분 등을 세척하는 것이다. 이러한 내부 세척은 일반적인 세척 방법에 의해 수행되지만, 축전지 전해액이 오염된 경우에는 특별한 조치가 필요하다. 축전지 전해액에 오염된 부분은 먼저 물로 전해액을 희석시킨다, 만일 전해액이 황산 용액일 경우에는 20%로 희석된 중탄산나트륨 용액으로 중화시켜 씻어 내고, 전해액이 수산화칼륨 용액인 경우에는 3%로 희석된 붕산으로 중화시킨 다음에 씻어 낸다. 외부 세척은 헬리콥터의 외부를 알칼리성 세제나 솔벤트를 이용하여 세척하는 것을 말하며, 주로 알칼리성 세제를 이용하여 세척하지만 추운 날씨 또는 오염의 정도가 심할 때에는 솔벤트를 이용하여 세척한다. 세제를 이용하여 세척할 때에는 세척할 대상에 따라 적절한 비율로 세제와 물을 배합한 후에 세제 용액을 먼저 칠한 다음 마르기 전에 물로 씻어 낸다. 이때, 가능하면 아래에서 윗방향으로 세척을 하는 것이 바람직하다. 솔벤트를 이용하여 세척할 때에는 주위의 온도에 따라 서로 다른 종류의 솔벤트를 구분하여 사용하여야 한다. 그리고 솔벤트로 세척할 때에는 화재 예방에 특히 주의하고, 솔벤트는 깨끗한 걸레로 닦아 내야 하며, 필요에 따라 증발을 촉진하기 위하여 낮은 압력의 압축 공기를 이용하기도 한다.

(4) 시동과 작동 점검

오늘날 대부분의 헬리콥터는 주로 가스터빈 기관의 한 종류인 터보 샤프트 기관(Turbo Shaft Engine)을 사용하고 있으며, 일반적으로 회전 날개 제동장치가 설치되어 있고, 시동 보조 계통으로 보조 동력 장치(Auxiliary Power Unit)를 사용한다. 따라서 가스 터빈 기관의 시동과 작동 점검에 대한 일반적인 정비 사항을 알아야 하며, 또한 헬리콥터를 작동할 때 수반되는 진동 특성에 대한 기본 지식을 갖추어야만 헬리콥터의시동과 작동 점검이 원활하게 수행될 수 있다.

① 기관의 시동

항공기마다의 시동 절차는 그 항공기에서 요구하는 기술적인 절차를 따라야 한다. 일반적으로, 가스 터빈 기관을 갖춘 헬리콥터의 시동 절차는 다음과 같다. 시동하기 전에 회전 날개 제동장치의 레버를 '차단'(Off) 위치로 놓은 후 스로틀을 '완전 열림'(Full Open) 위치로 놓는다. 다시 '닫힘'(Shut Off)위치로 되돌려 놓은 후 회전 날개 제동장치의 레버를 '작동'(On)위치에 놓는다. 그리고 보조 동력 장치를 작동시킨 다음 시동기 스위치를 작동시킨다. 기관의 회전수가 10%에 도달하였을 때 스로틀을 '지상 완속'(Ground Idle) 위치로 놓는다. 이때 점화 계통과 연료계통이 작동하게 된다. 기관이 시동되면 부화 계기(load Meter)를 점검하여 시동기의 작동 상태에 따른 부하의 변화를 확인하고, 기관의 오일 압력 계기를 점검하여 지상 완속 상태에서의 규정 압력이 지시되는가를 확인한다. 또, 배기가스 온도계기를 점검하여 규정 온도 이상으로 온도가 상승하지는 않는지를 살피고, 만일 규정 온도 이상으로 온도가 상승하거나 온도 상승률이 과대한 경우에는 시동을 포기한다. 그러한 후에 필요에 따라 시동기 및 점화 시험 스위치를 조작하여 기관의 작동 상태를 점검한다.

② 기관의 작동 점검

기관의 작동 점검은 시동이 된 후에 회전 날개의 구동축에 동력을 전달한 상태에서 수행하며, 일반적인 작동 점검 절차는 다음과 같다. 회전 날개 제동장치의 레버를 차단 위치에 놓은 후에 스로틀을 천천히 완전 열림 위치로 진행시키면서 동시에 변속기의 윤활유 압력이 규정 값에 이르는가를 확인한다. 기관이 원활하게 작동된 후 회전 날개가 회전하게 되면 비행 조종계통의 작동 상태에 따른 기관 계기와 변속기 계기의 상태를 점검한다. 그리고 연료계통의 기능 점검을 하면서 기관의 회전수가 규정 범위 내에 도달하는가를 점검하며, 이때 기관의 회전수가 제한 범위를 초과하지 않도록 주의한다.

③ 기관의 정지

기관의 작동 점검을 수행하여 정상적인 기능이 확인된 후 또는 비행을 마친 후에는 다음과 같은 절차에 따라 기관을 정지시킨다. 동시 피치 조종 레버(Collective Pitch Lever)를 '최소 피치'(Minimum Pitch)에 설정하고, 주기 피치 조종 레버(Cyclic Pitch Control)를 '중립'(Neutral) 위치에 놓은 후 착륙장치의 제동장치를 고정한다. 그리고 기관과 변속기의 온도 및 윤활유 압력 계기가 정상 상태인가를 확인한 후 점화스위치를 차단 위치에 놓고 스로틀을 지상 완속 위치에 놓는다. 기관을 냉각시키기 위하여 스로틀을 최소 작동 범위에서 약 1분 정도의 규정 시간 동안 작동하여 기관이 냉각되면 스로틀을 차단 위치에 놓고 연료 선택 밸브를 '닫음'(Closed) 위치에 놓는다. 회전 날개의 회전수가 45% 이하로 감소되었을 때 회전 날개 제동장치를 고정시킨다. 그리고 배기가스 온도계기를 점검하여, 만일 온도가 급격히 상승하면 온도가 떨어질 때까지 시동기 스위치를 작동시켜 기관을 공회전 시킨다. 최종적으로 모든 전원을 차단한다.

④ 진동 특성

헬리콥터에는 여러 가지 원인에 의하여 진동이 발생하며, 일반적으로 주회전 날개 및 꼬리 회전 날개의 회전 운동과 기관 및 동력 구동 계통의 기계적인 작동에 의해 주로 일어난다. 진동의 종류에는 진동수에 따라 저주파수 진동, 중간 주파수 진동 및 고주파수 진동 등이 있다. 헬리콥터 진동의 주파수는 단위 시간당의 진동수로 표현하는 것보다 주회전 날개 회전수당의 진동수(Vibrations per Revolution of Main Rotor)와 꼬리 회전 날개 회전수당의 진동수(Vibrations per Revolution of Tail Rotor) 등으로 나타내는 것이 편리하다.

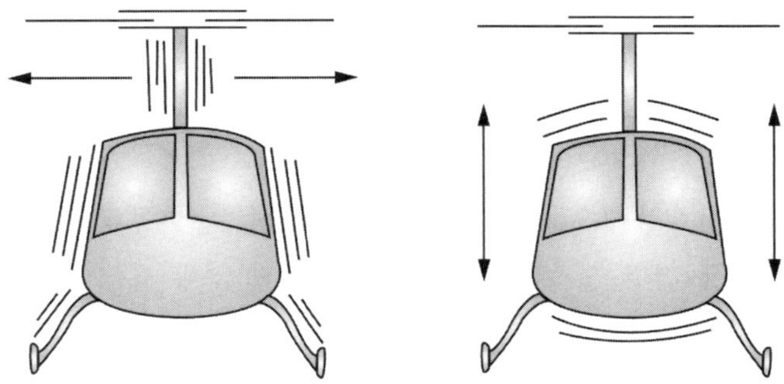

(a) (b)

[그림 2-43] 헬리콥터 진동

㉠ 저주파수 진동 : 저주파수 진동은 주회전 날개의 1회전에 대해 기체에 전달되어 오는 진동수가 1회 및 2/3회가 되는 진동과 횡전 진동 1회에 대해 1회 전달되는 진동 및 꼬리 진동 등이 있다. 이 같은 진동은 그림 2-43과 같이 횡진동과 종진동이 될 수 있으며, 종진동은 궤도와 횡진동은 깃의 평형과 관계가 있다. 2/3회 진동은 회전 날개의 감쇠 장치(Damping Device)가 원활하게 작동되지 않기 때문에 발생하는 진동이다. 이러한 진동은 피치 지연에 의한 불안정 상태(Pitch Lag Instability)로부터 발생하는 것이다. 피치 지연에 의한 불안정 상태라 함은 과도한 비행조작에 따라 회전 날개의 플래핑(Flapping) 운동이 심해지는 경우에 회전 날개의 선행 및 지연 운동(Lead and Lag Motion)에 대한 감쇠 운동이 불가능한 상태를 말한다. 1회 진동은 주 회전 날개의 헤드(Main Rotor Head)나 회전 날개깃이 불평형 상태가 되었을 때 발생하는 진동으로서, 회전 날개깃이의 손상에 의해 정적 불평형 상태가 될 경우에 회전 날개가 궤도를 벗어남으로써 나타날 수 있다. 그리고 조종 로드의 베어링이 심하게 마멸되거나 너무 느슨하게 죄어진 상태에서도 나타날 수 있으며, 회전 날개가 동적 불평형 상태에 놓인 경우에도 발생할 수 있다. 이 경우에는 주로 공중 정지 비행시에 나타나고, 이러한 비행 조건으로부터 벗어나면 진동이 사라진다. 가로 방향의 횡전 진동(Lateral Roll Vibration)이라 함은 팽이가 회전 말기에 비틀거리면서 쓰러지려고 할 때의 진동 형태를 말하는데, 횡전 진동에서 오는 저주파수 진동은 헬리콥터의 기능이 정상적이지만, 회전 날개의 회전수가 너무 낮아 회전 날개의 자체하중을 지탱할 정도의 양력을 발생하지 못하는 경우에 회전 날개깃이 궤도를 벗어남으로써 발생한다. 이러한 경우에는 회전 날개가 양력을 발생할 수 있는 회전수에 도달하거나 공중 정지 비행 상태로 상승하면 진동이 없어진다. 그러나 지속적으로 이러한 진동이 발생할 경우에는 회전 날개가 정적 불평형 상태에 있거나 착륙장치의 높이

가 서로 다르기 때문이다. 꼬리 진동(Tail Shake)은 회전 날개에 의해 교란된 공기 흐름이 헬리콥터의 꼬리 회전 날개에 영향을 끼칠 때 발생하는 진동으로서, 주로 헬리콥터가 옆미끄럼(Side Slip)이 생길 때 나타난다. 이와 같은 진동은 회전 날개 회전수당 2회 진동과 흡사하여 혼동되기 쉽다.

㉡ 중간 주파수 진동 : 중간 주파수 진동은 주회전 날개가 1회전 하는 동안 회전 날개 깃 수만큼의 진동수가 기체에 전달되는 진동이다. 예를 들면, 주회전 날개의 깃이 5개인 헬리콥터에서는 주회전 날개가 1회전 하는 동안에 5회의 진동이 전달된다. 이러한 진동은 회전 날개깃의 공기 역학적인 하중 분포가 다를 때 나타나며, 특히 전진 비행시에 진동의 효과가 커지게 된다. 이와 같은 지나친 진동의 원인은 기계적인 진동 흡수 장치의 기능 저하나 변속기 장착 볼트의 체결 토크값이 부적당한 경우, 또는 헬리콥터에 적재한 화물과 헬리콥터 동체의 운동 사이에 일어나는 간섭 효과 등에 있다. 기계적인 진동 흡수 장치의 기능 저하 및 변속기 장착 볼트의 체결 상태가 부정확한 경우에는 주로 수직 방향의 진동으로 나타나며, 결함을 수정하면 이 진동을 감소시킬 수 있다. 동체의 운동과 적재 화물의 간섭 현상에 의한 진동은 주로 가로 방향의 진동으로 나타나며, 이를 방지하기 위하여 적재화물의 높이를 줄이고 화물의 탑재 상태를 확고하게 한다. 진동방지를 위한 위와 같은 조치를 한 후에도 진동이 감소되지 않으면 이때의 진동은 꼬리 회전 날개에 의해 발생되는 진동으로 볼 수 있다. 꼬리 회전 날개에 의해 발생되는 중간 주파수 진동은 꼬리 회전 날개 1회전에 대해 기체에 전달되는 진동수가 1회인 진동이다. 이 진동은 꼬리 회전 날개깃의 형태가 손상 등으로 서로 달라졌을 때 날개에 부과되는 공기력의 차이로 인하여 발생되며, 그 진동 형태가 주회전 날개깃이 5개인 헬리콥터의 회전 날개 회전수당 5회 진동과 흡사하다.

㉢ 고주파수 진등 : 고주파스 진동은 회전 날개에 의해 발생되는 것이 아니며, 기관이나 동력 구동 장치 등에 의해 발생되는 것으로, 다른 진동과 쉽게 구별될 수 있다. 꼬리 회전 날개 구동축의 진동은 꼬리 회전 날개 구동축의 불평형 상태 또는 베어링의 상태가 좋지 않은 경우에 발생되며, 이러한 진동은 지상에서 기관을 작동시키면서 테일 붐에 손을 대어보면 찾아 낼 수 있다. 변속기 진동은 변속기에 연결된 보조 기기, 보조 동력 장치, 냉각 송풍기 및 자유 회전 장치 등의 여러 가지 기어박스로부터 발생되는 진동으로서, 주로 소리로 감지할 수 있다. 기관 진동은 지속적으로 나타나는 고주파수 진동으로서, 정상적인 기관의 진동과 비교하여 비정상적인 진동을 경험에 의해 감지할 수 있으며, 불량 상태를 수정하여 감소시킬 수 있다.

4) 회전 날개 계통의 정비

헬리콥터의 회전 날개 계통은 주회전 날개, 꼬리 회전 날개 및 회전 날개깃의 피치각을 조정하는 조종계통으로 구성되어 있다. 회전 날개 계통의 정비는 회전 날개의 종류와 작동 기구의 형태에 따라 정비 방식과 절차가 다르다. 그러나 일반적으로 회전 날개와 조종계통을 점검하여 계통의 작동 상태가 원활히 이루어지도록 하고, 정확한 작동 점검과 조절을 실시하여 작동 기구의 정적 및 동적 불평형 상태를 시정한다. 그리고 헬리콥터의 비행 상태나 각종 작동 기구의 작동 상태에 이상이 있는 경우에는 체계적인 고장 탐구를 통하여 모든 기능을 정상화시키도록 한다.

(1) 기본 구성

회전 날개 계통의 정비에 앞서 주회전 날개와 꼬리 회전 날개 및 관련 조종계통의 구성에 대한 일반적인 기술 지식이 필요하므로 세 종류의 구성 요소를 세분하여 살펴보기로 한다.

① 주회전 날개

주회전 날개는 회전 날개깃과 회전 날개 헤드 및 관련 작동 기구로 구성된다. 회전 날개 헤드는 기관으로부터 구동축을 통해 전달되는 동력으로 회전 날개깃을 회전시키며, 조종계통과 기구학적으로 연결되어 회전 날개깃에 회전 변위를 줄 수 있는 장치이다. 회전 날개 헤드는 경사판(Swash Plate)과 허브로 이루어진다. 경사판은 기관의 동력을 전달하는 회전 날개 구동축에 그림 2-44와 같이 장착되어 있다. 경사판은 조종 장치의 주요 구성 부품으로서, 고정 경사판과 회전 경사판으로 나눌 수 있다. 고정 경사판은 고정 관절 기구(Stationary Scissor)를 통해 변속기 위쪽에 고정되므로 회전하지 않는 상태에서 조종 방향으로 기울어질 수 있으며, 위아래 방향으로도 이동될 수 있다. 회전 경사판은 회전 관절 기구를 통해 구동축과 연결되어 구동축과 더불어 회전하면서 고정 경사판의 각도에 따라 동일하게 기울어지거나 위아래 방향으로 움직인다. 경사판이 구동축에 장착된 다음에 관절식 회전 날개(Articulating Rotor)의 허브가 그 위에 장착된다. 허브는 기본적으로 위아래 허브 판, 수평 및 수직힌지, 침하 방지 장치(Droop Restrainer), 플래핑 방지 장치(Anti-Flapping Restrainer), 피치 조종 로드, 스핀들과 슬리브, 그리고 댐퍼(Damper) 등으로 구성된다.

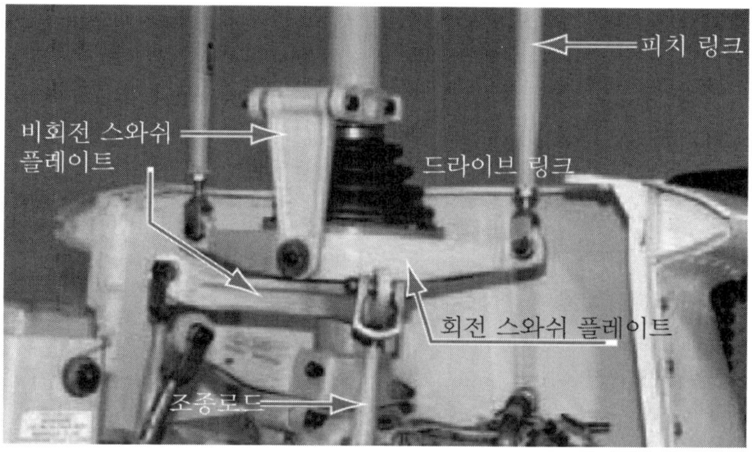

[그림 2-44] 비회전과 회전의 스와쉬 플레이트

② 꼬리 회전 날개

꼬리 회전 날개는 꼬리 부분의 파일론(Pylon)에 장착되며, 꼬리 회전 날개깃과 꼬리 회전 날개 헤드 및 피치 변환 장치 등으로 구성된다. 그림 2-45은 꼬리 회전 날개의 구성을 보여 주고 있다. 꼬리 회전 날개 헤드는 꼬리 회전 날개의 기어 박스에 장착된 수평 방향의 구동축에 스플라인으로 연결되어 꼬리 회전 날개깃에 회전력을 전달한다. 이 때, 회전 날개깃은 수평 방향을 축으로 하여 한정된 각도만큼 자유롭게 회전할 수 있도록 꼬리 회전 날개 헤드에 장착되어 있다. 조종계통으로부터 전달되는 조종 변위에 따라 피치 변환축(Oitch Change Shaft)과 피치 변환 빔(Pitch Change Beam), 그리고 피치 변환 기구(Pitch Change Ling) 등이 작동되어 회전 날개깃의 피치각이 조정된다.

③ 조종계통

헬리콥터의 조종계통은 동시피치 조종계통(Collective Pitch Control System)과 주기 피치 조종계통(Cyclic Pitch Control System) 및 방향 조종계통(Directional Control System)으로 구성된다. 또, 현재 사용되고 있는 헬리콥터는 자동 비행 조종계통(Automatic Flight Control System)을 갖춘 경우도 있어 조종의 편익을 도모할 뿐 아니라, 정확하고 미세한 비행 조종이 가능할 수 있다. 동시 피치 조종 레버나 주기 피치 조종 레버를 작동시키면 각각의 조종 기구를 통하여 일차적으로 보조 서보 실린더로 조종 변위가 전달된다. 동시에 보조 서보 실린더 내에 있는 출력 피스톤(Power Piston)은 유압이나 혹은 기구학적인 방법에 의해 조종력을 증가시켜 비례 조절 장치로 변위를 전달한다. 비례 조절 장치는 조종 레버로부터의 압력 변위를 복합하여 비례적으로 조절한후 유압으로 작동되는 주 서보 실린더에 전달된다.

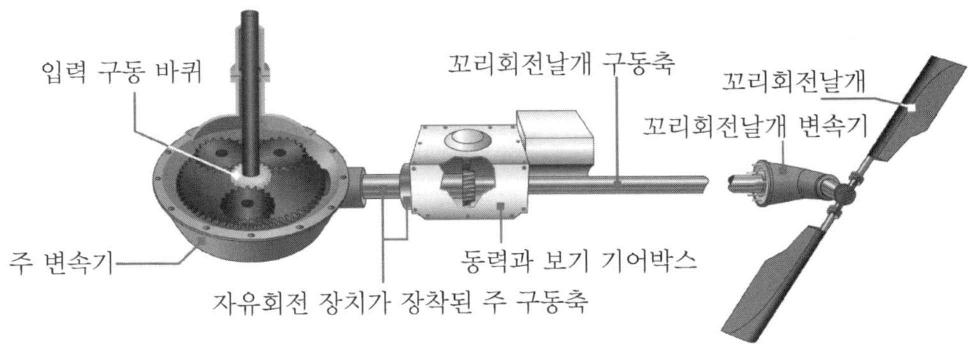

[그림 2-45] 주 변속기와 회전꼬리날개 변속기와 연결된 꼬리회전날개 구동축

[그림 2-46] 기본 꼬리회전날개 구성품

세 개의 주서브 실린더는 동시 피치 조종 변위 혹은 주기 피치 조종 변위에 따라 회전 날개 헤드의 경사판을 움직임으로써 회전 날개깃의 피치각을 변화시킨다. 방향 조종계통에서는 좌우 도 개의 방향 페달을 작동하여 조종 변위를 보조 서보 실린더를 통해 비례 조절 장치로 전달한다.

비례 조절 장치로부터의 방향 조종 변위는 조종 로드를 통하여 전방사분의(Forward Quardrant)로 전달되고, 조종 케이블을 거쳐 후방 사분의(After Quardrant)를 작동시키며, 이러한 작동 변위가 피치변환 장치를 통해 꼬리 회전 날개깃의 피치각을 변화시킨다. 그 밖에 방향 페달 조절기를 갖추고 있어 페달과 좌석 사이의 길이를 조절 할 수 있다.

(2) 점검

회전 날개 계통의 작동 상태는 헬리콥터의 비행에 직접적으로 영향을 주는 중요한 사항이므로, 이 계통에 대한 정확한 점검이 이루어져야 한다. 회전 날개 계통의 주요 점검 항목은 주회전 날개와 꼬리 회전 날개 및 관련 조종 기구별의 점검 등으로 구분될 수 있다. 주회전 날개 및 꼬리 회전 날개에 있어서는 회전 날개깃과 더불어 기구학적인 작동 기구의 손상과 변형 및 고정 상태를 점검하고, 유압 부품과 배관의 누설 및 오염 상태를 검사하며, 계통 전반에 관한 마멸 및 부식 상태를 점검한다. 조종 기구의 점검 항목으로는 조종 케이블과 조종 로드 등 작동 기구의 상태 점검, 그리고 계통에 관련된 유압 부품에 대한 오염과 누설 및 작동 점검이 있다. 또, 자동 비행 조종 계통이 갖추어져 있는 경우에는 이 계통에 대한 점검이 특별히 수행되어야 한다. 이와 같은 점검 항목은 헬리콥터의 종류에 따라 비행 전후 검사 항목과 정시 점검 항목 및 특별 점검 항목으로 구분하여 세부적인 점검 절차에 따라 실시한다. 비행 전후 검사 항목은 작업 카드(Work Card)에 수록되어 있으겨, 이 작업 카드에 의하여 헬리콥터가 비행하기 전후에 매번 수행해야 한다. 정시 점검 항목은 비행전후 검사 항목 이외에 추가 점검 항목으로서, 계통 내부의 점검과 기능 점검 및 부품의 분해 조립에 따르는 세부적인 점검 내용을 위주로 하며, 작업 카드란에 기재된 점검 비행시간별로 항목을 구분하여 실시하다.

(3) 작동 점검 및 조절

회전 날개 계통의 작동 점검과 조절에는 회전 날개의 궤도 점검(Rotor Tracking)과 평행 점검, 작동 회전 비행의 회전수 점검 및 조종계통의 리그 작업 등이 있다. 회전 날개의 궤도 점검은 회전 날개깃의 궤도가 회전면을 벗어난 경우에 이를 수정해 주는 작업이며, 평행 점검은 회전 날개의 정적 혹은 동적 불평형 상태로부터 초래되는 진동 현상을 점검하여 피치 조종 로드 길이를 조절하거나 회전 날개의 중량 평형을 맞추어주는 정비 작업이다. 자동 회전 비행의 회전수 점검은 헬리콥터가 자동 회전 비행을 할 때 헬리콥터의 중량과 비행 고도에 따라 회전 날개 회전수가 규정 범위에 들어갈 수 있도록 회전 날개의 피치 각을 조절하는 것이다. 그리고 조종계통의 리그 작업은 헬리콥터의 조종이 정확하게 이루어지도록 조종 기구를 조절하는 작업이다.

① 주회전 날개의 작동 점검 및 조절

주회전 날개는 헬리콥터에 양력을 발생시키고, 비행 조종 능력을 주는 장치로서, 작동 점검과 조절이 정확히 이루어져야 한다.

㉠ 궤도 점검

회전 날개에서 주로 발생하는 진동 현상은 주회전 날개깃이 회전면의 궤도를 벗어남으로써 발생되는 저주파수의 진동 현상이다. 일반적으로 수직 방향의 저주파수 진동으로 나타나는 이러한 진동 현상을 방지하기 위해서는 각각의 회전 날개깃이 회전면의 일정한 궤도를 따라 회전할 수 있도록 궤도 점검을 수행한다. 궤도 점검을 하는 방법에는 두 가지 방법이 있는데, 그 중의 하나는 강철재나 알루미늄 재질의 깃대에 장착한 궤도 점검용 깃발(Tracking Flag)을 이용하는 방법이며, 다른 하나는 스트로보스코프를 이용하는 방법이다. 궤도 점검용 깃발을 이용하는 방법은 회전 날개깃의 선단에 수성 펜을 이용하여 회전 날개깃에 각각 다른 색깔을 칠해 둔다. 그리고 그림 2-47과 같이 궤도 점검용 깃발을 세운 상태에서 회전 날개를 회전시킬 때 나타나는 궤도를 확인하여 궤도의 벗어난 상태를 점검한다. 스트로보스코프를 이용하는 방법은 깃발을 이용하는 것보다 더 정확한 궤도 점검 방법이다. 이 방법은 헬리콥터의 고정 경사판에 장착된 자기 발생 장치와 회전 경사판에 장착된 차단 장치, 회전 날개깃의 선단에 부착된 반사표적(Retro-Reflective Target), 그리고 스트로보의 섬광을 발생시키는 장치 등을 이용하여 실시된다. 이 방법은 자기 발생 장치에서 나오는 자력선이 회전 날개와 같이 회전하는 차단 장치에 의해 단절될 때 전자 파동 신호가 발생되고, 이 전자 파동 신호에 의해 스트로보의 섬광이 회전 날개깃의 선단에 장착된 반사 표적에 반사되어 그림 2-48과 같은 회전 날개깃의 영상을 스토로보스코프에 구성하게 하는 것이다. 그림 2-48에서 영상 (a)는 모든 날개깃의 궤도가 정확하게 맞는 경우이며, 영상(b)와 (c)는 회전 날개깃의 궤도가 높거나 낮은 경우이므로, 회전 날개깃의 피치 조종 로드 길이를 조절하여 궤도를 수정한다.

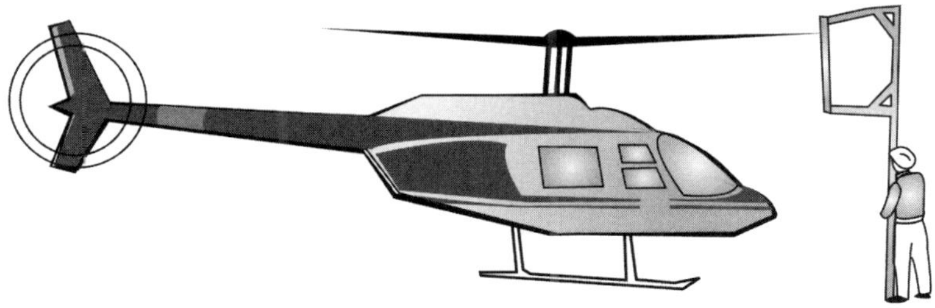

(a)

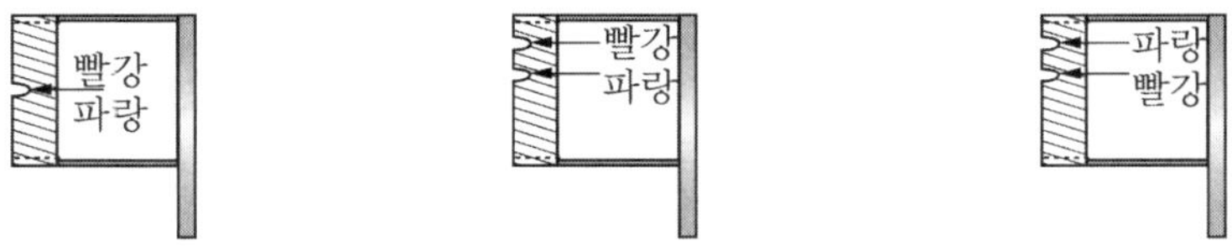

궤도가 맞은 경우　　빨간색 깃이 높은 경우　　파란색 깃이 높은 경우

(b)

[그림 2-47] 회전날개 깃의 궤도 점검용 깃발

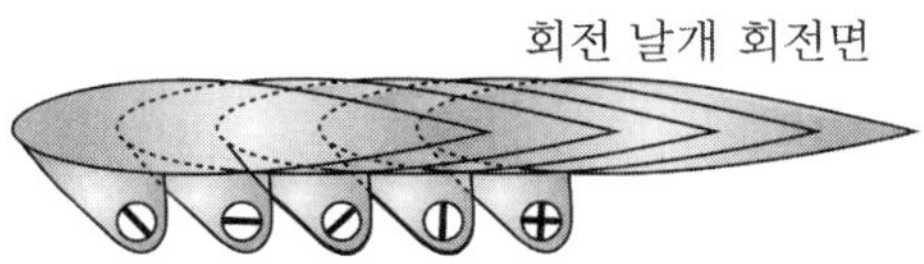

(a)

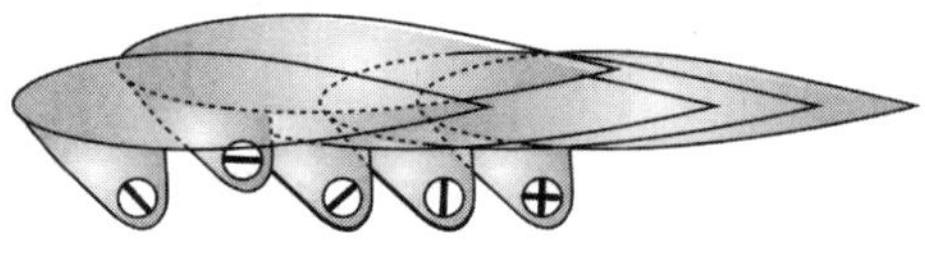

(b)

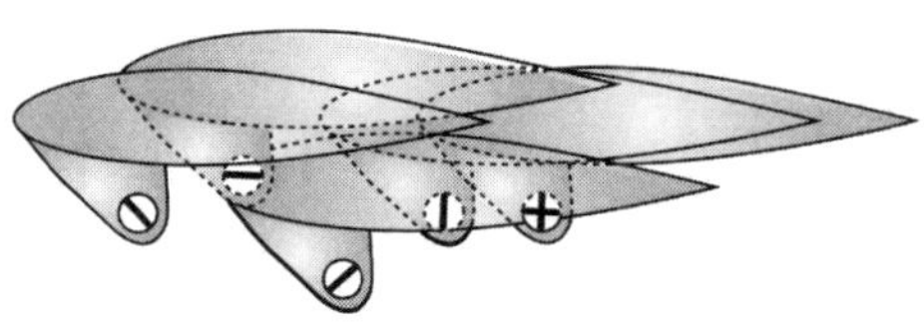

(c)

[그림 2-48] 회전날개 깃의 영상

주회전 날개의 궤도 점검은 완속 상태와 고속 상태에서 각각 수행한다. 완속 상태의 궤도를 점검하여 궤도를 수정할 필요가 있는 경우에는 피치 조종 로드의 길이를 변환시켜 조절한다. 고속 상태의 경우에는 피치 조종 로드의 길이를 변화시키지 않고 회전 날개깃의 조종 탭을 조절한다. 그리고 스트로보스코프를 이용하는 경우에는 지상에서의 궤도 점검뿐만 아니라, 공중 정지 비행시나 전진 비행시에도 궤도 점검이 가능하므로 보다 더 정확한 점검을 수행할 수 있다.

ⓛ 평행 점검

헬리콥터에서 가로 방향의 저주파수 진동이 발생하면 주회전 날개의 평행 상태가 이루어지지 않는 것을 의미하므로, 평생 점검을 수행한다. 주회전 날개의 평형 점검은 시행 착오법이나 전자 평형 점검 장비를 이용하여 수행한다. 시행 착오법에 의한 평형 점검은 평형이 이루어지지 않는다고 판단되는 회전 날개깃의 선단에 약 5cm 폭의 테이프를 부착하여 비행을 하면서 진동의 세기를 감지한다. 이 때, 진동의 세기가 테이프를 부착하기 전보다 감소하면 테이프의 부착 량을 좀 더 증가시켜 진동을 계속 추적한다. 그리고 진동의 세기가 오히려 증가하는 경우에는 이 테이프를 떼어 내고 다른 회전 날개깃에 대해 같은 방법으로 진동을 추적한다. 이러한 조치를 진동이 감쇠될 때까지 계속하여 진동이 없어지면 이 테이프의 무게에 상당한 중량을 해당 회전 날개깃에 가해 준다. 전자 평평 점검 장비를 이용하는 평형 점검은 궤도 점검에 사용되는 장비와 가속도계 및 전자 평형 기기를 이용하여 비행 중에 되는 장비와 가속도계 및 전자 평형 기기를 이용하여 비행 중에 수행한다. 이 점검 방법은 자기 발생 장치와 차단 장치에 의하여 발생된 전자 파동 신호와 가속도계에 의하여 감지된 진동 특성 신호를 전자 평형기기에 입력시켜 계산함으로써 평형 점검에 활용할 수 있는 자료를 산출 한다. 평형 점검은 이 자료로부터 도표를 이용하여 증감시켜야 할 평형추의 무게 및 위치 등을 구할 수 있다.

ⓒ 자동 회전 비행의 회전수 점검

주회전 날개깃의 궤도 점검을 마친 후 또는 회전 날개 회전수가 제한 범위를 넘어선 경우에는 자동 회전 비행의 회전수를 점검할 필요가 있다. 자동 회전 비행의회전수를 점검하기 위해서는 실제적으로 자동 회전 비행을 하여야 하며, 자동 회전 비행 중에 헬리콥터의 무게와 밀도 고도에 따른 안정된 자동 회전 비행의 회전수를 측정한다. 이 때, 회전수가 헬리콥터의 무게와 고도에 해당하는 규정 범위를 벗어난 경우에는 동시 피치 조종 로드의 길이를 조절함으로써 회전수를 조정한다. 자동 회전 비행의 회전수를 감소시키려면 동시 피치 조종 로드의 길이를 감소시키고, 회전수를 증가시키려면 조종 로드의 길이를 증가시킨다.

② 꼬리 회전 날개의 작동 점검 및 조절

꼬리 회전 날개의 작동 점검 및 조절은 주회전 날개에서와 마찬가지로 회전 날개깃의 궤도 점검과 평형 점검으로 구분할 수 있다. 그러나 꼬리 회전 날개깃의 궤도는 조절할 수 없기 때문에 평형 점검 장비에 부착된 궤도 점검 장치를 이용하여 궤도를 확인하는 절차에 불과하며, 궤도를 벗어나는 경우에는 해당 꼬리 회전 날개깃을 교환한다. 꼬리날개깃의 궤도 점검은 평형 점검을 하기 전에 수행하는 것이 바람직한데, 그 이유로는 궤도가 맞지 않는 상태에서 평형 점검을 수행하는 것이 효과적이지 못하기 때문이다. 꼬리 회전 날개가 평형 상태를 벗어난 경우에는 꼬리 회전 날개 헤드와 깃에 대한 평형 점검을 수행하며, 비행 중에 중간 주파수 진동에 대한 고장 탐구의 하나로 평형 점검을 수행하기도 한다.

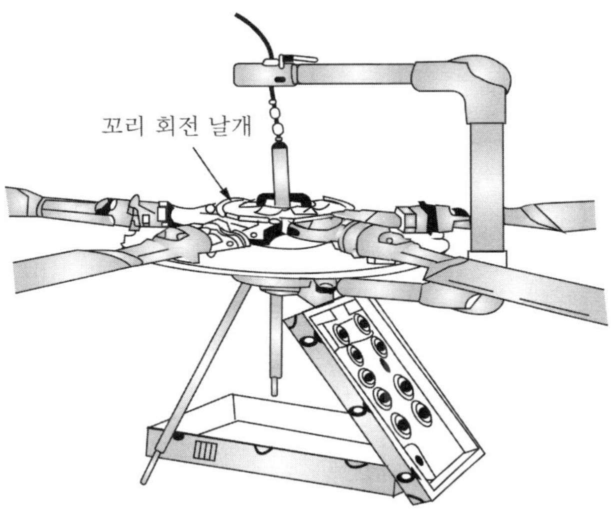

[그림 2-49] 꼬리 회전날개 평형 점검 장비

평형 점검은 그림 2-49에 나타낸 것과 같은 평형 점검 장비에 그림 2-49와 같이 꼬리 회전 날개를 설치한 후 아버 지시계(Arbor Indicator)를 확인하여 수행한다. 이 경우에 아버 지시계의 지시 부싱(Indicator Bushing)과 평행축의 관계를 살펴 평형 상태를 알아볼 수 있다. 그림 2-50의 (a)에서와 같이 지시 부싱과 평행축 사이에 동일한 공간이 설정되면 평형 상태가 완전함을 의미하고, 그림 2-50의 (b)와 (c)처럼 동일한 공간이 설정되지 않고 한쪽으로 치우치면 치우친 방향으로 중량 평형이 이루어지지 않았음을 의미한다. 따라서 그 방향에 있는 회전 날개의 깃에 적정한 무게를 추가하여 평형 상태를 맞출 수 있다. 무게를 증가시키는 방법에는 여러 가지가 있지만, 지시계의 공간이 가장 좁은 방향에 위치해 있는 회전 날개깃의 심 접점(Shim Point)에 해당되는 무게의 심을 추가하여 장착함으로써 평형을 맞출 수가 있다.

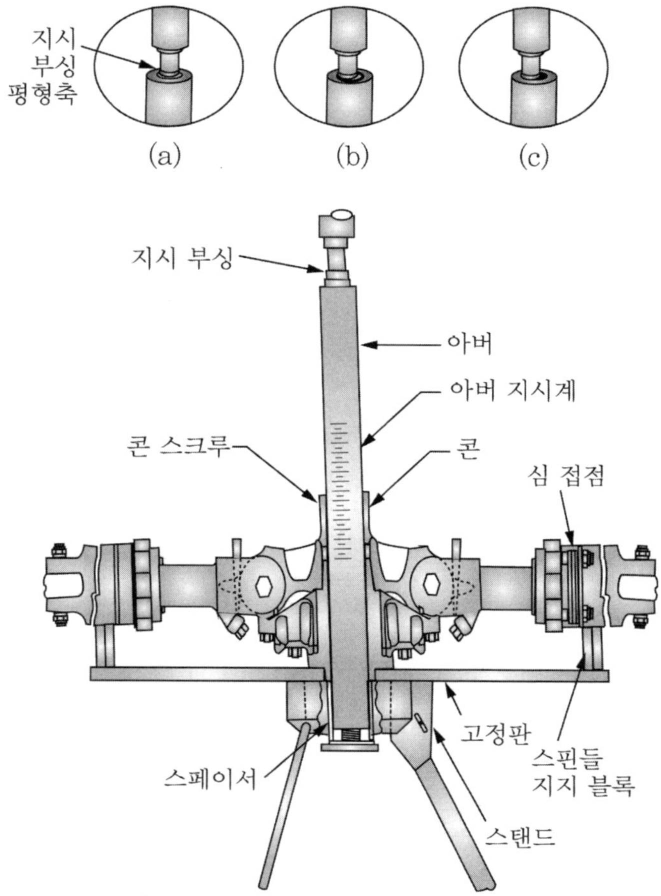

[그림 2-50] 꼬리회전날개 평형 점검

③ 조종계통의 작동 점검 및 조절

조종계통의 작동 점검과 조절은 리그 작업을 의미한다. 리그 잡업은 조종계통에 대한 정비를 하였거나, 계통에 고장이 발생하였을 때 정확한 원인을 찾아 내기 위하여 수행되며, 주회전 날개 조종계통과 꼬리 회전 날개 조종계통으로 구분하여 정해진 절차에 따라 단계적으로 수행한다. 주회전 날개 조종계통의 리그 작업은 꼬리 회전 날개 조종계통에 영향을 주기 때문에, 먼저 주회전 날개 조종계통에 대해 리그 작업을 한다.

주회전 날개 조종계통의 리그 작업은 일차적으로 주회전날개에 각도기를 설치한 후에 주회전 날개깃의 각도에 대한 동시 피치 조종 레버와 주기 피치 조종 레버의 작동 상태를 점검함으로써 행해진다. 이때, 작동 상태가 허용 범위를 벗어난 경우에는 리그 작업 절차에 따라 세부적인 조종 기구의 리그 잡업을 하고, 허용 범위에 들어가는 경우에는 곧바로 꼬리 회전 조종계통의 리그 잡업에 들어간다. 주 회전 날개 조종계통에 대한 조종 기구의 리그 잡업은 먼저 조종 기구의 중립 상태와 주회전 날개깃의 각도를 점검하고, 필요에 따라 피치 조종 로드의 길이를 조절한다. 그리고 주기 피치 조종 레버를 중립 상태로 놓고, 동시 피치 조종계통의 고 피치(High Pitch)와 저 피치(Low Pitch)의 작동 한계를 점검하며, 주기 피치 조종계통의 작동 범위를 점검한다. 끝으로, 조종계통 전반에 관한 작동을 점검하여 각종 조종 기구의 작동 상태가 허용 범위내에 들어가는가를 확인한다. 꼬리 회전 날개 조종계통의 리그 작업은 동시 피치 조종 레버의 중립 위치에서 방향 조종 페달을 작동시켜 꼬리 회전 날개깃의 각도를 점검하는 것이다. 만일, 꼬리 회전 날개깃의 각도가 허용범위 내에 들지 않으면 주회전 날개의 경우와 마찬가지로 꼬리 회전 날개 조종계통의 조종 기구에 대한 세부적인 리그 작업을 한다.

(4) 고장 탐구

회전 날개 계통의 고장 탐구는 계통의 고장에 대한 원인을 분석하고, 이에 대한 조치를 하는 순서로 이루어지며, 주회전 날개 계통과 꼬리 회전 날개 계통 및 조종계통으로 구분하여 이루어진다. 주회전 날개 계통의 고장은 주로 저주파수 진동을 유발시키고, 꼬리 회전 날개 계통의 고장은 중간 주파수 진동을 발생시킨다.

① 주회전 날개 계통의 고장 탐구

주회전 날개 계통에 고장이 발생하는 경우에는 주로 저주파수의 진동이 발생하며, 이 저주파수의 진동이 전달되는 경로에 따라 고장의 원인을 추정할 수 있다. 진동이 동체를 통해서 전달되는 경우와 조종 레버를 통해서 전달되는 경우 및 동체와 조종 레버를 통해서 동시에 전달되는 경우로 구분할 수 있으며, 그 밖에도 헬리콥터 전체가 진동하는 경우도 있다. 주로 동체를 통해 저주파수의 진동이 전달되는 경우에는 주회전 날개 헤드에 있는 수직 힌지나 수평 힌지에 이상이 있는 경우이다. 힌지의 고착 상태를 점검하여 고장이 확인되면 주회전 날개 헤드를 교환하며, 댐퍼의 베어링에 불량이 확인되면 댐퍼를 교환 한다. 또, 저주파수 진동이 동체를 통해서 오는 또 다른 경우는, 주회전 날개 헤드의 장착 볼트를 죄는 토크값이 부적당한 경우로서, 토크값을 확인하여 규정된 값으로 죄어 준다. 주로 조종 레버를 통하여 저주파수의 진동이 전달되는 경우는 주회전 날개 작동 기구의 베어링 상태가 불량일 때와 회전 관절기구가 고착되어 있을 때이다. 주회전 날개 작동 기구의 베어링 상태가 불량한 경우에는, 베어링이 연결된 작동 기구를 분리한 후에 점검하여 이상이 있으면 주회전 날개 작동 기구를 교환한다. 그리고 회전 관절 기구가 과다하게 작동되거나 고착되어 있는 경우에는 회전 관절 기구의 장착 상태를 점검하고, 장착 토크값을 확인하여 수정한다. 동체와 조종 레버를 통하여 저주파수의 진동이 동시에 전달되는 경우에는 주회전 날개깃이 손상되었거나 깃의 궤도가 맞지 않을 때와 주회전 날개 헤드에 있는 댐퍼의 작동 상태에 이상이 있음을 의미한다. 주회전 날개깃의 손상이나 깃의 궤도가 맞지 않는 경우에는 회전 날개깃에 대한 고장 탐구를 해야 한다. 그리고 주회전 날개 헤드에 있는 댐퍼의 작동 상태에 이상이 있는 경우에는 댐퍼 내에 공기가 차 있으면 이를 배출시키며, 댐퍼가 과다하게 작동되거나 불규칙하게 작동되고, 장착 상태가 고착되었을 때에는 댐퍼를 교환하거나 고착 상태를 풀어 준다.

② 꼬리 회전 날개 계통의 고장 탐구

꼬리 회전 갈개 계통에 고장이 발생하면 주로 중간 주파수의 진동이 발생한다. 중간 주파스 진동이 발생하는 원인으로는 꼬리 회전 날개 조종계통의 리그 상태의 불량, 꼬리 회전 날개깃이나 베어링의 손상, 피치 변환 기구의 마멸, 꼬리 기어 박스 장착 부분의 손상 및 꼬리 회전 날개의 불평형 상태 등이다. 꼬리 회전 날개 조종계통의 리그 상태가 불량인 경우에는 정확한 리그 작업을 하여 불량 상태를 수정하고, 꼬리 회전 날개깃이나 베어링이 손상된 경우에는 육안 검사를 통하여 손상을 확인한 다음 손상된 부품을 교환한다. 그리고 피치 변환 기구가 마멸되었으면 이 변환 기구를 교환하며, 꼬리 기어 박스의 장착 부분에 구조적 손상이 생겼으면 육안 검사를 하여 손상 부분을 수리한다. 그 밖에 꼬리 회전 날개의 불평형 상태는 평형 점검을 통하여 이를 수정한다.

③ 조종계통의 고장 탐구

조종계통의 대표적인 고장 상태는 조종 레버와 방향 페달의 작동이 불량하거나 거친 경우, 조종 레버를 작동할 때 스펀지 현상이 발생하는 경우 및 조종계통의 윤활유 압력 계기의 지시값이 부정확하거나 불량한 경우 등이 있다. 조종 레버 및 방향 페달의 작동이 불량하거나 거친 것은 그 원인이 조종계통의 리그 상태가 불량한 경우로서, 정확한 리그 작업을 하여 그 원인을 제거한다. 조종 레버를 작동할 때 스펀지 현상이 발생하는 것은 그 원인이 조종계통의 유압 장치에 공기가 많이 차 있는 경우이므로 공기를 배출하고, 윤활유 저장 탱크의 윤활유량을 점검하여 보충한다. 조종계통의 윤활유 압력 계기의 지시값이 부정확하거나 불량한 경우에는 계통의 윤활유량이 부족하거나 유압 배관 계통의 기능이 불량일 수도 있고, 또 윤활유 압력 스위치 및 전기적 회로에 이상이 있을 수도 있다. 계통의 윤활유량이 부족하거나 유압 배관 계통의 기능이 좋지 않을 경우에는 유압 배관 계통을 점검하여 이상이 있는가를 확인한 후, 기능이 불량한 부품을 교환하고, 윤활유 저장 탱크에 윤활유를 보충한다. 윤활유 압력 스위치의 상태가 좋지 않거나 전기적인 회로에 이상이 있는 경우에는 윤활유 압력 스위치를 점검하고, 전기 계통의 고장 탐구를 통하여 회로의 단락, 단선 및 접속 상태 등을 확인하여 고장 부분을 수리한다.

5) 동력 구동 장치 계통의 정비

헬리콥터의 동력 구동 장치 계통은 기관으로부터 나오는 출력을 주회전 날개와 꼬리 회전 날개에 전달하는 계통으로서, 주로 회전력을 기계적으로 전달하는 동력 전달 장치이다. 동력 구동 장치 계통의 정비를 하기 위해서는 동력 구동 장치의 구성과 기능을 이해하고, 동력 구동 장치 계통의 점검 및 작동 점검에 대한 정비 기술과 아울러 고장 탐구에 대한 정비 지식을 갖추어야 한다.

(1) 기본 구성

동력 구동 장치 계통의 구성 형식과 구성 요소는 헬리콥터의 종류에 따라 매우 다양하다. 그러나 이러한 계통은 근본적으로 기관의 동력을 이용하여 주회전 날개와 꼬리 회전 날개를 구동시킨다는 공통적인 특성이 있기 때문에 대표적인 동력 구동 장치 계통의 구성을 살펴봄으로써, 계통에 대한 기본적인 지식을 얻을 수 있다.

① 변속기와 기어 박스

동력 구동 장치 중 변속기는 기관에서 전달받은 구동력을 회전수와 회전 방향을 변환시킨 후에, 주회전 날개 구동축과 꼬리 회전 날개 구동축 및 보조 장비 구동축에 전달하는 장치이다. 이 때, 변속기는 기관의 회전수를 특정한 비율로 감속시켜 주회전 날개 구동축에 회전력을 전달하고, 꼬리 회전 날개 구동축을 통하여 중간 기어 박스(Intermediate Gear Box)와 꼬리 기어 박스(Tail Gear Box)에 회전력을 전달한다. 중간 기어 박스는 꼬리 회전 날개 구동축 중간에 설치한 기어 박스로서, 헬리콥터의 꼬리 구조 형태에 따라 구동축의 방향을 필요한 각도만큼 변화시켜 준다. 꼬리 기어 박스는 꼬리 회전 날개 구동축의 회전력을 90도 방향으로 바꾸어 꼬리 회전 날개의 회전축에 전달해 주며, 필요에 따라 일정한 비율로 회전수를 감속시킬 수도 있다. 또, 변속기와 축으로 연결된 액세서리 기어 박스(Accessory Gear Box)가 있어 변속기로부터 전달받은 회전력을 보조 장비, 즉 발전기, 유압 펌프, 회전계 발전기(Tachometer Generator) 및 오일펌프 등에 전달한다.

② 동력 구동축

헬리콥터 동력 구동 장치 계통의 동력 구동축은 기관 구동축(Main Drive Shaft)과 주회전 날개 구동축(Main Rotor Drive Shaft) 및 꼬리 회전 날개 구동축(Tail Rotor Drive Shaft)

으로 구성되어 있다. 동력 구동축은 일반적으로 알루미늄의 관이나 강재의 관으로서, 구동축의 양 끝은 스플라인(Spline)으로 되어 있거나 스플라인으로 된 유연성 커플링이 장착되어 있다. 또, 진동을 감소시키기 위해 동적인 평형이 이루어지도록 고려되어 있으며, 지지 베어링에 의해서도 진동을 감쇠시킬 수 있도록 한다. 기관 구동축은 기관의 동력을 변속기에 전달하는 구동축으로서 기관 구동축과 변속기 사이에는 자유 회전 장치(Free Wheeling Unit)가 있다. 이 자유 회전 장치는 기관의 회전수가 주회전 날개를 회전시킬 수 있는 회전수보다 낮거나 기관이 정지하였을 때 헬리콥터의 자동 회전 비행이 가능하도록 기관의 구동과 변속기의 구동을 분리시키는 역할을 한다. 주회전 날개 구동축은 강재의 튜브로 된 축으로서 몇 개의 베어링에 의해 지지되며, 변속기에 수직으로 장착되는 축이다. 또, 스플라인으로 변속기의 유성 기어(Planetary Gear)에 연결되어, 위에서 볼 때 회전 날개를 반시계 방향으로 회전시킨다. 꼬리 회전 날개 구동축은 변속기로부터 중간 기어 박스까지와 중간 기어 박스에서부터 꼬리 기어 박스까지 연결하는 구동축으로서 몇 개로 분할되어 있고, 분할된 각각의 구동축은 커플링에 의해 연결된다. 또, 꼬리 회전 날개 구동축에는 윤활유 냉각기를 구동시킬 수 있는 풀리가 장착되는 수도 있다.

③ 회전 날개 제동장치

회전 날개 제동장치는 회전 날개의 회전을 정지시키거나 지상에서 기관이 정지 상태에 있을 때 회전 날개가 회전하는 것을 방지하는 장치로서 유압으로 작동된다. 회전 날개 제동장치는 제동장치 레버, 유압 실린더, 피스톤, 축압기, 제동 원판(Brake Disk) 및 작동유 저장 탱크로 구성된다. 제동장치 레버를 작동시키면 제동 원판에 대한 유압 피스톤의 밀착 작용에 의해 제동효과를 가져오며, 스프링의 하중을 받는 축압기의 작동 유압에 의해 레버를 작동시키고 있는 동안에 지속적인 제동 상태를 유지시킨다.

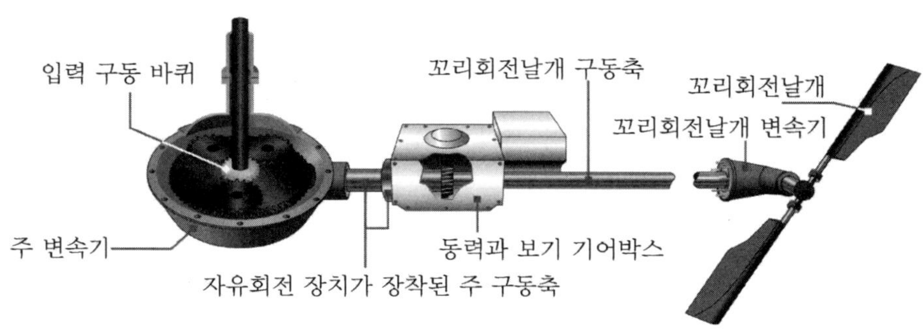

[그림 2-51] 주 변속기와 회전꼬리날개 변속기와 연결된 꼬리회전날개 구동축

(2) 점검

동력 구동 장치의 점검은 일반적으로 변속기와 기어 박스 및 동력 구동축으로 구분하여 실시되며, 변속기와 기어 박스의 경우에는 윤활유에 의한 점검을 위주로 하고, 동력 구동축의 경우에는 육안 검사에 의한 기계적인 손상과 변형 및 부식 상태를 점검 한다.

① 변속기와 기어 박스

변속기와 기어 박스의 점검은 주로 윤활유와 연결된 것으로서, 윤활유의 누설 점검과 오염 상태의 점검 및 기어 박스 사용 점검 등으로 구분할 수 있다. 변속기와 기어 박스의 윤활유누설 점검은 변속기나 기어박스에 설치된 사이트 게이지에 의해 윤활유의 양을 검사함으로써 이루어진다. 윤활유의 누설 량은 규정된 비행시간마다 최대 위치 및 최소 위치 사이의 1/2 이상이 감소되어서는 안 되며, 윤활유 누설이 지나친 경우에는 변속기와 기어 박스의 실을 점검하여 결함이 있는 실은 교환한다. 윤활유의 오염 상태 점검은 윤활유 속에 포함된 금속 입자의 양으로 측정한다. 과다한 금속 입자에 의한 윤활유의 오염 상태는 경고 장치에 의해 확인되며, 윤활유 필터 혹은 자석 플러그에 의해 수집된 금속 입자로 알 수 있다. 윤활유에 금속 입자가 과다하게 포함된 경우에는 변속기나 기어 박스 내부에 손상이 있다는 징후이므로 금속 입자의 형태, 양 및 성분을 분석하고, 변속기나 기어 박스의 사용 내력 등을 검토하여 계통의 상태를 판정할 수 있으며, 필요한 경우에는 기어 박스의 사용 내용을 점검한다. 금속 입자는 영구 자석, 납땜 인두, 농축된 염산 및 질산 등을 이용하여 성분을 구분할 수 있다. 영구 자석을 이용하여 철분을 분류하고, 주석과 납의 분말은 용융점을 이용하여 납땜 인두로 구분한다. 그리고 알루미늄 분말은 염산으로 구분하고, 구리와 황동 및 마그네슘 분말은 농축된 질산에 의해 식별한다. 기어 박스의 사용 점검은 기어 박스의 내부 손상이 우려될 경우에 수행하는 점검으로서, 이 점검 역시 윤활유에 포함된 금속입자의 양을 분석하는 작업이다. 기어 박스 사용 점검을 하기 위해서, 먼저 기어 박스를 윤활유로 깨끗이 세척하여 금속 입자를 검사하고, 헬리콥터를 최대 적재 하중으로 30분간 공중 정기 비행을 시킨 다음에 윤활유 스크린과 필터 및 자석 플러그를 점검한다. 이때, 기어 박스의 윤활유를 배출시켜 수집된 금속 입자를 점검하여 금속 입자의 양이 증가하였으면 기어 박스를 교환하고, 양이 감소하였으면 세척한 후 다시 사용한다.

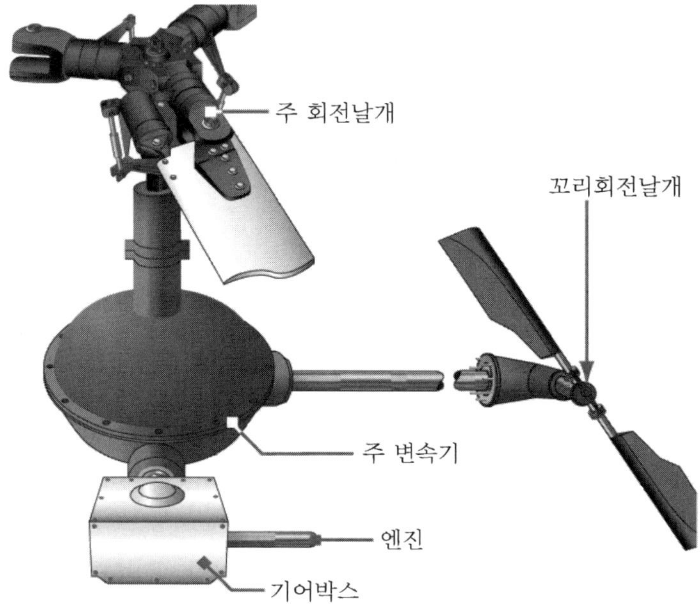

[그림 2-52] 주 회전날개 변속기

② 동력 구동축

동력 구동축의 점검은 일반적으로 기계적인 손상과 변형 및 부식 상태에 대한 육안 점검을 하며, 필요에 따라 비파괴 검사를 통하여 균열 상태를 점검한다. 구동축의 균열은 어떠한 경우에도 허용될 수 없으며, 기계적인 손상 또는 표면의 가벼운 부식 현상도 한정된 범위 내에서 어느 정도 수정 작업을 하는 것 이외에는 수리할 수 없으므로 축을 교환한다. 특히, 기관 구동축은 기계적인 손상 이외에 과열에 의한 변색 등이 있는가를 점검하고, 장착 고정 상태를 확인한 후에 그리스의 누설 상태 등을 점검한다.

주회전 날개 구동축은 높은 응력을 받는 축으로서, 충격을 가해서는 안 되며, 충격에 의한 손상을 받는 경우에는 구동축을 교환하고, 구동축 양단의 스플라인의 마멸 상태를 점검하여 허용값 초과 여부를 점검한다. 꼬리 회전 날개 구동축은 기계적인 손상의 허용범위가 축의 위치에 따라 다르게 규정되어 있다. 이 구동축의 경우에는 특별히 굽힘과 비틀림에 대한 변형 상태를 주의 깊게 점검하고, 동적 평형을 맞추기 위해 부착해 놓은 평형 스트립(Balance Strip)이 부분적으로 파손되었거나 떨어져 나간 경우에는 구동축을 교환한다. 회전 날개가 제한 속도 이상으로 회전하였을 경우에는 동력 구동축의 손상과 변형을 육안 검사하고, 구동축 커플링의 균열을 점검하며, 꼬리 회전 날개 구동축의 경우에는 지지 브래킷을 점검하여 부착 볼트에 의해 나타날 수 있는 균열 등을 점검한다.

(3) 작동 점검 및 조절

동력 구동 장치 계통의 점검을 통하여 발견하지 못한 결함은 헬리콥터를 작동시키는 동안 불완전한 작동 상태를 초래한다. 이러한 불완전한 작동상태는 고장의 가능성을 내포하게 된다. 그러므로 작동 점검은 불완전한 작동 상태를 파악하거나 정확한 고장의 원인을 밝혀내기 위하여 철저하게 수행되어야 한다. 동력 구동 장치 계통의 부정확한 작동상태는 주로 고주파수의 진동을 발생시키게 되는데, 기본적으로 구동축의 불평형 상태 또는 베어링의 불량 상태가 진동의 원인이 되지만, 변속기로부터 발생되는 진동인 경우에는 원인이 매우 다양하다. 또, 기관 구동축의 동적 불평형 상태로 인하여 나타나는 진동은 쉽게 발견해 내기가 어려우며, 비정상적인 응력을 받는 상태 또는 마멸 상태에 의해 발생하는 진동은 기체에 흡수되어 버리므로 작동 점검 시에 밝혀내기가 매우 어렵다. 그러므로 기관 구동축의 진동에 대한 점검은 수시로 행하여야 하지만, 구체적인 점검 방법은 풍부한 고장 탐구에 대한 지식에 따라야 한다. 동력 구동 장치 계통의 조절은 계통의 정렬 상태(Alignment)를 점검하고 수정하는 작업으로서, 동력 구동 장치를 장탈 및 장착한 경우에 수행하고, 또한 특정한 비행시간이 경과된 후에도 부품의 마멸, 신장 및 비틀림에 대한 정렬 상태를 확인하기 위하여 수행한다. 이러한 조절 작업을 무시하는 경우에는 기체에 대한 심각한 손상과 진동을 초래하게 된다.

(4) 고장 탐구

동력 구동 장치 계통의 고장을 찾아내기 위해서는 계통 작동상태와 구성 요소의 기능에 대한 정확한 지식이 있어야 하며, 헬리콥터의 작동에 따른 진동의 특성을 정확하게 규명할 수 있어야 한다. 동력 구동 장치 계통의 일반적인 고장과 그에 대한 조치 사항을 변속기, 기어 박스 및 동력 구동축으로 나누어 살펴보기로 한다.

① 변속기의 고장 탐구

변속기의 고장 상태는 주로 윤활유와 관련이 있는 것으로서, 변속기의 윤활유 압력 계기의 지시 값이 흔들리는 경우와 윤활유 압력 지시등이 켜지지 않는 경우 및 윤활유의 압력이 규정 값보다 낮은 경우 등으로 구분할 수 있다.

윤활유 압력의 지시가 흔들리는 경우에는 전기적 접속 상태가 헐겁거나 계기 및 변환기에 결함이 있음을 의미한다. 이때에는 전기적 접속을 확실하게 하고, 계기 및 변환기가 고장이면 이를 교환한다. 그리고 압력 스위치의 결함에 의해서도 압력 지시가 흔들릴 수 있는데, 이때에는 압력 스위치의 작동 상태를 멀티미터로 점검하여 이상이 있으면 교환한다. 윤활유 압력이 낮게 지시하는 경우에는 윤활유 섬프의 윤활유 수준이 낮거나 윤활유 펌프가 고장일 수 있으며, 그 밖에 방열기가 막혔을 수도 있다. 윤활유 섬프의 윤활유 수준이 낮을 경우에는 변속기에 윤활유를 공급하며, 윤활유 펌프가 고장이라고 생각되면 윤활유 펌프의 외부 도관을 분리하고 압력계기를 연결한 후 보조 동력 장치를 작동시켜 윤활유 압력을 점검한다. 이때, 이상이 있으면 변속기를 교환한다. 그리고 방열기가 막힌 경우에는 방열기 외부의 도관을 분리하고, 압력 게기를 연결한 후 보조 동력 장치를 작동시켜서 윤활유 압력을 점검해 보아, 이상이 있으면 방열기를 교환한다.

② 기어 박스의 고장 탐구

기어 박스에 고장이 생기면 주로 고주파수의 진동이 발생하여 기체를 통하여 전달된다. 이러한 고주파수의 진동을 발생하게 하는 원인으로는 장착 볼트의 헐거움, 기어 박스 베어링의 결함, 기어의 손상 및 기어의 불확실한 정렬 상태 등이 있다. 장착 볼트가 헐거운 경우에는 이를 점검하여 규정 토크값으로 고정시키고, 기어 박스의 베어링에 결함이 있는 경우에는 베어링의 과열 상태 또는 잡음을 측정하여 이상이 발견되면 기어 박스를 교환한다. 그리고 기어가 손상된 경우에는 잡음을 측정하여 이상이 있으면 기어 박스를 교환하고, 기어의 정렬 상태가 올바르지 못할 경우에는 잡음을 측정하여 이상이 있으면 기어 박스를 교환한다.

③ 동력 구동축의 고장 탐구

동력 구동축에 고장이 생기면 기어 박스의 경우와 마찬가지로 고주파수의 진동이 발생한다. 동력 구동축에서 이러한 고주파수의 진동이 발생하는 원인에는 구동축의 부착 플랜지의 너트와 볼트의 헐거움, 구동축의 장착 상태의 불량, 구동축 및 구동축 커플링의 손상, 구동축의 불량한 평형 상태 및 지지 베어링의 결함 등이 있다. 구동축의 부착 플랜지의 너트와 볼트가 헐거운 경우에는 이를 확인하여 규정된 토크값으로 죄어주고, 구동축의 장착 상태가 올바르지 못한 경우에는 구동축을 점검하여 올바르게 장착해준다. 그리고 구동축 또는 구동축 커플링이 손상되었을 경우에는 구동축 및 구동축 커플링을 점검하여 이를 교환하고, 구동축의 평형 상태가 맞지 않는 경우에는 평형추의 탈락 상태를 확인하여 이상이 있는 경우에는 구동축을 교환한다. 그 밖에 지지 베어링에 결함이 있는 경우에는 베어링을 점검하고, 이상이 있는 경우에는 이를 교환한다.

Chapter 3

항공기 재료

1 금속재료

1) 개요

항공 기체에 사용되는 재료는 먼저 가벼워야 하고, 또 여러 가지 종류의 힘을 받기 때문에 강도(Strength)가 높아야 하며, 부식(Corrosion)에도 강해야 하므로 기체의 각 부분은 여러 종류의 재료가 사용되고 있다. 항공기를 제작 또는 수리하려면 이들 재료의 성질 및 용도를 정확히 파악하여 요구하는 목적에 맞게 처리하여 사용해야 한다. 금속의 일반적 특성은 다음과 같다.

(1) 상온에서 고체이며, 결정체이다.
(2) 전기 및 열전도율이 양호하다.
(3) 전성 및 연성이 양호하다.
(4) 금속 특유의 광택을 가지고 있다.

항공기를 제작, 수리하는 데에는 금속의 결정구조와 변태 및 이들 합금에 대한 일반적 성질과 가공법을 이해하는 것이 중요하다.

2) 금속의 결정구조

물질을 구성하고 있는 원자들이 규칙적으로 배열되어 있을 때, 이것을 결정체라고 하며, 금속은 크고 작은 결정의 집합체이다. 금속은 비교적 높은 밀도를 나타냄으로써 금속원자는 상호 대단히 밀집되어 있다. 최소의 용적 내에 가장 밀접하게 충전되기 위한 배열에 의해서 밀도가 달라지고, 재질과 가공성 등이 모두 이 결정구조에 따라 달라진다. 금속에서의 대표적인 결정구조는 체심입방격자(Body-Centered Cubic: B.C.C) 면심입방격자(Face-Centered Cubic: F.C.C) 및 조밀육방격자(Hexagonal Close-Packed: H.C.P)로 분류된다. 교재 그림은 각 단위공간격자별 원자의 위치와 배열을 나타낸다.

〈표 3-1〉 주요 금속재료의 결정구조와 금속재료

결정구조	금 속
B.C.C	Ba , Cr , Cs , Fe , K , Li, Mo , V 등
F.C.C	Ag , Al , Au, Ca, Cu , Ni , Pb , Pt 등
H.C.P	Be , Cd , Co , Mg , Ti , Zn 등

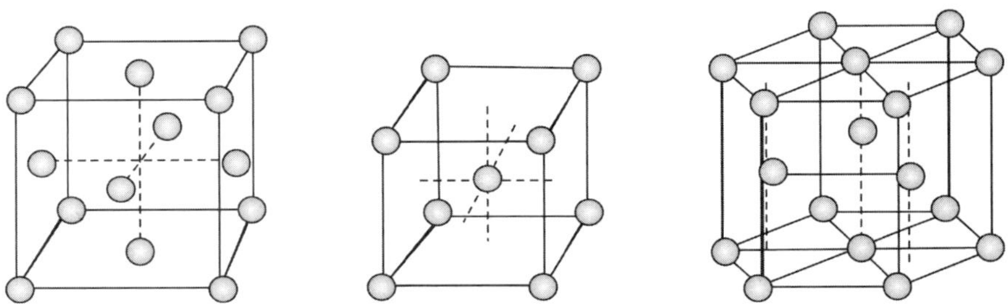

(면심 입방 격자) (체심 입방 격자) (조밀 육방 격자)

[그림 3-1] 단위격자 구조의 종류

3) 금속의 변태(變態)

온도가 올라감에 따라 고체에서 액체나 기체로 변화하는 것을 대부분의 금속 원소에서 볼 수 있는 현상인데 이것을 변태라 한다.

(1) 동소변태(Allotropic Ransformation)

고체 상태에서의 원자배열의 변화, 즉 결정격자의 구조가 변화하는 것을 말하며, 변태가 온도의 변화에 의하여 일어날 때 그 온도를 동소변태점이라 한다. 예를 들면 순철에는 α, γ, δ의 3 개의 동소체가 있다. 그림 3-2와 같이 순철의 α철은 910°C 이하에서 체심입방격자이고, γ철은 910~1400°C 사이에서 면심입방격자이며, δ철은 1400~1539°C 사이에서 체심입방격자이다.

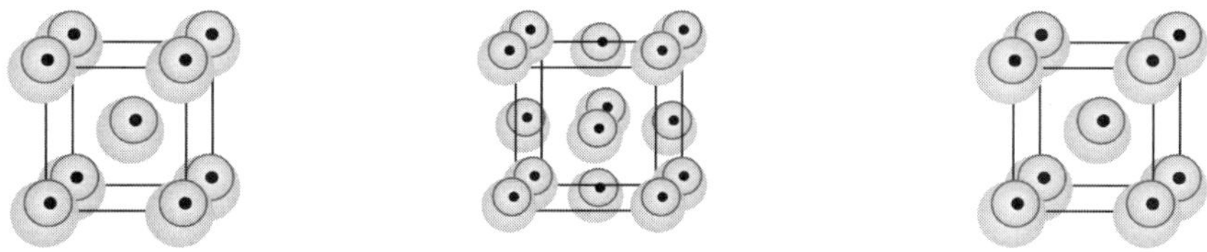

체심입방격자(<910˚C)　　면심입방격자(<1410˚C)　　체심입방격자(<1530˚C)

[그림 3-2] 금속의 단위세포

(2) 자기 변태

원자 배열, 격자의 변화 없이 금속의 자성 변화만 일으키는 것을 말하며, 예를 들면 자기장에 놓인 순철의 자성은 온도가 상승함에 따라 천천히 변화하지만 768°C 부근에서 급격한 자성의 변화를 일으킨다. 이와 같이 자기의 크기가 변화할 때를 자기 변태라 하며, 이때의 온도를 자기 변태점(Curie Point)이라 한다.

4) 합금의 상태

합금은 1개의 금속 원소에 다른 1개 이상의 금속 원소나 비금속 원소를 첨가하여 융합시킨 것으로서, 금속의 성질을 개선한 것을 말한다. 합금의 조직은 융합 상태에 따라 다르며, 대표적인 합금의 조직에는 공정, 고용체, 금속간 화합물 등이 있다.

(1) 공정

2개의 성분 금속이 용융된 상태에서 서로 균일한 액체를 형성하며, 응고 후에는 성분 금속이 각각 결정으로 분리되어 두 가지 성분의 금속이 기계적으로 혼합된 조직을 가진 합금을 말한다.

(2) 고용체

용융 상태에서 한 성분의 금속 중에 다른 금속이 혼합되어 합금이 되었거나, 고체 상태에서 균일한 합금 상태가 되어 각 성분 금속을 기계적인 방법으로 구분할 수 없는 조직을 가진 합금을 말한다.

(3) 금속간 화합물

금속과 금속사이의 친화력이 클 때에는 화학적으로 결합하여 성분 금속과 다른 성질을 가지며, 이러한 독립된 화합물로 만들어진 조직의 합금을 말한다.

5) 금속의 성질

(1) 철 금속

철 금속은 철(Iron)을 주성분으로 포함하는 것으로서 항공기 구조부의 고강도를 요하는 곳에 사용된다. 항공기 구조물에 순철은 거의 사용되지 않으며 탄소를 제거하여 강(Steel)으로 전환시킨다. 강으로 전환시키는 과정에서 합금의 형식과 양에 따라 강의 성질이 결정된다.

(2) 강도

금속의 강도는 가장 중요한 성질중의 하나로서 재료에 정적인 힘이 가해지는 경우, 즉 재료가 인장 하중, 압축 하중, 굽힘 하중을 받는 경우, 이 하중에 견딜 수 있는 정도를 나타낸 것이다. 강도(Strength)는 일반적으로 모든 응력에 파손되지 않고 견딜 수 있는 능력을 뜻한다.

금속의 재료에 힘을 가하면 재료의 변형은 하중(힘)에 의하여 탄성한계 범위에서는 응력(σ)과 변형률(ϵ)의 비례 관계가 다음과 같이 이루어진다.

$$\sigma = E\epsilon$$

이것을 후크의 법칙(Hooke's Law)이라 한다. 여기서 E는 비례상수로서 재료의 탄성계수 또는 영률(Young's Modulus)이라 하는데, 재료에 따라 각각 다른 값을 가진다.

마찬가지로, 전단 응력(τ)과 전단 변형률(γ)도 다음과 같은 비례 관계를 가진다.

$$\tau = G\gamma$$

여기서 G을 전단 탄성 계수(Shear Modulus)라 한다. 이러한 응력과 변형률의 관계는 재료 시험을 통하여 알 수 있는데, 재료 시험 중 일반적인 것이 인장 시험이다. 일정한 규격을 가진 인장 시험편을 인장 시험기에 장착한 후 잡아당기면 그림 3-3과 같은 결과를 얻는데, 이것을 재료의 응력-변형률 곡선이라 한다.

그림 3-3에서 점O에서 점 A까지를 비례 탄성범위라 하는데, 후크의 법칙은 이 범위에서만 성립한다. 이 점까지 가해졌던 응력(힘)이 제거되면 변형률도 제거되어 원래의 상태(원점 O)돌아오는데, 재료의 이러한 성질을 탄성(Elasticity)이라 한다. 점 B에서는 응력(힘)이 증가하지 않아도 저절로 변형이 진행되는데, 이 점을 항복점(Yield Point)이라 하고, 이때의 응력을 항복 응력(Yield Stress) 또는 항복 강도(Yield Strength)라 한다. 점 G는 재료가 받을 수 있는 최대 응력으로, 이를 극한 강도(Ultimate Strength) 또는 인장 강도

(Tensile Strength)라 한다.

① 인장강도

인장강도 (Tensile Strength)란 재료가 신장(늘어남)되거나 연장되는 경향을 가지는 힘에 견디는 능력이다.

최대 인장강도는 재료가 견딜 수 있는 최대의 응력이다. 인장강도는 입방 인치당 파운드 (PSI: Pounds per Square Inch) 또는 입방 미터당 뉴우톤(Pa(Pascal): N/m^2)로 측정되고 모든 금속재료는 입방 인치당 킬로파운드 (KPSI)와 단위로 사용한다.

② 항복강도

금속이 변형되는데 필요로 하는 응력을 항복강도(Yield Strength)라 한다. 재료에 인장하중을 가할 때 재료는 항복점(Yield Point)에 도달할 때까지 변형에 저항한다.

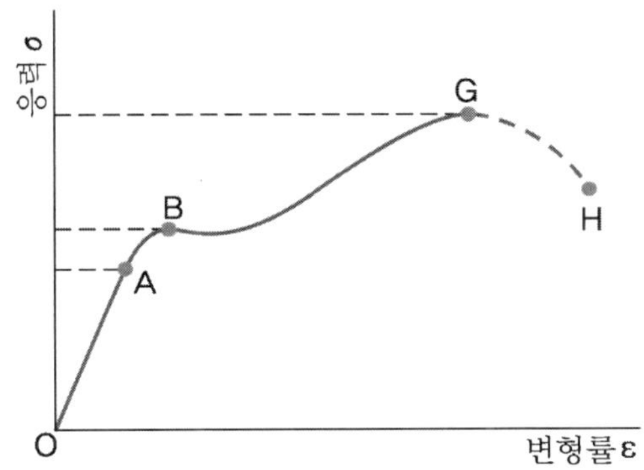

[그림 3–3] 응력–변형률 선도

③ 전단강도

전단강도(Shear Strength)는 물체의 한 부분을 다른 부분으로 미끄러지려는 경향이 있는 힘에 저항하는 재료의 강도이다.

④ 지압강도

지압강도 (Bearing Strength)는 가해진 하중지점의 찢어지려는 경향이 있는 힘에 저항하는 재료의 강도이다. 구조물에 적당한 크기의 리벳을 선택할 리벳의 전단력과 판금판의 지압강도를 조합시켜야 한다. 리벳의 전단력이 너무 높다면 판금 판은 리벳이 전단력으로 부러지기 전에 먼저 파괴된다. 이는 리벳이 전단력으로 파괴되는 것보다 더 광범위한 수리를 요한다.

(3) 경도

금속의 경도(Hardness)는 재료의 단단한 정도를 말하며, 정적 강도를 나타내는 하나의 기준이며, 금속이 절단, 침투 혹은 찰과(마멸) 등과 같은 물리적, 화학적, 기계적 성질에 대한 정도를 말한다. 강의 인장강도는 경도와 비례한다. 그러나 대부분의 비철 금속에서 이의 관계는 절대적이 아니다. 금속은 열처리나 가공 경화에 의하여 경화시킬 수 있고 풀림(Annealing)에 의하여 연하게 할 수도 있다.

(4) 전성(가단성)

전성(Malleability)은 재료가 균열이나 파손이 되지 않고 굽혀지거나 늘어나는 능력을 말하며, 펴짐성이라고도 하며, 얇은 판으로 가공할 수 있는 성질을 말한다. 일반적으로 금속의 경도와 전성은 서로 반대적인 성질이 될 수 있다. 이 성질은 판재를 취급 하는데 중요하며 전성을 가진 대표적인 금속은 구리이다.

(5) 연성

연성(Ductility)은 뽑힘 성이라 하며, 가는 선이나 판으로 가공할 수 있는 성질을 말한다. 전성(Malleability)과 비슷한 성질이나 연성은 단지재료를 끌어 당겨 형태를 만들 때 견딜 수 있는 일차적인 강도를 뜻한다. 연성의 성질은 특별히 철사의 제조에 중요하다.

(6) 취성

취성(Brittleness)은 연성이나 전성에 반대되는 성질로 재료가 굽혀지거나 변형이 될 때 깨지는 현상이다. 즉 휨이나 변형이 거의 일어나지 않고 부서지거나 파열되는 성질을 말하며, 취성이 큰 금속은 변형되지 않고 파열 또는 부서지므로, 하중에 의한 충격을 많이 받는 구조용 재료에서는 좋지 못하다.

(7) 전도성

금속 재료에 의하여 열이나 전기를 전도시킬 수 있는 성질을 말하며, 특히 부재를 용융시켜 모재에 접합하는 용접과 압접 작업 시 매우 중요한 성질이다

① 열전도성

열전도성(Thermal Conductivity)은 재료가 최소손실로 열을 전달하는 성질이다. 모든 금속은 대개 좋은 열전도성을 가지고 있으나 비철금속은 열전도성이 좋지 않다.

② 전기적 전도성

금속의 대부분은 전기적으로 좋은 도체가 된다. 이는 최소의 저항으로 반대방향으로의 전자흐름을 허용하는 것을 의미한다. 어떤 금속은 아주 고저항을 가지고 있고 전기가 흐르면 쉽게 뜨거워진다. 이러한 금속은 전기히터 소자로 사용된다.

(8) 열팽창

대부분의 모든 형태의 물체는 온도의 변화에 따라 물리적인 크기가 변화하고 이 변화에 관한 지식은 항공기 기술자에게 상당히 중요하다. 예를 들면 대부분의 항공기의 구조는 온도변화에 따라 크기가 변하는 알루미늄 합금으로 제조되어 있다. 그러나 조종케이블에 사용되는 강은 온도변화에 따라서 알루미늄보다는 크기가 작게 변화한다. 조종케이블의 인장이 더운 기후에서 조절이 되었다면 케이블은 항공기가 고고도에서 오랜 시간동안 비행하는 느슨하게 되어 위험을 초래할 것이다.

(9) 탄성

변형력이 제거될 때 원래의 형태로 되돌아오는 성질을 탄성(Elasticity) 이라 한다. 탄성은 영구적으로 변형되지 않고 부품의 변형을 허용하기 때문에 항공기 재료에 상당히 중요하다.

(10) 인성

인성(Toughness)은 재료의 질긴 성질을 말하며, 재료가 굽혀지거나 신장될 때 파손되거나 찢어짐에 저항하는 재료의 성질이다. 해머의 면과 렌치 등과 같은 공구는 단단하면서도 질긴 성질을 갖고 있어야 공구로써의 가치가 있다.

(11) 용융도

용접성을 고려해 볼 때 재료의 용융도를 생각할 수 있다. 강이 녹거나 액체가 되는 온도는 2500°F 로 강이 용융되거나 용접되었다고 한다.

(12) 밀도

밀도(Density)는 주어진 부피에 대한 질량을 뜻한다. 물체의 질량은 물을 기준으로 하여 비교할 수 있는데 $1cm^3$ 물의 무게는 $1g$과 같다. 즉 물의 밀도는 1이라고 한다. 알루미늄은 2.7의 밀도를 갖는 데, 즉 $1cm^3$부피의 알루미늄 무게는 2.7그램이라는 뜻이다. 그 외의 금속은 표 3-2와 같다.

〈표 3-2〉 금속의 밀도와 무게

금속	알루미늄	티타늄	강	구리	납	금
밀도	2.7	4.4	7.9	8.9	11.4	19.3
무게(g)	2.7	4.4	7.9	8.9	11.4	19.3

6) 금속의 가공

금속은 인장, 압축, 굽힘, 전단 등의 힘에 의하여 판재, 봉재, 관재 등과 같은 모양으로 가공할 수 있는데, 이와 같이 금속이 영구 변형되는 성질을 소성(Plasticity)이라 하고, 이 성질을 이용한 가공법을 소성 가공법이라 한다.

소성 가공법은 재결정 온도를 기준으로 열간 가공과 냉간 가공으로 나누며, 가공 방법에 따라 단조, 압연, 프레스, 압출, 인발 등이 있다.

재결정(Recrystallization)이란 온도 상승에 따라 내부 응력이 없는 새로운 결정의 핵(核)이 생겨 이것이 점차로 성장됨과 동시에 구결정이 소실된다. 재결정핵이 처음에 발생하는 장소는 결정 경계, 쌍정(Twin)의 경계, 또는 슬립 면(Slip Surface)에 따라 결정립을 만들게 되는데 이것을 재결정이라 한다. 그림 3-4는 재결정의 생성과정을 설명한 것이다. 재결정이 생기면 재료가 급격히 연화되고, 이와 함께 다른 모든 성질도 많이 변화한다. 이러한 재결정이 생기는 온도를 재결정 온도라 하며, 금속의 재결정온도는 표 3-3과 같다.

[그림 3-4] 재결정 설명도

〈표 3-3〉 순금속의 재결정 온도

순금속		재결정온도(℃)	순금속		재결정온도(℃)
금	(Au)	약200	알루미늄	(Al)	150~240
은	(Ag)	약200	아 연	(Zn)	7~75
구리	(Cu)	210~250	주 석	(Sn)	-7~25
철	(Fe)	350~450	연(鉛)	(Pb)	~ -3
니켈	(Ni)	530~660	백 금	(Pt)	약50

(1) 단조(Forging)

보통 열간 가공에서 적당한 단조 기계로 재료를 소성 가공하여 조직을 미세화 시키고, 균질 상태로 하면서 성형한다. 단조에는 그림 3-5와 같이 단조형식에 따라 자유단조(Open Forging)과 형단조(Die Forging)가 있으며, 자유단조는 금속유동에 제한을 주지 않는 단조로서 단조 후에 기계가공을 하는 경우가 많으며, 형단조는 금속의 유동이 형(Die) 내에서 이루어지며 스패너, 크랭크 축, 커넥팅 로드, 차축 등이 형단조에 의해 제작된다.

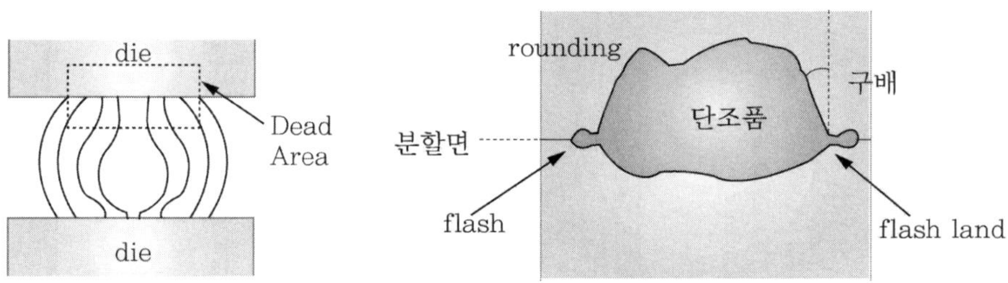

(a) 자유단조(배부른 현상) (b) 형단조

[그림 3-5] 단조의 종류

(2) 압연(Rolling)

재료를 열간 또는 냉간 가공하기 위하여 회전하는 Roller 사이를 통과시켜 원하는 두께, 폭, 또는 지름을 가진 제품을 만든다.

(3) 프레스(Press)

금속 판재를 위·아래 한 쌍의 프레스 형틀 사이에 넣고, 원하는 모양으로 성형, 가공하는 것을 말한다.

(4) 압출(Extrusion)

상온 또는 가열된 금속을 실린더 형상을 한 용기(Container)에 넣고, 그림 3-6에서와 같이 한쪽에 Ram에 압력을 가하여 봉재, 판재, 형재 등의 제품으로 가공하는 것을 말한다.

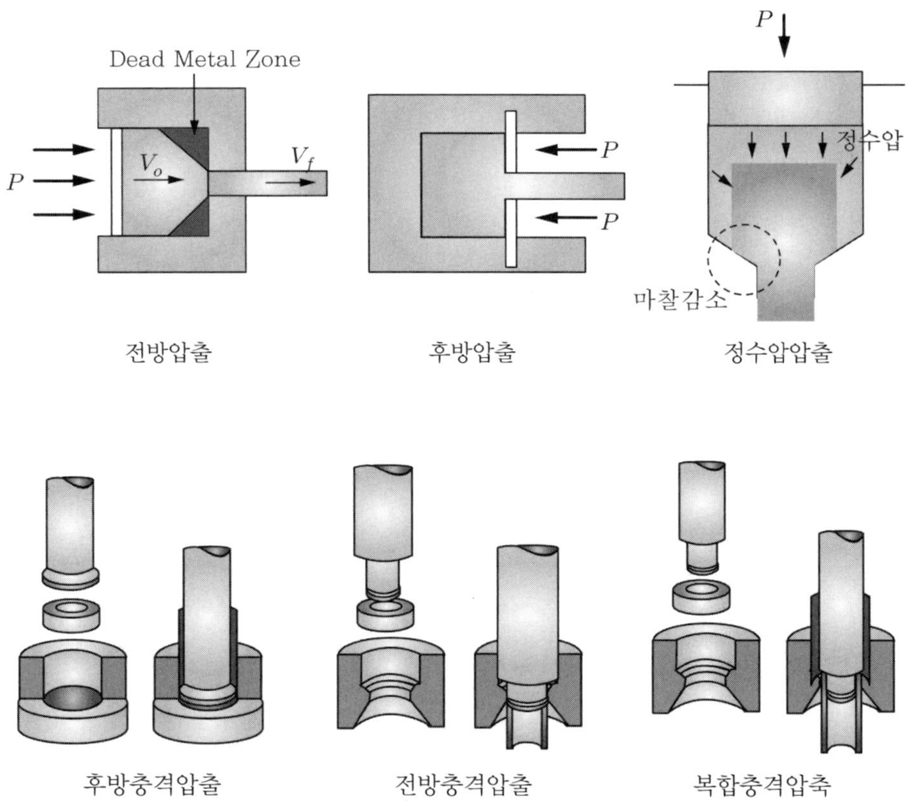

[그림 3-6] 압출의 종류

(5) 인발(Drawing)

인발은 그림 3-7과 같이 금속 파이프 또는 봉재를 형틀(Die)에 통과시켜 축 방향으로 잡아당겨 바깥지름을 감소시키면서 일정한 단면을 가진 소재 또는 제품으로 가공하는 방법을 말한다.

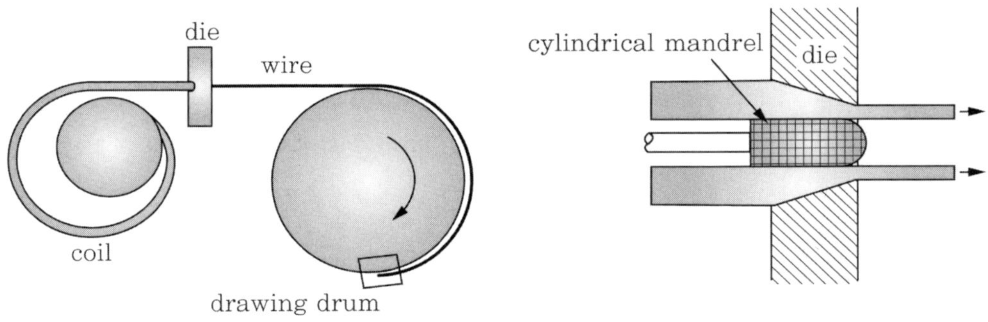

(a) 봉재인발 (b) 관재인발

[그림 3-7] 인발의 종류

7) 대표적인 재료규격

(1) 재료규격

항공기 재료에 대한 규격은 국가 및 단체규격으로 표준화된 규격이 주로 사용되고 있으며 각 항공기 제작 회사 고유의 자재 규격서를 갖는 경우도 있다.

① AA규격

미국 알루미늄 협회(Aluminum Association of America)의 규격으로 알루미늄 합금의 규격이다.

② ALCOA 규격

미국의 ALCOA사(Aluminum Company of America)의 규격으로 알루미늄 합금의 규격이다.

③ AISI 규격

미국 철강 협회 (American Iron and Steel Institute)의 규격으로 철강 재료의 규격이다.

④ AMS 규격

SAE의 항공부가 정한 민간 항공기 재료 규격(Aerospace Material Specification)으로 티타늄 합금, 내열합금에 많이 쓰인다.

⑤ ASTM 규격

미국 재료 시험 협회(American Aociety of Testing materials)의 규격으로 모든 재료에 대한 시험규격이다.

⑥ MIL 규격

미국 군사 규격(Military Specification)이다.

⑦ SAE 규격

미국 자동차 기술자 협회(Society of Automotive Engineers)의 규격으로 철강에 많이 쓰인다.

⑧ FED 규격

미국 연방 규격(Federal Specification)을 나타낸다.

(2) 각 규격의 적용범위 및 표기법

① AA 규격

미국 알루미늄 협회가 1954년 제정한 규격으로 현재는 ALCOA 규격대신 널리 사용되고 있다.

> (표기 예) 2024
> 첫 번째 숫자 : 합금의 주성분(1 :순수 AL, 2 : Cu, 3 :Mn, 4 :Si, 5 : Mg, 6 :Mg + Si, 7 : Zn)
> 두 번째 숫자: 개량번호(0 : 개량처리 하지 않았음)
> 세 번째 숫자: 합금의 명칭기호(24S 임을 표시)

② SAE 및 AISI

SAE와 AISI는 산업용 철강 재료에 대한 표준 규격으로 널리 이용되며 항공기용 철강 재료는 대부분 AISI 재질 기호가 이용된다. SAE와 AISI의 재질 기호 표기 방법은 동일하지만 미량 성분에서 약간의 차이가 있다.

> (표기 예) AISI 1025
> 첫 번째 숫자 : 1-주합금원소 종류(1: C, 2:Ni, 3: Ni-Cr, 4: Mo, 5 :Cr, 6: Cr-V)
> 두 번째 숫자 : 0-합금의 함유량(%)
> 끝의 두 자릿수 : 평균 탄소함유량(0.25% 정도임을 표시)을 1/100%로 나타냄.

③ AMS

SAE 항공부에서 민간 항공기용 재료에 대한 규격으로 현재는 미공군을 비롯하여 각종 항공기 재료로서, 특히 내식 내열 합금, 티탄(Ti) 합금, 고무제품 등에 적용하고 있다.

> (표기 예) AMS 4900~4940 : Ti 합금, AMS 5350~5850 : 내식 내열 합금

④ ASTM

각종 공업용 재료 규격 및 재료 시험 규격으로 항공기 재료에서는 주로 마그네슘(Mg) 합금 재료 규격 및 일반 재료 시험 규격으로 널리 이용된다.

(표기 예) ASTM - B - 117
알파벳 : 분류기호로서 합금의 주성분이 A는 철금속, B는 비철금속을 나타냄.
117 : 일련번호

㉠ MIL 규격

원 자재 뿐만 아니라 완제품에 대해서도 적용되는 매우 광범위한 규격이다. 일반적으로 MIL로 정해진 항공기재료는 다른 규격의 것보다 내구성 성능 등이 우수한 것으로 나타나고 있다.

(표기 예) MIL - S - 18729
MIL : 미군
S: 품종, 명칭의 머리글자(S: Steel 또는 Screw …, T: Tube 또는 Ti)
18729: 일련번호

㉡ FED 규격

KS 규격과 같은 용도의 민간규격으로 항공기의 주재료인 Al 합금, 판재, 압출재, Tube 등은 대부분 이 규격에 적용된다.

(표기 예) QQA - A - 250/5
첫 번째 알파벳: 재료 종류표시(A : Al, C : Cu, M : Mg 등)
250/5: 구분에 대한 일련번호(2024-T4 Alclad를 표시)

2 철 금속

1) 개 요

철(Fe)에 소량의 탄소(C)가 함유되면 그 합금은 순철보다 기계적 성질이 매우 우수하게 되며, 이것은 탄소강으로 분류한다. 탄소강은 강의 성질을 개선하기 위하여 다른 원소와 탄소강을 결합시킴으로서 이루어지는 모든 합금강들의 기본을 형성한다. 탄소강 중에는 Si, Mn, P, S 등의 함유량이 탄소보다 많은 경우도 있으나, 강의 성질에 큰 영향을 주는 것은 탄소이다.

일반적으로 탄소 함유량이 2.0% 이하인 합금을 강(탄소강), 이보다 많은 합금을 주철이라 하며, 1.5~2.5% 범위의 철강 재료는 실용성이 적어 거의 생산하지 않는다. 따라서 탄소 2.0%를 경계로 하여 합금의 성질이 크게 달라진다. 910°C 이하에서는 결정격자의 변화는 없지만 768°C를 경계로 하여 자기적 성질이 변하기 때문에 자기 변태점이라 한다. 이때의 철을 α철 이라 하는데, 723°C에서 탄소를 최대 0.025% 까지 고용한다.

철(Iron)을 주성분으로 가지는 금속을 철금속 (Ferrous Metal)이라고 하며 항공기 구조물에는 주로 1.7%정도의 탄소를 함유하는 강(Steel)을 사용한다.

2) 탄소강

(1) 저탄소강

탄소 0.1~0.3%를 함유한 강을 말하며, 이를 연강(Mild Steel)이라고도 한다. 이 강은 전연성이 좋아 절삭가공성을 중요시하는 구조용 볼트, 너트, 핀 등에 사용된다. 항공기에서는 안전 결선(Safety Wire), 케이블, 부싱, 나사, 로드 등에 사용하며, 판재로는 2차 구조재로 사용된다.

(2) 중탄소강

탄소 0.3~0.5%를 함유한 강을 말하며, 탄소량이 증가하면 강도 및 경도가 향상된다. 이 강은 특히 기계가공, 단조작업에 적합하고 표면경화가 필요한 곳에 사용된다.

(3) 고탄소강

탄소 0.5~1.05%를 함유한 강을 말하며, 강도, 경도가 매우 크고, 전단이나 마멸에 잘 견디며 충격에도 강하다. 이 강은 주로 높은 인장력이 필요한 철도 레일, 기차 바퀴, 공구강 등에 사용된다.

3) 특수강

특수강 (Special Steel)은 보통 탄소강에 한 개 이상의 특수 합금 원소를 첨가하여, 탄소강에서 얻을 수 없는 특수한 성질을 가지도록 한 강을 말하며, 합금강이라고도 한다.

철에 C, Si, Mn, P, S 등의 5 대 원소만이 함유되어 있을 때에는 합금강이라 하지 않는다. 일반적으로 특수강의 탄소 함유량은 0.25~0.55% 정도이며, 특수 원소의 첨가량이 10% 미만은 저합금강, 10% 이상은 고합금강이라 한다.

보통 사용되고 있는 중요 특수 원소로는 Ni, Cr, Mo, Si, V, Co, W, B, Ti 등이 있는데, 이들 특수 원소는 탄소강 본래의 성질을 현저하게 개선하고 새로운 특성을 갖게 한다. 특수강은 성질에 따라 구조용 특수강, 공구강, 특수용도 강으로 분류한다. 특수강을 식별하는 방법은 SAE (The Society of Automotive Engineers) 또는 AISI (The American Iron and Steel Institute) 규격에 의한 분류가 주로 사용되고 있다.

4) 주철의 분류

철광석, 석회석, 코오크를 용광로 속에 투입하여 열풍을 불어넣으면 코오크가 연소되어 철광석이 용해된다. 용해된 용액은 철의 위쪽에서, 용융된 철은 아래쪽에서 흘러나온다. 이때 흘러나온 철을 선철(Pig Iron)이라 하고, 여기서 다시 탄소를 산화 제거시킨 것이 강(Steel)이다.

철(Iron)은 순수한 형태의 화학적인 원소로서 연한 가단성 및 연성의 성질을 가진다. 철은 빛나는 흰색을 가지고 밀도가 7.9로서 아주 무겁다. 철은 산소와 결합하여 쉽게 산화철이 되어 녹이 나타난다. 순철은 탄소의 함유량이 아주 미소하게 0.01%~0.02%를 함유하고 있으며, 실제적으로 거의 사용되지 않고 여러 가지 형태의 탄소와 합금제 혹은 합금성분을 섞어 사용한다.

철을 용광로에서 바로 뽑으면 이를 주철(Cast Iron)이라 하며 일반적으로 실리콘을 혼합하고 탄소 함유량이 2.0~6.68 %의 탄소를 함유하고 있다. 주철은 무게당 저강도 때문에 항공기 구조물에 거의 사용하지 않는다. 그러나 엔진제조에 있어 밸브 가이드 같은 작은 구멍(Porosity)의 윤활 막을 밀착시킬 필요가 있는 곳에 사용되기도 한다. 철은 마모율 성질에 강하여 중요한 고려사항이 된다. 엔진 피스톤 링과 같은 물질은 쉽게 깨지거나 부스러지는 취성의 성질을 갖고 있다는 것은 널리 알려져 있다.

주철은 함유하는 탄소의 상태와 파단면의 색깔에 따라 회주철, 백주철, 반주철로 나누고, 또 기계적 성질에 따라 보통 주철, 고급 주철, 특수 주철 등으로 나누며, 주철의 장점은 다음과 같다.

㉠ 주조성이 우수하며, 크고 복잡한 것을 제조할 수 있다.
㉡ 금속 재료 중에서 단위 무게 당 값이 싸다.
㉢ 주물의 표면이 단단하며, 녹이 잘 슬지 않고, 칠도 잘된다.
㉣ 내마멸성이 우수하고 절삭가공도 쉽다.

위와 같이 주철에는 많은 장점이 있으나 또한 결점도 있다. 그 첫째가 인성이 없다는 것이다. 그러므로 주철은 충격에 약하며, 산(Acid)류 등에 부식당하기 쉽고 인장강도도 충분하지 못하다.

5) 강의 합금재의 영향

(1) 탄소

탄소(Carbon)는 강의 가장 중요한 원소로서, 철과 혼합시 철 카바이드의 합성물의 형태를 가져 세멘타이트(Cementite)라 한다. 강에 포함되어 있는 탄소를 열처리함에 따라 경도의 정도, 강도 및 인성 등을 변화시킬 수 있다. 탄소 함유량이 많을수록 열처리에 용이하므로 고인장 강도와 고경도를 갖는다. 그러나 탄소 함유량을 증가시키면 전성 및 용접성이 떨어진다.

0.95%까지의 고탄소 함유량을 가진 강은 고경도를 요하는 곳과 전성이 중요하게 고려되지 않는 곳에 사용된다. 고탄소강은 스프링이나 절삭공구 등을 만드는데 사용한다. 0.25%에서 0.50%의 탄소 함유량을 가지고 있는 저탄소강은 강도와 연성을 동시에 요하는 곳에 사용한다.

(2) 황

황(Sulfur)은 강의 가장 불필요한 성분으로 정제과정동안 가급적 전부 제거시켜야 한다. 황은 강을 압연이나 주조시 취성을 갖게 한다. 황이 제거되지 못한 강은 망간을 사용하여 반작용시킬 수 있다. 이는 망간황산(Sulfide)으로 되어 강에 손상을 주지 않는다.

(3) 망간

망간(Manganese)은 강과 합금되는 원소로 강에 있는 황이나 산소를 제거시키고 인성과 금속을 균일하게 해준다. 망간은 또한 철의 주조특성을 개선시키고 압연의 취성을 줄인다.

(4) 실리콘

실리콘(Silicon)은 비금속 합금재로 강과 함께 혼합되면 경화제(Harder) 역할을 한다. 아주 작은 양의 실리콘을 사용하면 강의 연성을 개선시킨다.

(5) 인

인(Phosphorous)은 강의 항복강도 (Yield Strength)를 증가시키고 저탄소강의 부식저항

성질을 증대시킨다. 강에는 일반적으로 0.05%이하의 인이 함유되고 이 이상 함유되면 금속이 냉각시 취성을 갖게 된다.

(6) 니켈

니켈(Nickel)은 강의 경도와 강도를 증가시키고 특히 항복강도를 증가시킨다. 니켈을 사용하는 합금은 강이 열처리될 때 임계 경화율을 완만하게 해주므로, 경화정도를 증가시키고 고운 입계구조를 형성시킨다. 니켈은 스테인레스 강이나 기타 강에 부식저항성을 주는 주요한 성분이다.

(7) 크롬

고강의 고온용융점을 가진 원소인 크롬(Chromium)을 강에 합금시키면 강도와 마모저항성이 증대되고 부식저항성도 좋아진다. 크롬은 일반적으로 몰리브덴(Molybdenum), 니켈, 바나듐 등과 같은 다른 원소와 같이 사용된다.

크롬바나듐(Chrome-Vanadium)합금은 렌치나 볼 베어링과 같은 높은 인성을 요하는 부품에 사용된다. 이 합금은 강도, 인성이 뛰어나고 무게가 가벼워 항공기 구조부에 강으로 사용하고 엔진의 실린더 같은 부품에 사용한다. 니켈크롬(Nickel Chrome)강은 강도와 경도가 뛰어나 항공기 하드웨어(Hardware)에 많이 사용한다. 텅스텐 크롬(Tungsten Chrome)강은 고속절삭공구에 사용한다.

강의 제조에 중요한 원소로 사용되는 것 이외에도, 크롬은 실린더 벽이나 저널베어링 같은 곳에 전기적으로 도금시켜 경도와 마모 방지성질을 개선시켜 준다.

(8) 몰리브덴

항공기 구조 강에 가장 광범위하게 사용하는 합금 원소는 몰리브덴으로 강의 입계크기를 감소시켜 주고 강도와 탄성한계를 증가시켜 준다. 몰리브덴강은 합금강 중에 가장 뛰어난 마모방지 및 피로강도 성질을 갖는다.

(9) 바나듐

인성과 연성이 요하는 고강도의 성질이 필요한 강에 크롬바나듐강이 사용된다. 바나듐은 0.20%까지 함유되어 입계구조와 높은 인장강도와 인성을 증대시킨다.

(10) 티타늄

티타늄(Titanium)금속은 항공기 구조부의 고온과 고강도가 요하는 곳에 필요로 한다.

적은 양의 티타늄을 강에 함유시키면 고온에 의한 취성을 감소시키므로 배기가스 스택(Stack) 같은 부품의 재료로 이용된다.

(11) 텅스텐

텅스텐(Tungsten)은 높은 용융점을 가지고 있고 텅스텐이 강에 합금되면 고온에서도 경도를 가지므로 절삭공구 혹은 마그네토의 브레이커(Breaker)에 사용된다.

6) 자동차 기술자 협회(SAE) 강의 표기법

미국 자동차기술자협회(Society of Automotive Engineers)는 합금강을 네 가지 숫자로 분류하였다. 표 3-4는 SAE에서 정한 합금강의 분류방법을 나타낸 것이며, 표 3-5는 숫자의 의미를 나타낸 것이다.

첫 번째 수는 강의 주성분 합금재이고, 둘째 수는 이 금속의 퍼센트, 마지막 두 가짓수는 강에 포함하고 있는 탄소의 함유량을 퍼센트(1/100 퍼센트)로 나타낸 것이다.

〈표 3-4〉 SAE강 분류 번호

강의 형식	숫자 표시	강의 형식	숫자 표시	강의 형식	숫자 표시	강의 형식	숫자 표시
탄소강	1xxx	망간상 (1.6%-1.9%)	13xx	니켈강	2xxx	3.50% 니켈	23xx
5.00% 니켈	25xx	니켈 크롬강	3xxx	9.70% 니켈, 0.07% 크롬	30xx	1.25% 니켈, 0.60% 크롬	31xx
1.75% 니켈, 1.00% 크롬	32xx	3.50% 니켈, 1.50% 크롬	33xx	부식 및 열저항강	30xxx	몰리브덴강	40xx
크롬 몰리브덴강	41xx	니켈 크롬 올리브덴강	43xx	니켈 몰리브덴강 (1.75% 니켈, 0.25% 몰리브덴)	46xx	3.50% 니켈, 1.50% 크롬	48xx
크롬강	5xxx	저크롬	51xx	중간크롬	52xxx	부식 및 열저항강	51xxx
크롬 바나늄강	6xxx	1.00% 크롬	61xxx	실리콘 망간강	9xxx	2.00% 실리콘	92xx

〈표 3-5〉 강의 표시 방법

SAE 1025	
1	합금 원소의 종류
0	합금의 함유량(%)
25	탄소 함유량의 평균값 (1/100 %로 표시) 즉 0.25%의 탄소 함유량

7) 대표적인 합금강

(1) 크롬 몰리브덴강

항공기 정비기술자에게 가장 익숙하게 알려진 강은 SAE4130 강으로서 크롬 몰리브덴강(Chrome Molybdenum Steel)이라 한다. 이는 1%의 몰리브덴과 0.30%의 탄소를 함유한 강이다. 이 강은 가스용접이나 전기 아크용접으로 쉽게 용접이 되며 열처리 결과가 훌륭하다. 열처리된 SAE4130 강은 극한 인장강도가 SAE 1025 강에 비하여 4배가 크며 착륙기어나 엔진마운트(Engine Mount) 구조부의 사용에 적합하다.

이 강은 인성과 마모방지성이 뛰어나 엔진 실린더나 고응력을 받는 엔진부품에 사용된다.

(2) 니켈 강

니켈강인 SAE 2330 강은 3%의 니켈과 0.30%의 탄소를 함유하고 있으며 항공기의 볼트, 너트, 로드 끝(Rod End), 핀 등의 하드웨어(Hardwares)에 사용된다.

(3) 니켈크롬 강

니켈크롬강에서 니켈은 강의 인성을 크롬은 강의 경도를 개선시켜 주므로 니켈크롬강은 고강도 구조물에 사용된다. SAE3130, 3250. 3435 강들은 주포 또는 기계부품에 고강도, 고연성, 충격방지 또는 인성이 요하는 곳에 사용된다.

(4) 스테인레스 강

스테인레스 강(Stainless Steel: 불수강)은 부식방지 강으로 강에 많은 크롬과 니켈을 포함하고 있으며, 크롬-스테인레스 강은 내식성과 강도를 요구하는 가스터빈 엔진의 흡입

안내 깃 및 압축기 깃 등에 사용된다. 크롬- 니켈계 스테인레스 강은 우수한 내식성으로 인해 엔진의 부품이나 방화벽, 안전결선용 철사, 코터 핀 등에 사용된다.

8) 철금속의 열처리(Heat Treatment)

열처리란 철금속의 내부 조직을 변화시키기 위해 일정한 온도, 시간에 따라 가열, 냉각하는 조작방법으로 열처리의 목적은 다음과 같다.

㉠ 기계적 성질을 개량한다.(강도, 경도, 인성, 전성 등)
㉡ 내마모성, 내충격성 및 내식성을 개선한다.
㉢ 응력 및 변형을 방지한다.
㉣ 절삭성 및 가공성을 개선한다.

또한 열처리 방법에 따른 주된 목적은 다음과 같다.

* 풀림(Annealing)은 재질을 연하고 균일하게 한다.
* 불림(Normalizing)은 조직을 미세화하고 균일하게 한다.
* 담금질(Quenching)은 재질을 경화한다.
* 뜨임(Tempering)은 담금질한 재질에 인성을 부여한다.

(1) 열처리의 종류

① 풀림(Annealing)

풀림은 원자의 확산이 활발하게 진행되는 입계온도 이상 가열하여 그 온도에서 일정시간 유지한 후 매우 천천히 냉각하여야 한다. 서냉 방법은 가열을 중지시키고, 용광로(Furnace)와 금속을 함께 900°F 또는 그 이하로 냉각시킨 후 금속을 용광로에서 꺼내어 공기 중에서 냉각시킴으로서 금속조직의 안정화를 이루어 연성을 갖게 한 것이다.

풀림의 목적은 단조, 주조, 기계가공으로 생긴 내부응력 제거하고, 열처리로 인하여 경화된 재료를 연화시키며, 가공 또는 공작에서 가공 경화된 재료를 연화시키는데 있다.

② 불림(Normalizing)

강의 불림(Normalizing)은 용접, 주조, 성형, 또는 기계가공 등으로 인하여 생긴 내부응력을 제거하는 열처리 조작이다. 항공기 제작에서 용접한 부품에 불림처리는 매우 중요하다.

용접은 인접한 부위에 변형(주조 조직)을 갖게 하므로 서로 다른 두 종류의 조직은 다른 입자 크기를 갖게 된다. 내부응력의 제거 및 입자의 미세화를 시키기 위해 용접한 부품은 불림 처리가 되어야 한다. 불림은 높은 임계온도 이상으로 가열한 후 공기 중에서 냉각시키는 비교적 간단한 열처리 조작이다.

③ 담금질(Quenching)

순철 및 탄소 함유량이 매우 낮은 저탄소강은 담금질 효과가 없으므로 열처리에 의하여 바람직한 경화는 안 된다. 주철은 열처리가 가능하나 제한적이며, 주철이 급냉 되면 단단하고 취성을 갖는 백주철이 되고, 서냉 되면 무르나 충격에 약한 취성을 갖는 회주철이 된다.

보통 탄소강에서 최대 경도는 탄소 함유량에 따라 좌우되며, 탄소함유량이 많아지면 강의 경화능력은 증가한다.

그러나 탄소함유량의 증가에 따른 경화능력의 증가는 실제 탄소함유량이 0.85% 까지 이며, 그 이상 함유 시에는 내마모성의 증가는 없게 된다. 대부분 강의 담금질 처리는 임계온도 이상 가열한 후 급속히 냉각(물, Oil 등)시키는 방법으로 강의 강도, 경도를 증가시키지만 연성은 감소하게 된다. 담금질에서 중요한 것은 냉각시키는 방법으로 그림 3-8과 같은 요령으로 수행하여야 한다.

㉠ 변태점 이상의 적당한 온도(730 ~ 800℃)로 가열
㉡ 공기, 물, 기름 속에서 급냉
㉢ 임계구역에서는 빨리, 위험구역에서는 천천히 냉각

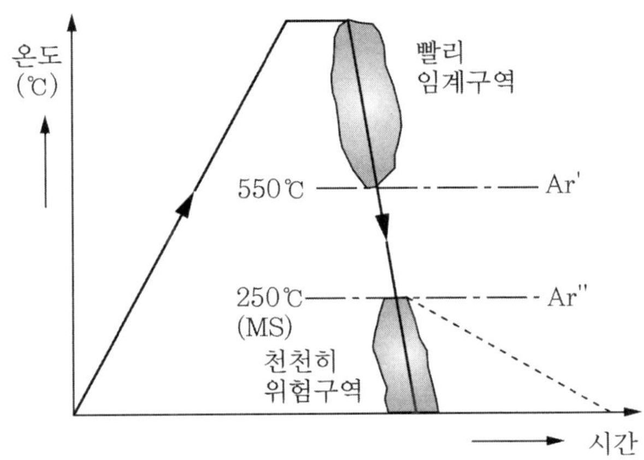

[그림 3-8] 담금질 공정

④ 뜨임(Tempering)

강의 경화로 인한 취성을 감소시키고 강 내부에 일정한 물리적 성질을 주기위한 조작이다. 뜨임은 담금질 처리 후에 항상 수행되며, 이전에는 결코 수행되지 않으며, 취성을 감소시키는 외에 연화도 된다. 그림 3-9는 뜨임의 작업방법을 나타낸 것이며, 뜨임은 강의 임계온도 이하에서 항상 수행되며, 일정시간동안 유지한 후 공기 중에서 냉각시킨다.

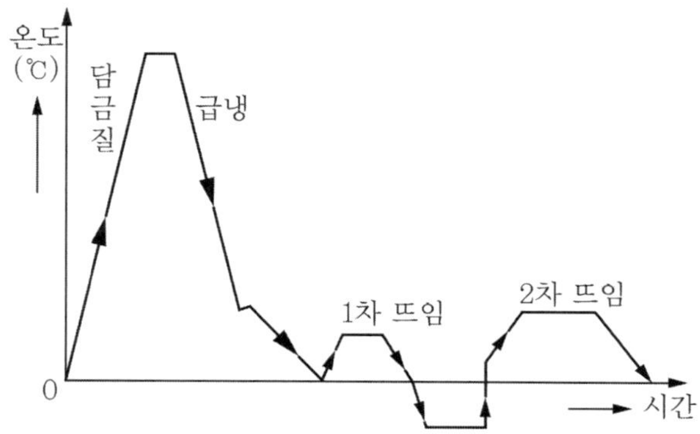

[그림 3-9] 강의 뜨임 작업

(2) 강의 표면 경화

강의 표면층만을 경화시켜 내부의 인성을 그대로 유지시킴으로서 내마모성, 내피로성 등을 향상시키는 열처리를 표면 경화라 하고 그 방법에 침탄법(Carburizing), 질화법(Nitriding), 고주파 담금질법(High-Frequency Quenching), 금속 침투법 등이 있다.

① 침탄법(Carburizing)

침탄법이란 저탄소강, 또는 저탄소 합금강의 표면층에 탄소를 침투 확산시켜 표면층만 탄소 함유량을 많게 하고 이어서 담금질, 템퍼링에 의해 표면을 경화시키는 방법이다. 이 처리법에는 침탄제로서 목탄(Charcoal), 코크스(Coke) 등을 쓰고 이것에 촉진제로 탄산소다, 탄산바륨 등을 쓰는 고체 침탄법(Pack Carburizing)과 천연 가스, 석탄 가스, 프로판 가스 등을 사용하는 가스 침탄법(Gas Carburizing) 및 청화소다를 주성분으로 한 소금 가운데 강재를 침투시켜 침탄을 하는 액체 침탄법(Liquid Carburizing)의 3 종류가 있다.

모두 강을 침탄제(Carburizer) 속에서 고온으로 가열하여 행해지는데 요구되는 침탄 깊이에 의해 침탄 온도와 시간이 정해진다.

이 3가지 방법 가운데, 액체 침탄은 침탄과 질화의 두 가지 작용이 동시에 행해져서 침탄 질화법이라고도 하고, 부품의 국부만을 침탄하는 데에 편리하다. 또 경화층의 조절이 용이하고 균일성도 양호하지만, 침탄제에 쓰이는 청화물은 유독성인 것이므로 취급에 주의해야 한다. 침탄 처리는 기어(Gear)나 스플라인(Spline)이 맞물리는면, 축의 저널부(Journal Section) 등에 사용된다.

② 질화법(Nitriding)

질화법은 일반적으로 암모니아 가스처럼 질소를 포함하는 가스 가운데서 강을 가열하고 질소를 강 표면에 작용시켜 단단한 질화물을 만들고 이것을 내부에 확산시켜 질소 경화층을 형성시키는 것이다.

이 방법은 처리 온도가 비교적 저온이고, 또 질화 후 담금질, 뜨임(Tempering)이 불필요하므로 비틀림이 생기지 않고 중심부의 결정 입자가 거칠어질 우려가 적으며, 내마모성이 크고, 또 내식성도 주어진다. 질화에 쓰이는 재료는 Al, Cr, V, Mn, Si 등을 포함하는 강으로 질화에 의해 현저히 경화한다. 순철(Pure Iron), 탄소강, Ni이나 Co 등을 포함하는 강은 질화해도 경화되지 않는다.

질화되어 있는 항공기 부품의 예로 왕복 엔진의 실린더 배럴(Cylinder Barrel)이 있다.

③ 고주파 담금질법(High-Frequency Quenching)

고주파 전류는 주파수가 높은 만큼 물체의 표면층을 얇게 흐르는 성질이 있다. 이 성질을 이용해서 강재의 표면의 고주파 전류를 유도하고 그 저항열에 의해 표면층을 급속히 담금질 온도까지 상승시켜 이것을 물이나 기름으로 급냉하여 표면만 담금질 경화시키는 방법을 고주파 담금질이라 한다. 고주파 전류의 주파수를 높게하면 표면 층은 얇아지고 전력을 많이 가하면 급속히 가열되므로 내부까지 경화하는 것을 막을 수 있다.

고주파 담금질용에 쓰이는 재료는 담금질이 가능한 정도로 탄소를 함유한 탄소강이나 합금강이어야 한다.

④ 금속 침투법

금속 침투법이란 금속 제품의 표면에 다른 금속을 부착시켜 그것을 내부로 확산시키는 방법이다. 따라서 제품의 표면층은 침투 확산한 금속과의 합금층으로 되어있다. 그 목적은 내식성, 내고온, 산화성, 내마모성의 향상으로 주로 철강 제품에 대해 행해지고 있다.

보통 이런 처리방법은 고체 침탄법과 비슷하다. 즉, 침투 금속 분말을 주성분으로 하는 침투제중에서 적당 온도로 가열하고 소요 시간동안 유지하는 것이다. 침투 금속으로서는 Al, Zn, Cr 등이 쓰인다.

또 최근에는 Al 과 Si, Al 와 Ni, Co, Cr의 합금이 제트 엔진의 터빈 베인(Turbine Vane)이나 터빈 브레이드(Turbine Blade)에 고온 산화 방지의 목적으로 코팅(Coating)되고 있다.

3 비철금속

비철 금속은 철 이외의 금속 원소가 주요성분인 금속을 말하며, 비철 금속 재료에는 Cu, Al, Mg, Ti, Zn, Ni, Pb, Sn, Be 등이 있다.

이 금속들은 다른 원소와 합금시켜 강도와 경도 등의 기계적 성질을 개선하여 사용한다.

1) 알루미늄과 알루미늄 합금

알루미늄과 알루미늄 합금이 개발되지 않았다면 오늘날 현대 항공기의 개발이 과연 이루어졌는지 의심이 갈 것이다.

알루미늄은 지구상에서 규소(Si) 다음으로 많은 원소이다. 순 알루미늄은 비중이 2.7로서, 흰색 광택을 내는 비자성체이며, 대기 중에서 내식성이 강하고, 가공성, 전기 및 열의 전도율이 매우 좋은 재료이다. 또한 무게가 가볍고, 660°C 의 비교적 낮은 온도에서도 용해되며, 다른 금속과 합금이 쉽고, 전연성이 우수하다.

강은 항공기 구조물에 적당한 강도로 사용되지만 무게로 인하여 기본 구조물에만 사용되도록 제한되고 있다. 순 알루미늄은 경량으로 적합하지만 고부식성과 저강도로 인해 구조부 재료로 사용할 수 없어, 알루미늄 합금을 만들어서 사용한다.

(1) 알루미늄 합금의 성질

알루미늄 합금은 알루미늄(Al)에 구리(Cu), 마그네슘(Mg), 규소(Si), 망간(Mn), 니켈(Ni), 아연(Zn) 등의 금속을 첨가하여 강도와 내열성을 향상시켜 사용한다.

알루미늄 합금 중에는 기계적 성질이 우수한 것이 많아 여러 용도에 사용된다. 다음은 알루미늄 합금의 성질을 나타낸다.

① 전연성이 우수하여 가공성이 양호하다.
② 적절히 처리 하면 내식성이 양호하다.
③ 합금의 비율에 따라 강도 및 강성 등이 크다.
④ 상온에서 기계적 성질이 양호하다.
⑤ 시효경화의 특성을 지닌다.

알루미늄 합금에는 다른 금속에서 찾아보기 힘든 시효 경화 현상이 있다. 시효 경화(Age Hardening)란 열처리한 재료가 시간이 경과함에 따라 재료의 강도와 경도가 증가하는 성질을 말하며, 알루미늄 합금 2017, 2024 등이 이 특성을 지닌다.

시효 경화의 방법에는 상온 시효(또는 자연시효)와 100～200℃에서 처리하는 인공시효가 있다.

(2) 알루미늄 합금의 식별기호

현재 표준 알루미늄 합금의 종류가 많기 때문에, 각 국가별로 여러 가지 표준 규격을 정해서 사용한다.

그러나 다음 표 3-6은 항공 분야에서 각 국가별로 공통적으로 사용하는 AA와 ALCOA 기호를 비교하여 표시하고, 식별 법에 대해 소개한다.

〈표 3-6〉 알코아 규격과 AA 규격의 비교

알코아(ALCOA) 규격		AA 규격		
합금 번호	주합금 원소	합금 번호		주합금 원소
2S	상업용 순수 알루미늄	1	×××	알루미늄(Al) 99 % 이상
3S~9S	망간(Mn)	2	×××	구리(Cu)
10S~29S	구리(Cu)	3	×××	망간(Mn)
30S~49S	규소(Si)	4	×××	규소(Si)
50S~69S	마그네슘(Mg)	5	×××	마그네슘(Mg)
70S~79S	아연(Zn)	6	×××	마그네슘(Mg)+규소(Si)
		7	×××	아연(Zn)
		8	×××	그 밖의 원소
		9	×××	예비 번호

* 식별 법

㉠ ALCOA 규격 식별 법

A50S

A : 알코아사의 알루미늄 제품

50: 합금원소의 식별 (마그네슘)

S : 가공용 알루미늄이라는 표시

㉡ AA 규격 식별 법

2024- T_6

2 : 알루미늄과 구리의 합금

0 : 개량 처리를 하지 않음

24: 합금의 분류 번호

T_6: 열처리 방법

표 3-7은 ASTM(American Society of Testing Materials)에서 합금의 재질별 기호를 붙여서 냉간 가공 상태, 열처리 상태 등을 표시하는 알루미늄의 특성기호이다.

[보기]

- 2024-T3 : 용체화 처리 후 냉간 가공한 것
- 2024-T6 : 용체화 처리 후 인공시효 경화한 것

〈표 3-7〉 알루미늄의 특성기호

기호	의미	
F	주조한 그대로의 상태	
O	풀림 처리한 것	
H	가공 경화한 것	
	H1	가공경화만 한 상태
	H2	가공경화 후 적당한 풀림 한 것
	H3	가공경화 후 적당한 안정화처리(불림) 한 것
W	용체화 처리 후 자연 시효 처리한 것	
T	T1	F, O, H이외의 열처리를 받은 재질
	T2	풀림처리를 한 것
	T3	용체화 처리한 후 냉간 가공한 것
	T4	제조시 용체화 처리 후 자연시효한 것
	T5	제조 후 바로 인공 시효 처리한 것
	T6	용체화 처리한 후 인공시효 경화한 것
	T7	용체화 처리한 후 불림 처리한 것
	T8	용체화 처리한 후 냉간 가공하여 인공시효 처리한 것
	T9	용체화 처리한 후 인공시효 처리한 다음 냉간 가공한 것
	T10	용체화 처리를 하지 않고 인공시효 처리한 다음 냉간 가공한 것

표 3-8은 알루미늄 합금의 성분과 주요 용도를 표시한다.

〈표 3-8〉 알루미늄 합금의 성분과 용도

비열처리 합금	합금제 퍼센트						
	구리	규소	망간	마그네슘	아연	크롬	
1100							항공기에 거의 사용 안 됨
3003			1.2				카울링과 비구조물
5052				2.5		0.25	연료탱크와 연료배관
열처리합금							
2017	4.0		0.5	0.5			초기에 사용되었으며, 2024로 대체 됨.
2117	2.5			0.3			대부분 항공기 리벳 재료
2024	4.5		0.6	1.5			주요 항공기 구조
6061	0.25	0.6		1.0		0.25	노즈 카울, 날개 끝, 기관 덮개 등
7075	1.6			2.5	5.6	0.3	고강도를 필요로 하는 구조

① 비 열처리 합금(Non-Heat-Treatable Alloys)

비 열처리 합금은 냉간 가공에 의해서만 강도를 높일 수 있는 것으로 순수 알루미늄에 비해 별로 떨어지지 않는 내식성을 갖고 있는 알루미늄 합금이며 주요 합금으로는 3003 및 5052, 5056 등이 있다. (1100은 순수 알루미늄이며 비 열처리 금속이다)

② 열처리 합금(Heat-Treatable Alloys)

항공기에 가장 널리 사용되는 합금은 냉간 가공보다 열처리에 의해서 경화시켜 사용하며, 표 3-9은 용체화 처리(Solution Heat Treatment), 표 3-10은 석출 담금질(Precipitation Heat Treatment) 및 표 3-11은 풀림(Annealing) 처리 방법을 나타낸다.

③ 알크래드 판(Alclad Aluminum)

2024, 7075 등의 초강 알루미늄 합금은 강도 면에서는 매우 강하나, 내식성이 나쁘다. 그러므로 강한 합금 재질에 내식성을 개선시킬 목적으로 알루미늄 합금의 양면에 순수 알루미늄을 약 5.5%정도의 두께로 압연(Hot Rolling)에 의해 코팅(Coating)한 것을 말한다.

순수 알루미늄의 코팅(Coating)은 어떤 부식 물질과의 접촉을 방지하며, 표면이 긁히거나 또는 다른 금속의 융착에서 생기는 파손을 방지하여 전체적으로 금속 내부(Core)를 2중으로 보호하게 된다.

〈표 3-9〉 알루미늄 합금의 용체화 처리

합금	알루미늄의 용체화 처리	
	금속온도 °F	표식
2017	940	-T4
2024	920	-T4
2117	940	-T4
6061	970	-T4
7075	870	-W

〈표 3-10〉 알루미늄 합금의 석출 담금질

합금	알루미늄의 석출 담금질		
	금속온도 °F	가열시간	표식
2024	375	7－9	-T86
6061	350	6－10	-T6
7075	250	24－28	-T6

〈표 3-11〉 알루미늄 합금의 풀림 처리 방법

합금	풀림 처리		
	금속온도 °F	가열 시간	표식
1100	650		-0
2017	775	2-3	-0
2024	775	2-3	-0
2117	775	2-3	-0
3003	775		-0
5052	650		-0
6061	775	2-3	-0
7075	775	2-3	-0

(3) 항공기에 주로 사용되는 알루미늄 합금

① 내식 알루미늄 합금

항공기의 사용되는 알루미늄 합금 중 부식에 저항할 수 있는 합금을 내식 알루미늄 합금이라 하며, 다음과 같은 종류가 있다.

㉠ 1100(2S) : 99%의 순수 알루미늄으로 내식성이 우수하다. 전연성이 풍부하고 가공성이 좋으나, 열처리가 불가능하여 열처리에 의해 경화시킬 수 없고, 단지 냉간가공에 의해 약간의 강도를 증가시킬 수 있다. 그러므로 기계적 강도가 불충분하여 구조재로서는 부적합하여 주로 내식성을 목적으로 하는 곳에 사용되며, 연료나 윤활유의 탱크, 파이프, 용접봉 등에 사용된다.

㉡ 3003 : 알루미늄-망간계 합금으로 순 알루미늄의 내식성을 저하시키지 않고, 강도를 향상시킨 합금으로서, 주로 가공 경화한 상태로 사용되고, 가공성, 용접성이 좋으며, 큰 강도를 필요로 하지 않는 부분 등 1100과 비슷한 용도로 사용된다.

㉢ 5052, 5056 : 알루미늄-마그네슘 합금은 1100, 3003과 같이 내식성이 있고, 이들 보다 강한 강도를 필요로 하는 곳에 사용되며, Mg의 증가에 따라 강도는 증가되나 가공성, 용접성은 떨어진다. 또한 Cr, Mn이 소량 첨가되어 있어서 내식성을 유지하게 되며, 리벳(Rivet) 재료로는 5056이 주로 사용되고 있다.

㉣ 6061, 6063 : 알루미늄-마그네슘-규소계의 합금으로 열처리에 의해 강도를 높일 수 있는 알루미늄 합금이다. 내식성과 용접성, 성형 가공성이 우수하여 항공기의 노즈 카울(Nose Cowl), 날개 끝(Wing Tip), 기관 덮개(Engine Cowl) 등에 사용된다.

② 고강도 알루미늄 합금

1906년 개발된 두랄루민을 시작으로 개량을 거듭하여 현재 항공기에서 가장 많이 사용되고 있는 고강도 합금이다.

내식성보다 강도를 중시하여 만들어진 것으로 열처리한 가장 강한 상태로 사용되고 있으며 이 합금은 구리(Cu) 또는 아연(Zn)을 첨가하여 시효 경화시키고 있으나, 이들 원소의 함유량이 많은 것은 내식성이 저하되므로, Alclad 처리하여 사용하고 있다.

㉠ 2014 : 알루미늄-구리계 합금으로 내식성은 별로 좋지 않으나 인공 시효 경화를 수행하여 내부 응력에 대한 저항성을 향상시킨 합금이다. 항공기에서는 고강도의 장착대나 과급기(Supercharger), 임펠러(Impeller)등에 사용되고 있다.

㉡ 2017 : 산업체에서는 두랄루민(Duralumin)이라 하며, 알루미늄에 구리, 마그네슘을 첨가한 것으로 대표적인 단조용 알루미늄 합금이다. 상온에서 시효 경화되는 성질이 있어 4일 이내에 100% 시효 완료되며 1시간이내 작업 완료해야 하며, 주물로 제조하기 어렵다. 두랄루민의 강도는 0.2%의 탄소강과 비슷하며, 비중은 강의 $\frac{1}{3}$정도로 무게가 가벼워 현대 항공기 발전에 큰 기여를 하였다.

초기에는 항공기 응력 외피로 많이 사용되었으나 두랄루민을 개량한 2024가 현재는 사용되고 있어, 2017은 리벳 재료로만 사용되고 있다.

㉢ 2117: 구리(Cu)와 마그네슘(Mg)의 함유량이 적고 경화 능력이 낮으며, 상온 시효한

상태로 리벳작업(Riveting)이 가능하므로 주로 연질의 리벳 재료 및 일반 구조부재의 대부분에 가장 보편적으로 사용된다.

㉣ 2024 : 2017에 마그네슘 양을 증가시킨 합금으로, 초두랄루민(Super Duralumin)이라고 한다. 2024는 두랄루민과 같이 상온에서 시효 경화되는 성질이 있어 20분 이내에 작업 완료해야 하며, 전단 및 인장응력에 저항하는 성질이 우수하고 내식성이 좋아 항공기 주요 구조부의 골격과 외피, 리벳, 나사 등의 재료로 사용된다.

㉤ 2224, 2324: 개량형인 새로운 합금으로 최신 항공기인 B-767, B-747-400의 날개 하부 외피(Wing Lower Skin)와 날개 보(Wing Spar)에 사용된다. 이들은 2024와 주성분은 같지만 철(Fe), 규소(Si) 등의 불순물을 줄이고 첨가원소의 양을 미세하게 조절하여 파괴 인성과 피로특성을 더 개선한 것이다.

㉥ 7075 : 알루미늄-아연-마그네슘계 합금으로 일본에서 개발되어 미국에서 개량된 알루미늄 합금으로 강도가 가장 강한 알루미늄 합금이다. 7075는 2024보다 약 20%정도의 강도가 높지만 피로강도가 좋지 않으며, 시효 경화한 상태에서는 깨지기 쉽고, 가공성이 나쁘기 때문에 구멍 뚫기 작업이나 리벳작업의 경우에는 세심한 주의가 필요하다. 강도가 강하기 때문에 높은 응력이 작용하는 동체의 프레임, 날개 외피 등에 사용된다.

㉦ 7050, 7150: 7050은 열처리 효과를 개선하여 두꺼운 재료로서의 고강도를 얻기 위해 개발한 것으로 대형 구조물 재료로서 사용되며, 7150은 새로 개발된 합금으로 B-767, B-747-400의 날개 상부 외피(Wing Upper Skin), Keel Beam 등 과거 7075가 사용되었던 압축응력이 큰 곳에 사용된다.

③ 내열 알루미늄 합금

내열 알루미늄 합금은 가볍고 강하며 내열성이 필요한 왕복엔진의 피스톤용으로 발달되었으며, 2218은 Al-Cu-Ni-Mg 합금으로 내열성을 개선하였으며 Y(이트륨Yttrium)-합금으로 유명하다. 4032는 Al-Si 합금에 Cu, Mg, Ni 을 약 1% 정도씩 첨가한 합금으로, Y-합금보다 고온 강도는 낮지만 열팽창계수가 적으므로 피스톤용 합금으로 적합하다.

2) 티탄늄 합금(Titanum Alloy)

티타늄 합금(Titanium Alloy)은 알루미늄 합금보다 비강도, 내열성, 내식성이 양호하여 기체, 엔진 등의 구조용 재료로 중요한 곳에 사용되고 있다. 티타늄의 비중은 4.5 로서 알루미늄 보다 무겁고 강의 0.5배 정도로 가볍다. 특히 인성과 피로(Fatigue) 에 대한 저항이 강하고 열전도율이 알루미늄과 철 보다 낮다. 강도는 알루미늄 합금이나 마그네슘

보다 크고, 녹는점이 약 1730℃로서 다른 금속에 비해 높다. 특히 피로에 대한 저항이 강하고, 내열성과 내식성이 양호하므로 부식이 잘 생기는 펌프, 항공기 외피, 방화벽, 항공기 엔진의 재료로 사용되고 있다.

(1) 티탄늄 합금의 종류

종류	특징
순수티탄	• 연성과 내식성 우수하다. • 패널이나 방화벽에 사용
Ti-6Al-4V	• 인장강도를 120 kg/mm^{2}로 증대한 합금 • 피로강도와 소성가공성이 우수하다. • 기체 구조재, 압축기 깃, 압축기 디스크에 사용
Ti-5Al-2.5Sn	• 크리프 파괴 강도가 Ti-6Al-4V보다 우수하다. • 용접성이 좋다. • 가스 터빈기관의 케이스에 많이 사용
Ti-8Al-1Mo-1V	• 400~500℃에서 우수한 크리프 강도를 가짐 • 용접성이 좋음

3) 마그네슘 합금(Magnesium Alloy)

마그네슘 합금(Magnesium Alloy)은 실용 금속 중에서 가장 가볍고(비중은 1.74, 알루미늄의 2/3) 전연성이 풍부하며 절삭성이 좋으나, 내열성 및 내마모성이 떨어져 항공기 구조재로서는 부적합하다. 그러나 비강도가 다소 크기 때문에 경합금 재료로 적합하며 또 주물로서 인장강도, 연신율, 충격값 등이 알루미늄과 비슷하여 부품의 무게 경감과 제작비 절감에 효과가 있다. 그러므로 경량 주물로서는 유효한 재료이고 장비품의 하우징 등에는 사용된다. 또 마그네슘 합금은 내식성이 좋지 않으므로 일반적으로 화학 피막 처리를 할 필요가 있다.

(1) 마그네슘 식별

예) AZ 92 A - T_6

AZ: 함유원소(Al+Zn)

92: 알루미늄 9%와 아연 2% 포함

A : 순도가 높음

T_6: 열처리 방법

기호	합금원소	기호	합금원소	기호	합금원소
A	알루미늄	M	망간	H	토륨
Z	아연	K	지르코늄	E	희귀원소

4) 니켈 합금(Nickel Alloy)

니켈 합금의 일반적인 성질은 인성과 내식성이 우수하고, 비중은 8.9이고 용융온도는 1455℃이다. 보통 니켈 합금은 가스터빈의 구조재료, 볼트, 공구강으로 사용한다.

(1) 모넬(Monel)

모넬(Monel)은 고 니켈함유합금으로 니켈68%, 구리29%와 약간의 망간을 함유한 합금으로 용접성이 좋고 기계가공성이 아주 훌륭하다. 특정한 종류의 모넬은 약간의 알루미늄 성분을 추가하여 열처리를 가능케 해서 인장강도를 개선시킬 수도 있다.

모넬은 내식성이 우수하여 터빈의 블레이드 밸브, 배기관이나 기화기 밸브 등에 사용된다. 또한 모넬은 기어와 체인과 같이 고강도와 고인성을 요하는 부품에 효과적으로 이용되고 고온에서 고부식성과 고강도를 요하는 곳에 필요로 한다.

(2) 인코넬

내쇼날 니켈회사에서 고강도, 고온합금인 니켈 8096. 크롬14%와 약간의 철과 다른 원소로 배합한 인코넬을 개발하였다. 인코넬은 스테인레스 강과 보기가 비슷하나 터빈엔진의 고온상태에서 고강도와 고 부식 방지성을 갖는 이유로 널리 사용된다.

(3) K모넬

K모넬(K Monel)은 비철 합금으로 니켈, 구리, 알루미늄의 합금이며 모넬 강에 약간의 알루미늄을 첨가하여 제조한 것이다. 열처리로 부식저항과 경화를 시킬 수 있고 기어나 항공기의 부식 취약부에 구조물로 널리 사용한다. 이 합금은 모든 온도에서 비자화성으로 K모넬 판은 산소 아세틸렌 용접이나 가스 아크 용접으로 쉽게 가공될 수 있다.

5) 구리 합금(Cu Alloy)

구리(Cu)는 가장 널리 분포된 금속 중의 하나로서, 은(Ag) 다음으로 전기 전도도가 우수하다. 구조 재료로서는 큰 중량 때문에 제한적이나, 높은 전기 및 열전도성과 전성으로 전선을 만드는데 가장 이상적이다.

구리의 주요 합금으로는 황동(Brass)과 청동(Bronze)이 있으며, 황동은 Cu와 Zn 으로 된 황색 합금이며, 실용 황동은 Zn 함유량이 약 40% 이하로서, 주조성, 가공성이 좋고, 기계적 성질 및 내식성도 양호하다.

청동은 Cu-Sn의 합금으로 황동보다 내식성 및 내마멸성이 좋으며, 고대의 가구, 장식장 및 기계주물용, 미술공예품 등에 사용된다.

(1) 구리 합금의 종류

종류	합금원소	특징
황동	7:3 황동	• 구리70%, 아연 30%의 합금으로 황금색이며, 전성과 강도가 크기 때문에 판, 봉, 관, 선등의 제조에 사용된다.
	6:4 황동	• 구리60%, 아연 40%의 합금으로 염분에 내식성이 우수하여 염분과 접촉이 많은 곳의 부품이나 열교환기, 볼트, 너트 등의 제조에 사용된다.
청동	구리+ 주석	• 구리에 주석을 합금한 것으로 강도가 크고 내마멸성이 좋으며, 주조성이 우수하여 주조용 합금으로 훌륭하다.
켈밋	구리+납	• 구리에 30~40%의 납을 합금한 것으로 열전도가 양호하고, 마찰계수가 적어 고속회전부의 베어링으로 쓰인다.

(2) 7:3 황동

구리 약 7096 에 아연 30%를 합금한 것으로 판, 로드, 관, 선 등의 재료에 사용되며 방열기 부품, 탄피, 장식품에 쓰인다.

(3) 6:4 황동

구리 약 60%에 아연 40%를 합금한 것으로 열간 가공에 적합하며. 강도가 크다. 볼트, 너트 등에 쓰이며, 일반 판금가공용. 일반 주조용 재료로 쓰인다.

(4) 청동(Bronze)

구리에 주석을 합금한 것으로 강도가 크고 내마멸성이 좋으며, 주조성이 우수하여 주조용 합금으로 훌륭하다.

(5) 켈밋(kelmet)

구리에 30~40%의 납을 합금한 것으로 열전도가 양호하고, 마찰계수가 적어 고속회전부의 베어링으로 쓰인다.

6) 비철 금속의 열처리

(1) 알루미늄 합금의 열처리

알루미늄 합금은 열처리 효과가 없는 것과, 열처리에 의하여 석출 담금질(Precipitation Quenching)하는 열처리 합금을 나눈 수 있다. 알루미늄 합금의 열처리 법은 고용체화 처리, 인공 시효 처리, 풀림의 세 가지로 크게 나뉜다.

① 고용체화 처리

알루미늄-구리 합금, 알루미늄-마그네슘 합금은 알루미늄이 공정 반응을 하는데, 공정 온도에서 알루미늄에 구리 및 망간의 고용도가 최대가 되며, 온도가 내려감에 따라 용해도가 점차 감소하여 α고용체를 가지게 된다. 따라서 어느 정도 이상의 α고용체를 공정 온도 부근에서 가열하여 급랭시키면 과포화 고용체가 되는데, 이것은 상온에서 불안정하여 제2의 석출을 하려는 경향이 있다. 그래서 시간의 경과에 따라 강도와 경도가 증가하는 시효 경화를 일으킨다.

② 인공 시효 처리

고용체화 처리를 한 다음 과포화 고용체를 120~400℃로 가열하여 과포화 성분을 석출시키는 방법이다.

③ 풀림

고용체화 처리 온도와 인공 시효 온도의 중간 온도까지 가열했을 때 석출된 미립자를 응집시키고, 또 잔류 응력을 제거하여 재질을 연하게 처리하는 방법이다. 위와 같은 열처리를 한 가지 또는 두 가지 이상 시행한다. 따라서 제품의 성질은 합금 규격 뒤에 F, O, H, T와 같은 열처리 기호를 붙여 그 성분 규격과 처리법을 나타낸다.

(2) 마그네슘 합금의 열처리

마그네슘 합금은 대부분 열처리가 가능하며, 열처리 방법은 알루미늄과 비슷하다.

① 고용체화 처리

공정 온도 부근에서 가열하여 급랭시켜 과포화 고용체를 만든다. 이때, 금속의 녹는점을 넘지 않도록 규정 최고 온도를 지켜야 하며, 염욕에서 가열하면 폭발할 위험이 있으므로 유의해야 한다.

② 인공 시효 처리

고용체화 처리를 한 다음, 100~260°C로 가열하여 과포화 성분을 석출시킨다. 이러한 방법으로 강도를 증가시키고, 풀림 작업을 통하여 잔류 응력을 제거함으로써 금속을 안정화시킨다.

4 금속의 부식 및 방식조치

1) 개요

(1) 부식의 영향과 문제점

부식은 항공기 구조부재의 신뢰성을 파괴할 정도로 구조물을 약하게 만든다. 특히 어느 구조부재에 피로손상(Fatigue Damage)과 부식손상(Corrosion)이 동시에 발생하는 경우 약한 응력에도 구조부재는 파괴되고 감항성에 직접적인 영향을 받게 된다. 대부분의 기체 구조부를 형성하고 있는 Al 합금은 특별한 부식 민감성 때문에 심각한 부식방지 문제가 있다. 항공기의 부식은 그 진전속도가 빠르기 때문에 일정 한계 이상으로 부식이 진전되면 급격히 강도가 저하되어, 항공기에 걸리는 복합적인 응력을 지탱하지 못하고 부식된 부위가 터져버리는 대형사고가 발생할 수 있다.

항공기의 수명은 규정된 것은 없고 기체구조의 신뢰성에 의해서 좌우된다. 단지 항공기를 설계 제작할 때 경제수명(Economic Design Life Goal)을 정의하고 있다. 이것은 항공기를 장시간 운용하다 보면, 기체구조의 손상비율이 높아져 정비비와 정비를 위한 지상 계류시간(Ground Time)이 많아져서 항공기를 운영하는데 경제적인 가치가 없는 시점을 말하며, 일반적으로 20년을 잡고 있다.

항공 기술자들이 항공기를 설계제작 당시의 생각으로는 항공기의 피로손상은 가령 10년이 지나면 급속도로 발생되지만, 부식손상은 5 년이 될 때까지는 조금씩 발생율이 높아지고, 그 이후에는 같은 비율로 일정하게 발생되며 큰 문제가 되지 않을 것으로 예상했다. (그림 3-10 참조) 그러나 부식에 의한 손상 발생율이 급속도로 높아지는 것을 확인하게 되었다. (그림 3-11 참조)

항공기의 부식문제는 전 세계 항공사들에게 커다란 충격을 안겨주었고, 부식 처리를 얼마나 잘하느냐에 따라서 항공기의 경제수명이 크게 단축 및 연장될 수가 있다.

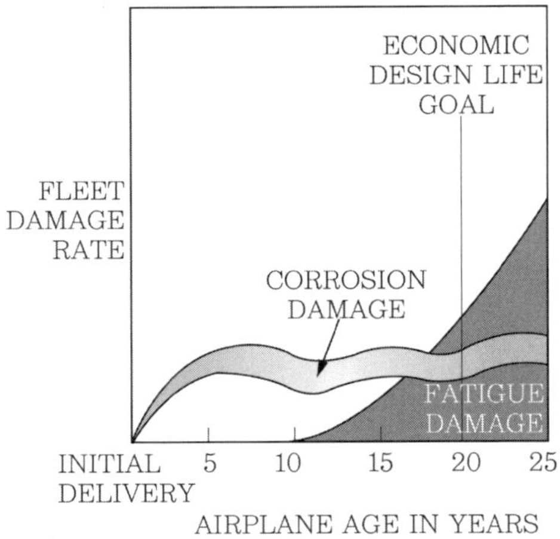

[그림 3-10] 예측 손상발생율

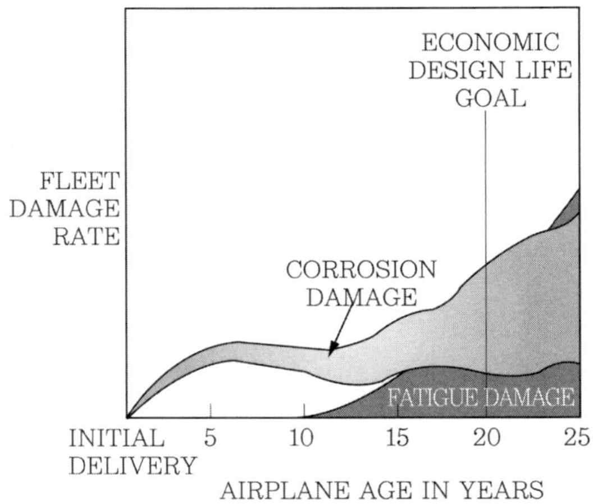

[그림 3-11] 관찰된 손상발생율

(2) 부식

금속에 생기는 부식은 일반적으로 금속 표면에 접하는 물, 산, 알칼리 등의 매개체에 의해 금속이 화학적으로 침해되는 것을 말한다.

즉 금속 표면이 비금속질의 화합물로 변화되거나 매개체 중에 용해되는 현상이다. 부식이 전기화학적 작용이기 때문에, 부식을 이해하기 위해서는 전기화학(Electro-Chemistry)의 기본지식을 알아야 한다.

모든 물질은 원자와 분자로 구성된다. 원자는 화학적 원소의 기본 단위이고 분자는 원자의 뭉치로서, 화학적 복합체로서 식별할 수 있는 가장 작은 단위이다.

예를 들면 Na은 금속 원소로서 단순히 원자이지만, Cl와 결합되면 NaCl의 분자를 형성한다. 원자는 양극을 띠고 있으며, 양자와 극성이 없는 중성자로 된 핵으로 구성된다. 핵을 둘러싸고 있는 것이 전자로서 음극으로 충전된 전기적 에너지를 갖고 있는 입자이다.

만약, 원자의 전자와 양자의 숫자가 똑 같은 경우는 균형이 잡힌 상태라고 한다. 전자가 양자보다 작거나 많으면 원자는 충전되었다고 말한다. 이 충전된 원자를 이온(ION)이라고 부른다. 만약 양자보다 전자가 많으면 음이온(Negative Ion)이라 하고, 전자보다 양자가 많으면 양이온(Positive Ion)이라 한다.

이온은 불안정하여 항상 여분의 전자를 잃거나 얻어서 균형된 상태나 중립의 원자로 변한다. 전자는 전기적 에너지의 입자로서 회로 내에서 흐르거나 움직이며 위에서 말한 미세한 조직(Sub-Microscopic)상태로 충전된 것들의 움직임이다.

따라서 금속의 전기 화학적 계열(Electro-Chemical Series)로 금속을 정리한 것이다. 위에 있는 금속은 이온화가 쉽게 일어난다. 아래에 있는 것일수록 상당히 덜 활동적이 고 음극(Cathodic)이며 부식형성이 잘되지 않는다. 많은 금속이 이온화 되는 것은 희석된 산(Acid), 염(Salt), 알칼리(Alkali) 등이 섞인 공기와 접촉해서 전해작용(Galvanic Action)을 일으키기 때문이다.

만약 알루미늄 구조가 염산(Hydrochloride Acid)이 섞여 있는 습기와 접촉하면 산과 알루미늄(AL)사이에서 화학적 작용이 일어나 염화 알루미늄과 수소를 형성한다.

$$2Al+6HCl \text{ -------}\rangle\ 2AlCl_3+3H_2$$

수소는 기체 상태로 방출되고 염화 알루미늄은 표면에 흰 가루를 형성하므로 이것을 부식의 증거로 볼 수 있는 것이다. 부식은 금속이 전기 화학적 작용에 의해 화학염으로 변하거나 형태가 없어지는 것이다.

두 금속이 서로 접촉하거나 염산과 같은 전해질이 존재하면 비활동적인 금속은 음극처럼 작용해서 양극으로 전자를 끌어당겨서 부식을 일으키게 한다.

가장 쉽게 눈으로 볼 수 있는 것이 간단한 밧데리(Battery)이다. 그림 3-12에서와 같이 만약 어느 다른 금속을 골라서 산, 염 혹은 알칼리 용액에 담그면 전해질처럼 작용하는 용액에 의한 밧데리가 형성된다. 이 밧데리는 다음과 같은 상태가 계속되는 동안 두 금속 사이에 전자의 흐름을 만들어낸다.

- 금속이 존재할 것
- 용액이 산, 염 혹은 알칼리 상태로 남아 있을 것
- 두 금속 간에 양호한 전도성 통로(Conductive Path)가 있을 것

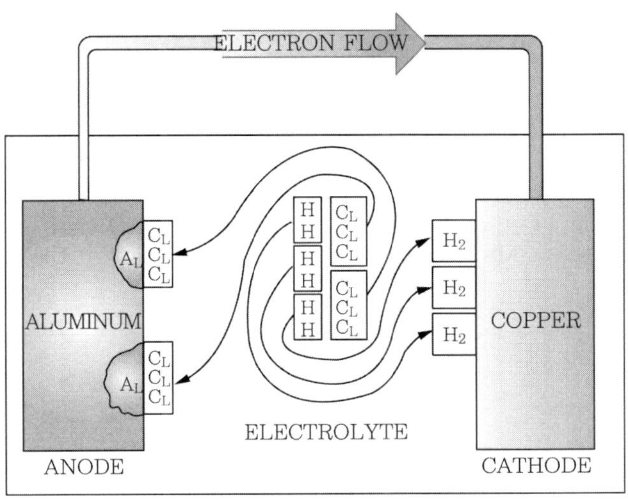

[그림 3-12] 밧데리의 부식현상

여기서 약한 염산 용액에 구리 조각과 알루미늄 조각을 넣어보자. 앞의 전기 화학적 계열에서 알루미늄이 구리보다 더 활동적인 것을 보았다.

알루미늄으로부터 도체를 통하여 구리로 전자가 흐르면, 알루미늄 양이온이 남는다. 이 두 이온이 산(Acid)에서 6개의 음 염화물(Negative Chloride) 원자를 잡아끌어서 Al 표면에 염화알루미늄($AlCl_3$)을 형성하여 모재 금속(Base Metal)을 점차로 부식시킨다. 산에 남아 있는 6 개의 양 수소 이온(Positive Hydrogen Ion)은 Al으로부터 온 전자에 의해 Cu로 끌린다. 수소 이온은 중립 상태이며, 3 개의 수소 분자를 형성하고 표면에 자유 수소 가스를 남긴다. 금속의 가장 기본적인 특성 중의 하나가 전극전위(Electrode Potential)이다. 이것은 쉽게 말하면 두 개의 다른 금속을 전해질에 놓으면 이 두 금속 사이에는 전기적 전위(Potential)나 전압(Voltage)이 존재한다. 이 힘이 네가티브(Negative) 성질이 강한 재질에서 약한 쪽으로 전자를 흐르게 한다. 그림 3-13는 대부분 항공기 구조에 사용되는 2024 Al 합금이며 구리는 가장 흔한 합금 요소이다.

물질의 미세한 조직(Grain)이 양극과 음극의 역할을 한다고 가정한다. AL은 구리보다 더 음극(Negative) 성질이 강하므로 전해(Galvanic)작용이 양극(Anode)을 형성한다. 금속 자체 내부에서는 두 합금 요소 사이에 외부의 통로(Path)가 연결되어 완전한 회로를 형성하기 전까지는 전자의 흐름이 없다. 전해질의 통로는 산, 염, 혹은 다른 이물질을 갖고 있는 표면에 생긴 습기의 막이다. 여기서 대기 중에 소량의 염산(HCl)이 있다고 가정해 보자. Al과 Cu 조직 사이의 전극 전위 차이로 Al 내부에 음이온이 존재하게 한다.

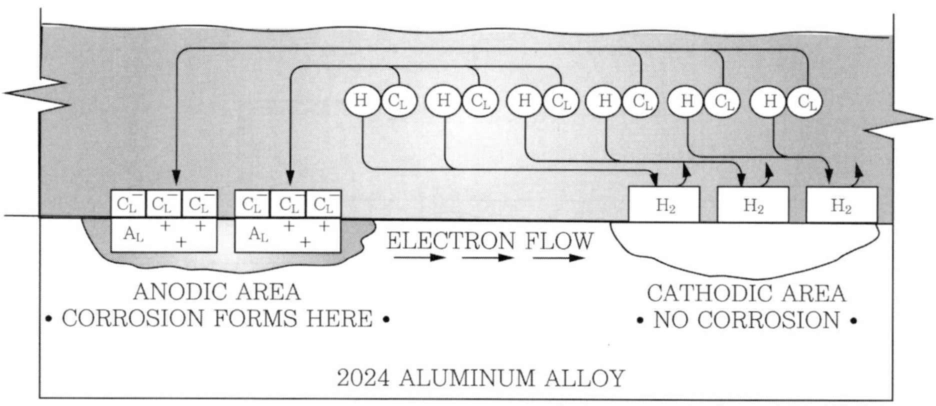

[그림 3-13] 알루미늄 합금의 부식

전해질 막이 표면을 덮으면 Al 이온은 염산에서 염화 이온(Chlorine Ion)을 끌어 당겨 염화알루미늄을 형성하고 이것이 부식을 형성한다. 수소 이온은 Al으로부터의 원자에 의해 Cu 쪽으로 끌린다. 이것이 수소 이온을 중립으로 되게 하고 수소 분자(H_2)를 형성해서, 표면에 자유기체를 남긴다. Al에 부식이 형성된 것은 양극이기 때문이고, 구리에 부식의 증거가 없는 것은 음극이기 때문이다. 이런 전기 화학적 작용은 부식 염(Corrosion Salt)의 흔적을 남기는데 이는 일부에 제한된다. 만약 전체 표면이 강한 전해질로 덮이면 더 강하고 불규칙한 부식을 만든다. 이 형태의 부식을 직접 화 학적 부식(Direct Chemical Attack)이라 부른다. 위에서 본 바와 같이 부식 형성에 필요한 것은 3 가지로 결론을 내릴 수 있다.

- 금속 안에 서로 다른 전극 전위차가 있어야 한다.
- 두 Area 사이에 금속을 통하여 전도성 통로가 있어야 한다.
- 두 Area 사이의 표면에는, 금속이 화학염 형태로 결합되기 위하여, 전기 화학 경로를 갖는 금속이 있어야 한다.

그러므로 위의 3가지의 기본적인 부식발생 요건 중에서 1가지 혹은 그 이상을 제거하면 부식을 예방할 수 있다.

2) 부식 발생의 매개체(Corrosive Agent)

부식 발생의 원인을 제거하기 위해서는 부식발생을 돕는 각종 매개체가 항공기 구조부재와의 접촉을 막거나 접촉이 되었을 시는 빠른 시간 안에 제거하거나 최소화 시켜야 한다.

(1) 산과 알칼리(Acid & Alkali)

금속에 부식이 형성되기 위해서는 전극 전위차(Electrode Potential Difference)와 전해질이 있어야 한다. 거의 모든 산과 알칼리가 금속과 반응해서 금속염(Metallic Salt Corrosion)을 형성시킨다. 객실(Cabin)에서 승객에게 서비스(Serving) 시 제공되는 각종 주류와 동절기에 활주로의 동결을 방지하기위하여 뿌린 염산성분 등이 항공기에 접촉된 경우에 주된 매개체가 된다.

(2) 염분(Salt)

해면상의 대기와 공업단지 등의 공기는 특히 염분을 많이 포함하고 있다. 이 화학적 요소들은 공기 중에 포함되어 있다가 항공기의 표면에 달라붙어 습기와 반응하여 금속의 양호한 전해질(Electro)을 형성하여 부식을 발생시킨다. 화물칸에 살아있는 동물을 실은 경우 배설물이나 염분의 유수들이 직접 매개체가 된다.

(3) 물(Water)

순수한 물은 금속과 반응해서 부식과 산화(Oxidation)를 일으킨다. 물속에 염(Salt)과 다른 오염물질이 포함되어 있으면 더 빠른 부식이 진행된다.

(4) 공기(Air)

근본적으로 항공기 구조부재와 공기를 분리시키는 것은 불가능하지만 공기가 금속을 변하게 하는 요소임에는 틀림이 없다. 공기 중의 소금이나 기타 화학성분들이 항공기의 표면에 달라붙어서 공기로부터 습기를 끌어 모은다. 이것이 부식에 필요한 전해질이 되어 부식을 발생시킨다.

(5) 수은(Mercury)

수은은 항공기 구조부재에 손상을 줄 뿐만 아니라 사람에게도 위험하다. 알루미늄에 아말감법(Amalgamation)으로 알려진 화학작용으로 부식을 시킨다. 이 과정에서, 수은은 Al의 입자경계층을 따라서 빠르게 진행되어 상당히 짧은 시간에 완전히 구조부재를 파괴한다(새 항공기의 어느 부분이 급속도로 부식이 발생되면 수은에 의한 것임)

(6) 유기물 성장(Organic Growth)

제트 항공유는 가솔린보다 점도가 높은 연료를 사용하므로, 연료 내부에 물이 포함되어 있다. 또한 제트 항공기는 왕복엔진 항공기보다 더 높은 고도를 비행 한다. 고고도(High Altitude)의 낮은 비행 온도에서 연료에 포함되어 있는 물은 응축되면서 연료탱크의 바닥에 모인다. 이물은 미생물(Microbe)을 포함하고 있는데 이것은 물에 살면서 탄화수소 연료(Hydro Carbon Fuel)를 먹는다.

이들은 성장하여, 탱크 내에서 덩어리를 형성하여 탱크 구조에 있는 물과 반하여 집중셀 형태의 부식을 발생시킨다.

3) 부식의 종류

부식은 그림 3-14와 같이 여러 종류가 있으며, 그 종류에 따라 발생 원인과 특성이 다르다. 항공기 점검 시 부식을 발견하게 되면, 어떤 종류의 부식인지를 구별할 수 있어야만이 발생 원인을 알 수 있고 그 원인을 제거하거나 특성에 맞는 적합한 수리를 할 수가 있다.

(a) 표면 부식　(b) 이질 금속간 부식　(c) 점 부식　(d) 입자간 부식　(e) 응력 부식　(f) 피로 부식　(g) 찰과 부식　(h) 박리 부식

[그림 3-14] 부식의 종류

(1) 표면 부식

가장 일반적인 형태의 표면 부식(Surface Corrosion)은 금속표면이 공기 중의 산소와 직접 반응을 일으켜 생긴 것이다. 이 부식은 염분을 함유하고 있는 공기나 공업용 가스 또는 항공기 기관 배기가스 등에 의해 촉진되기도 한다.

세척용 화학 약품, 공기 중의 산소 등의 화학작용에 의해 생긴다. 그대로 방치하여 습기가 접촉하게 되면 금속 표면의 애칭(Etching)이 심해져 까칠까칠한 서리가 얼어붙은 것처럼 된다.

(2) 이질 금속간 부식

두 종류의 이질 금속이 접촉하여 전해질로 연결되면 한쪽의 금속에 전기화학적인 부식이 촉진된다. 아주 쉽게 산화된 표면은 부식 전지의 양극이 되고, 부식이 덜 된 쪽은 음극이 되어 부식을 촉진한다. 이 부식을 동전지 부식(Galvanic Corrosion)이라고도 한다.

이 부식은 상이한 두 금속이 접촉할 때 습기로 인하여, 외부 회로가 생겨서 일어나는 부식으로 금속 간의 전기 전위(Potential)의 차이에 의해서 결정된다.

표 3-12에서 같은 그룹 금속은 서로 부식이 잘 일어나지 않으므로 접촉해서 사용해 도 가능하다. 그러나 다른 그룹끼리 사용하면 전위(Potential)가 높은 쪽이 부식이 쉽게 일어나므로 주의해야 한다. 부식비나 속도는 접촉 면적에 따라 좌우된다.

〈표 3-12〉

그룹 I	마그네슘과 마그네슘 합금, 알루미늄 합금 1100, 5052, 5056, 6063, 5356, 6061
그룹 II	카드뮴(Cadmium), 아연(Zinc), 알루미늄과 알루미늄 합금(2014, 2017, 2024, 7075, 그룹 I 의 알루미늄 합금은 제외한다.)
그룹 III	철(Iron), 납 (Lead), 주석(Tin), 이것들의 합금(내식강은 제외)
그룹 IV	크롬(Chromium), 니켈(Nickel), 티타늄(Titanium), 은(Silver) ⓐ내식강(Corrosion Resistance Steel), 그래파이트(Graphite) 구리와 구리합금, 텅스텐(Tungsten)

• 각 그룹의 금속들은 전위가 유사하다.
• 다른 그룹의 금속들은 전위가 다르다.
ⓐ 내식강은 14% 또는 이상의 크롬을 포함한다.

(3) 점 부식

점 부식(Pitting Corrosion)은 금속의 표면이 국부적으로 깊게 침식되어 콩알만 한 작은 점을 만드는 부식 형태이다. 이 부식은 잘못된 열처리나 기계작업에서 생기는 합금표면의 균일성 결여 때문에 발생한다.

이 부식은 알루미늄 합금, 마그네슘 합금, 스테인리스강의 표면에 발생하는 가장 일반적인 부식으로 처음에는 백색이나 회색인 부식 생성물이 나타나서 점차로 부식 생성물이 홈(Pit)내에 침전되어 간다. 그 퇴적물을 제거하면 표면에 작은 홈이 보인다. 이것은 합금 표면의 균일성이 결여된 부분에 매개체(매질)와 결합하여 합금 조직 내의 서로 다른 곳에 부분적인 기전력이 발생하는 것으로 퇴적물이 생기는 부분이 양극이 되어 침전이 진행된 것이다.

(4) 입자간 부식

입자간 부식(Inter-Granular Corrosion)은 금속 합금의 입자 경계면을 따라서 발생하는 선택적인 부식이다. 이것은 부적절한 열처리에서 합금 조직의 균일성 결여로 발생한다. 알루미늄합금과 스테인리스강에서 자주 나타나는 현상이다.

금속을 부적당한 열처리를 했을 경우에 생기기 쉬운 부식으로, 합금 조직이 균일하게 밀집되어 있지 않고, 군데군데 빈틈이나 변형이 있어서 그런 부분에 매질이 있게 되면, 합금결정이 서로 다른 성분 간에 건전지가 구성되어 결정입자 경계 부분이 침식되고, 이 경계를 따라 침식이 진행되어 가는 것이다. 이 부식은 초기 단계에서 탐지하기 어렵고, 초음파 검사, 와전류 검사 및 X-Ray 탐상 방법 등으로 탐지한다.

(5) 응력 부식

응력 부식(Stress Corrosion)은 부식 조건하에서 장시간 표면에 가해진 정적인 인장응력의 복합적인 효과로 발생한다.

금속에 일정한 응력이 걸린 상태에서, 부식되기 쉬운 환경에 노출되면 그들의 합성 효과에 의해 발생된다. 잔류응력이나 내부 응력이 재료내의 결정 입자를 왜곡시켜, 원자의 잔류 에너지를 크게 하고 전위를 낮게 함으로써 부식이 발생 되게 한다.

(6) 피로 부식

피로 부식(Fatigue Corrosion)은 부식 환경에서 금속에 가해지는 반복응력에 의한 응력 부식의 형태이다. 부식은 반복응력이 작용하는 부분의 움푹 페인 곳의 바닥에서부터 시작된다. 균열이 진행될 때를 제외하고는 미리 부식의 이런 형태를 알아내는 것은 어렵다.

(7) 찰과 부식

찰과 부식(Fretting Corrosion)은 밀착된 구성품 사이에 작은 진폭의 상대운동이 일어날 때에 발생하는 제한적인 형태의 부식이다. 구성품 사이의 접촉에 의한 마찰이 금속 표면에 있는 보호피막을 파괴하고, 추가로 표면의 작음 금속 입자를 제거한다.

밀착된 2 개의 금속판이 진동 등에 의해 서로 맞부딪혀 생기는 것으로, 강에서는 갈색 가루(녹)로 나타나고, 알루미늄 합금에서는 흑색을 띤 가루로 나타난다. 이것은 금속표 면이 서로 맞부딪힘으로서 표면의 금속입자가 박리되고 그 입자가 산화됨으로서 생기 는 것이다. 또한 응력과 부식이 동시에 작용될 때 일어나는 응력부식 파괴의 일종이다.

(8) 미생물 부식(Microbial Corrosion)

이 부식은 케로신(등유 Kerosine)을 연료로 하는 항공기의 연료탱크에 발생하며, 점부식(Pitting Corrosion)과 비슷한 외관을 가지고 있다. 발생의 상황은 충분히 판명되어있지 않으나, 케로신 내에서 생식하고 있는 박테리아류가 번식하여 여러 가지 생성물을 만들고, 그 것들이 금속을 침식하는 것으로 여겨진다.

(9) 필리폼 부식(Filiform Corrosion)

금속 조직이 피복된 부분의 아래에는 부식의 한 형태인 수 없이 많은 실 같은 부식 생성물이 생긴다. 그것은 피복(Coating) 속을 통하여 산소와 물이 확산되어 생긴 산소 농도 전지의 특별한 한 형태이다. 저 습도에서 잘 일어나지 않으므로(상대 습도가 높을 경우, 60 %~90 %, 온도 40°C에서 잘 발생됨)물의 확산에 관해 높은 저항성을 가진 피복(Coating)을 표면에 사용함으로써 부식을 방지할 수 있다.

4) 화학 피막 처리

화학 피막 처리란 금속에 보호 피막을 만들거나, 도료의 밀착성을 좋게 하는 밑바탕 처리를 위해, 용액을 사용해서 화학적으로 금속 표면에 산화막이나, 무기염의 얇은 막을 만드는 방법이다. 알루미늄 합금(Al Alloy)에 대한 알로다인(Alodine)처리, 마그네슘 합금(Mg Alloy)에 대한 중크롬산염(Dichromate)처리, 강에 대한 인산염 처리 등이 대표적이다.

(1) 양극산화처리

양극산화처리(Anodizing)는 그림 3-15와 같이 금속의 표면을 보호하는데 1차적 목적이 있다. 원래에도 생성되는 산화막을 좀 더 균일하게 생성되게 해서 표면을 부식에서 보호하는 것이다. 알루미늄 금속으로 제조된 각종 제품은 알루미늄 금속의 물리적·화학적 성질이 연약하여 그대로 사용 할 경우 쉽게 부식되어 외관 및 기능이 훼손이나 상실된다. 양극산화처리는 알루미늄 금속 표면을 전기·화학적 방법을 이용하여 알루미나 세라믹으로 변화시켜 주는 공법이다.

양극산화처리를 적용하게 되면 알루미늄금속 자체가 산화되어 알루미나 세라믹으로 변화되며 알루미늄 표면의 성질을 철강보다 강하고 경질 크롬도금보다 내마모성이 우수하다. 도금이나 도장(코팅)처럼 박리되지 않으며 변화된 알루미나 세라믹표면은 전기절연성이 뛰어나며 안쪽은 전기가 잘 흐른다. 이런 알루미늄 금속에 하드-아노다이징(Hard-anodizing) 표면처리 공법을 이용한 첨단기술이 개발, 적용되고 있다.

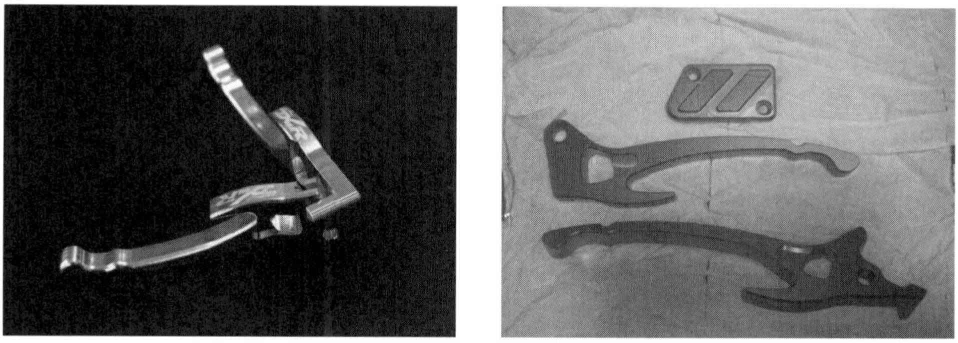

(a) 양극산화처리 전 (b) 양극산화처리 후

[그림 3-15] 양극산화 처리

(2) 알로다인 처리

이 공정은 전기를 사용하지 않고 알로다인(Alodine)이라는 크롬산 계열의 화학 약품 속에서 알루미늄에 산화피막을 입히는 공정으로 피막은 상당히 약하며 내식성 또한 양극산화처리에 비해 떨어진다. 그러나 프라이머와 접착성이 좋아 프라이머의 내식 효과를 극대화할 수 있으며 공정이 단순하며 비용이 적게 들기 때문에 많이 사용되는 방법이다. 초경량 항공기를 다루는 사람들이 사용할 수 있는 좋은 방법이다. 특히 야전 수리시에 수리용 부품이나 수리 부위의 방식 처리에 더 이상 좋은 방법이 없다. 간단히 사용하는 방법으로는 처리해야 할 알루미늄 표면을 사포질한 후 메틸에틸케톤(MEK: Methyl Ethel Ketone) 등 솔벤트로 깨끗이 닦은 다음, 붓으로 알로다인 용액을 바르고 색깔이 연한 황금빛이 될 때까지 기다려 물로 깨끗이 닦아내고 마른 후 프라이머를 칠한다. 단 사용하는 약품이 크롬산 계열로 맹독성을 가지고 있기 때문에 사용 시 조심하여야 하며 특히 환경오염에 유의하여야 한다.

(3) 인산염 피막처리

인산염 피막의 사용목적으로는 그림 3-16과 같이 초기 마찰력 감소, 도장 전처리, 부식방지 등이다. 인산염 피막처리는 화학적 피막처리의 하나의 공법으로 인산 25g, 이산화망간 1.5g, 물 1L를 넣어 끓인 후 철강제품을 40분~2시간 침적하여 표면에 암회색의 인산철피막을 형성 방청효과와 페인트의 밀착성을 향상시킨다. 연산염과 다른 화합 물질로 이루어진 희석 용액이 주철이나 강 재료의 표면과 화학적으로 반응하여 불용성 결정체인 보호막을 형성하는 것을 말한다. 이것은 아연 밀착성과는 달리 용액 속에 산화제반응수소와 반응함으로서 수소취성의 위험성이 없다. 피막의 침적들은 피막의 침분, 밀도,

피막의 결정입자의 크기, 피막두께의 균일형성 의존하며 결정체들은 피막처리 전 2시간 청결상태, 용액온도, 처리시간 및 용액 조성 등이 좌우된다. 피막처리 방법으로 부품을 용액형성직접 담그는 방법과 용액을 분사하는 방법, 그리고 판재의 경우에는 롤링하는 방법이 있다. 피막두께는 0.1~15㎛정도이다. 인산염 피막 처리의 종류는 Mn계, Zn계, Fe계가 있다.

(a) 인산염 피막 전

(b) 인산염 피막 후

[그림 3-16] 인산염 피막 처리

5) 도금(Plating)

(1) 일반

도금은 화학적 또는 전기 화학적 방법에 의해 금속 표면에 다른 금속의 막을 형성시키는 것으로서 내식성, 내마모성, 연소방지, 치수의 회복 등을 목적으로 한다.

(2) 전기도금

전기 도금은 도금할 금속을 음극으로 하여 도금 용기에 담그면, 양극 쪽에는 보통 전착 (Electrodeposition)시키는 금속을 사용한다.

외부 전원(직류)으로 양극 사이에 전압을 걸면 가용성 양극은 용해되어 금속 이온이 되고, 음극 표면에 금속 원자로 확산되어가는 반응 과정에 의해 행해진다.

가. Cd(카드뮴)도금

그다지 광택은 없으나 은백색의 윤기가 있다. 광택 처리를 한 것은 양호한 미관을 갖는다. 내해수성은 매우 좋으나 독성이 있고 연하므로 내마모성을 요하는 부품에는 사용할 수 없다. 수소의 흡착성이 작으므로 수소의 취성에 민감한 합금강의 표면처리에 적합하고 티탄 카드뮴(Ti-Cd)의 도금에 더욱 적합하다.

나. Ni(니켈)도금

항공기에서는 엔진 부품의 치수 회복을 목적으로 니켈 도금이 사용된다. 내식성을 목적으로 할 때는, 니켈(Ni-Cd)카드뮴 도금과 같이 다른 도금과 병용하여 많이 사용한다. 니켈 카드뮴 도금은 니켈 도금 위에 카드뮴 도금을 한 것이다.

다. Cr(크롬)도금

크롬 도금은 경도가 높고 마찰 계수가 작아서 내마모성은 좋으나 다공질이므로 내식성이 나쁘다. 따라서 니켈 도금 등을 바탕 도금으로 사용하기도 한다. 장식용으로 도금을 할 때는 도금의 두께가 얇으나, 마모용으로 도금을 할 때의 두께 는 두껍다.

라. Ag(은)도금

은의 전도성이 좋은 것을 이용하여 납땜을 할 단자, 전기 접점 등에 행해지고 또 윤활성이 요구되는 곳에도 사용된다.

마. Cu(구리)도금

치수의 회복이나 윤활성이 요구되는 경우 사용되기도 한다. 구리는 비교적 다른 금속과의 친화성이 좋으므로 철, 알루미늄 등의 표면에 니켈, 크롬 도금을 할 때 밑바탕의 도금으로 많이 사용된다.

(3) 화학 도금

화학 도금은 외부 전류를 쓰지 않고 용액중의 금속 이온을 환원 석출하는 방법으로, 비금속을 포함한 여러 소재에 도금할 수 있다.

무전해 니켈 도금은 환원제를 포함한 니켈 염수 용액중의 니켈 이온을 산화 환원 반응에 의해 다른 금속 표면에 석출시키는 것으로 매우 밀착성이 좋고 핀 홀(Pin Hole)이 발생하지 않으므로 내식성도 뛰어나며 도금막이 형상에 관계없이 균일하므로, 복잡한 형상의 도금에 적합하다.

열처리를 하면 내마모성이 뛰어난 제품을 얻을 수 있다. 항공기 부품에서는 알루미늄 부품의 내마모성을 향상시키는데 많이 사용한다.

6) 도장(Painting)

항공기에서 도장 작업은 기체의 부식과 오염 등으로부터의 보호와 색채, 미장 및 그 밖의 특수한 성능을 가지게 하기 위해 표면에 페인트를 칠하여 막을 만드는 방법이다. 따라서 도장 작업은 비교적 간단한 작업이지만 페인트 막에 소기의 성능을 발휘하기 위해서는 여러 가지 상황을 잘 고려해서 적정한 작업을 해야 하며, 그림 3-17은 페인팅 작업 공정을 나타낸 것이다.

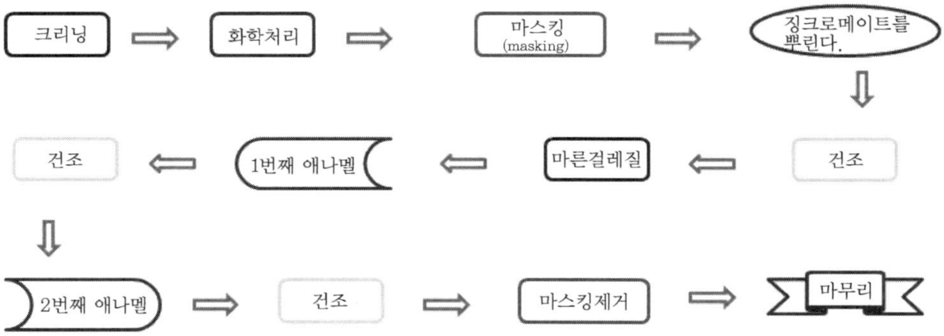

[그림 3-17] 페인팅 작업 공정

* 마스킹 작업
항공기 기체에 페인트 칠을 할 기체 표면의 구멍이나 수감부 등에 페인트가 묻지 않도록 하기 위한 작업을 말한다.

(1) 페인트(Paint)

① 합성 에나멜

합성 에나멜(Synthetic Enamels)은 금속제 항공기에 사용되었던 페인트로서 지금은 자동차에서 주로 사용된다. 아연 크로메이트 프라이머위에 칠하는 도료로 산화에 의해 경화된다. 이 도료는 광택이 우수하여 광택작업을 할 필요가 없으나, 내약품성은 보통이고 내마멸성이 부족하다.

② 아크릴 래커

아크릴 래커(acrylic lacquer)는 시간 특성 때문에 항공기에 가장 많이 사용되는 도료 중에 하나이다. 이 도료를 칠하기 전에 워시 프라이머(Wash Primer)를 칠한다. 워시 프라이머는 피막을 형성할 뿐만 아니라, 금속 표면과 도료와의 접착성을 좋게 한다, 아크릴 래커는 칠하기가 매우 쉽고, 좋은 광택을 유지하며, 내식성과 내후성이 우수하다.

③ 폴리우레탄

폴리우레탄(Poly Urethane)은 고속고고도 항공기에 매우 인기가 있으며, 내구성이 큰 도료로 농업용 항공기, 수상기 및 기타 기상 악조건에서 비행하는 항공기의 도료로 사용된다. 단단하고 내약품성이 좋은 이 도료는 사업용 항공기에도 사용한다.

④ 아크릴 우레탄

아크릴 우레탄 (Acrylic Urethane)은 아크릴과 우레탄을 하나로 혼합한 것으로 두 가지 물질의 장점을 다 가지고 있는 도료이다. 칠하기 쉽고, 내화학성과 내구성을 지니고 있다.

⑤ 프라이머

프라이머(Primer)는 금속표면을 조장하기 전에 적절한 전 처리 작업을 한 후에 프라이머를 칠하는데, 이는 금속 표면과 도료의 마감칠 사이에 접착성을 높이기 위한 것이다. 그동안 내식성이 우수한 관계로 아연 크로메이트 프라이머가 표준의 프라이머로 인식되어 왔으나, 새로운 프라이머의 개발로 사용이 점차 줄고, 2 성분계 에폭시 프라이머의 사용이 늘고 있다.

(2) 분무 도장 방법

도장작업은 일반적으로 분무 도장법(스프레이 작업), 담금 도장법, 롤러 도장법, 커튼 도장법, 분말 도장법, 전착 도장법 등이 있으나, 여기에서는 스프레이 건(spray gun)을 이용한 분무 도장을 할 때 그림 3-18과 같이 거리를 유지해야 하며, 그림 3-19와 같이 분사하여야 한다.

① 페인팅 할 부분에 묻은 먼지 등을 깨끗이 닦아 낸다.
② 작업 전에는 반드시 공기 압축기의 트랜스포머의 배기관을 연 다음, 유분이나 수분을 제거한다.
③ 조색 및 배합된 도료를 페인트 건에 담는다.
④ 페인팅하기 전에 페인트의 분출량 및 모양을 조절해야 한다.
⑤ 칠의 반복은 표준 작업으로 하되, 페인트 건을 이동시켜 칠면의 폭이 1/3～1/4이 겹치도록 한다.
⑥ 1회의 페인트칠이 끝나면, 5～10분 정도 자연 방치한 뒤 반복 2회 작업한다.
⑦ 작업이 끝난 뒤에는 스프레이 건을 점검하고 깨끗이 세척한다.

스프레이하는 방법에 있어 유의사항으로는 속도, 각도, 거리, 압력에 주의해야 한다. 스프레이 속도는 1초당 0.5m 정도 움직이는 것이 좋으며, 각도는 페인트 면에 수직이어야 한다. 거리는 그림 3-18과 같이 한 뼘 정도 떨어진 8(20cm)인치가 적합하며, 모서리나 구석에서 시작하여 작업이 끝나면 평면부분을 직선으로 그림 3-19와 같이 10～20 (25～50cm)인치 너비로 이전에 칠한 부분의 2/3정도 겹치도록 한다. 스프레이 건의 적합한 압력은 2.5~4.0Kg/cm^{2}이며, 부분적으로 수정해야 할 때는 2.8Kg/cm^{2}이 좋다.

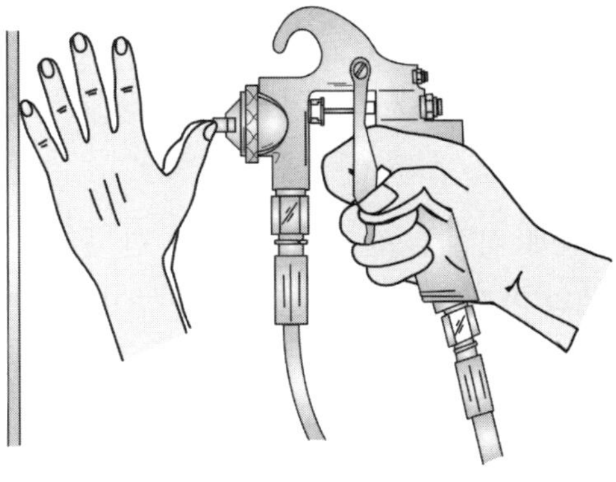

[그림 3-18] 페인트 건의 분사거리

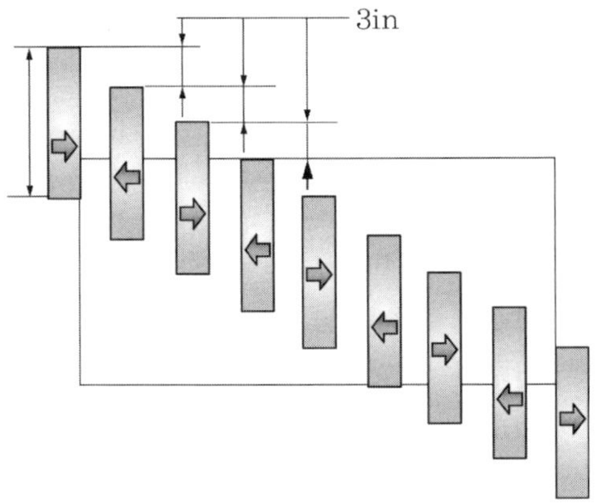

[그림 3-19] 페인트 건의 평면분사 방법

7) 항공기 세척작업

항공기는 운항하면서 대기 중의 먼지와 수분 및 여러 가지 이물질로 인하여 오염이 된다. 이러한 오염은 항공기의 성능뿐만 아니라 고장을 유발시키고, 부식 현상 까지 일으키게 된다. 또한 부식 부분을 드러나게 하지 않을 뿐만 아니라 각종 기구의 결함을 유발시키기도 한다.

세척이란 도장(Painting), 실링(Sealing), 도금(Plating), 화학 피막처리 등을 하기 위한 사전 준비 작업이다. 부식의 방지, 미관의 확보 등을 목적으로 기체 또는 부품의 표면에 달라붙어 있는 오물을 제거하여 깨끗한 상태로 만드는 작업이다. 일반적으로 항공기 정비 분야의 한 부분인 기체의 세척에는 외부 세척과 내부 세척으로 나누어진다.

(1) 외부 세척

항공기의 외부를 세척하는 방법으로는 습식 세척, 건식 세척, 광택내기가 있다. 습식 세척(Wet Wash)은 오일, 그리스, 또는 탄소 퇴적물 등 모든 오물을 제거하는데 사용된다. 세척 방법은 먼저 기체 표면에 물을 뿌린 다음 세제를 분무기로 뿌리거나 걸레 등을 이용하여 바르고, 고압으로 분출되는 물로 씻어 낸다. 습식 세척제로는 알칼리세제나 유화세제를 사용한다. 건식 세척(Dry Wash)은 액체의 사용이 적합하지 않을 경우에 사용하며, 기체 표피의 먼지나 흙, 오물 등의 작은 축적물을 제거하는 데 사용된다. 세척 방법으로는 건식 세척제를 분무기나 걸레 또는 헝겊 등으로 바른 다음, 깨끗한 마른 헝겊으로 문질러 닦는다. 광택내기(Polishing)는 보통 항공기 기체 표면을 먼저 세척한 다음 실시하는 작업으로서, 산화 피막이나 부식을 제거하는데 필요하며, 사용되는 재료로는 그 광택 작업의 종류와 연마할 재질에 따라 다르다. 페인트된 부분에는 광택용 왁스를 사용하고, 페인트가 안 된 부분에는 광택제로 광을 낸다.

(2) 내부 세척

항공기 내부를 청결하게 유지하는 것은 깨끗한 외부 표면을 유지하는 것과 같이 매우 중요하다. 내부의 구석진 곳은 세척하기가 어렵기 때문에 소홀히 할 수 있으며, 심한 경우에는 내부 구조가 부식될 수가 있으므로 철저히 세척한다.

(3) 세제 종류

① 솔벤트 세제

항공기에 사용되는 솔벤트 세제(Solvent Cleaners)는 40℃(105°F)보다 높은 인화점을 가진 것이어야 하며, 다음과 같은 종류가 있다

㉠ 건식 세척 솔벤트

건식 세척 솔벤트(Dry Cleaning Solvent)는 케로신(Kerosine: 등유)보다 좋지만, 표면의 페인트 피막과 접촉이 되어 증발한 부분에 가벼운 흔적을 남긴다. 항공기의 세척에 사용되는 가장 일반적인 세척제는 석유 솔벤트로, 인화점은 40℃(105°F)보다 약간 높다.

㉡ 지방족 나프타와 방향족 나프타

지방족 나프타(Aliphatic Naphtha)는 페인트칠을 하기 직전에 표면을 세척하는데 사용된다. 이것은 아크릴과 고무제품을 세척하는 데에도 사용되지만, 26.7℃(80°F)에서 인하하므로 주의하여 사용해야 한다. 그리고 방향족 나프타(Aromatic Naphtha)는 인체에 해로우며, 아크릴과 고무제품을 손상시키므로 지시에 따라 사용한다.

㉢ 안전 솔벤트

안전 솔벤트(Safety Solvent)는 메틸클로로포름(Methyl Chloroform)을 말하며, 이것은 일반세척과 그리스 세척에 주로 사용된다. 장시간 사용하면 피부염을 일으킬 수 있으므로 주의해서 사용한다.

㉣ 메틸에틸케톤

메틸에틸케톤(MEK: Methyl Ethyl Ketone)는 금속 표면에 사용하는 솔벤트 세척제로서, 좁은 면적의 페인트를 벗기는 약품으로 극히 제한적으로 사용한다. 이것은 약 -4.4℃(24°F)의 인화점을 가진, 대단히 휘발성이 강한 솔벤트 세척제이다. 호흡시 인체에 매우 해로우므로 보호 장구를 착용하여 안전에 유의한다.

㉤ 케로신

케로신(등유: Kerosine)은 단단한 방부 페인트를 유연하게 하기 위하여 솔벤트 유화 세척제와 혼합하여 일반 세척용으로 사용한다. 이 세척제를 사용할 때에는 다른 종류의 보호제와 함께 바르거나 씻는 작업이 뒤따라야 하며, 건식 세척 솔벤트와 같이 빨리 증발하지는 않으나, 세척된 표면상에 식별할 수 있는 막을 남긴다. 이때, 생긴 피막은 안전 솔벤트, 수·유화 세척제, 또는 청정제 혼합물을 이용하여 제거해 주어야 한다.

② 유화 세제

유화 세제(Emulsion Cleaners)는 에멀션으로 된 세제를 말하는데 에멀션이란 액체 속에 다른 액체가 미립자로 분산된 것으로서, 유화 상태에 있는 액체를 말한다.

㉠ 수·유화제

수-유화제(Water-Emulsion Cleaners)는 항공기의 표면 세척에 사용되며, 아크릴 및 형광도료로 칠해진 표면에 세척에도 적합하다. 수-유화 세척제를 사용할 때에는 주의 깊게 표본검사를 한 후에 사용한다.

㉡ 솔벤트·유화세제

솔벤트·유화세제(Solvent-Emulsion Cleaners)는 탄소, 그리스, 오일 및 타르(tar)와 같은 것에 의한 심한 오염을 제거하는데 사용되며, 고무, 플라스틱 및 그 밖의 비금속 재료 가까이에서는 주의해서 사용한다.

③ 비누와 청정세제

이 세제는 부드러운 세척용 물질로서, 항공기의 표면세척용 세제이며, 먼지, 오일 및 그리스를 제거하기 위한 항공기 표면 세척에 사용된다.

표 3-13는 항공기 세척의 규격과 용도를 나타낸 것이다

〈표 3-13〉 항공용 세제의 규격과 용도

세제 규격	용 도
복합세제(MIR-C-25769), 증기복합세제(P-C-437)	기체, 배기노즐, 배기부 항공기부품의 세척
알칼리형 세제(P-C-436)	타르의 제거
강력 알칼리 세제(MIL-R-7751)	강철, 마그네슘, 알루미늄부품에 부착된 페인트, 니스, 그리스 등의 제거
복합탄소제거(MIL-C-19853	기관부품에 부착된 탄소찌꺼기의 제거
플라스틱 연마제형 세제 I (MIL-C-18767)	투명한 플라스틱의 세척
건식 세척 솔벤트형 세제 I 및 II (P-D-680)	내식성 콤파운드와 오일의 제거

8) 부식 탐지 방법(Detection of Corrosion)

(1) 육안검사

부식은 가끔 주의 깊은 육안 검사로 찾아낼 수 있다. Al이나 Mg 부식은 스킨의 가장자리나 리벳 머리의 주변에 흰색이나 회색 가루의 형태로 나타난다. 페인트칠한 표면의 밑에 작은 흠집은 부식이 징후이다. 스킨의 랩 조인트(Lap Joint)를 조사해서 부풀어 오른 부분이 있으면, 이것은 밀착 표면 사이에 부식이 진행된 것을 나타낸다. 현재 항공기의 복잡한 구조는 확대경, 거울, 보어스코프(Borescope), 기타 다른 장비를 사용해서 필요한 곳을 검사한다.

(2) 염색 침투 검사(Dye Penetrant Inspection)

응력 부식 균열은 상당히 까다로워서 눈으로 식별하기 힘들 때가 있다. 이런 균열은 염색 침투 검사로 발견할 수 있다. 이 검사 방법은 철이나 비철 금속과 비기공성 플라스틱(Non-Porous Plastic)등에 효과적이다. 이 검사의 원리는 검사하고자 하는 표면에 침투액을 뿌린다. 이 액체는 표면장력(Surface Tension)이 아주 낮아서 어떤 균열이든지 쉽게 침투해 들어가고 표면에 퍼진다.

이 액체가 침투해 들어가도록 충분한 시간을 기다린 다음 표면의 모든 침투제를 닦아내고 현상제(Developer)를 뿌린다. 이 현상제는 흰색의 백분 같은 가루로 표면을 완전히 덮고, 재료에 있는 균열로부터 침투제를 번지게 한다. 침투제는 흔히 밝은 빨강 색이고 균열은 흰색 표면에 붉은 라인으로 나타난다. 또 다른 형태의 침투검사나, 형광 침투 검사(Fluorescent Penetrant)로 자외선(Ultraviolet)이나 블랙나이트(Black Light)로 비추어 식별한다. 이 특수한 빛을 비추면 균열은 녹색 라인으로 나타난다. 염색 침투 검사(Dye Penetrant Inspection)의 한계는 염색 침투제가 파고들 수 없는 깊이에 있는 균열을 찾을 수 없는 점이다. 또한 균열이 오일이나 그리스 등으로 채워 져 있으면 침투제가 파고 들어갈 수 없어서 흠집을 나타내지 못한다. 그리고 표면에 기공이 있거나 표면이 거칠면 모든 침투제를 닦아낼 수 없으므로 균열 탐지가 불가능하다.

(3) 초음파 검사(Ultrasonic Inspection)

최근의 부식 검사에 새로 적용하는 방법이 초음파 에너지를 이용하는 것이다. 이 검사는 높은 주파수 펄스(Pulse)의 에너지가 이용되며, 음파(Sound Wave)와 비슷하고, 주파수가 가청범위보다 훨씬 높아져서 0.5MHz~25MHz 정도이다.

부식 탐지를 위해서 두 가지 방법이 더 이용되면 펄스 에코우 방법(Pulse-Echo Method)과 반향방법(Resonance Method)이다. 펄스 에코우 방법에서는 초음파 에너지의 펄스가 구조에 쏘아져서 이 에너지가 재질을 따라 움직여서 반대쪽으로 갔다가 되돌아온다. 변환기(Transducer)에 의해 리턴 펄스(Return Pulse)를 받으면, 이것이 음극선 오실로스코프에 나타나고 시간을 기준으로 한 스파이크가 나타나서 재질의 두께를 나타낸다. 만약, 어느 두께의 변화가 부식에 의해서 갱긴 것이면 되돌아오는 짧은 공간을 차지해서 이것이 손상의 크기를 나타낸다. 만약 입자간 부식 등에 의한 균열이나 흠집이 재질 속에 있으면 오실로스코프 스크린에 나타나는 두 번째 스파이크 (Spike)는 재질 속에 있는 흠집의 대략적이 위치를 나타낸다.

초음파를 이용하는 두 번째 방법은 반향 방법(Resonance Method)이다. 주어진 두께의 재질에는 정해진 주파수의 초음파 에너지가 있고, 정해진 크기의 반향을 준다. 가변 주파수의 초음파 에너지를 변환기에 입력시키고 출력을 계기나 소리를 들을 수 있는 헤드폰으로 청취 한다. 반향 주파수가 도착하면 계기는 최고치를 지시하거나, 헤드폰에는 가장 큰 소리가 들린다. 만약 금속이 부식에 의해 없어지면 반향 주파수가 다르고 계기지시나 소리의 볼륨은 낮아진다.

이 반향 방법은 재질의 실제 두께를 결정할 때, 검사하는 것과 똑같은 재질로 시험재료를 만들어 탐침(Prove)을 측정(Calibrating)한다. 이 초음파 검사는 자격이 있고 절차에 익숙한 사람이 해야 한다. 거짓 반향(False Return)은 쉽게 균열로 착각되므로, 많은 특수한 변환기를 다른 위치에 두고 검사한다. 초음파 검사는 시험재료와 실제 검사하려는 재질의 비교에 의해서 검사하는 것이다.

(4) 엑스레이(X-ray) 검사

초음파 검사와 마찬가지로 내부에 손상이 있을 때 구조 외부에서 손상을 확인 하는 방법이다. X-ray는 사진 찍는 형태의 검사이며, 극히 높은 주파수의 전자기 방사선(Electromagnetic Radiation)이 검사하는 구조를 통과하고 이 주파수의 에너지는 필름 에 노출된다. 이것이 구조를 통과하면서 밀도가 높은 부분은 방사선 에너지가 더 통과 하므로 필름에 덜 노출된다. 노출된 후에는 필름을 형성시킨다. 재질에서 가장 밀도가 큰 부분은 적은 에너지가 침투해서 네가티브 필름(Negative Film)에는 밝게 나타난다.

밀도가 낮은 지역은 많은 에너지가 통과해서 필름이 많이 노출되고 검게 나타난다. X-ray 검사는 폭넓은 훈련이 필요하고, 결과를 적절하게 해석하는 경험이 필요하다. 방사선 에너지에 노출되면 혈액(Blood)을 타게 하거나 손상을 입히고 사망까지도 초래할 수 있으므로 X-ray 사용은 주위 깊은 취급이 요구된다. X-ray 장비 주변의 사람들은 방사선 측정 필름(Radiation Meter Film Body)을 착용해서 얼마만큼의 방사선을 받았는지를 결정한다. X-ray 검사에 관계된 사람들은 정기적으로 혈구수(Blood Count)를 측정해야 한다. X-ray 에 의한 침투의 크기는 사용한 출력에 좌우된다. 이것은 흔히 X-ray 튜브에 공급되는 킬로볼트(Kv)로 표시되는데, 보통 8~200 킬로볼트까지이다. 낮은 출력일 때는 Soft X-ray라고 하고, 이것을 부식탐지에 사용한다.

5 비금속재료

항공기에 사용되는 비금속재료는 그 종류가 매우 다양하지만 여기에서는 가장 대표적인 플라스틱, 고무에 대해서만 살펴보기로 한다.

1) 플라스틱(Plastic)

플라스틱(Plastic)은 현대항공기 전체에 걸쳐 여러 곳에 사용된다. 사용범위는 유리섬유로 보강된 가열경화의 구조용 재료에서 미장용까지 널리 사용된다.

(1) 투명 플라스틱(Transparent Plastics)

투명 플라스틱 재료는 항공기의 캐노피(Canopy), 방풍 창 및 기타 투명이 요구되는 부분에 사용되는데 다음과 같은 두 가지 종류로 크게 구별된다. 외력을 가하여 그 모양을 영구적으로 변형시킬 수 있는 성질을 가소성이라 하며, 유기물질로 합성된 가소성이 큰 물질을 플라스틱(plastic) 또는 합성수지라 한다. 이들 플라스틱은 열에 대한 저항성을 기준으로 하여 열가소성 플라스틱(Thermo Plastic)과 열경화성 플라스틱(Thermo Setting)인 두 종류로 구분된다.

열가소성(Thermoplastic) 재료는 열을 가하면 부드러워지고 냉각시키면 굳어진다. 이 재료는 부드러워질 때까지 가열시킬 수 있고 그 다음에 원하는 모양으로 성형 된다. 냉각시켰을 때 이 모양을 유지한다. 같은 프라스틱 재료를 가지고 재료의 화학적 성분을 손상함이 없이 여러 번 성형작업이 가능하다.

열경화성 플라스틱(Thermosetting Plastic)은 한 번 열을 가하여 성형하면 다시 가열하더라도 연해지거나 용융되지 않는 성질을 말한다. 이들 플라스틱은 열을 가해서 한번 성형시킨 다음 다시 다른 모양으로 만들 수 없다.

열경화성 수지는 내열성과 내약품성 및 내마멸성을 갖고 있으며 종류로는 페놀 수지, 에폭시 수지, 폴리에스텔 수지, 폴리우레탄 수지, 실리콘 수지 등이 있다.

열가소성 수지는 온도에 따라 연화와 경화가 반복하여 일어나며 화학적인 유기화합물인 유기용제에 용해되기 쉽고 열에 약하다. 종류에는 폴리염화비닐(PVC) 수지, 아크릴수지, 아크릴로니트릴 부타디엔 스틸렌(ABS) 수지, 폴리에틸렌 수지 등이 있다.

(2) 강화 플라스틱(Reinforced Plastic)

강화 플라스틱은 레이돔(Radome), 안테나 커버(Antenna Cover), 날개 팁(Wing tips)과 여러 가지 전기장비와 연료 전지의 제작에 사용되는 열경화성 (Thermosetting) 재료이다. 뛰어난 절연체(Dielectric) 특성을 가지고 있어서 레이돔(Radome) 제작에 이상적이지만 강도-무게비가 크지만 곰팡이, 녹과 부식에 대한 저항성과 성형이 용이해서 항공기의 다른 부분에 널리 사용한다.

2) 고 무

고무는 먼지나 습기 혹은 공기가 들어오는 것을 방지하고 액체, 가스 혹은 공기의 손실을 방지할 목적으로 사용된다. 또한 진동을 완충시키고 잡음을 감소시키며 충격 하중을 감소시키는 데도 사용된다.

고무라는 낱말은 금속이라는 낱말과 같이 총괄적인 의미이며, 천연 고무 뿐만 아니라 인조고무내지 실리콘(Silicone) 고무까지 포함한다.

(1) 천연고무(Natural Rubber)

천연고무는 인조고무나 실리콘(Silicon) 고무보다 가공성이나 물리적 특성이 더 좋다. 천연고무는 신축성, 탄성, 인장강도, 전단강도와 유연성에 기인한 저열 가공성 등이 인조고무에 비해 우수하다.

천연고무는 용도가 다양한 제품이다. 그러나 많은 용도에 대해 우수한 밀폐능력이 있지만 모든 항공기 연료나 많은 솔벤트(Solvent, 휘발유 등)에 대해 부풀거나 유연해지기 때문에 항공기에는 거의 사용되지 않는다. 즉 천연고무는 인조고무보다 훨씬 빨리 변질된다. 이 고무는 물과 메탄올(Methanol) 계통에 대하여 차폐물질로 사용되고 있다.

(2) 인조고무(Synthetic Rubber)

천연고무의 단점을 보완한 것이 합성 고무로서 사용 목적에 맞는 여러 종류가 개발되어 항공기에도 널리 사용되고 있으며, 부틸(Butyl), 부나(Buna), 네오프렌(Neoprene) 등이 있다.

부틸(Butyl)고무는 가스침투에 높은 저항력을 갖는 탄화수소 고무이다. 이것은 또한 퇴화에 대한 저항성도 있지만 물리적 비교특성이 천연고무보다 훨씬 덜 하다. 부틸은 산소, 식물성기름, 동물성지방, 알칼리, 오존 및 풍화작용에 견딜 수 있다. 천연고무와 마찬가지로 부틸(Butyl)은 석유나 코올 타르 용제(Coal Tar Solvent)에 부풀어 오르면 습기 흡입성이 낮으나 가열하거나 낮은 온도에 대해서는 좋은 저항력을 가지고 있다. 부틸 고무는 호스나 패킹 및 진공시일 등에 사용된다.

부나(Buna) 고무는 처리나 성능특성에 있어서 천연고무와 비슷하다. 일반적으로 가솔린(Gasoline), 오일(Oil), 농축된 산과 솔벤트(Solvent) 등에는 저항성을 매우 약하다. 부나 고무는 천연고무의 대용품으로 타이어(Tire)나 튜브(Tube)에 일반적으로 사용된다.

네오프렌(Neoprene)은 천연고무보다 더 심하게 다룰 수 있으며 더 우수한 저온 특성을 가지고 있다. 부틸고무나 부나고무 보다 몇 가지 특성에 있어서 고무와 같은 특성이 좀 부족하다. 인장강도, 신장력 같은 네오프렌(Neoprene)의 물리적 특성은 천연고무보다 못하며, 한정된 범위에서만 유사성을 가지고 있다. 마모저항과 균열저항도 천연고무보다는 조금 부족하다.

그러나 네오프렌은 오일(Oil)에 대해서는 우수한 저항성을 갖는다. 비록 비방향성 가솔린(Gasoline) 계통에는 좋은 재료이지만 방향성 가솔린(Gasoline) 계통에는 저항력이 약하다.

네오프렌은 주로 기상용 실, 창문 틀(Window Channels), 완충 패드(Bumper Pads), 오일 저항 호스(Oil-resistant Hose), 기화기(Carburetor), 다이어프램(Diaphragms)에 주로 사용된다.

실리콘 고무는 규소, 탄소, 수소와 탄소로 만들어진 소성 고무류에 속한다. 규소제품은 우수한 고온 안정성과 아주 낮은 온도에 대한 유연성을 가지고 있다. 이들은 개스킷(Gasket), 시일(Seal) 혹은 온도가 600[°F] 이상 되는 기타 부분에 적합하게 사용된다.

규소고무는 - 150[°F]까지의 저온도에서 저항력을 가지고 있으며, 오일(Oil)에 대해 좋은 저항력을 가지고 있지만 방향 및 비방향성 가솔린(Gasoline)에 대해서는 좋지 않은 반응을 나타낸다.

가장 많이 알려진 규소제품의 실라스틱(Silastic)은 전기와 전자장치의 절연에 사용된다. 실라스틱은 넓은 온도 범위에 걸쳐 부전도성 때문에 유연성을 가지며 잔금이 가거나 파괴되지 않는다. 또한 실라스틱(Silastic)은 특정 오일(Oil) 계통에 개스킷(Gasket)이나 시일(Seal)로 사용된다.

6 복합재료

1) 개요

복합재료(Composite Material)란 두 개 이상의 서로 다른 재료를 결합하여 각각의 재료

보다 더 우수한 기계적 성질을 갖도록 만든 재료를 의미한다. 복합재료는 고체상태의 강화재료(Reinforce Material)와 액체, 분말 혹은 박판 상태의 모재(Matrix)를 결합하여 만들어진다. 이러한 복합재료를 층으로 겹겹이 겹쳐서 만든 적층 구조재(Laminate Construction)와 복합재료의 얇은 두 외피 사이에 허니컴이나 거품(Foam) 등과 같은 코어재료를 결합시킨 샌드위치 구조재가 있다.

2) 구성

복합재료는 하중을 주로 담당하는 고체형태인 강화재(Reinforcing Material)와 이들 을 결합시키는 액체 형태인 모재(Matrix)로 구성된다. 복합소재에 사용되는 강화재와 모재의 종류는 매우 다양하다.

강화재에는 유리섬유(Glass Cloth), 탄소섬유(Carbon/Graphite), 아라미드(Aramid) 및 보론(Boron)섬유 등이 사용되고, 모재에는 열경화성(Thermoset)수지(Resin), 열가소성 (Thermoplastic) 수지(Resin), 금속(Metallic), 세라믹(Ceramic) 등이 사용된다. 근래에 와서 항공기 연료비 절감과 성능 향상을 위해 기체구조물의 높은 강도와 경량화가 요구됨에 따라, 금속재료보다 가볍고 강도가 높은, 여러 종류의 새로운 복합소재들이 개발되고 있다. 이들 다양한 복합소재는 헬리콥터, 전투기 및 대형 민간 여객기에 널리 사용되고 있으며, 그 사용 범위와 사용량도 더욱 더 증가하고 있다.

(1) 복합재료의 개발 및 사용 역사

복합재료 (Composite Materials)란 성분이나 형태가 다른 두 종류 이상의 재료가 조합되어 유효한 기능을 갖는 재료를 말한다. 항공기의 구조는 일반적으로 알루미늄 합금으로 만들어져 있지만, 최근의 기체에는 탄소섬유 등에 의한 복합재료도 사용되고 있다. 이는 복합재료가 일반 금속재료에 비해서 비강도(Specific Strength, 강도와 밀도)와 비강성(Specific Stiffness, 강성/밀도)이 우수하여 기체의 중량을 줄일 수 있기 때문이다.

복합재료가 항공기에 적용되기 시작한 것은 제2차 세계대전 중인 1940년대부터이다. 처음에는 유리섬유 복합재료(GFRP: Glass Fiber Reinforced Plastics)를 알루미늄 합금의 대체재료, 또는 레이돔(Radome) 재료로 사용하였다. 유리섬유 복합재료는 당시 레이돔 외에 조종면이나 페어링 등의 2차 구조물에는 널리 사용되었지만, 날개 또는 동체와 같이 높은 강성과 강도가 요구되는 주구조물에는 거의 사용되지 않았다. 이것은 유리섬유 복합재료가 동일한 중량의 알루미늄 합금재료와 비교하면 강도는 우수하나 강성이 떨어지므로, 하중이 걸리게 되면 변형이 크게 발생하게 되고, 또한 대형기나 고속기의 주 구조물에서는 플러터와 같은 공탄성(Aeroelasticity)측면에서 불리하기 때문이다.

1960년대에는 보론섬유(Boron Fiber), 탄소섬유 (Graphite or Carbon Fiber)등을 이용한 첨단복합재료 (Advanced Composites)가 개발되는데 이들은 비강도 뿐 만 아니라 비강성의 경우에도 알루미늄 합금이나 티타늄 합금보다 우수하여 기체를 경량화 할 수 있으므로 기체재료로서 주목받기 시작하였다. 이들 복합재료는 군용기에는 1970년대부터 꼬리날개나 날개와 같은 주 구조에 실용화되기 시작하였고, 1980년대에는 주 구조 전반에 걸쳐 사용되기에 이르렀다.

1970년대부터 민간수송기에도 탄소섬유 복합재료 (CFRP: Carbon or Carbon Fiber Reinforced Plastics)가 조종면 등의 2차 구조에, 그리고 1980 년대에는 꼬리날개의 주 구조에 사용되기 시작하였으며 ATR72와 같이 날개 외측의 반이 복합재료로 된 기체도 개발되었다. 민간수송기에 사용되는 복합재료의 양은 군용기에 비하면 아직 적은편인데, 이는 여객기의 설계가 보수적인 점도 있지만 복합재료가 알루미늄 합금에 비하여 가격이 비싼 것도 큰 이유이다. 그러나 복합재료의 시용은 비약적으로 증가하고 있는데, 복합재 구조물이 전체 항공기 무게에서 차지하는 비중이 boeing 737의 경우 약 5%가량이었으나 A340의 경우에는 거의 20% 에 달하고 있다.

복합재료는 재료의 가격이 비싼 대신에 구조물의 일체성형이 가능하고 조립 공정의 수를 대폭으로 줄일 수 있는 이점이 있다. 기체가 소형이고 복합재료의 장점을 활용할 수 있는 일반항공급 (General Aviation Class)에서는 모든 기체구조가 유리섬유로 된 전체 기체 복합재료 항공기 (All Composite Aircraft)가 제작되기 시작하였으며 1980년대에는 전체 기체 탄소섬유 복합재료 항공기기가 양산되는 정도까지 발전하였다.

이와 같이 복합재료 구조의 설계 및 제작 기술은 빠른 속도로 발전하고 있다. 그러나 복합재료 구조는 금속구조와 다르고 아직 표준적인 방식이 정형화 되어 있지 않은 부분도 많다.

① 2차 대전 : 전투기, DC-3 A/C의 승강키, 방향타, 보조날개 등의 조종 면에 도프(Dope)와 직물류 재질을 사용

② 1940~1950년 : 유리섬유(Fiberglass) 직물류에 폴리에스터 접착제(Polyester Resin)을 첨가시켜 페어링(Fairing), 라돔(Radome) 사용

③ 1950년대 : 에폭시 접착제(Epoxy Resin)를 유리섬유 강화재와 함께 날개 팁(Wing Tip), 꼬리날개 콘(Tail Cone) 등의 비 구조 부분에 사용

④ 1960년대 : 보론 섬유(Boron Fiber), 카본 섬유(Carbon 유럽)/그래파이트 섬유(Graphite 미국), 아라미드 섬유 (Aramid Fiber)등 강한 섬유가 개발되어 강도

⑤ 1970년대: 케블러(Kevlar)를 개발, 현재 많은 A/C 에 폭넓게 사용

⑥ 1980년대 : FRM(Fiber Reinforced Metallics)을 개발하여 일부 기체에 장착하여 시험적으로 적용

⑦ 최근 : 새롭게 개발된 화학적 결합방식(Chemical Bonding Formula)과 새로운 고체 구조재(Solid Structural Material)의 결합으로 고강도 경량의 FRP를 만들어 항공기 구조물에 사용하고 있다.

(2) 복합소재의 장점

① 무게 당 강도비율이 높다 (알루미늄을 복합재료로 대체하면 약 30% 이상의 인장/압축강도 증가, 약 20% 이상의 무게 절약)

② 복잡한 형태나 공기역학적인 곡선형태의 제작이 가능하다.

③ 일부의 부품과 패스너(Fastener)를 사용하지 않아도 되어 제작이 단순해지고, 비용이 절감 된다.

④ 유연성이 크고 진동에 강해서 피로응력(Stress Fatigue)의 문제를 제거한다.

⑤ 부식이 되지 않고 마모가 줄어든다.

3) 사용

(1) 군용기

군용기는 민간 항공기보다 먼저 복합소재를 사용해 왔다. 많은 군용 헬리콥터와 항공기가 복합소재 구성품을 사용한다. 보론은 값이 비싸고, 작업 시 위험하다. 보론이 사용된 군용기는 F-15, F-14 및 B-1B 등이 있다. 카본/그래파이트와 에폭시가 사용된 군용기는 AV-8B/Harrier, B-2/Stealth Bomber 및 V-22 Osprey 등이 있다.

(2) 민간 항공기

① 보잉(Boeing)

보잉은 과거에 주로 보조날개(Aileron), 방향타(Rudder), 승강키(Elevator)와 스포일러(Spoiler) 등에 복합소재를 사용했다. 현재 카본/그래파이트, 케블러와 이들의 혼합체등을 신형 항공기에 사용했고, 최초로 카본 스포일러와 노맥스 하니콤(Nomex Honeycomb)을 사용했다.

㉠ B747-400

B747-200/300 A/C 보다 더 많은 량의 복합소재를 사용했다. 주로 유리섬유 소재를 많이 사

용했고 Winglet, Pylon, Inlet Cowl, Fan Cowl, Reverse Cowl 등은 Graphite/Aramid/Fiberglass Hybrid 복합소재를 사용했다.

ⓛ BOEING 777

B-777은 기체 전 무게의 9%가 복합소재로 제작되었고, 이것은 B-757, B-767에 사용된 복합재료 량의 10배 정도이다.

특히 수직 안정판과 수평안정판의 토크 박스(비틀림 상자)를 강화된 그래파이트를 사용하여 알루미늄 합금으로 제작한 경우보다 수직과 수평안정판의 무게를 약 369LBS의 무게 절감을 시켰다.

② 에어버스(Airbus)

에어버스 300, 310과 320은 British Aerospace와 Aerospatiale의 합작으로 만들어졌다. 조종면와 다른 구성품에 많은 양의 노맥스, 그래파이트 그리고 케블러 등이 사용되었다. 복합소재는 처음으로 FRP제품을 사용하면서 에어버스에 소개되었다. 1978년, 카본 섬유 구성품이 A399에 적용되었고, 나중에 폭넓은 시험과 재평가를 위해 제거되었다. 이것이 Airbus A/C에 카본 섬유를 사용하는 계기가 되었다. 아라미드와 카본이 폭넓게 A310-200에 사용된다. 대부분 신형 Airbus 모델은 카본 섬유 수직안정판을 갖고 있다. 신형 A300-600은 Radome, Nose L/G Door, Outer wing T/E, Rudder, Airbrakes and Spoiler, M/L/G Door, Thrust Reversers 및 Fan Cowl 등에 복합소재를 사용한다.

4) 강화재(Reinforcing Fiber)

강화재료(강화재)란 강화섬유를 의미한다. 여기에서 섬유란 필라멘트(Filament), 와이어(Wire), 위스커(Whisker), 고유상태의 입자와 같은 네 가지 형태의 재료를 나타내는 포괄적인 용어이다.

모재(Matrix)에 강화재를 결합시킬 때 복합소재 구조에 기본적인 강도를 주게 된다. 일반적으로 많이 사용되는 강화재(보강용 섬유)는 5종류가 있다. 이들은 서로 조합하여 사용하는 복합형태(Hybrid)가 있고, 특별한 형태의 천으로 짤 수도(Fiber Science)있고, 견고한 형태로 결합(Sandwich Structure)하거나 다양한 모재와 단순하게 결합시킬 수도 있다. 독특한 복합소재의 결합은 특수한 장점을 얻을 수 있다.

(1) 유리 섬유(Glass Fiber)

유리섬유(Fiber Glass)는 용해된 실리카(이산화규소 : Silica)의 가는 가닥으로 만들어진 섬유로서, 이산화규소(SiO_2)가 사면체 형태로 구성된 섬유이다. 유리 섬유는 그 용도가 넓고, 가격이 저렴해서 가장 흔히 사용되는 강화 섬유이며 특성에 따라 몇 가지 형태로 구분할 수 있다.

① E-글라스

붕규산 유리(Borosilicate Glass)로 만든 강화 섬유로서 전기 절연성이 뛰어나고 내수성, 내산성 등 화학적 내구성이 좋으며, 열팽창률이 작은 것이 특징이다. 일반적으로 많이 사용하는 것으로 높은 고유저항을 가지고 있어 Electric Glass 라고도 하며, 복합재료의 천 소재 대부분이 E-글라스에 해당하며 유리섬유의 대부분도 여기에 속한다.

[그림 3-20] 유리 섬유

② S-글라스

규산염 유리(Magnesia-Alumina-Silicate Glass)로 만든 높은 인장강도의 유리 섬유이다. E-글라스 보다 인장강도가 33% 더 크며, 탄성계수는 20%가 더 크다. 무게에 대한 강도비가 커서 항공기에 많이 사용된다.

③ D-글라스

D-글라스는 개량된 유전체 유리(Dielectric Glass)로서 전자적인 성능이 우수하다. 기계적인 특성이 E-글라스나S-글라스 보다 떨어지지만 낮은 유전율과 저 밀도의 특성으로 항공기의 레이돔 제작에 사용되기도 한다.

유리 섬유는 천 소재로 만들었을 때 윤기가 있는 흰색 천으로 구분할 수 있으며, 유리 섬유는 가격이 저렴하고, 금속보다 무게가 가볍고, 제조과정이 단순하며, 높은 강도 및 접착성이 우수한 반면 금속에 비해 낮은 강성(Stiffness)을 지닌다.

(2) 아라미드 섬유(Aramid Fiber)/ 케블라(Kevlar)

아라미드 섬유(Aramid Fiber)는 보통 케블라(Kevlar)로 불리며, 케블라는 미국 듀퐁 회사에서 생산한 아라미드 섬유의 등록상표이다.

아라미드 복합재료는 알루미늄 합금보다 인장강도가 4배 이상 클 정도로 인장강도가 강하며, 밀도는 알루미늄 합금의 1/3 정도로 가볍기 때문에 높은 응력과 진동 등의 피로파괴에 견딜 수 있는 항공기 부품 제작에 이상적인 재료이다. 특히 충격과 마모에 강하다.

아라미드 복합재료의 단점은 온도 변화에 대한 변형과 수분 흡수성이 있기 때문에 사용 중에 문제를 일으킬 수 있고, 압축과 전단에 취약하며, 접착성이 좋지 못하고 절단에 어려움이 있다. 수분이나 기름이 아라미드 섬유에는 손상을 주지 않지만 모재에 흡수되어 적층분리현상(Delamination)에 의해 강도를 약화시키기 때문이다. 아라미드 천 소재는 그림 3-21과 같이 노란색 천으로 식별할 수 있다.

[그림 3-21] 아라미드 섬유

(3) 탄소/흑연 섬유(Carbon/Graphite Fiber 카본/그래파이트)

탄소・흑연 섬유(Carbon/Graphite Fiber)는 넓은 의미로 탄소섬유라고 하며, 엄밀히 말하면 탄소 섬유와 흑연 섬유로 구분된다.

탄소섬유는 높은 강도와 견고성으로 항공기의 1차 구조재 제작에 사용되며, 아라미드 섬유보다는 인장강도가 적지만 압축강도는 훨씬 크다. 그러나 취성이 크고 가격이 비싼 단점을 가지고 있다. 탄소 섬유가 알루미늄과 직접 접촉되면 이질 금속과 같이 부식이 발생하기 때문에 탄소 섬유와 알루미늄 사이에 유리섬유를 한 겹 끼워 넣고, 알루미늄은 양극 산화처리 등과 같은 부식방지 처리를 하여야 한다. 탄소 섬유를 천 소재로 만들었을 때 그림 3-22와 같이 검은색 천으로 구분할 수 있다.

[그림 3-22] 탄소 섬유

(4) 보론(Boron)

보론 섬유(Boron Fiber)는 텅스텐의 가는 필라멘트에 보론(B 붕소)을 붙게 해서 만든다. 보론 섬유는 약 0.1mm의 지름으로 뛰어난 압축강도와 경도를 가지고 있다. 또한 열팽창률이 크고 금속과의 점착성이 좋다. 그러나 취급이 어렵고, 가격이 비싸다는 결점이 있다.

보론 섬유는 여러 종류의 실용금속과 쉽게 반응하므로 강화섬유 금속(FRM: Fiber Reinforced Metallics)과 같은 복합재료를 만들 때에 사용되며, 민간 항공기에는 잘 사용하지 않으며, 주로 전투기에 사용되고 있으나 사용량이 점차 줄어들고 있다.

(5) 세라믹(Ceramic)

세라믹 섬유(Ceramic Fiber)는 높은 온도가 요구되는 곳에 사용된다. 세라믹 섬유는 1200℃(2200°F)의 고온에서도 거의 원래의 강도와 유연성을 유지한다. 우주 왕복선의 타일 부분도 세라믹 복합재료로 만들어져서 내열성이 크고 열의 분산이 빠르게 일어난다. 세라믹 섬유는 주로 금속 모재와 함께 사용된다.

(6) 섬유 공학(Fiber Science)

다양한 용도에 가장 큰 강도를 줄 수 있도록 섬유를 선택하는 것을 섬유 공학이라고 한다. 복합소재의 강도(Strength)와 강성(Stiffness)은 하중 방향에 맞는 겹(Plies)의 방향에 의해 좌우된다. 판금(Sheet Metal)으로 된 부품은 방향에 상관없이 같은 강도를 갖고 있다. 예를 들면 헬리콥터 로우터 블레이드는 구심력에 의해 길이 방향을 따라서 높은 응력을 받는다. 만약 금속으로 제작하면 응력에 견디는 힘은 모든 방향에서 같아서, 방향에 따라 강도를 크게 해줄 필요가 없다. 복합소재로 제작할 경우에는 블레이드의 길이 방향으로 섬유의 주된 방향을 위치시켜서 많은 응력이 집중되어지는 방향으로 보다 큰 강도를 주어야 할 것이다. 이러한 벡터 강도는 0°의 겹은 축방향의 하중(Axial Load)에, 45°의 겹은 전단하중(Shear Vector)에, 90°의 겹은 측면하중(Side Load)에 반작용을 하는 것으로 고려할 수 있다. 예를 들면 비행 중에 날개는 위쪽으로 굽힘뿐 아니라 비틀림을 받으므로, 날개의 굽힘 성질을 감소시키기 위해서 날개의 길이 방향으로 섬유의 방향을 일치 시킨다.

또한 날개의 비틀림을 제한하기 위해서 섬유를 45°와 90°방향으로 겹쳐서 제작해 야 한다. 각 겹은 주된 섬유의 방향이 다른 방향으로 진행되도록 할 수 있다. 섬유의 강도는 섬유의 진행 방향과 평행하다.

(7) 섬유 방향(Fiber Orientation)

섬유의 설계, 제조, 수리는 직물의 방향을 아는 것이 무엇보다 중요하다. 그 이유를 깨닫고 이해하기 위해서는 4 가지의 기본적인 용어를 알아야 한다.

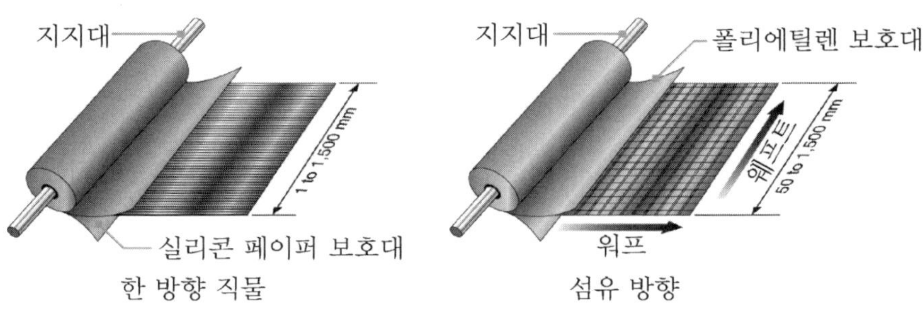

[그림 3-23] 직물 형태와 섬유 방향

① 워프(Warp)

실(Threads)이 직물(Fabric)의 길이 방향으로 지나는 것을 워프라고 한다. 워프의 방향은 0°로 나타낸다. 천을 짤 때 필(Fill)방향보다 워프 방향에 더 많은 실을 사용한다. 이것이 워프 방향이 필 방향보다 더 강한 결과를 준다. 워프 방향이 복합소재를 가공하거나 수리할 때 중요하기 때문에 다른 종류의 실을 일정한 간격으로 넣어서 구별한다.

② 웨프트(Weft/Fill)

웨프트의 실들은 워프 섬유에 수직으로 지난다. 이것들은 90°로 나타낸다. 웨프트 혹은 필 실들은 워프 실들과 교차되게 엮어진다.

③ 셀비지 에지(Selvage Edge)

단단히 짜여진 끝으로 풀림을 방지하기 위한 끝을 말한다. 이것은 워프방향과 나란하다. 셀비지 에지는 짜임새가 직물의 몸체와 같지 않아서 직물과 같은 강도를 줄 수 없기 때문에 제작이나 수리할 때는 제거해야 한다.

④ 바이어스(Bias)

바이어스는 워프 실에 45°를 이룬다. 직물은 바이어스를 이용해서 곡면을 형성할 수 있다. 직물은 가끔 잡아 늘릴 수가 있는데 이때는 워프나 웨프트가 아니라 바이어스 방향이다.

(8) 직물의 형태(Fabric Style)

① 한 방향 직물(Unidirectional)

주된 화이버의 방향은 모두 한 방향을 향하고, 이것이 일정한 강도를 주어서 한 방향 섬유라고 한다. 가끔 작은 교차실(Cross Thread)이 주 섬유 묶음(Major Fiber Bundle)을 제자리에 붙잡고 있는데 이것은 짜여진 상태로 보지 않고, 다른 형태의 섬유 가락이 주 섬유와 나란히 있는 것을 볼 수 있는데 이것도 섬유가 똑바로 정렬 되도록 도와주는 것이다.

② 두 방향 혹은 다 방향 직물(Bidirectional or Multidirectional)

이 형태는 섬유가 두 방향이나 그 이상의 방향(Multidirectional)으로 향한다. 이것이 천을 짠 상태를 말한다.

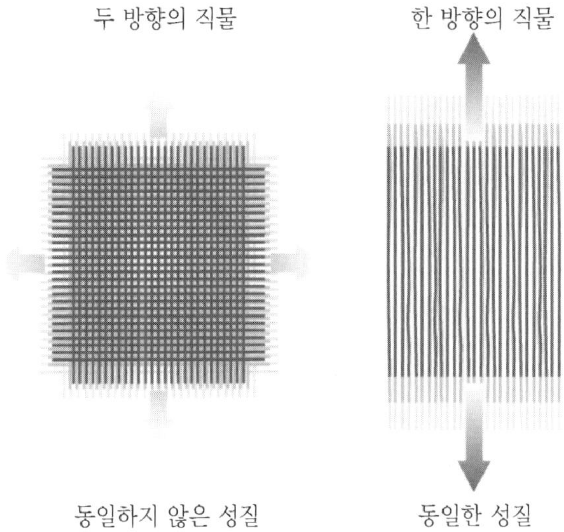

[그림 3-24] 두 방향과 한 방향 직물

③ 매트(Mats)

잘게 쪼갠 섬유를 서로 압축시킨 것을 매트라고 부른다. 매트는 다른 직물류나 층(Layer)이 한 방향인 섬유를 서로 짤 때 쓰인다. 매트는 한 방향이나 두 방향 섬유만큼 강하지 못하여, 수리작업에 잘 사용하지 않는다.

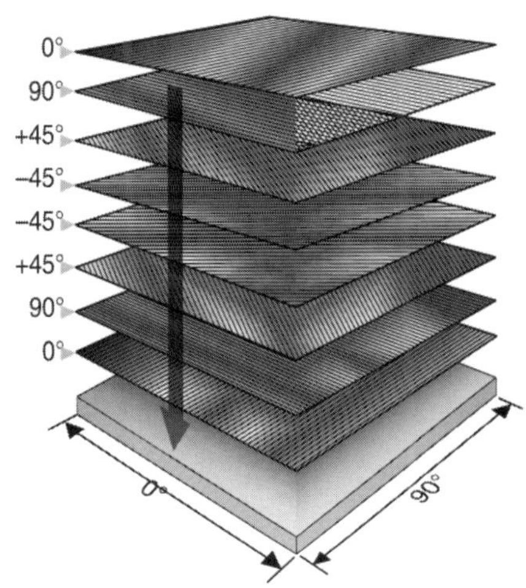

[그림 3-25] 준 등방성 재료의 적중

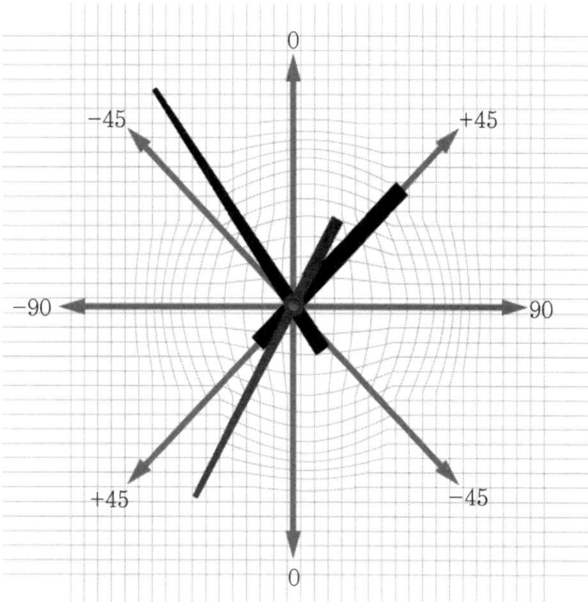

[그림 3-26] 워프 배열 방식의 시계모형

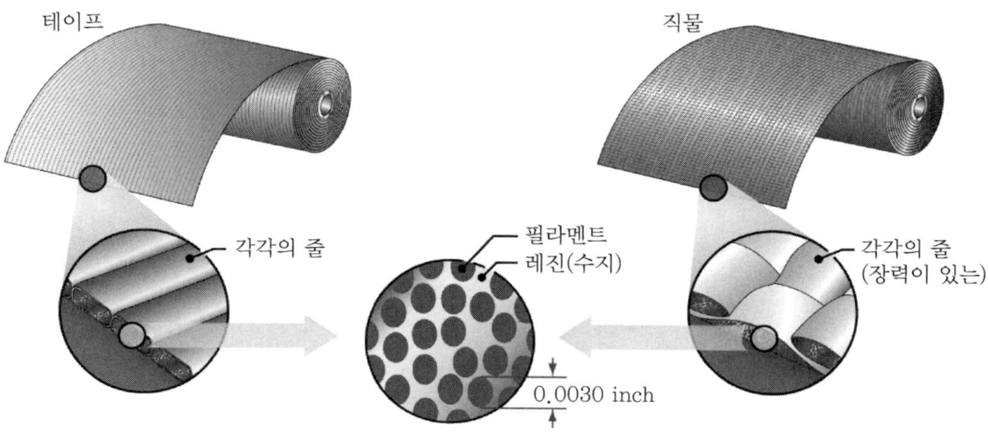

[그림 3-27] 세부적인 직물의 형태

(9) 직물 짜기(Fabric Weave)

섬유는 몇 번씩 짜거나 무게를 고려해서 짜게 된다. 섬유는 튕겨 나오거나(Break Out), 층의 분리(Delamination) 등에 강하고 한 방향 직조보다 손상에 대한 허용한계가 훨씬 크다. 짜여진 직물(Woven Fabric)의 가격이 짜는 과정 때문에 훨씬 비싸다. 재 직물은 직조 방법이 여러 가지가 있다.(그림 3-28 참조)

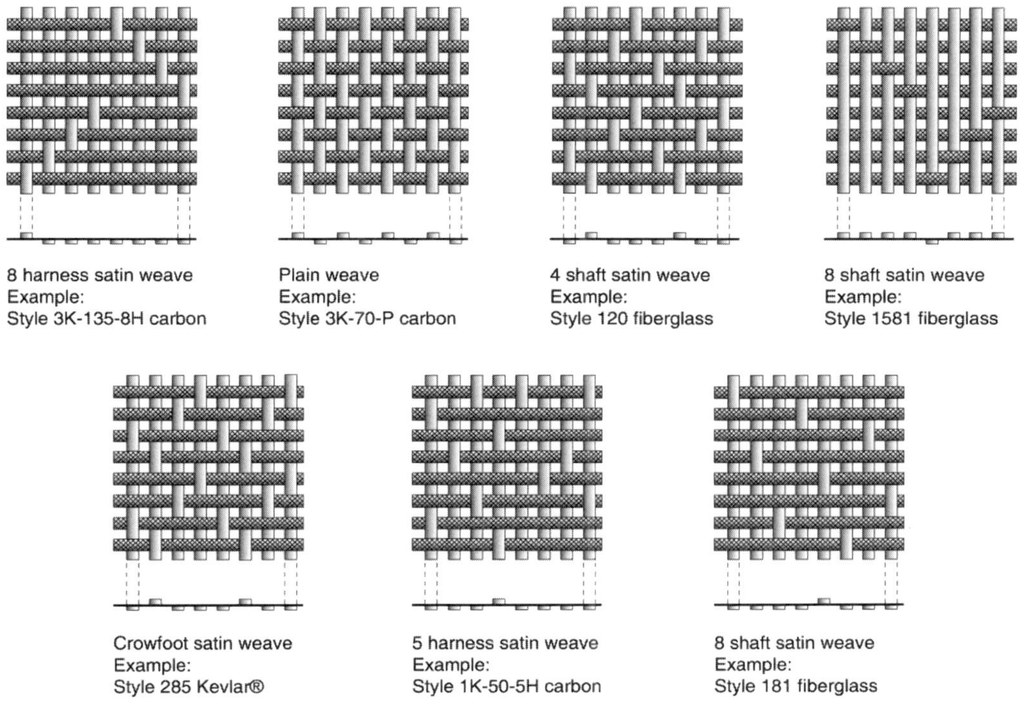

[그림 3-28] 일반적인 직물 짜깁기 종류

수리 작업 시 가장 흔한 것이 새띤 짜기(Satin Weave)이다. 중요한 것은 알맞은 형태의 재료(케블러, 카본/그래파이트, 화이버글래스)를 사용하는 것이 중요하고, 적절한 형태(Bidirectional 혹은 Mat),적절한 무게와 작업방식과 직조 방식에 맞는 재질을 쓰는 것이 중요하다. 이러한 사항은 구조수리 교범(SRM : Structural Repair Manual)에 설명되어 있다.

5) 하이브리드 복합소재(Hybrid Composite)

제작사는 부품을 설계할 때 강도와 가격 등을 고려해서 서로 다른 형태의 섬유를 결합해서 필요한 부품을 만든다. 이것은 여러 가지 방법으로 이루어지며, 다른 물질은 결합되어 서로 다른 섬유의 특성을 얻을 수 있다. 예를 들어, 케블러와 카본/그래파이트를 결합시키면 케블러의 유연성(Flexibility)과 카본/그래파이트의 견고성 (Stiffness)을 얻을 수 있다. 또 케블러와 화이버글래스를 결합시키면 값이 싼 고강도 재질을 만든다. 주로 3가지의 복합구조(Hybrid Structure)가 항공분야에서 사용된다.

(1) 인트라플라이 복합재(Intraply Hybrid)

직물을 짤 때 2개 혹은 더 이상의 다른 종류의 섬유를 사용하는 방식이다. 최종적인 구조의 강도는 사용된 각 섬유의 비율에 의해 결정된다.

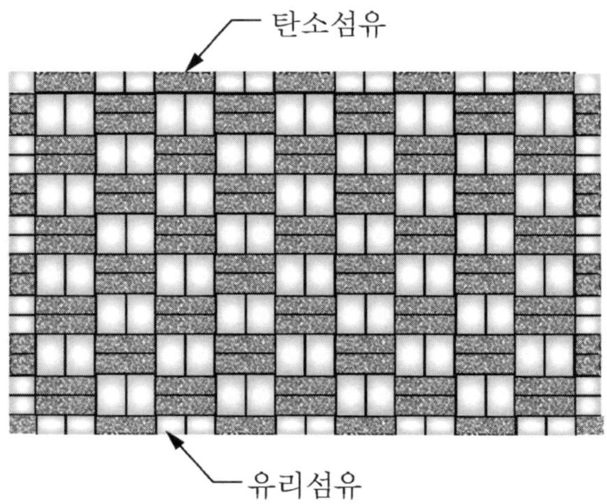

[그림 3-29] 인트라플라이 복합재

(2) 인터플라이 복합재(Interply Hybrid)

이 방식은 2 개나 혹은 그 이상의 서로 다른 보강재의 층을 이용해서 서로 붙이는 형태이다. 각 겹은 다른 재질이고, 한 방향 혹은 두 방향의 직물을 사용한다.

(3) 선택적 배치(Selective Placement)

화이버는 큰 강도, 유연성, 가격 절감 등을 위하서 선택적으로 배치할 수 있다. 카본/그라파이트는 견고성이 필요한 곳에, 그리고 구조의 가격을 줄이기 위해서 화이버글래스를 섞어서 사용했다.

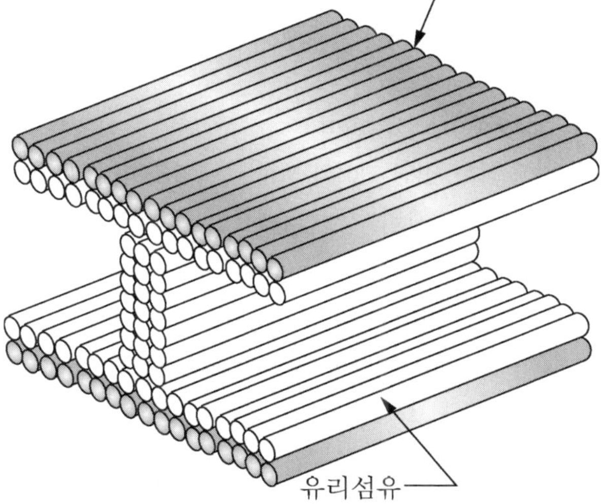

[그림 3-30] 선택적 배치

6) 모재(Matrix System)

모재(Matrix)는 접착제로 섬유를 완전히 둘러싸서 섬유에 강도를 줄 뿐만 아니라 섬유에 응력을 전달한다. 첨단 복합소재는 다양한 제조기술, 새로운 보강용 직물과 모재 형태를 사용하여 만든 복합소재이다.

(1) 수지 모재계(Resin Matrix System)

수지모재계는 플라스틱 형태이다. 일반적으로 열가소성과 열경화성 두 가지 범위의 플라스틱이 있다.

① 열가소성(Thermoplastic) 수지

열가소성 수지는 열을 가해서 성형 후 다시 열을 가하면 연해지고 냉각하면 원래상태로 돌아오는 수지로서, 비구조물에서 찾아볼 수 있다. 그러나 복합소재 공학의 발달로 고온도 열가소성 수지의 개발로 750°F를 초과하지 않는 기체 구조에 사용되기도 한다. 폴리염화비닐, 폴리에틸렌, 나일론, 폴리메타크릴산 메틸 등이 있다.

② 열경화성(Thermoset) 수지

열경화성은 열을 사용해서 성형을 하고 그 모양이 영구적으로 남는다. 플라스틱은 일단 굳어지면 열을 가해도 변형되지 않는다. 열경화성 모재 자체로는 충분한 강도를 갖지 못해서 구조물로 사용할 수 없지만 다른 보강재와 함께 사용하여 고강도 경량의 복합소재 구조부재로 사용하고 있다. 페놀수지, 에폭시 수지, 불포화 폴리에스테를, 폴리우레탄 등이 있다.

③ 에폭시 수지계(Epoxy Resin System)

항공기 구조재료로 사용되는 첨단 FRP의 Matrix는 열경화성의 에폭시 수지가 주를 이룬다. 에폭시 수지계는 뛰어난 접착력, 강도, 습기 및 화학적 저항성이 높다. 이것은 금속 부품, 복합소재 구성품과 같이 이질재료(Dissimilar Material)와 비기공성 재질 (Nonporous Material)의 접착에 효과적이다. 접착의 질(Quality)은 접착 방법이나 표면상태에 따라 다르다. 이것은 고온, 저온, 강직성(Rigidity), 유연성(Flexibility), 굳는 시간(경화시간), 기타 특성에 따라 다양하게 사용된다.

④ 수지와 촉매제의 혼합(Working With Resin & Catalysts)

수지계(Resin System)는 적절하게 섞는 것이 중요하다. 만약 충분히 섞지 않고 사용하면 필요한 강도를 기대할 수 없다. 수지계의 각 성분은 섞기 전에 정확한 무게를 측정 한다. 수지의 무게를 측정하고, 절대로 양의 측정으로 섞어서는 안 된다. 수지와 경화제(Hardener)를 먼저 섞고, 나중에 혼합물을 넣는다. 만약 냉장고 안에 보관해야 하는 수지계을 사용해야 하는 경우에는, 각 부분들(Parts)을 실내 온도로 맞춘 다음 무게를 달고 섞어야 한다. 냉각된 수지(Cold Resin)는 실내 온도의 수지보다 더 무겁기 때문이다. 저울의 표면이나 균형은 항상 깨끗이 하고, 정기적으로 정밀도를 측정하여 정확성을 유지해야 하고 특히 다음과 같은 사항을 유의해야 한다.

㉠ 수지계는 구조수리 교범(SRM)에서 제시한 정확한 비율로 섞어야 한다.
㉡ 제작사의 지시대로 완전하게 섞어야 한다.
㉢ 왁스 성분이 없는 용기에서 섞는다.
㉣ 수지를 너무 빨리 섞거나, 한꺼번에 많은 양을 섞지 말아야 한다.
㉤ Pot Life or Working Life(혼합된 수지(Mixed Resin)의 사용가능 시간)를 지켜라.
㉥ 저장기간(Shelf Life)을 확인하고 사용하라.
㉦ 첨단 복합소재의 Fiber : Resin의 무게 비율은 50:50이 좋고, 60:40은 더욱 좋다.
㉧ 화이버에 수지를 적용할 때 직물의 짜여진 상태가 손상되지 않도록 한다. 수지나 촉매제는 "Can" 단위로 구입할 수 있어서 무게를 달거나 함께 섞는데 편리하게 만들어져 있다. 어떤 것들은 또한 편리하게 포장된 형태로 생산되기도 하여, 사용 할 때 무게를 측정하거나 두개의 구성품을 섞는 불편함을 없애기도 한다. 수지와 촉매제는 분리된 플라스틱 포장으로 되어 있고, 서로 붙어 있다. 사용 전에 수지와 촉

매제를 분리시키는 칸막이를 깨뜨린다. 이 상태는 모두 포장 안에서 일어나는 것으로, 수지와 촉매제 혼합이 완전하게 이루어진다.

완전하게 섞이면 모서리를 가위로 잘라서 수지를 분배한다. 이것이 수지의 취급을 간편하게 하고 무게를 절약하며, 사고를 막는다. 일회용 용기(Disposable)가 있어서 두 가지 성분을 저장하고, 혼합하고, 필요한 곳에 편리하게 사용할 수 있는 것도 있다. 이것은 필요한 크기로 만들 수 있고, 특수 목적에 맞게 제작 할 수도 있다. 일회용 용기를 사용하기 위해서는 두개의 성분을 분리시키는 막을 깨뜨려야 한다. 이 역할을 Plunger 가 한다. 그다음 위, 아래로 흔들고 비틀어서 수지와 촉매제를 잘 섞는다. 겉표지에 얼마만큼 흔들어야 완전히 섞이는지 표시되어 있다. 바늘이나 주사기가 끝에 붙어 있어서 수지를 밀어낸다.

⑤ 접착제(Adhesive)

수지는 여러 형태로 나온다. 일부의 수지는 얇은 막(Laminating)으로 만들어져서 섬유 사이에 사용할 수 있다. 다른 것은 접착을 위해서 사용되고, 부품을 서로 붙이기 때문에 접착제로 알려져 있다.

가장 독특한 형태의 접착제는 필름 형태이다. 이 형태는 수지와 촉매제가 미리 섞여진 것으로 얇은 플라스틱 막(Film)으로 제작되었다. 막을 냉각시키는 것이 필요한데, 이유는 실내 온도에 놓으면 두 성분이 천천히 굳어지기 시작하기 때문이다. 냉장고 안에 서는 굳어지는 과정이 천천히 진행되어 막은 더 긴 저장 기간을 갖게 된다. 접착 필름은 수리 부분에 Pre-Preg Patch(수지와 촉매제를 사전에 혼합한 것으로 즉시 사용 가능한 상태의 복합소재)접착을 돕기 위하여 여러 번 사용된다. 접착제를 요구되는 양만큼 절단하여 필요한 자리에 위치시킨다. 열을 가하면 수지와 촉매제의 혼합물이 경화되기 시작하고, Plastic Backing은 떼어낼 수 있다. 두 번째 부품을 접착제 필름(Adhesive Film) 위에 위치시키고 열과 압력을 가해서 굳게 한다.

또 다른 형태는 거품 접착제(Foaming Adhesive) 형태로 기존의 하니컴 코어에 교환하는 하니컴 조각을 붙일 때 사용한다. 접착제에 열을 가하면 거품을 형성하고, 이것이 갈라진 틈새로 파고 들어서 접착이 된다. 이런 형태의 접착제는 또한 영구적으로 패스너를 장착할 때 사용된다.

⑥ 사전 가공한 재질(Pre-Impregnated Material/Prepreg)

사전 가공한 직물이나 프리프레그는 직물에 미리 수지계가 스며들게 한 형태의 직물을 말한다. 많은 에폭시 수지는 높은 점도를 갖고 있기 때문에 수지계를 섞고, 직물이나 섬유 안에 수지계를 적용하는데 어려움이 있다. 프리프레그 직물은 짜여진 직물을 수지 용액(Resin Solution)에 담가서 제작한 것이다. 수지 용액은 적당한 양의 수지와 촉매제의 무게를 측정하고 잘 섞은 것이다. 이 직물은 다음에 건조실로 옮겨져서 초과분의 수지를 제거한다.

그 후 분리용 막이 양쪽에 붙여져서 롤(Roll)로 만들어질 때 서로 달라붙지 않게 한다. 프리프레그 직물은 구입 시 롤로 되어 있고, 사용 시를 대비하여 항상 냉장고에 보관한다.

또한 프리프레그는 짜여진 직물 대신에 한 방향 재료로도 만든다.

이 경우 화이버는 직접 실타래에서 온다. 이 화이버는 정확한 방향으로 놓이고, 열을 가한다. 한편 다른 쪽에는 수지와 종이를 표면에 붙인다. 열이 종이의 수지를 녹이고 실(Thread)속으로 스며든다. 종이와 실이 서로 눌러져서 실이 더욱 수지로 덮이게 된다. 프리프레그를 롤에 감고 필요한 곳에 사용한다. 이 재료는 수지와 경화재의 두 성분이 이미 섞였기 때문에 잘 저장해야 한다.

⑦ 프리프레그 재료의 장점(Raw Material과 비교)

㉠ 프리프레그는 적당한 양의 모재를 갖고 있다.

㉡ 강화재는 완전히 모재로 둘러싸이게 된다.

㉢ 프리프레그 직물은 수동으로 무게를 재거나 섞을 필요성을 없애준다.

㉣ 대부분 프리프레그 재료는 강한 구성품을 만들거나 수리를 가능케 한다.

⑧ 프리프레그 재료의 단점(Raw Material 과 비교)

㉠ 대부분의 프리프레그는 냉동고에 보관해야 한다(Out-of-freezer Life)

㉡ 프리프레그는 전체 롤(Roll)단위로 사들여야 한다.

㉢ 프리프레그 재료는 가공하지 않은 직물보다 훨씬 비싸다.

㉣ 복합소재의 성분과 재료는 아직 표준화되지 않았다.

⑨ 프리프레그(Prepreg) 접착제의 취급과 보관

상온(Room Temperature)은 특별히 명시되지 않는 한 75±15°F로 간주한다.

(2) 금속 모재 복합소재(Metal Matrix Composite)

모재는 항상 플라스틱이나 수지 형태일 필요는 없다. 항공용 복합소재에 사용되는 다른 형태의 모재 소재는 금속이다. 복합소재는 잘게 쪼개진 섬유 가닥이 녹은 금속과 섞일 때 형성된다. 혼합물이 형성되고, 성형되고, 롤로 만들어지고 필요한 곳으로 압출된다. 섬유는 금속에 무게를 더하지 않고 강도를 크게 한다.

특수한 복합재에는 섬유뿐만이 아니고 모재에도 카본을 사용한 것이 있는데, C/C(Carbon/Carbon)

복합재라고 부르며 내열성, 마찰, 제동 특성 등이 우수하다. 이것은 탄소 섬유를 수지로 형성한 뒤, 불활성 가스 중에서 열처리를 함으로서 수지를 탄화시키거나 또는 탄소섬유로 열분해한 탄소를 증착시키는 제작한다.

용도는 항공기용 브레이크 디스크나 로켓 노즐(Rocket Nozzle)등에 실용화되고 있다.

(3) 충전재(Fillers)

충전제는 수지에 더해져서 점도(Viscosity)와 무게를 조절하고, 사용시간을 증가시키고, 강도를 크게 하며, 수지를 사용하기 쉽게 한다.

충전재가 티오트로픽 첨가제(Thixotropic Agent: 점도를 증가시키기 위해서 수지에 첨가시키는 물질)에 사용되면, 수지의 양을 증가시키고 밀도를 떨어뜨리며, 균열에 덜 민감하게 만들고 재질의 무게를 가볍게 한다. 충전재는 불활성(Inert)이고 수지와는 화학적으로 작용하지 않는다. 충전재가 수지계에 더해져서 적절한 무게를 갖고 같이 섞인다. 충전재는 혼합된 에폭시 수지와 촉매제 전체 무게의 %로 더해진다. 수지와 충전재의 섞는 방법은 각 항공기의 구조수리 교범(SRM)에 잘 나타나 있다.

충전재는 잘게 썬 섬유와 플록스(Flox)로 된 마이크로벌룬(Microbaloon)형태이다. 만약 플라스틱 구형으로 된 충전재를 사용할 경우에는, 그 플라스틱 재질을 녹이지 않는 적합한 수지계와 섞어야 한다. 유리 마이크로벌룬(Microbaloon)을 일반적으로 많이 사용하는 이유는 모재(Resin)의 용해작용이 이 마이크로벌룬에 영향을 미칠 수 없기 때문이다.

마이크로벌룬은 기본적으로 티오트로픽 첨가제로 쓰인다. 잘게 썬 섬유(Fiber)나 플록스(Flox)와는 달리 마이크로벌룬(Microbaloon)은 강도를 증가시키지는 않는다. 잘게 썬 화이버와 플록스(Flox)도 충전재로 사용할 수 있다. 잘게 썬 섬유는 섬유를 일정한 길이(1/4~1/2 인치)로 자른 것이다.

플럭스는 직물(Fabric)가닥에서 뽑은 헝클어진 섬유이다. 이것들은 강도가 요구되어 질 때 섞인 수지계에 첨가시키는 것이다. 예를 들면 만약 복합소재 구조부의 잘못된 위치에 구멍을 뚫었을 때, 이 구멍은 수지와 섬유의 혼합물로 채워 넣어 수리해야 한다. 이 혼합물은 최종적으로 보면 순수한 수지보다 강도가 더 크다. 만약 구멍을 순수한 에폭시 수지로만 채우면, 너무 취성이 크고 무게가 증가하게 되므로 충전재를 수지와 섞어 사용하게 된다. 어느 구멍이든 채우기 전에 구조수리교범(SRM)을 보고 부품의 형태에 따른 적당한 수리 방법을 선택해야 한다.

(4) 코아 물질(Core Material)

코어 물질은 어셈부리의 중심구조이고, 이것을 두개의 얇은 판 사이에 접착시키면 단단하고 가벼운 구조부재가 만들어진다. 이런 방법으로 복합소재 구조를 제작해서 가끔 샌드위치 제작이라고 부른다. 코어 물질은 구조에 상당한 크기의 압축강도를 준다.

예컨대 로우터 블레이드의 판금표피는 비행 중에 응력을 받으면 굽어지는 경향이 있다. 이 지속적인 굽힘력이 금속 피로를 유발시킨다. 내부에 폼(Foam)이나 하니캄 코어로 되어 있는 복합소재 블레이드는 블레이드 전체에 걸쳐 코아가 균일하게 보강되어 있기 때문에 표피에 걸리는 대부분의 굽힘이나 뒤틀림을 제거한다. 만약 금속 리브를 판금으로 만들면 보강 리브가 없는 곳의 스킨은 뒤틀리고 굽어지는 것을 방지하고, 표피의 수명을 크게 연장시킨다. 코아는 하니캄이나 폼 구조로 되어있고 그 효과는 같다. 다만 하니캄은 무게당 강도비율이 가장 높고, 폼은 일반적으로 사용범위가 더 넓다. 폼 코아가 손상된 경우는 복원력이 있어 원래 강도의 약 80% 정도는 회복되지만, 대부분의 하니캄 코어는 복원력이 없다.

① 하니캄(Honeycomb)

이 형태의 코어 구조는 자연의 벌집구조 형태로 무게 당 강도비가 아주 높다. 하니캄 코아(Honeycomb Core)는 알루미늄(AL), 케블라(Kevlar), 카본(Carbon), 유리섬유(Fiberglass), 노멕스(Nomex), 강펄(Steel) 등으로 제작된다. 노멕스(Nomex)는 듀퐁(Dupont)의 상표 이름으로 첨단 복합소재 코어 물질로 널리 쓰이고, 종이가 삽입된 물질이다. 이러한 하니캄 코아(Honeycomb Core)는 다양한 복합소재나 금속의 얇은 박판으로 만들어져 있다.

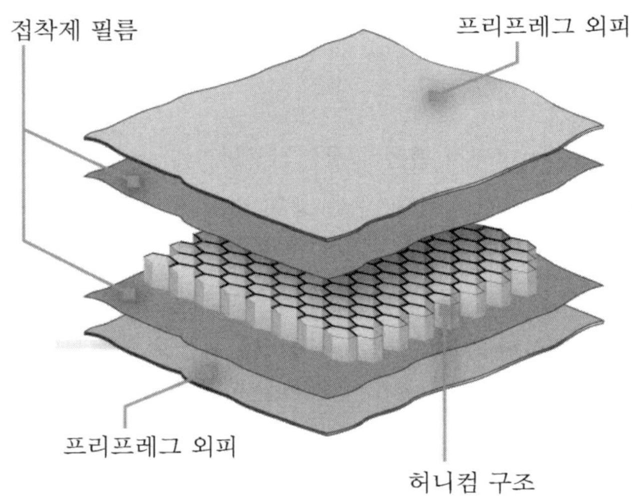

[그림 3-31] 허니컴 샌드위치 구조

하니캄 코어는 코어소재를 구부려서 만들고, 형태는 리본 방향(Ribbon Direction)으로 알려져 있다. 리본 방향은 하니캄의 한쪽 방향을 찢어보면 알 수 있고, 수리 시는 원래 부품들의 리본 방향과 교환하고자 하는 하니캄 코어의 리본 방향을 일치시키는 것이 중요하다. 하니캄은 폼 접착제(Foam Adhesive)를 사용하여 서로 붙일 수 있고, 폼 접착제(Foam Adhesive)의 형태는 테이프 형태이다. 이것을 접착시키려고 하는 부품들 사이에 끼우고 열을 가하여 접착시킨다. 경화(Curing)과정은 폼이 늘어나서 하니캄 코어의 틈새로 들어간다.

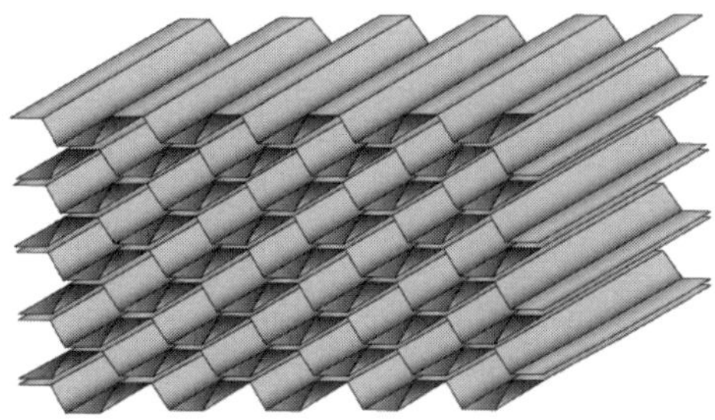

육각 허니컴 코어

플렉시 코어

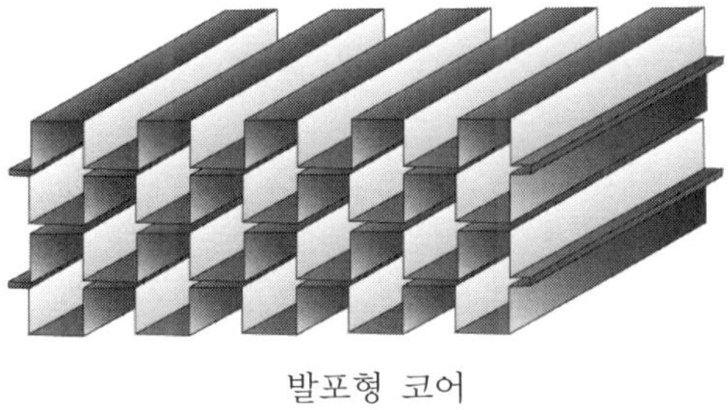

발포형 코어

[그림 3-32] 허니컴 구조의 종류

② 폼(Foam)

폼은 특별한 용도에 따라서 적용할 수 있도록 종류가 다양하다. 높은 온도, 열 저항, 수리용 폼, 구조용 폼 등에 맞는 밀도와 형태에 따라 여러 가지의 종류가 있다. 수리작업 시 폼을 사용할 때 적합한 형태와 밀도를 선택하는 것이 중요하며, 폼 코어를 사용함으로서 많은 무게를 증가시키지 않고도 상당한 강도와 단단한 성질을 얻을 수 있다.

Chapter 4

기체의 하중과 강도

항공기 기체는 서로 다른 많은 부재들이 결합되어 항공기 구조를 이루고 있다. 각각의 부재는 비행 중 또는 지상 운동 중에 발생되는 여러 종류의 힘에 잘 견디도록 구조 강도의 설계가 이루어져야 한다.

이러한 항공기 구조 강도 해석은 매우 복잡하고, 많은 이론적인 지식을 요구하고 있으나, 이 단원에서는 먼저 힘의 성질에 대하여 간단히 살펴본 후, 모멘트의 기본 개념, 간단한 부재에 대한 응력과 변형률을 어떻게 계산하는가에 대하여 알아보도록 한다.

또 항공기가 비행할 때와 지상에서 움직일 때 항공기 기체에 작용하는 하중, 항공기의 무게와 평형을 알아보고, 강도의 개념을 좀 더 깊이 이해하기 위하여 구조의 안정성, 강도 시험에 대하여 알아보기로 한다.

[그림 4-1] 항공기 날개 및 엔진 조립과정

1 구조역학의 기초

1) 구조 부재

(1) 구조 하중

계(구조물이나 기계)에 가해지는 외력(External Force)을 하중이라 말하고, 이 하중이 부재에 전파되어 외력과 평형을 이루는 내적 상호작용을 내력이라 말한다.

하중은 시간과 무관하고 일정하게 작용하는 정하중(Static Load)과시간과 함께 변하는 동하중(Dynamic Load)으로 나누어진다. 그리고 하중은 작용형태에 따라 한 점에 집중해서 작용하는 집중하중(Concentrated Load), 분산해서 작용하는 분포하중(Distributed Load)이 있다. 특히 하중이 균일하게 분포되는 분포하중을 등분포하중(Uniform Distributed Load)이라 말하고, 분포하중의 크기를 그 점의 하중강도(Intensity of Load)라 한다.

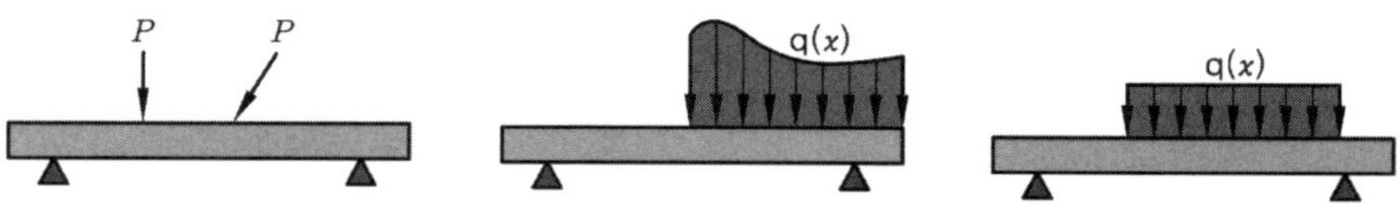

(a) 집중하중 (b) 분포하중 (c) 등분포하중

[그림 4-2] 하중의 종류

정하중을 재료 변형 모양에 따라 분류하면, 관심을 갖는 면에 수직하게 작용하는 수직하중(Normal Load), 면에 평행하게 작용하는 전단하중(Shearing Load), 임의 축 주위로 비틀림을 주는 비틀림 하중이 있다. 수직하중은 작용하는 하중이 그 부재를 신장하는 방향으로 작용하는 인장하중(Tensile Load), 수축하는 방향으로 작용하는 압축하중(Compressive Load)이 있다. 이를 표로 작성하면 다음과 같다.

- 정하중
  - 수직하중(Normal Load)
    - 인장하중 (Tensile Load)
    - 압축하중(Compressive Load)
  - 전단하중(ShearingLoad)
  - 비틀림하중(TwistingLoad)

동하중은 하중의 크기가 시간과 함께 변하는 하중으로서 변하는 모양에 따라 다음과 같이 분류할 수 있다.

- 반복하중(Repeated Load) : 주기적으로 반복되는 하중

- 교번하중(Alternating Load) : 인장하중과 압축하중이 교대로 반복되는 하중
- 충격하중(Impulsive Load): 짧은 시간 안에 급격히 변하는 하중

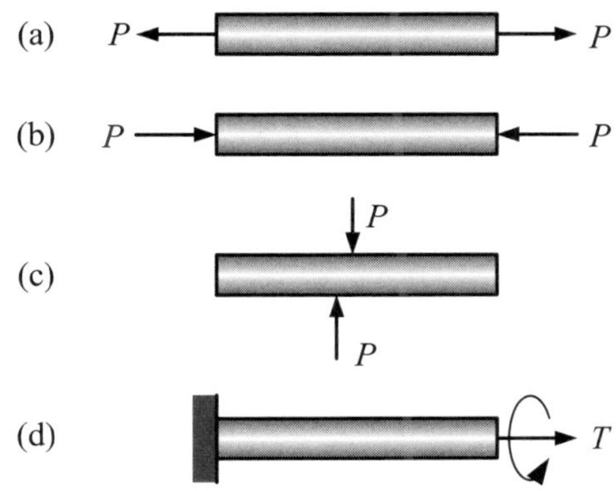

(a) 인장하중 (b) 압축하중 (c) 전단하중 (d) 비틀림하중

[그림 4-3] 정하중의 종류

(2) 부재의 종류

하중에 대한 구조 강도의 계산은 부재의 기하학적인 형상에 따라 다르다. 일반적으로, 구조 부재는 봉재, 판재, 쉘(Shell)의 세 가지로 구분한다.

봉재(Bar)는 길이가 나비와 두께에 비하여 긴 1 차원 구조 부재이다. 봉재는 그 자신이 힘에 저항하면서 다른 부재와 연결된 끝 부분에서 힘을 전달한다.

특히, 길이 방향으로만 힘이 전달될 때에는 이를 축력 부재(Axial Rod)라 하며, 순전히 축력 부재로만 연결된 구조를 트러스 구조라 한다. 길이와 수직 방향으로 힘을 받음으로써 굽힘에 저항하는 부재를 보(Beam)라 한다. 그리고 봉재 중 비교적 긴 부재로서 길이 방향으로 압축을 받는 부재를 기둥(Column)이라 한다. 판재(Plate)는 가로와 세로의 길이가 높이, 즉 두께에 비해 상당히 큰 부재로서, 2차원으로 배열된 봉재라 할 수 있다. 얇은 판재로서 인장력을 받으며 또 두께에 균일한 힘이 발생하면 막(Membrane)이라 한다. 그러나 비교적 두꺼운 판재는 그 면에 수직하게 힘을 받으면 굽힘에 대하여 저항하며, 두께에 따라 힘의 분포도 균일하지 않게 된다.

셀은 구부러진 판재(Curved Plate)로 되어 있는 부재로서, 동체, 둥근 천장, 압력용 탱크(Tank) 등은 이러한 부재를 사용한 구조에 속한다.

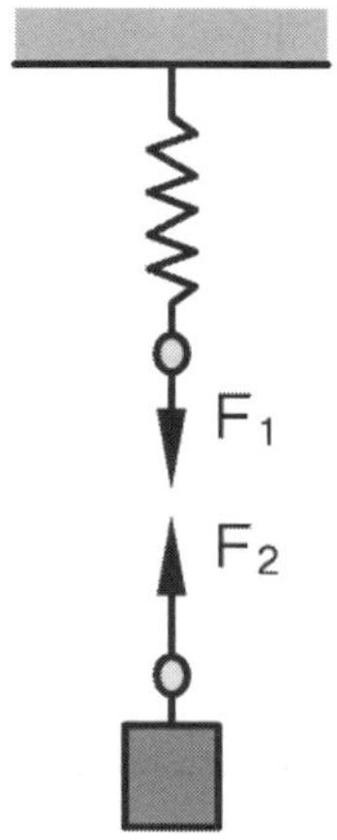

[그림 4-4] 힘의 상호작용

2) 힘의 합성

(1) 힘

힘(Force)이란 물체 사이에 존재하는 상호작용을 정량적으로 나타내기 위하여 정의한 개념이다. 그러므로 힘은 물체의 속도와 방향을 바꾸는 정도를 가지고 그 크기를 표시한다. 여러분들은 일반물리학에서 Newton의 운동법칙 $\vec{F} = m\vec{a}$ 을 잘 알고 있을 것으로 믿는다. 여기서 $\vec{F}$ 는 물체에 작용한 힘, m 은 물체 질량, $\vec{a}$ 는 물체의 가속도이다. 힘의 크기는 Newton의 운동법칙에 의해 S I 단위계에서는 질량이1kg 인 물체에 힘을 가하여 $1\,m/s^2$ 의 가속도를 얻는데 요하는 힘을, 힘의 단위량으로 정하고 1Newton이라 부른다. Newton을 표기할 때에는 그대로 N 으로 쓴다. 1kg 의 질량체를 지구가 잡아당기는 힘, 즉 무게는 지구의 중력가속도가 $g = 9.806\,m/s^2$ 이므로 9.806N 이다.

Newton은 그의 제 3법칙에서 상호작용을 갖는 두 물체 사이에 작용되는 상호작용은 크기가 같고 작용하는 방향이 반대인 효과를 갖는 작용반작용의 법칙을 제창하였다. 그러므로 그림 4-4에서 두 힘 $\overrightarrow{F_1}$과 $\overrightarrow{F_2}$는 같은 작용선(Line of Action)상에 있는, 크기가 같고 작용하는 방향이 반대인 두 벡터이다. 한 쌍의 벡터 $\overrightarrow{F_1}$, $\overrightarrow{F_2}$는 구별 없이 관습상 힘이라는 용어로 사용하며, 그림 4-4에서 질량체를 중심으로 생각할 경우, 스프링이 질량체에 작용하는 힘 $\overrightarrow{F_2}$가 된다. 반대로 스프링을 중심으로 생각할 때, 질량체가 스프링에 작용하는 힘 $\overrightarrow{F_1}$이 된다. 힘은 크기, 방향 및 작용점의 3대 기본 요소로 정의하는데, 이런 성질을 벡터(Vector)라 한다. 힘의 크기는 화살표의 길이로, 방향은 화살표를 사용하여 임의의 직선과 이루는 각도를 나타낸다.

(2) 힘의 합성

그림 4-5(b)와 같이 두 힘 $\overrightarrow{F_1}$과 $\overrightarrow{F_2}$는 평행사변형의 원리에 의하여 합성할 수 있는데, 다음과 같이 벡터로 표시한다.

$$\overrightarrow{F_1} + \overrightarrow{F_2} = \overrightarrow{R}$$

여러 힘이 합성되어 하나로 표시된 힘을 합력 $\overrightarrow{R}$이라 한다. 반대로 하나의 힘은 2개 이상의 힘으로 분해할 수도 있는데, 이 분해된 힘을 분력이라 하고, 그 각각의 분력을 성분(component)이라 한다. 힘을 합성하거나 분해할 때에는 임의의 방향보다 직교좌표를 사용하면 편리하다. 이때, x 축의 분력을 수평 분력, y 축의 분력을 수직 분력이라 한다.

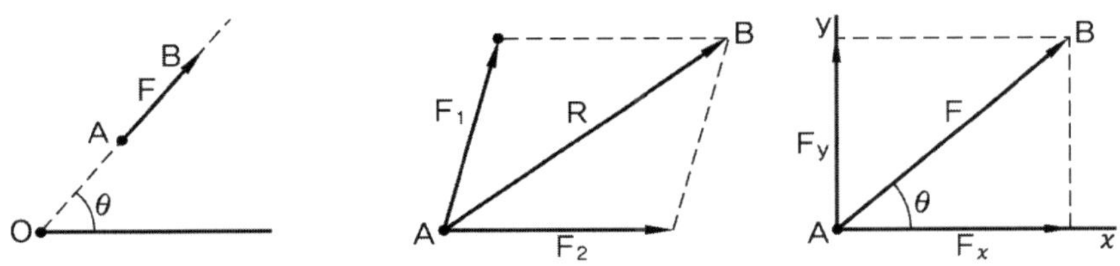

(a) 힘의 표시 (b) 힘의 합성 (c) 힘의 분해

[그림 4-5] 힘의 합성과 분해

그림 4-5(c)에서 x축의 분력을 수평 분력, y축의 분력을 수직 분력의 크기는 다음 식으로 나타낸다.

$$F_x = |\overrightarrow{F}|\cos\theta \quad , \qquad F_y = |\overrightarrow{F}|\sin\theta$$

여기서, F_x : x 축의 수평 분력

F_y : y 축의 수직 분력

$|\overrightarrow{F}|$: 힘의 크기(절대값)

θ : 힘의 작용선과 수평축이 이루는 각도

예제 4.1

■ 벡터공간에서의 벡터표시

수평면과 60°를 이루고, 크기가 250인 벡터를 벡터공간에서 표시하여라.

풀이
- 주어진 조건:
  벡터의 크기 ; 250,
  벡터의 방향 ; 수평면과 60fl
- 탐구사항:
  벡터공간에서의 벡터표시
- 탐구내용
  x 축을 수평축으로 놓으면
  $a_x = a\cos\theta = 250\cos 60 = 125$
  $a_y = a\sin\theta = 250\sin 60° = 216.5$
  벡터$\mathbf{a}$는
  $\mathbf{a} = 125\,\mathbf{i} + 216.5\,\mathbf{j}$

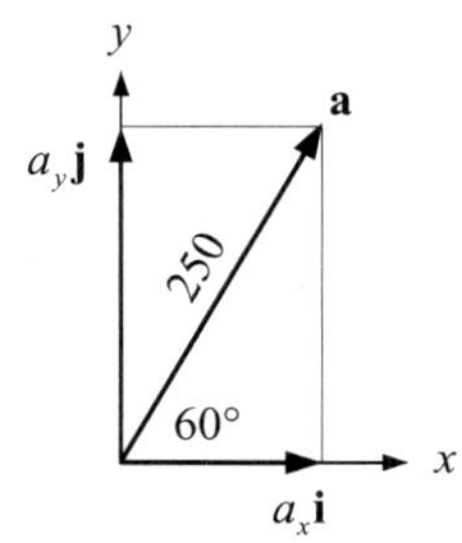

[그림 4-6]

예제 4.2

■ 두 벡터의 합

세기가 100 N , x 축과 30°를 이루는 힘$\mathbf{F}_1$과 세기가 250 N, x 축과 60°를 이루는 힘$\mathbf{F}_2$의 합 벡터를 구하여라.

풀이
- 주어진 조건:
  $F_1 = 100\,\text{N}$, x 축과 30°
  $F_2 = 250\text{N}$, x 축과 60°
- 탐구사항:
  합 벡터
- 탐구내용
  $F_{1x} = F_1\cos\theta_1 = (100\text{N})\cos 30° = 86.6\,\text{N}$
  $F_{1y} = F_1\sin\theta_1 = (100\,\text{N})\sin 30° = 50\,\text{N}$
  $\mathbf{F}_1 = 86.6\,\mathbf{i} + 50\,\mathbf{j}$ [N]
  $F_{2x} = F_2\cos\theta_2 = (250\text{N})\cos 60° = 125\,\text{N}$
  $F_{2y} = F_2\sin\theta_2 = (250\,\text{N})\sin 60° = 216.5\,\text{N}$

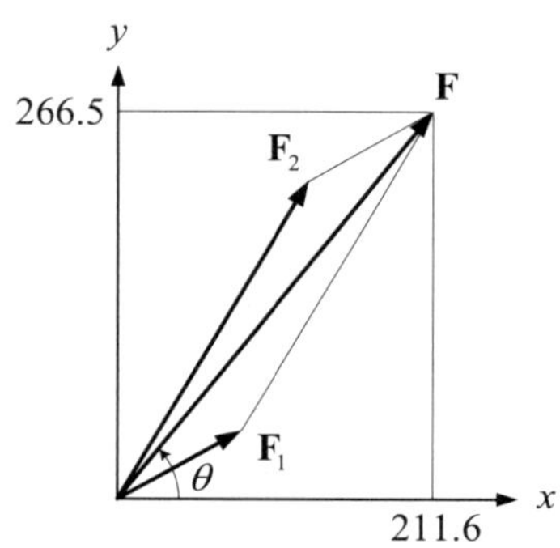

[그림 4-7]

$\mathbf{F}_2 = 125\,\mathbf{i} + 216.5\,\mathbf{j}$ [N]

- 합 벡터

$\mathbf{F} = \mathbf{F}_1 + \mathbf{F}_2 = (86.6 + 125)\,\mathbf{i} + (50 + 216.5)\,\mathbf{j}$ [N]

$= 211.6\mathbf{i} + 266.5\,\mathbf{j}$ [N]

- 벡터의 크기

$F = \sqrt{211.6^2 + 266.5^2} = 340.3\,\mathrm{N}$

x 축과 만드는 각도

$\theta = \tan^{-1}\left(\dfrac{266.5\mathrm{N}}{211.6\mathrm{N}}\right) = 51.55°$

3) 모멘트

물체의 회전운동을 변화시키는 힘의 상호작용을 모멘트(Moment)라 말한다. 그림 4-8에서 한 물체의 임의 점 A에 힘 $\overrightarrow{\mathbf{F}}$를 가할 때, 점 O를 중심으로 하여 이 물체를 회전시키려는 상호작용은 OA의 거리 $\vec{r}$ 와, 힘 $\overrightarrow{\mathbf{F}}$ 의 $\vec{r}$ 에 수직한 성분 F_n 의 곱과 같다. 그러므로 모멘트를 $\overrightarrow{\mathbf{M}}$로 표기할 때, 힘$\overrightarrow{\mathbf{F}}$가 O을 중심으로 하여 물체를 회전시키려는 모멘트는

$$\overrightarrow{\mathbf{M}} = \vec{\mathbf{r}} \times \overrightarrow{\mathbf{F}}$$

와 같이 표시된다.

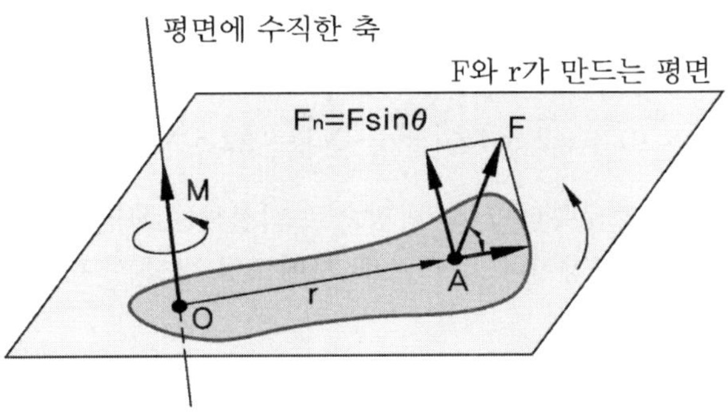

[그림 4-8] 점 O에 관한 힘 F의 모멘트

그림 4-8에서 보는 바와 같이 모멘트도 크기와 방향을 가지는 벡터이며, 2차원 평면에 있어, 모멘트의 크기는 모멘트의 중심 O 에서 힘의 작용점까지의 거리 $\vec{r}$ 와 힘 $\vec{\mathbf{F}}$ 가 이루는 평행사변형의 면적이며 다음과 같다.

$$M = r\,F_n = r\,F\sin\theta$$

모멘트의 방향은 $\vec{r}$ 와 $\vec{\mathbf{F}}$ 가 만드는 평면에 수직하고, 모멘트의 중심 O 을 중심으로 하여 힘 $\vec{\mathbf{F}}$ 로 물체를 회전시킬 때 나사가 진행하는 방향이다.

예제 4.3

■ **모멘트의 크기와 방향**

한 변의 길이가 0.3 m 인 90° 레버의 끝에 x 축에 평행하게 75 N 의 힘을 가할 때, 다른 쪽 끝 O 에 관한 모멘트의 크기와 방향을 말하여라.

풀이

- 주어진 조건:
  레버의 기하학; 변의 길이 0.3 m
  작용하는 힘; x 방향으로 75 N
- 탐구사항:
  O 에 관한 모멘트의 크기와 방향
- 탐구내용

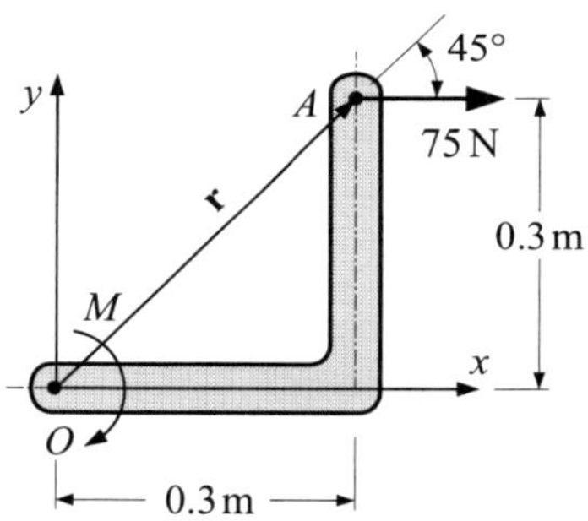

[그림 4-9]

$$r = \sqrt{(0.3\text{m})^2 + (0.3\text{ m})^2} = \sqrt{2} \times 0.3\text{m}$$

힘 $\mathbf{F}$ 의 $\mathbf{r}$ 에 수직한 성분

$$F_n = F\sin45° = (75\text{N})\sin45° = \frac{75}{\sqrt{2}}\text{ N}$$

O 에 관한 모멘트의 크기

$$M = r \times F_n = (0.3\sqrt{2}\text{ m}) \times \left(\frac{75}{\sqrt{2}}\text{ N}\right) = 22.5\text{ N m}$$

이 모멘트는 y 축으로부터 x 축 방향으로 회전하는 모멘트이므로 나사가 진행하는 방향은 음의 z 축 방향이다. 그러므로 모멘트의 방향은 음의 z 축 방향이다.

■

4) 응력과 변형률

(1) 응력

물체에 외력이 작용하면 내부에서는 이에 저항하려는 힘이 생기는데, 이것을 내력(Internal Force)이라 한다. 단위 면적 당 내력의 크기를 응력(Stress)이라 하는데, 응력의 차원은 단위면적당의 힘, 단위는 $N/m^2 = Pa$ (Pascal)를 사용한다. 이것은 내력이 작용하는 단면의 크기로 작용한 내력을 나누어 준 것과 같다.

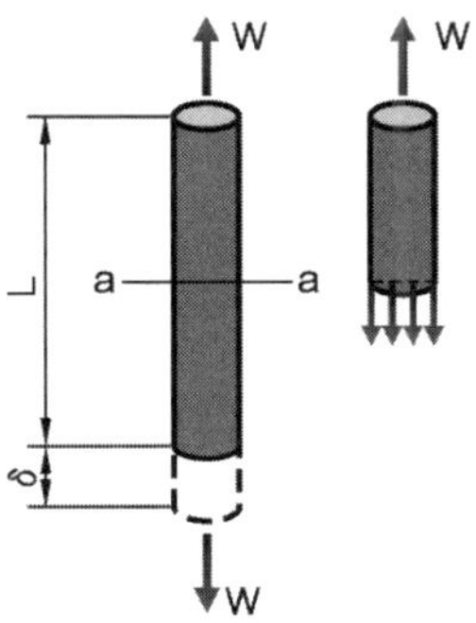

[그림 4-10] 인장응력

그림 4-10에서 임의의 단면에서의 응력은 다음과 같이 나타낸다.

$$\sigma = \frac{W}{A} \tag{4-1}$$

σ : 인장응력 (N/cm^2)

W : 단면에 작용한 인장력(N)

A : 단면적 (cm^2)

인장력에 의해서는 인장 응력이 생기고, 압축력에 의해서는 압축 응력이 생기는데, 이 응력은 단면에 수직한 방향으로 발생하므로 수직 응력이라고도 한다.

한편, 그림 4-11에서 두 판재가 인장력을 받을 때 그 사이의 리벳 단면에서는 전단력이 작용하게 된다. 전단력이 작용하는 단면의 면적으로 전단력을 나누어 준 것과 같이 단위 면적당 전단력을 전단응력이 하며, 전단응력은 단면에 항상 평행한 방향으로 발생한다.

$$\tau = \frac{W}{A} \tag{4-2}$$

여기서. 전단력 $W(N)$, 전단력 W 가 작용한 면적 $A(cm^2)$이며, 전단 응력의 단위도 역시 N/cm^2이다.

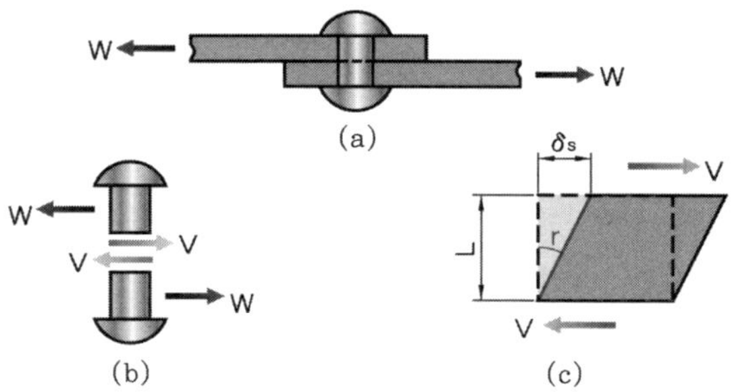

[그림 4-11] 전단응력

예제 4.4

■ 1축 인장응력

그림과 같이 지름 10cm 의 봉재에 40kN 의 인장하중이 작용한다. 축에 수직한 면에 발생하는 수직응력을 구하여라.

풀이

- 주어진 조건:
  봉재의 지름 10cm , 하중 40kN
- 탐구사항:
  수직응력
- 탐구내용
  단면적은

$$A = \frac{\pi}{4}(0.1\,\mathrm{m})^2 = 7.854\times 10^{-3}\,\mathrm{m}^2$$

식 (4-1)에 이 값을 대입하면

$$\sigma = \frac{P}{A} = \frac{40\,\mathrm{kN}}{7.854\times 10^{-3}\,\mathrm{m}^2}$$

$$= 5093\,\mathrm{kN/m^2} = 5093\,\mathrm{kPa}$$

이 응력은 인장응력이다.

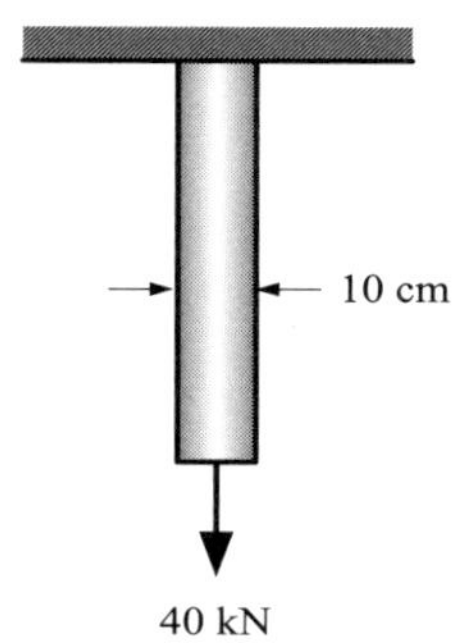

[그림 4-12] 인장응력

예제 4.5

■ 1축 압축응력

외경 40 cm , 내경 30 cm 의 중공축에 600 kN 의 압축하중을 받고 있다. 발생하는 압축응력을 구하여라.

풀이
- 주어진 조건:
  봉재의 기하학; 외경 40 cm , 내경 30 cm
  하중; 600 kN 의 압축하중
- 탐구사항:
  압축하중
- 탐구내용
  단면적

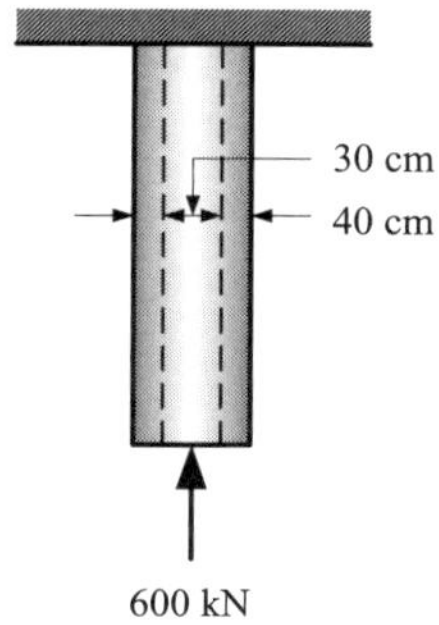

[그림 4-13] 압축응력

$$A = \frac{\pi}{4}(d_o^2 - d_i^2)$$

$$= \frac{\pi}{4}\left[(0.4\,\mathrm{m})^2 - (0.3\,\mathrm{m})^2\right] = 0.055\,\mathrm{m}^2$$

식 (4-1)에 대입하면 응력은

$$\sigma = \frac{P}{A} = \frac{-600\,\mathrm{kN}}{0.055\,\mathrm{m}^2} = -10909\,\mathrm{kN/m^2} = -10909\,\mathrm{kPa}$$

압축응력이다.

예제 4.6

■ 전단응력

두 장의 강판을 지름 16 mm 의 세 개 리벳으로 결합하고 있다. 양 강판에 45 kN 의 힘이 걸린다고 할 때 리벳 당 발생하는 전단응력을 계산하여라.

풀이
- 주어진 조건:
  리벳 지름 $d = 16\,\mathrm{mm}$, 리벳 수 3
  하중 45 kN
- 탐구사항:
  리벳에 발생하는 전단응력
- 탐구내용
  한 리벳에 걸리는 하중은

$$P = \frac{45\,\text{kN}}{3} = 15\,\text{kN}$$

전단면적은

$$A = \frac{\pi}{4}d^2 = \frac{\pi}{4}(0.016\,\text{m})^2 = 2.01 \times 10^{-4}\,\text{m}^2$$

전단응력

$$\tau = \frac{P}{A} = \frac{15\,\text{kN}}{2.01 \times 10^{-4}\,\text{m}^2} = 7.463 \times 10^4\,\text{kPa} = 74.63\,\text{MPa}$$

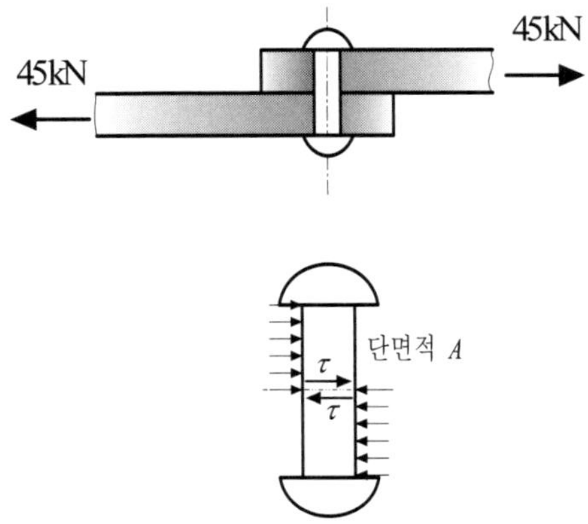

[그림 4-14] 전단응력

예제 4.7

■ **볼트의 전단응력**

세 장의 철판을 지름 20 mm 의 볼트로 체결하고, 양쪽으로부터 40 kN 의 힘으로 잡아 다닌다. 볼트에 발생하는 전단응력을 구하여라.

풀이

- 주어진 조건:
  볼트 지름 $d = 20\,\text{mm}$, 하중 $F = 40\,\text{kN}$
- 탐구사항:
  볼트에 걸리는 전단응력
- 탐구내용
  볼트는 2 개소에서 전단되므로 한 전단면에 작용하는 전단력은

$$P = \frac{F}{2} = \frac{40\,\text{kN}}{2} = 20\,\text{kN}$$

전단면적은

$$A = \frac{\pi}{4} d^2 = \frac{\pi}{4}(0.02\,\mathrm{m})^2 = 3.14 \times 10^{-4}\,\mathrm{m}^2$$

전단응력은

$$\tau = \frac{1}{2}\frac{F}{A} = \frac{P}{A}$$

$$= \frac{20\,\mathrm{kN}}{3.14 \times 10^{-4}\,\mathrm{m}^2} = 6.37 \times 10^4\,\mathrm{kPa} = 63.7\,\mathrm{MPa}$$

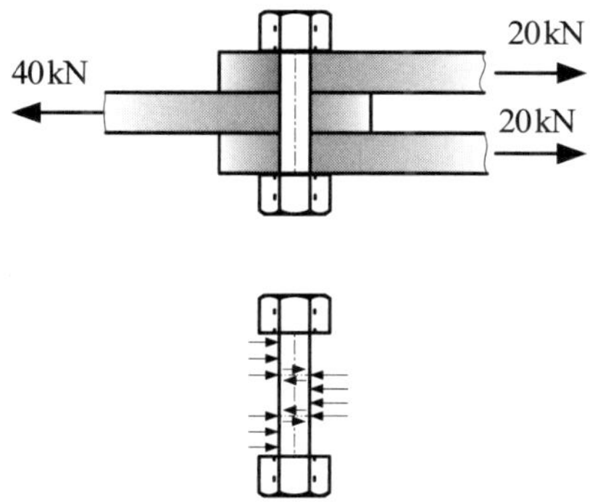

[그림 4-15] 볼트의 전단응력

(2) 변형률

부재는 하중을 받으면 모양이 변형을 일으키는데, 부재를 구성하는 재료에 따라 변형량이 달라진다. 인장력을 받는 봉의 경우, 인장력이 작용하는 방향으로 길이가 원래 길이보다 늘어난다. 늘어난 길이와 원래의 길이에 대한 비를 변형률(Strain)이라 하며, 변형률 ϵ은 다음 식으로 표시된다.

$$\epsilon = \frac{\delta}{L} \tag{4-3}$$

여기서, δ 는 늘어난 길이(변형된 길이)(cm)이고, L 은 원래의 길이 (cm)이므로, 변형률 ϵ의 단위는 없다(무차원이다). 인장력에 의해서는 인장 변형률이 생기고, 압축력에 의해서는 압축 변형률이 생긴다. 전단력이 생기는 리벳의 임의의 두 단면은 서로 미끄러지는데, 이 미끄러진 길이를 δ_s라 하고 그 사이의 거리를 L이라 하면, 전단 변형률 γ 은 다음과 같이 정의한다.

$$\tan\gamma \approx \gamma = \frac{\delta_s}{L} \tag{4-4}$$

그런데, 그림 4-11 (c)에서 보는 바와 같이 전단 변형률은 $\tan\gamma$와 같으며, γ값이 작을 때에는 $\tan\gamma \approx \gamma$ 가 된다.

부재가 길이 방향으로 변형될 때 생기는 변형률을 세로 변형률이라 한다. 이때에도 가로 방향으로도 변형하게 되는데, 이것을 가로 변형률이라 한다. 부재를 구성하는 재료의 세로 변형률에 대한 가로 변형률의 비를 푸아송의 비(Poisson's Ratio)라 한다.

예제 4.8

■ **1축 변형율**

길이 200 cm 의 강재가 인장력 P를 받아 0.05 cm 의 신장을 보였다. 이 봉의 인장변형율을 구하여라.

풀이
- 주어진 조건:
  봉재의 길이 $L = 200\,\text{cm}$, 신장 $\delta = 0.05\,\text{cm}$
- 탐구사항:
  인장변형율
- 탐구내용
  정의에 의하여 식 (4-3)로부터

$$\epsilon = \frac{\delta}{L} = \frac{0.05\,\text{cm}}{200\,\text{cm}} = 0.00025 = 0.025\,\%$$

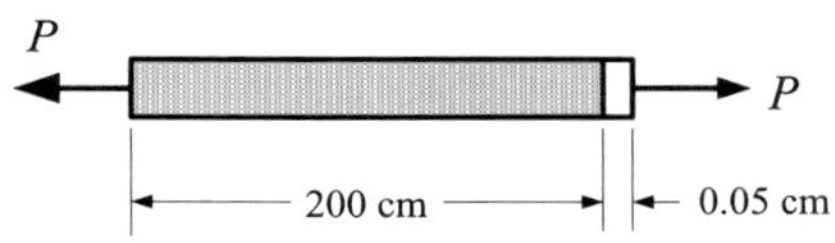

[그림 4-16] 변형률

예제 4.9

■ **신장**

길이 100 cm 의 봉에 하중을 가하여 변형율을 0.1% 미만으로 억제하려 한다. 허용할 수 있는 최대신장을 구하여라.

풀이
- 주어진 조건:
  길이 $L = 100\,\text{cm}$, 변형율 $\epsilon = 0.1\%$ 미만

- 탐구사항:
  최대신장 δ
- 탐구내용
  $\epsilon = 0.1\% = 0.001$
  식 (4-3)로부터
  $\delta = \epsilon L = (0.001)(100\,\mathrm{cm}) = 0.1\ \mathrm{cm}$

(3) 1축부재의 응력 – 변형율 관계(Hooke의 법칙)

영국의 과학자 Robert Hooke(1635~1703)는 1675년에 행한 스프링실험에서 물체에 가한 외력의 크기와 변형 사이에는 비례관계가 성립한다는 사실을 발견하고, 다음과 같은 법칙을 제창하였다. Hooke의 법칙이라 말하는 이 법칙은 탄성역학의 기초가 되고 있는 매우 중요한 법칙이다. 그는 탄성체에서 이 비례관계가 유지되는 한계를 탄성한도(Elastic Limit or Limit of Elasticity)라 말하였다.

■ Hooke의 법칙

탄성한도 내에서 응력과 변형율은 비례한다. 비례상수를 탄성계수라 말한다

$$\sigma = E\epsilon \tag{4-5}$$

여기서 $\sigma =$ 응력 $[\mathrm{N/m^2}]$
$\epsilon =$ 변형율 $[-]$
$E =$ 탄성계수 $[\mathrm{N/m^2}]$

Hooke의 법칙에서 비례상수 E는 물질의 탄성특성을 나타내는 물성치로서 물질에 따라 정해지는 상수이다. 이 상수는 탄성계수 또는 종탄성계수(Modulus of Longitudinal Elasticity)라는 말 이외에 영율(Young's Modulus)이라는 말로도 부른다.

식 (4-5)을 살펴보면 변형율 ϵ이 무차원이므로 차원동차가 되기 위해서는 E의 차원도 응력 σ의 차원과 일치하여야 한다. 그러므로 탄성계수의 단위는 $\mathrm{N/m^2}$ 혹은 $\mathrm{kN/m^2}$을 사용한다.

한 재료의 종탄성계수는, 길이 L, 단면적 A인 선형부재에 하중 P를 가하여 δ의 신장이 생겼다면, $\sigma = P/A$, $\epsilon = \delta/L$의 관계를 식 (4-5)에 대입하여 얻어지는

$$E = \frac{PL}{A\delta} \qquad (4\text{-}6)$$

의 관계로부터 구할 수 있다.

또 식(4-6)을 변형하면 다음과 같은 중요한 신장 계산식을 얻는다.

$$\delta = \frac{PL}{AE}, \quad \epsilon = \frac{\delta}{L} = \frac{P}{AE} \qquad (4\text{-}7)$$

설계결과를 분석하여 제기되는 문제점을 예단하고 이를 예방하려면 재료의 응력-변형율 특성을 이해해 둘 필요가 있다.

그림 4-17은 기계재료로 널리 사용되고 있는 연강(Mild Steel)에 대한 응력-변형율곡선이다. 연강으로 시험편을 만들어 인장시험기에 걸은 후, 하중을 서서히 증대시켜 나가면, 변형 초기에는 정확히 응력과 변형율이 정비례하여 직선 OA를 그리며 신장하여 나간다. 이 구간은 정확히 Hooke의 법칙을 적용할 수 있는 구간으로서 A 점을 비례한도(Proportional Limit)라 말한다.

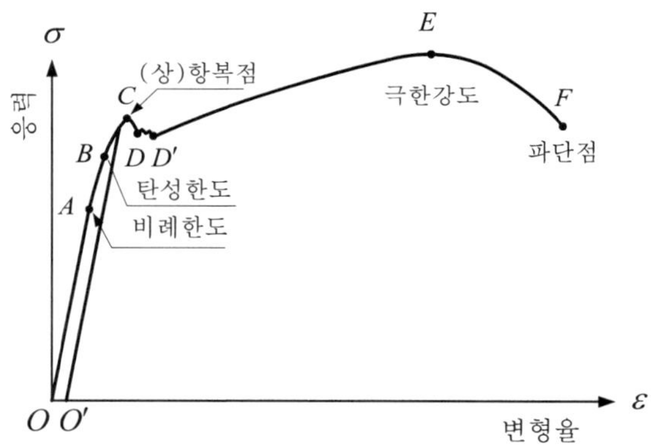

[그림 4-17] 연강의 응력 - 변형율 선도

그러나 하중이 A 점을 넘어서면 직선에서 약간 벗어나나 B 점을 넘기 전에는 하중을 제거하더라도 완전히 원상태로 되돌아간다. 이와 같이 하중을 가하여 변형시키더라도 하중을 제거하면 원래 길이로 완전히 돌아가는 성질을 탄성(Elasticity)이라 하고, 재료가 탄성을 유지할 수 있는 한계응력을 탄성한도(Elastic Limit)라 말한다. 그림 4-17과 같이 항복점이 명확히 존재하는 재료는 비례한도와 탄성한도는 일치한다. 실제로 A 점과 B 점을 구별한다는 것은 매우 힘든다. 그리하여 Hooke의 법칙을 적용할 때에는, 원칙적으로 비례한도까지 적용하여야 하나, 측정이 용이한 탄성한도까지 연장 적용한다.

응력이 B 점을 넘은 후 하중을 제거하면 응력이 0이 되면서 원상태로 되돌아오지 못하고, 비례선에 평행하게 O' 점으로 변형한다. OO' 에 해당하는 변형을 영구변형(Permanent Set) 혹은 소성변형(Plastic Deformation)이라 한다. 하중을 증대시켜 C 점에 달하면 하중을 증가시키지 않는 데도 시험편은 그대로 늘어나는 현상이 발생한다. 이러한 현상을 항복현상이라 말하고 점 C를 항복점(Yield Point)이라 한다. C 점을 지나면 곡선은 잠시 하향하다가 다시 상향으로 되고, 최대응력점 E를 지나면 곡선은 다시 하향하다가 F 점에서 끊어져버린다.

E 점을 극한강도(Ultimate Strength), 특히 인장의 경우 인장강도(Tensile Strength)라 하고, F 점을 파단점(Breaking Point or Strength)이라 말한다. 경우에 따라서는 C 점을 상항복점(upper yield point), D 점을 하항복점(Lower Yield Point) 혹은 항복강도(Yield Strength)라 구분한다. 선도에서 CD' 는 재료의 항복구간 또는 소성구간(Plastic Range), $D'E$ 는 변형경화구간(Strain Hardening Area), EF 는 네킹구간(Necking Area)이라 한다.

예제 4.10

■ Hooke의 법칙

길이 250 cm , 지름 2.5 cm 의 환봉에 40 kN 의 하중을 걸었다. 자중을 무시하고 이 환봉에 발생하는 응력, 변형율, 신장을 구하여라. 단, 강의 탄성계수는 $2\times10^8\,\mathrm{kN/m^2}$ 이다.

풀이
- 주어진 조건:

  $L = 250\,\mathrm{cm}$, $d = 2.5\,\mathrm{cm}$, $P = 40\,\mathrm{kN}$, $E = 2\times10^8\,\mathrm{kN/m^2}$
- 탐구사항:

  환봉에 발생하는 응력, 변형율, 신장
- 탐구내용

  단면적 $A = \frac{\pi}{4}(0.025\,\mathrm{m})^2 = 4.909\times10^{-4}\,\mathrm{m^2}$

  응력 $\sigma = \frac{P}{A} = \frac{40\,\mathrm{kN}}{4.909\times10^{-4}\,\mathrm{m^2}} = 8.148\times10^4\,\mathrm{kPa} = 81.48\,\mathrm{MPa}$

  신장 $\delta = \frac{PL}{AE} = \frac{(40\mathrm{kN})(2.50\,\mathrm{m})}{(4.909\times10^{-4}\,\mathrm{m^2})(2\times10^8\,\mathrm{kN/m^2})} = 0.00102\,\mathrm{m}$

  변형율 $\epsilon = \frac{\delta}{L} = \frac{0.00102\,\mathrm{m}}{2.5\,\mathrm{m}} = 0.00041 = 0.041\,\%$

■

예제 4.11

■ 신장에 대응하는 하중

길이 $200\,\text{cm}$, 단면적 $3\,\text{cm}^2$의 강봉에 하중을 걸어 $0.25\,\text{cm}$의 신장을 얻었다. 얼마의 하중을 걸었는가? 그리고 응력과 변형율을 구하여라. 단, 탄성계수는 $E = 2\times10^7\,\text{N/cm}^2$이다.

풀이

- 주어진 조건:

  $L = 200\,\text{cm}$, $A = 3\,\text{cm}^2$, $\delta = 0.25\,\text{cm}$, $E = 2\times10^7\,\text{N/cm}^2$

- 탐구사항:

  가한 하중, 응력, 변형율

- 탐구내용

  식 (4-7)을 변형하면

$$P = \frac{A\delta E}{L} = \frac{(3\,\text{cm}^2)(0.25\,\text{cm})(2\times10^7\,\text{N/cm}^2)}{200\,\text{cm}}$$

$$= 75000\,\text{N}$$

$$\text{응력 } \sigma = \frac{P}{A} = \frac{75000\,\text{N}}{(3\,\text{cm}^2)(10^{-4}\text{m}^2/\text{cm}^2)} = 25\times10^7\,\text{N/m}^2$$

$$\text{변형율 } \epsilon = \frac{\delta}{L} = \frac{0.25\,\text{cm}}{200\,\text{cm}} = 0.00125$$

2 비행 상태의 하중

1) 하중의 중요성

항공기의 구조는 하중으로 결정된다. 비행 중이나 지상에서 기체에 가해지는 하중(Load)을 엄밀하게 설정하고, 설계자는 하중에 맞추어 정확한 구조를 설계하며, 운용자는 항공기가 설정된 하중을 초과하지 않도록 비행한다는 전제하에서 경량화된 항공기의 구조가 가능하다. 물론 전투기처럼 격심한 운동을 하는 항공기와 여객기처럼 승객에게 쾌적한 여행을 제공하기 위해 최대한 부드러운 비행을 목적으로 하는 항공기에서 설정해야 하는 하중은 당연히 다르다.

하중 분야 엔지니어들의 통계적, 이론적 노력에 의해 비행 중 선회나, 곡선비행에 의해 발생하는 원심력, 돌풍의 효과, 이 · 착륙 시에 발생한 충격하중, 지상주행(Taxing) 중에 발생하는 여러 가지 힘에 대한 체계적 연구가 진행되어 왔으며, 민항기에서는 FAR(Federal Aviation Regulations)에, 군용기에서는 군사 규격서(미군의 MIL Spec.)에 따르게 된다. 미 연방항공규격 즉 FAR에 의해 항공기의 종류별 설계 제한 하중배수의 크기를 간단히 정리하면 표 4-1, 2와 같다.

〈표 4-1〉 항공기 종류별 설계제한 하중배수(n_1)–민항기(FAR23, 25)

항공기 구분	설계 제한 하중배수(n_1)	
	양(+)	음(–)
곡예기(A종) Acrobatic Category	6.0	–3.0 (양의 값 × (–0.5))
활용(U종) Utility category	4.4	–1.76 (양의 값 × (–0.4))
보통(N종) Normal Category	3.8 -- 중량 1.87 ton 이하 ~ 3.17 -- 중량 5.7ton의 경우	–1.52~–1.26 (양의 값 × (–0.4))
커뮤터기(C종) Commuter Category	3.8 -- 중량 1.87 ton 이하 ~ 2.93 -- 중량 8.65ton의 경우	–1.52~–1.17 (양의 값 × (–0.4))
수송(T종) Transport Category	2.5 -- 중량 22.7ton 이상 ~ 3.8 --중량 1.87 ton의 경우	

항공기의 안전배수(Safety Factor)는 세계적으로 1.5라고 하는 의외로 작은 숫자가 사용되고 있지만 무게가 치명적인 항공기의 특성을 고려할 때 이는 작지 않은 값이다. 예를 들면 전투기에서는 보통 기체중량의 8배의 운동하중을 설정하는데 이에 대해 1.5 배의 안전계수를 고려할 경우 기체중량의 12배까지 파괴 되지 않는 강도를 갖도록 설계하는 것이다.

빌딩의 엘리베이터 등에도 센서를 설치하여 초과하중을 방지하고 있지만, 일반적으로 지상 구조물이나 자동차 등 에서는 무게의 중요성이 항공기에 비해 떨어지기 때문에 큰 안전계수를 사용하고 있는 경우가 많다. 정원과 적재량을 명시하고 있어도 실제로 지켜지고 있지 않는 것이 당연한 풍조로 되어있기 때문에 하중이나 안전계수에 대한 생각은 항공기와 큰 차이가 있는 것이다. 항공기에서 경량화는 상승능력, 제한속도능력, 가속능력, 이 · 착륙거리에 직접 영향을 주며, 성능 면에서의 안전성 확보에 필요하기 때문에 구조설계자는 강도시험을 큰 여유 없이 통과하도록 설계한다. 따라서 완성된 항공기를 운용하는 사람도 설계되어 있는 하중에 대하여 충분한 이해를 갖지 않으면 항공기를 안전하게 비행할 수 없다.

〈표 4-2〉 항공기 종류별 설계제한 하중배수(n_1)-군용기

(미공군 MIL-A-008861A, 미해군 MIL-A-8861B)

임무기호 (V 해군기)	설계제한하중배수					
	기본설계중량		최대설계중량		최대무장중량	
	+	−	+	−	+	−
F, A, TF(아음속)	8.00	−3.00	4.00	−2.00	5.50	-2.00
F, A, TF(초음속)	8.50	−3.00	4.00	−2.00	5.50	-2.00
VF, VA	7.50	−3.00	5.50	−2.00		
VT	7.50	−3.00	4.00	−2.00		
T, O, VO	6.00	−3.00	3.00	−1.00		
U, VU	4.00	−2.00	2.50	−1.00		
B (전술 폭격기)	4.00	−2.00	2.50	−1.00		
B (전략 폭격기)	3.00	−1.00	2.00	−1.00		
VS	3.50	−1.00	2.50	0		
VP, VR, VW	3.00	−1.00	2.50	0		
C (침공수송기)	3.00	−1.00	2.00	0		
C	2.50	−1.00	2.00	0		
임무기호 : F; 전투기, A; 공격기, TF; 전투연습기, T; 연습기, O; 관측기, U; 활용기, B; 폭격기, S; 대잠기, P; 초계기, R; 정찰기, W; 기상관측기, C; 수송기						

2) 기체에 작용하는 힘

항공기 기체에는 비행하는 동안 공기력, 무게, 추력, 관성력 등의 힘들이 작용하며, 지상에서 움직일 때에는 무게, 추력, 충격력, 반력, 관성력 등의 힘들이 작용한다. 이러한 힘들이 구조물에 작용할 때 이러한 힘들을 하중이라 한다. 하중은 기체 전체에 작용하는 경우와 어떤 한 부분에만 작용하는 경우가 있고, 또 이들 하중은 하나 또는 여러 개가 합해져서 계속적으로 혹은 순간적으로 작용하는 경우도 있다. 항공기의 기체는 여러 가지 하중을 받으면서 비행하므로 이들 하중에 의해서 파괴되지 않고 잘 견디도록 설계 제작

되어야 한다. 정상 비행을 하는 항공기에는 그림 4-18과 같이 엔진에 의한 추력, 항공기 무게, 공기력인 양력 및 항력이 작용한다.

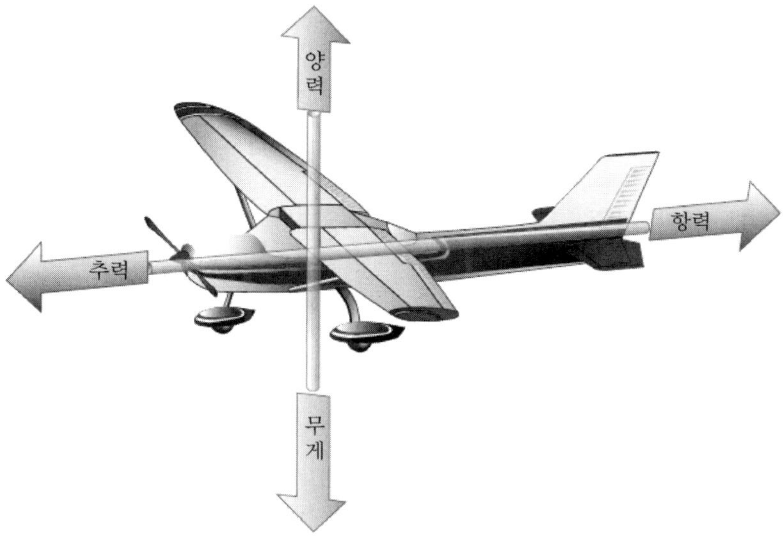

[그림 4-18] 기체에 작용하는 힘

(1) 공기력에 의한 하중

항공기가 비행하면 공기 역학적인 힘, 즉 공기력이 기체의 어느 한 점에만 작용하는 것이 아니라 기체의 모든 외피 부분에 분포되어 작용한다. 공기력은 주로 날개, 꼬리날개, 동체에 작용하는데, 이와 같은 공기력은 항공기의 진행 방향에 대하여 수직 방향의 성분과 진행 방향에 평행한 성분이 양력과 항력이 된다.

양력은 항공기 날개에 의해 발생되는 힘으로서 날개의 윗면과 아랫면의 압력차로 발생한다. 이러한 양력은 날개의 면적, 에어포일의 형태 및 받음각, 비행기의 속도, 공기의 밀도에 의해 결정되며, 양력은 다음과 같은 식으로 표시된다.

$$L = \frac{1}{2}\rho V^2 S C_L$$

여기서 ρ : 공기 밀도, V:비행기 속도, S:날개의 면적, C_L: 양력 계수이다.

항력은 항공기가 비행할 때, 공기로부터 받는 저항력이며, 항공기 엔진에서 발생되는 추력이 이 항력(저항력)보다 크거나 같으면 항공기가 전진비행이 가능하게 된다. 항력에 대한 식은 다음과 같이 표시된다.

$$D = \frac{1}{2}\rho V^2 S C_D$$

여기서 ρ : 공기 밀도, V:비행기 속도, S:날개의 면적, C_D: 항력 계수이다.

날개와 꼬리날개에 작용하는 공기력은 날개와 꼬리날개의 구조 부재에 전단력, 비틀림 모멘트, 굽힘 모멘트를 발생시킨다. 이들 공기력에 의한 하중은 비행 상태에 따라 변하며, 가장 심하게 작용하는 하중의 비행 상태에서 기체가 견디도록 설계하면 이보다 작은 하중을 가진 비행 상태에서는 안전하게 된다.

(2) 관성력에 의한 하중

항공기가 지상에 정지해 있거나 또는 일정한 자세에서 등속 비행을 할 때에는 속도의 변화가 없어, 즉 가속도나 감속도가 없어 관성력이 작용하지 않는다. 그러나 항공기가 이륙하여 목적지에 착륙하기까지 항공기가 가속하거나 감속하게 되면 관성력이 발생한다.

작용하는 힘을 F, 질량을 m, 무게를 W, 가속도를 a라 하면, 뉴턴의 운동 제 2법칙에 의하여

$$\boldsymbol{F} = ma = \frac{W}{g}a \tag{4-8}$$

가 된다.

이 식으로부터 관성력의 크기는 질량과 가속도와의 곱에 비례하며, 관성력의 방향은 가속도의 방향과 반대가 된다는 것을 알 수 있다.

등속 수평 비행 상태에서 갑자기 속도를 증가시켜 가속 비행을 하는 경우, 관성력은 가속도의 크기에 비례하고 그 방향은 진행방향과 반대 방향으로 작용한다. 이륙할 때에는 속도가 증가하면서 추력이 항력보다 크게 작용하므로, 관성력은 모두 뒤쪽으로 작용한다. 이때 동체에는 인장력의 하중을 받게 된다. 착륙할 때에는 속도를 감속하면서 추력이 항력보다 작게 작용하며, 바퀴가 활주로에 닿은 다음에 브레이크를 작동시키는 경우 관성력은 앞쪽으로 작용한다.

(3) 돌풍에 의한 하중

항공기는 등속 수평 비행을 할 때, 기상 조건에 의하여 상승 또는 하강 기류의 돌풍을 만나게 된다. 그림 4-19와 같이 돌풍의 수직 성분 속도가 KU인 상승 돌풍을 만나게 되면, 날개의 받음각이 상승 돌풍 KU에 의해 $\Delta\alpha$ 만큼 증가하므로, 양력이 ΔL만큼 증가하게 된다.

그러면, 항공기는 $L = W$ 인 상태로 비행하다가 양력이 $L + \Delta L$로 증가된 상태로 비행하게 되는데, 이와 같은 하중을 돌풍 하중이라 한다. 만일 하강 돌풍을 만나면 상승 돌풍과는 반대인 돌풍 하중을 받는다.

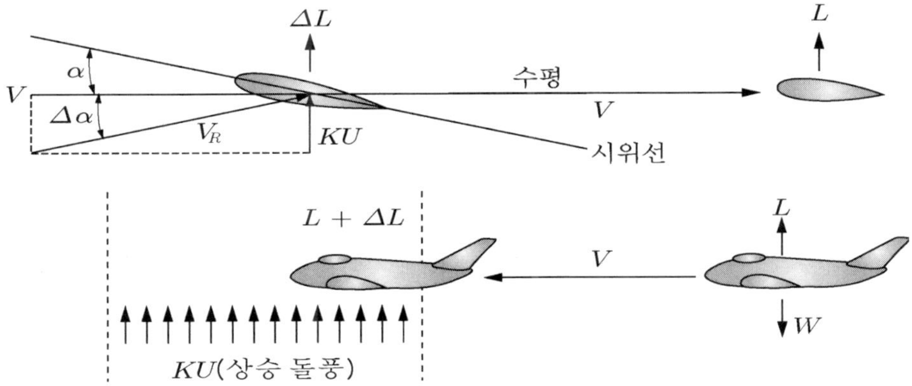

[그림 4-19] 돌풍에 의한 하중

3) 하중 배수 선도

(1) 하중 배수

수평직선비행을 하고 있을 때 항공기의 각 부분은 지구의 중력 때문에 아래로 끌어 당겨지는 1g(9.8m/sec^2)상태에 있다. 그러나 그림 4-20에서와 같이 노우즈업 운동(Nose-up Maneuver)을 하면 기체의 각 부분에는 중력 외에 원운동에 의한 원심력이 작용하여 각 부분의 무게가 몇 배나 증가한 것과 같은 상태가 된다.

무게가 몇 배나 증가한 상태에서 그대로 운동을 계속하기 위해서는 양력의 방향도 이것에 균형을 맞추도록 몇 배까지 증가하게 된다. 날개에 작용하는 굽힘하중은 2g의 운동을 하면 수평등속직선비행의 2배, 4g이면 4배로 증가한다. 이 2나 4와 같은 숫자를 하중배수(Load Factor)라 하고, 일반적으로 기호 n으로 표시한다. 즉 기체에 작용하는 하중의 크기는 수평 등속직선비행에서 정하중인 무게와의 비로 나타내는 것이 편리하며, 어떤 비행 상태에서 기체에 작용하는 하중을 무게로 나눈 값이 하중 배수Load Factor)이다. 하중 배수는 어떤 비행 상태에서 작용하는 공기력이나 관성력 또는 돌풍에 의한 하중이 항공기의 무게의 몇 배가 되는가를 나타낸다. 등속 수평 비행에 있어서 하중 배수는 공기력에 의한 하중인 양력을 무게로 나눈 값이다. 즉 하중 배수 $n = 1$이다.

하중 배수 n은 다음과 같이 정의된다.

$$n = \frac{L}{W} = \frac{\frac{1}{2}\rho V^2 S C_L}{W} \tag{4-9}$$

여기서, W는 항공기의 무게, L은 주어지는 양력으로 다음과 같다.

$$L = \frac{1}{2}\rho V^2 S C_L \tag{4-10}$$

식 (4-9)에서 보는 바와 같이, 하중 배수n 은 비행속도 V 의 제곱에 비례하여 증가한다. 항공기가 최대 양력을 얻을 수 있는 비행 자세로 자신의 무게를 들어 올릴 수 있는 최소 속도를 실속속도(Stall Speed)라 하는데, 이것을 항공기마다 다르다.

항공기의 실속속도를 V_S 로 나타내면, 식 (4-10)에서 L 을 W 으로, C_L 을 C_{Lmax} 로 바꾸어 다음과 같이 된다.

$$W = \frac{1}{2}\rho {V_S}^2 S C_{Lmax} \tag{4-11}$$

어떤 항공기가 속도 V 로 수평 비행을 하다가 조종간을 앞으로 당겨 최대 양력 계수를 가진 상태로 자세를 취했다고 하면, 이 순간에 항공기가 발생하는 양력은 식 (4-10)의 C_L 을 C_{Lmax} 로 바꾸어 다음과 같이 된다.

$$L = \frac{1}{2}\rho V^2 S C_{Lmax} \tag{4-12}$$

식 (4-11)의 W 와 식 (4-12)의 L 을 식 (4-9)에 대입하면 다음과 같이 된다.

$$n = \frac{L}{W} = \frac{(C_L)_{Max}\frac{1}{2}\rho V^2 S}{W} = \frac{(C_L)_{Max}\frac{1}{2}\rho V^2 S}{(C_L)_{Max}\frac{1}{2}\rho V_s^2 S} = \frac{V^2}{V_s^2} \tag{4-13}$$

각 항공기에 따라 실속 속도 V_S 는 상수이므로, 식 (4-13)의 하중 배수 n은 V-n선도의 좌표축에서 원점을 지나는 포물선으로 된다. 이 곡선이 그림 4-22의 OA이다. 곡선 OA는 최대 양력 계수를 가진 상태로 비행할 때의 속도와 하중 배수와의 관계를 나타낸다. 식 (4-11)에서 보는 바와 같이, 실속 속도에서는 C_{Lmax} 인 상태로서, $L = W$이므로 하중 배수 $n = 1$이다. 따라서 그림 4-22에서 $n = 1$인 점선으로 된 직선과 곡선 OA의 교점으로 정해지는 속도 V_S 가 그 항공기의 실속 속도이다. 항공기는 이 속도 이하의 속도로 비행할 수 없다.

선회 비행에 있어서의 하중 배수를 그림 4-20에서 구하면 다음과 같다.

$$n = \frac{L}{W} = \frac{L}{L\cos\theta} = \frac{1}{\cos\theta} \tag{4-14}$$

그림 4-20에서, C.F.는 원심력이고 R는 선회 반지름이며, θ는 선회 비행에서 경사각을 나타낸다.

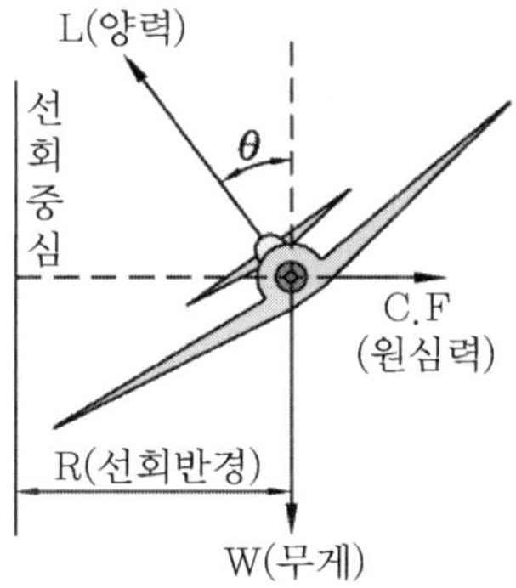

[그림 4-20] 선회비행

예제 4.12

실속 속도가 140 km/h인 비행기를 200 km/h의 속도로 수평 비행을 하다가 갑자기 조종간을 당겨 최대 받음각의 자세를 취하여 최대 양력 계수(C_{Lmax})인 상태로 비행하였다. 이 때, 하중 배수는 얼마인가?

풀이

$$n = \frac{V^2}{V_s^2} = (\frac{200}{140})^2 \approx 2$$

예제 4.13

비행기가 선회하기 위하여 경사각 $\theta = 60^o$로 정상 선회할 때의 하중 배수는 얼마인가?

풀이

$$n = \frac{1}{\cos\theta} = \frac{1}{\cos 60^o} = 2$$

(2) 제한하중(한계하중)과 극한하중

앞에서 설명한 바와 같이 항공기의 구조는 조종에 의해 하중이 증가되는 것을 고려하여 안전하게 비행할 수 있도록 설계하여야 한다. FAR 등에 항공기가 비행해도 안전한 하중배수의 수치가 항공기의 종류마다 정해져 있고 이것을 설계제한하중배수(Limit Load Factor)라고 한다. 예를 들면 잘 훈련된 전투기의 조종사가 견딜 수 있는 최대 가속도는

(+)로 약 9g이고 (−)로 약 3g로 알려져 있다. 따라서 전투기의 한계 하중 배수는 약 9g 에서 −3g이다.

앞에서 기술하였듯이 항공기는 가능한 한 가벼워야 하기 때문에 필요 이상의 강도를 가지도록 만드는 것은 바람직하지 않지만 그렇다고 해서 가까스로 제한 중량에 맞게 설계할 경우 사용 중 제한하중이 가해지면 곧바로 파손이 발생할 것이기 때문에 너무 위험하다.

〈표 4-3〉 FAR에 규정된 안전계수와 특별계수 (FAR 23, 25)

종류	적용부분	특별계수	안전계수
피팅계수	구조부재의 결함부분, 판금된 연결 결합부 및 용접부에는 사용하지 않을 수 있음.	1.1.5이상	1.725이상
주물계수	구조에 사용하는 주물	1.0~2.0 이상	1.5~3.0이상
간격계수	틈이 있거나 진동을 받아 상대적인 움직임이 발생하는 부분	충분히 큰 값	
조종면 힌지부	조종면의 힌지	6.67이상	10 이상
조종계통 연결부	조종계통의 연결부분	2.0 이상	3.0 이상

따라서 FAR에서는 제한하중의 1.5배 하중까지는 기체에 파손이 발생하지 못 하도록 요구하고 있다. 이것을 극한하중(Ultimate Load 또는 설계하중)이라고 하고 1.5를 안전 계수(Safety factor)라고 한다. 예를 들어 제한하중배수가 8인 전투기는 12g까지는 파괴되지 않도록 만들어진다. 표 4-3에 보인 바와 같이 주요 피팅(Fitting) 등에서는 특별계수(Special Factor)를 곱하여 안전율을 1.5보다 크게 하기도 한다.

예를 들어 구조의 결합부분에 있는 피팅의 경우 일반안전계수 1.5에 피팅계수 1.15를 곱해 안전계수를 1.725로 설정된다. FAR 등의 규정과 달리 항공기 제작사가 독자적으로 특별계수를 정하는 경우도 있지만, 이 경우 인증을 위해 실험 등에 의한 증빙자료가 있어야 한다.

항공기의 구조가 극한하중에 견딜 수 있는지는 일반적으로 정적강도시험을 통해 검증한다. 실제 비행중의 항공기는 동적인 하중을 받지만 시험은 하중을 조금씩 높여가기 때문에 그 차이를 고려해서 시험에서는 극한하중을 가한 채 최소한 3초간은 파손이 발생하지 않아야 한다. 또한 구조는 제한하중 하에서 비행의 안전에 지장을 주는 심한 변형을 일으켜서는 안되며 제한하중을 제거하면 잔류변형이 없어야 한다. 극한하중에서는 잔류변형이 허용된다. 최근에는 전산구조해석기술의 발달로 인해 정확한 강도계산을 할 수 있게 되어 잘 알려져 있는 구조에 대해서는 강도의 검증을 계산으로 하고, 시험의 일부를 생략하기도 한다.

(3) 안전여유(Margin of Safety)

규격에 의해 기체는 극한하중에 견디지 않으면 안 되지만 그 이상 강할 필요는 없다. 따라서 기체의 전 부재의 강도를 극한하중에 일치하도록 만들면 이상적이지만 실제로는 어느 정도 강도에 여분이 생기는 경우가 많다. 극한하중인 경우에 이 여분이 가해지는 하중의 몇 배에 해당하는가를 안전여유(Margin of Safety)라고 하고 줄여서 MS라 부르고 있다. MS=0.2 일 때 그 부재는 극한하중보다 20% 더 큰 하중까지 부서지지 않고 여유 강도가 20% 남아 있다는 것을 의미한다. 이러한 개념은 그림 4-21에서 상세히 설명하였다. 일반적으로 부재의 내부에 생기는 응력은 부재에 가해지는 하중에 비례한다. 여기서 부재의 허용응력 (Allowable Stress)을 F, 극한하중일 때 구조물에 발생한 응력을 f라 하면 안전 여유 (MS)는 다음 식으로 표기된다.

$$MS = \frac{F}{f} - 1 \tag{4-15}$$

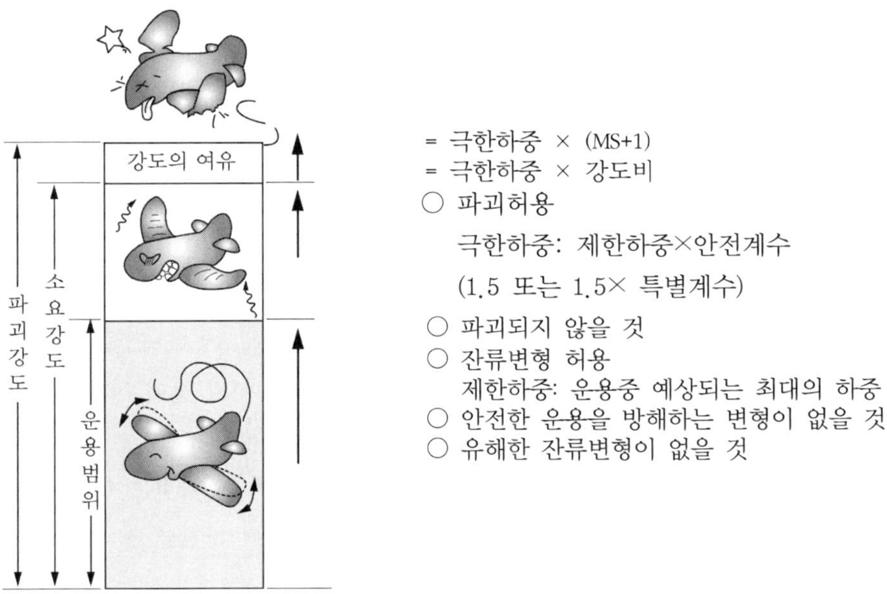

[그림 4-21] 제한하중, 극한하중 및 안전여유(MS)의 개념

안전여유는 0이 되면 이상적이지만 절대로 음의 값을 가져서는 안 된다. 기종에 따라서는 탑재량 증가를 목적으로 확장여유(Growth Potential)를 갖게 하는 등 설계자가 의도

적으로 강도에 여유가 있도록 설계하는 경우도 있다. 또한 허용 응력은 재료의 정적강도에 의해서만 결정되는 것은 아니며 피로 특성, 손상허용특성 등의 조건에 의해 정적강도보다 낮은 값으로 결정되는 경우가 많다.

식 (4-15)의 F/f를 강도비 (Strength Ratio)라 부르고 안전여유를 대신하여 사용하는 경우도 있으며 일반적으로 기호 y로 표시한다. y=1.08이라면 허용응력의 1.08 배의 강도가 있기 때문에 안전여유는 0.08이 된다.

(4) 하중 배수 선도(V-n 선도)

기체에 작용하는 하중은 공기력, 관성력, 돌풍 등과 관계되며, 이들 하중은 항공기의 비행 상태인 속도와 자세에 좌우된다. 항공기가 이와 같은 하중에 대해 구조상 안전을 가지도록 하기 위해서는 비행 상태를 안전한 하중이 작용하는 범위 내로 제한하게 된다.

V-n선도는 x축에 항공기의 속도와 y축에 하중 배수를 직교 좌표축으로 하여 항공기의 속도에 대한 하중 배수를 나타내어 항공기의 안전한 비행 범위를 정해 주는 선도이다. 이 선도는 크게 두 가지 목적을 가진다. 그 하나는 항공기 제작자에 대한 지시로서, 항공기를 어느 정도의 하중에 대하여 구조상 안전하게 설계 제작해야 한다는 것이다. 또 다른 하나는 항공기 사용자에 대한 지시로서, 항공기가 구조상 안전하게 운항하기 위한 비행 범위를 제시하는데 있다.

V-n 선도에 제시한 비행 범위 내에서는 항공기의 운항이 안전하며, V-n선도에서 벗어나는 비행 상태에서는 구조상 안전을 보장할 수 없음을 뜻한다. 그림 4-22은 대표적인 수송기의 V-n선도를 나타낸 것으로 여러 가지 속도와 하중 배수에 설명하면 다음과 같다.

① 설계 제한 하중배수

설계 제한 하중 배수(n_1)은 항공기의 안전 운항을 담당하는 해당 기관에 의하여 지정된다. 항공기는 사용 목적이나 소요 비행 상태의 과격한 정도에 따라 표 4-1, 2와 같이 분류하고, 각각에 대하여 그 설계 제한 하중 배수를 정한다. 이와 같이 정해지는 수치는 국제적인 규정으로 되어있기 때문에 어느 나라나 모두 같다.

예를 들면, 여객기는 $n_1 = 2.5$이고, 전투기는 $n_1 = 6.0$이다. 이것은 여객기의 n_1을 2.5로 일정하게 하라는 것이 아니라, 그 이상 되는 어떤 특정한 값으로 설계, 제작해야만 제조 허가를 받을 수 있는 규정상의 수치이다.

그림 4-22에서 OA와 OH의 곡선은 양(+)과 음(−)의 최대 양력 계수를 가진 비행 상태에서의 속도에 대한 하중 배수를 나타낸다. AD와 A′D′의 직선은 설계상 주어지는 양(+)과 음(−)의 설계 제한 하중 배수를 나타내는데, 이 하중 배수를 벗어나는 어떠한 비행도

할 수 없도록 제한한다. 이 한계 하중 배수를 설계 제한 하중배수(n_1)라 한다.

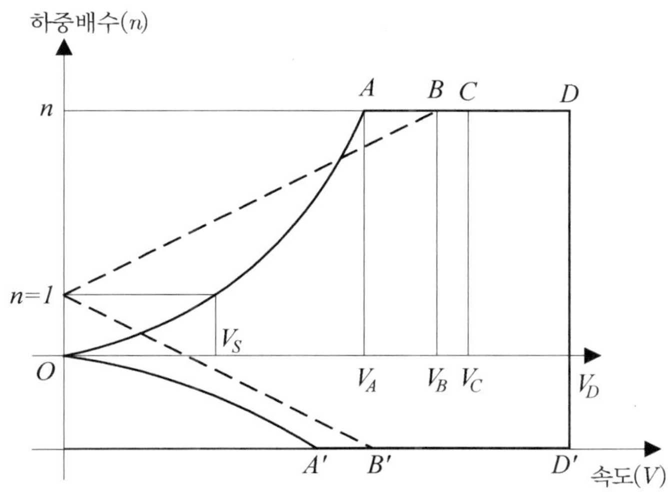

[그림 4-22] 수송기의 V-n선도

② 설계 운용 속도(V_A)

항공기가 어떤 속도로 수평 비행을 하다가 갑자기 조종간을 당겨서 최대 양력 계수의 상태로 될 때 큰 날개에 작용하는 하중 배수가 그 항공기의 설계 제한 하중 배수(n_1)와 같게 되면, 이 수평 속도를 설계 운용 속도(V_A)라 한다.

그림 4-22의 곡선 OA에서 알 수 있는 바와 같이, 설계 운용 속도 이하의 속도에서는 급격한 조작을 해도 하중 배수가 설계 제한 하중 배수에 미치지 못한다. 즉, 설계 운용 속도 이하에서는 항공기가 어떤 조작을 해도 구조상 안전하다는 것이다. 그러나 설계 운용 속도 V_A 이상의 속도에서는 조작 여하에 따라서 하중 배수가 설계 제한 하중 배수를 넘을 수 있으므로, 구조상의 안전을 보장받기 위해서는 조심스럽게 조작을 해야 한다.

$$n = \frac{L}{W} = \frac{(C_L)_{Max}\frac{1}{2}\rho V^2 S}{W} = \frac{(C_L)_{Max}\frac{1}{2}\rho V^2 S}{(C_L)_{Max}\frac{1}{2}\rho V_s^2 S} = \frac{V^2}{V_s^2} \quad \text{에서}$$

n 을 n_1 로 바꾸면 V는 V_A가 되므로 운용 속도(V_A)는 항공기의 실속 속도(V_S) 및 설계제한 하중 배수(n_1)와 다음과 같은 관계가 성립된다.

$$V_A = \sqrt{n_1}\, V_S \tag{4-16}$$

예제 4.14

실속 속도 220km/h 인 전투기의 설계 제한 하중 배수는 8.0이다. 이 전투기의 설계 운용 속도 V_A 는 얼마인가?

풀이 식 (4-16)에 의해서

$$V_A = \sqrt{8} \times 220 = 622\mathrm{km/h}$$

③ 설계 순항 속도(V_C)

설계 순항 속도(V_C)는 비행 성능과 연료 소비율 등을 고려하여 결정되는 경제적인 속도이며, 구조 역학적인 문제와는 관계가 없다.

설계 순항 속도(V_c)는 비행 성능과 연료 소비율 등을 고려하여 결정되는 경제적인 속도이며, 구조 역학적인 문제와는 관계가 없으나 일반적으로 V_B 보다 크다.

④ 설계 돌풍 운용 속도 (V_B)

항공기가 어떤 속도로 수평 비행을 하다가 돌풍을 만나면, 큰 날개에 대하여 공기가 흘러 들어오는 방향이 달라져서 그림 4-19와 같이 받음각이 증가한다.

항공기의 속도를 V , 돌풍의 속도를 KU 라고 하면, 공기의 흐름은 V 와 KU 의 합성 속도의 방향으로 날개에 작용하고, 받음각은 $\Delta\alpha$ 만큼 증가 또는 감소한다.

그림 4-19에서 항공기의 속도 V 에 비해 돌풍의 속도KU 가 매우 작기 때문에 $\Delta\alpha$ 의 값은 매우 작은 값이며 다음과 같이 쓸 수 있다.

$$\tan(\Delta\alpha) \fallingdotseq \Delta\alpha = \frac{KU}{V} \tag{4-17}$$

또한 양력곡선의 기울기 a는

$$a = \frac{\Delta C_L}{\Delta\alpha} = \frac{C_{Lmax} - C_{Lmin}}{\alpha_{\max} - \alpha_{\min}}$$ 이므로

$$\Delta C_L = a\Delta\alpha = a\frac{KU}{V} \tag{4-18}$$

따라서 양력 계수 C_L 이 증가 또는 감소한다. 양력 계수가 증가 또는 감소하면 양력이 증가 또는 감소하므로, 식 (4-9)에서 보는 바와 같이 하중 배수도 다음과 같이 증가 또는

감소한다.

$$n = \frac{L \pm \Delta L}{W} = \frac{W \pm \Delta L}{W} = 1 \pm \Delta n \quad (+ : \text{상승돌풍},\ - : \text{하강돌풍}) \tag{4-19}$$

여기서 양력증가분 $\Delta L = \frac{1}{2} \cdot \rho \cdot V^2 S \cdot \Delta C_L$ 이므로 하중배수증가분 ΔH은

$$\Delta n = \frac{\Delta L}{W} = \frac{1/2 \rho V^2 S \Delta C_L}{W} \tag{4-20}$$

이 된다.

그러므로 돌풍을 만날 때 하중 배수에 대하여 다음과 같은 식을 얻는다.

$$n = 1 \pm \frac{\rho a S \cdot KU \cdot V}{2W} \tag{4-21}$$

여기서, a는 그 항공기의 날개단면(Airfoil)에 따라 결정되는 수로서, 받음각이 단위 각도 만큼 증가하는 데 따른 양력 계수의 증가량이다. 그리고 식 (4-21)을 다시 정리하면

$$n = 1 \pm mV \tag{4-22}$$

로서, 속도 V에 관한 1차 함수로서 하중배수 선도에서는 직선을 나타내며, 직선의 기울기가 m 이 된다.

식 (4-22)를 비행 속도 V 와 하중 배수 n 의 함수 관계로 보면 그림 4.22의 1B 및1B′가 된다. 1B는 상승 돌풍을 받는 경우이고, 1B′는 하강 돌풍을 받는 경우이다. 이 식에서 기억해야 할 것은, 돌풍에 의한 하중 배수의 증가는 비행 속도와 돌풍 속도에 비례한다는 것이다.

항공기가 어떤 속도로 수평 비행을 하다가 지정된 속도의 수직 상승 돌풍을 받을 때 식 (4-22)로 표시되는 하중 배수가 그 항공기의 설계 제한 하중 배수n_1 과 같아진다면, 그 수평 비행 속도를 설계 돌풍 운용 속도(V_B)라고 한다.

그림 4-22에서 보는 바와 같이, V_B 이하의 속도에서는 지정 속도의 돌풍을 받아도 하중 배수가 n_1 에 미치지 못하기 때문에, 구조역학상 항공기는 안전하다. 기상 조건이 나빠서 돌풍이 예상 될 때에는, 항공기의 속도를 V_B 이하로 내려야 구조상의 안전을 유지할 수 있다.

⑤ 설계 급강하 속도(V_D)

설계 급강하 속도는 하중 배수 선도(V-n 선도)에서 최대 속도를 나타내며, 구조 강도의

안전과 조종면에서 안전을 보장하는 구조 설계상의 최대 허용속도이다. 즉 항공기의 날개가 양력을 발생하지 않고 급강하할 때 비틀림 모멘트를 받는 날개가 견딜 수 있는 최대 속도이다. 항공기의 날개단면은 특수한 모양으로 되어 있으므로, 양력을 발생하지 않는 자세에서도 짝힘에 의하여 날개는 비틀림을 받는다. 일정한 비행 자세에서는 날개에 발생하는 비틀림 모멘트가 비행 속도의 제곱에 비례한다. 비틀림 모멘트가 최소값을 가지는 자세를 취해도 날개가 비틀림에 견디지 못하는 최소 속도를 설계 급강하 속도(V_D)라 한다. 급강하를 하는 경우에도 항공기는 그 속도가 V_D를 넘지 않도록 해야 한다.

지금까지의 설명을 종합하면 다음과 같은 것을 알 수 있다. 즉, 항공기가 구조상의 안전을 유지하기 위해서는 그림 4-22의 폐곡선 OADD′A′O 내에서만 운용되어야 한다. 수평축 아래 부분은 항공기가 배면 비행을 할 때에 해당된다. 또, 실속 속도 이하의 부분은 실제로는 별 뜻이 없다.

예제 4.15

항공기의 총 중량이 25000lb이고 날개면적이 250ft^{2}이며, 돌풍속도가 ±66ft/s 인 항공기의 실속속도와 설계운용속도 및 설계 돌풍운용속도를 구하라. 단 설계제한 하중배수는 +4, −1.5이며, 실속각 18°에서 최대양력계수가 $C_{Lmax} = 2.10$, 최소 받음각 −6°에서 최소양력계수가 $C_{Lmin} = -1.12$이며, 설계 급강하 속도 $V_D = 680\text{ft/sec}$이다.

풀이 해면고도에서의 밀도는 $\rho_0 = 0.002378\text{slug/ft}^3$이다. 실속속도는 $L = W$일 때 이므로

$$V_S = \sqrt{\frac{2W}{\rho S C_{Lmax}}} = \sqrt{\frac{2 \times 25000}{0.002378 \times 250 \times 2.10}} = 200\text{ft/s}$$

정상비행 시의 설계운용속도는 $C_{Lmax} = 2.10$ 일 때, $n_1 = 4$이므로

$$n_1 W = L = \frac{1}{2}\rho V^2_{SC_{Lmax}A}$$

$$V_A = \sqrt{\frac{2n_1 W}{\rho S C_{Lmax}}} = \sqrt{\frac{2 \times 4 \times 25000}{0.002378 \times 250 \times 2.10}} = 400\text{ft/s}$$

배면비행 시의 설계운용속도는 $C_{Lmin} = -1.12$ 일 때, $n_2 = -1.5$이므로

$$n_2 W = L = \frac{1}{2}\rho V^2_{SC_{Lmin}A}$$

$$V_A{}' = \sqrt{\frac{2n_2W}{\rho SC_{Lmin}}} = \sqrt{\frac{2\times(-1.5)\times 25000}{0.002378\times 250\times(-1.12)}} = 335\,\mathrm{ft/s}$$

그리고 양력곡선의 기울기

$$a = \frac{\Delta C_L}{\Delta\alpha} = \frac{C_{L\max} - C_{L\min}}{\alpha_{\max} - \alpha_{\min}} = \frac{2.10-(-1.12)}{[18°-(-6°)]\times\frac{\pi}{180}} = 7.69[1/\mathrm{rad}]$$

하중배수의 증가량

$$\Delta n = m\,V_B\ ,\ m = \frac{\rho aSKU}{2W} = \frac{0.002378\times 7.69\times 250\times 66}{2\times 25000} = 0.006034$$

하중배수

$$n_1 = 1+\Delta n\,,\ n_2 = 1-\Delta n$$

따라서 정상비행 시의 설계 돌풍 운용속도는

$$4 = 1 + 0.006034\,V_B$$

$$V_B = \frac{4-1}{0.006034} = 497.18\,\mathrm{ft/s}$$

그리고 배면비행 시의 설계 돌풍 운용속도는 다음과 같다.

$$-1.5 = 1 - 0.006034\,V_B{}'$$

$$V_B{}' = \frac{1+1.5}{0.006034} = 414.3\,\mathrm{ft/s}$$

■

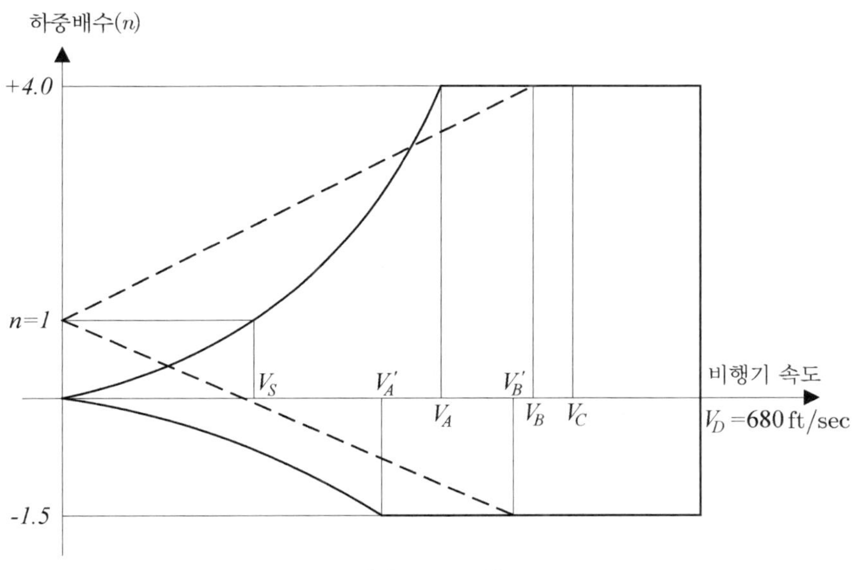

예제 4.15 그림

3 무게와 평형(Weight and Balance)

1) 목적

항공기 무게와 평형조절의 근본 목적은 안전에 있으며, 이차적인 목적은 가장 효과적인 비행을 수행하는데 있다. 부당한 하중은 상승한계, 기동성, 상승률, 속도, 연료 소비율 면에서 항공기의 효율을 저하시키며, 비행을 하는데 있어 출발에서부터 실패의 요인이 되는 수도 있다.

모든 민간항공기의 자기무게와 이것에 대한 무게중심은 인가 시에 결정되어야 한다. 제조사는 항공기의 무게를 측정할 수 있으며, 무게와 평형 보고서를 작성한다. 제조사는 10대중 한 대의 항공기의 무게를 측정 하도록 되어있다. 남은 9대의 항공기는 실제 항공기의 무게의 평균값에 바탕을 둔 측정값을 사용하게 된다. 자기무게를 결정할 때 항공기는 정확하게 측정이 될 수 있는 상태이어야 한다.

항공기의 무게 중심은 매 비행조건에 따라 정해진다. 항공기는 정해진 무게중심 위치의 이동 가능한 범위 내에서 비행해야 한다. 왜냐하면, 항공기의 중심이 정해진 위치의 범위 내에서 벗어나게 되면 비행 성능을 제대로 얻을 수 없고, 항공기의 안정성과 조종성이 나빠져 안전한 비행을 하지 못하게 된다. 어떤 경우에는 치명적인 재난을 초래할 수 있다.

지상의 정비 과정에서나 또는 비행하는 동안에 항공기의 중심 위치를 알아내는 작업을 하는 한편, 항공기의 중심이 정해진 위치에 놓이도록 무게를 조절하여 평형을 이루도록 작업을 한다. 이와 같은 작업을 항공기의 무게와 평형(Weight and Balance)이라 한다.

2) 무게 재측정의 필요성 및 시기

(1) 무게 재측정의 필요성

항공기의 무게는 윤활유 등의 누적 및 항공기의 수리 또는 개조작업, 쉽게 접근하기 힘든 부분의 먼지 등의 누적으로 인해 처음보다 늘어가는 경향이 있다. 또한 항공기의 무게는 항공기의 기능, 비행시간, 대기상태, 착륙공항의 형태 등에 따라 다르게 나타난다. 이러한 이유로 주기적인 항공기 무게 측정이 이루어져야 하며, 개인용 항공기는 법적으로 주기 측정을 하진 않는다. 대부분 처음 인가시 측정하거나 무게와 평형에 영향을 주는 개조 후에 무게를 측정한다. 항공기 무게를 꼭 측정 할 필요가 없어도 작동 중 최대무게나 무게중심 한도가 초과되지 않도록 해야 한다. 승객과 화물을 수송하는 정기와 비정기 항공기는 적절한 하중과 작동 중 공인된 무게와 평형 한도를 초과하지 않아야 한다.

무게와 평형의 원리는 아주 간단하다. 지레의 받침점이 안정된 평형상태인 지레와 비슷하다. 무게의 영향은 지레의 받침점으로 부터의 거리와 직결된다. 무게의 평형은 골고루 분포되어야 한다. 그래야 양쪽에 같은 영향을 끼친다. 받침점으로부터 어떤 물체의 거리를 '팔 길이(Lever Arm)' 이라고 한다. 모멘트(Moment)는 팔 길이(Lever Arm) 곱하기 물체의 무게이다. 항공기 평형도 비슷하다. 만일 한 점에 매달아 수평이 된다면 그 점은 무게 중심이다. 화물의 적재를 고려해서 평형을 구했기 때문에 화물이 적재된 항공기의 평균 팔 길이는 무게중심 한도 안에 들어간다.

무게와 평형의 조절은 정확한 무게, 평형, 특정 한계 안의 하중의 수학적 증명으로 되어있다. 이 한계는 특정 항공기의 명세서 앞에 있다. 장비의 장탈이나 장착은 항공기의 자기 무게와 무게중심을 변동시킨다.

(2) 무게 재측정 시기

① 주기적 측정 : 여객기의 경우는 매 3년마다 재측정

② 필요시 측정 : 항공기 중량에 영향을 미치는 중요한 수리개조 작업 시, 완전 분해수리(Complete Overhaul) 및 단계적 분해수리(Progressive Overhaul) 완료 시, 기타 감항당국에서 필요하다고 인정 시

(3) 무게와 평형자료

무게와 평형자료는 항공기 명세서, 항공기 운항한계 지정서, 항공기 비행교범(Flight Manual) 및 항공기 무게와 평형 보고서에 근거해서 얻어지며, 무게와 평형의 기록들이 없어졌거나 어떤 근거로부터 알 수 없을 때는 재 측정이 필요하고, 새로운 무게와 평형 기록이 계산되어야 한다.

3) 용어의 정의

(1) 용어와 정의

① 기준선(Datum Line)

항공기 세로축에 직각인 가상의 수직평면을 말한다. 기준선(Datum Line)은 평형을 목적으로 취해지는 모든 수평 거리를 말하는 가상의 수직면이다. 오른 각에서 항공기의 세로축으로의 면이다. 기준선의 위치가 바뀌는 것은 없다. 대부분의 경우 항공기의 앞부분(Nose)에 위치하거나 항공기 기체 위에 위치한다. 가끔은 항공기 앞부분에서 일정한 거

리 앞부분에 위치한다. 제조사는 가장 편한 측정 거리, 장비위치, 무게와 평형 측정에 따라 기준선을 선택하며, 대부분 항공기 명세서에 제시되어 있다. 한번 기준선이 선택되면, 확실히 하여 누가 보더라도 기준선에 대해 의혹을 가지게 해선 안 된다. 항공기 위치 표시를 위한 가이드로는 동체 위치선(Body Station), 수위선(Water Line) 및 버턱선(Buttock Line)이 사용된다. 예를 들면 Boeing 747-400의 기준선 위치는 앞부분 라돔(Nose Radome) 90인치 전방에 위치하고, MDC MD-11은 앞부분 라돔(Nose Radome) 239인치 전방에 위치하고 있다.

② 팔 길이(Arm)

팔 길이(Arm)은 기준선으로부터 물체까지의 수평 거리이다. 그림 4-23과 같이 팔의 길이는 기준선에 위치하여 0이 아닌 이상 항상 인치로 주어지거나 측정된다. 기준선은 수학적 표기인 (+), (−)로 표시하며, (+)는 기준선의 뒤쪽을 나타내고 (−)는 앞쪽을 나타낸다. 만일 제조사가 기준선을 가장 앞쪽에 정한다면 모든 팔의 길이는 (+)가 될 것이다. 각 각의 팔 길이는 항상 명세서에서 아이템의 명칭이나 무게 뒤에 괄호 안에 포함시키며, 예를 들면 seat(+23)이다.

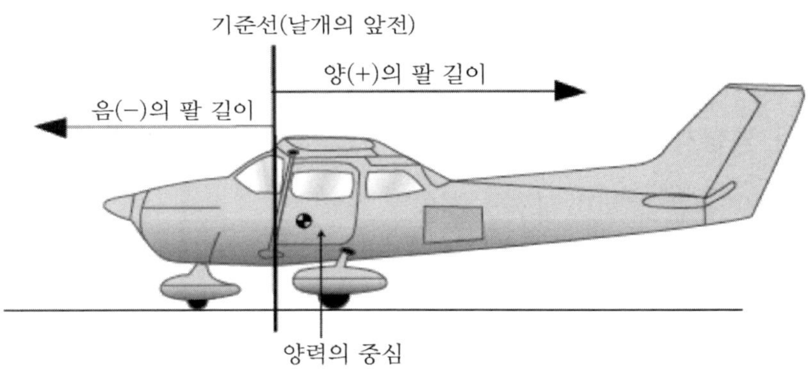

[그림 4-23] 기준선과 음(−), 양(+)의 팔 길이

③ 모멘트(Moment)

그림 4-24에서 보듯이 모멘트(Moment)는 무게 곱하기 팔 길이에 의해 구해진다. 기준선에 대한 각 물체의 모멘트는 물체의 무게 곱하기 기준선으로부터의 수평거리로 구해진다. 마찬가지로, 무게중심(Center of Gravity)에 대한 물체의 모멘트는 무게 곱하기 무게중심으로부터의 수평거리로 계산된다. 기준선으로부터 30인치 떨어진 20파운드의 물체의 모멘트는 20 곱하기 30 해서 600lb-in의 모멘트이다. 기준선으로부터의 위치에 따라 600lb-in 값이 (+), (−)가 된다.

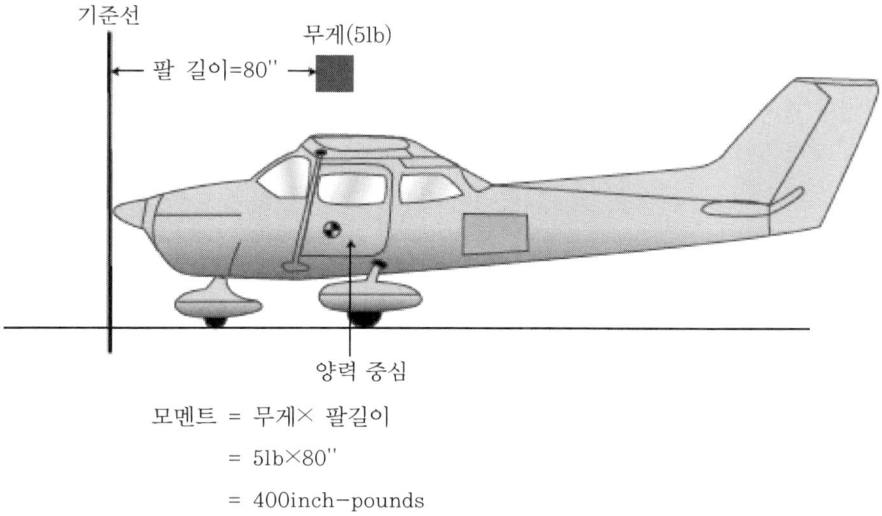

[그림 4-24] 기수 기준선에 따른 모멘트

④ 팔 길이와 모멘트

그림 4-25와 같이 팔 길이(Arm)는 항공기의 기준선에서 무게의 중심까지의 거리를 말하며, 모멘트는 팔 길이에 무게를 곱한 물리적인 양을 말한다.

예를 들면, 무게 W_1의 팔 길이가 l_1 이면 모멘트는 $M_1 = l_1 \times W_1$이고, 무게 W_2의 팔 길이가 기준선에서 l_2이면 모멘트는 $M_2 = l_2 \times W_2$이다. 비행기의 중심 c.g.를 기준점으로 하면, 무게 W_1의 팔 길이는 $l_{c.g} - l_1$이므로 모멘트는 $M_{1c.g} = (l_{c.g} - l_1) \times W_1$이고, W_2의 모멘트는 $M_{2c.g} = (l_2 - l_{c.g}) \times W_2$ 가 된다. 비행기의 중심을 기준점으로 할 때 $M_{1c.g}$와 $M_{2c.g}$의 모멘트는 회전방향이 서로 반대가 된다는 것을 알아야 한다.

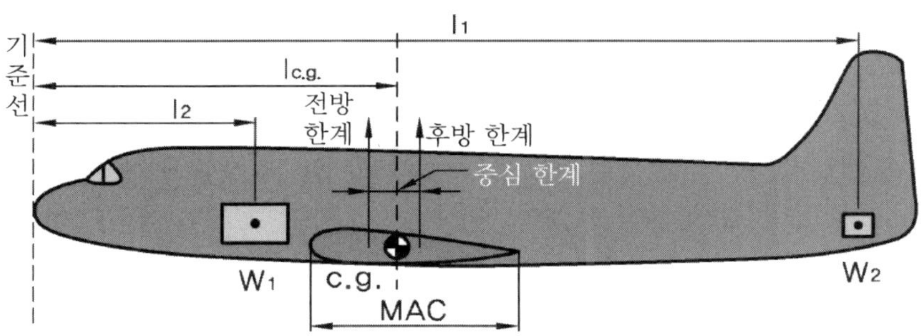

[그림 4-25] 기준선, 팔 길이 및 모멘트

⑤ 무게중심(Center of Gravity)

무게중심(Center of Gravity)란 물체가 기울어짐 없이 어느 한 점에서 균형을 이루는 점을 말한다. 즉, 모멘트의 합($\sum M = 0$)이 되는 중심점이다. 항공기 무게중심에서 앞쪽무게와 뒤쪽무게 모멘트는 정확히 같다.

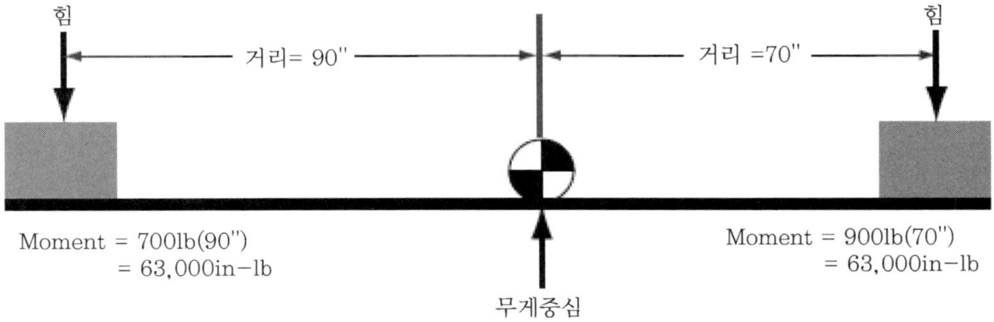

[그림 4-26] 무게중심과 지렛대

⑥ 평균 공력 시위

날개의 평균 공력 시위(MAC : Mean Aerodynamic Chord)는 항공기 날개의 공기 역학적 특성을 대표하는 시위이다. 이것은 항공기의 무게 중심(C.G)을 표시하는 기본 단위로 쓰이는 경우가 많으며, 평균 공력 시위는 날개의 평균 시위를 나타낸다. 즉, 한쪽 날개의 평면 모양에서 날개 평면의 도심(Centroid)을 지나는 시위를 말한다. 항공기의 C.G 위치는 비행안정성을 얻기 위해 MAC상 풍압중심의 전방 위치에 놓이며 일반적으로 MAC상의 백분율로 표시한다.

⑦ % MAC

그림 4-27과 같이 날개의 평균 공력 시위(MAC)위의 어떤 점이나 중심의 위치를 나타낼 때 기준선에서 몇 m 에 있다고 할 수 있지만, 항공기의 무게와 평형에서는 MAC위의 위치를 MAC 길이의 백분율로 하여 몇 % MAC에 있다고 정의한다.

만일, 날개의 MAC가 100cm이고 항공기의 중심이 MAC 위의 30cm 되는 곳에 있다면, 30% MAC 또는 0.3 MAC에 중심이 있다고 한다.

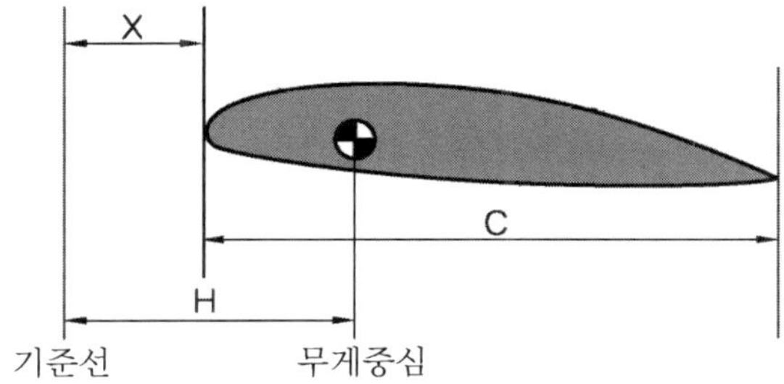

[그림 4-27] % MAC

그림 4-27은 MAC위의 위치에 대한 관계를 나타낸 것이다. 기준선에서 MAC 앞전까지의 길이를 X라 하고, 기준선에서 항공기의 중심까지의 거리가 H, MAC의 길이가 C인 경우, 항공기의 중심 위치인 H를 %MAC로 나타내는 식은 다음과 같다.

$$\text{무게중심의 } \%MAC = \frac{(H-X)}{C} \times 100$$

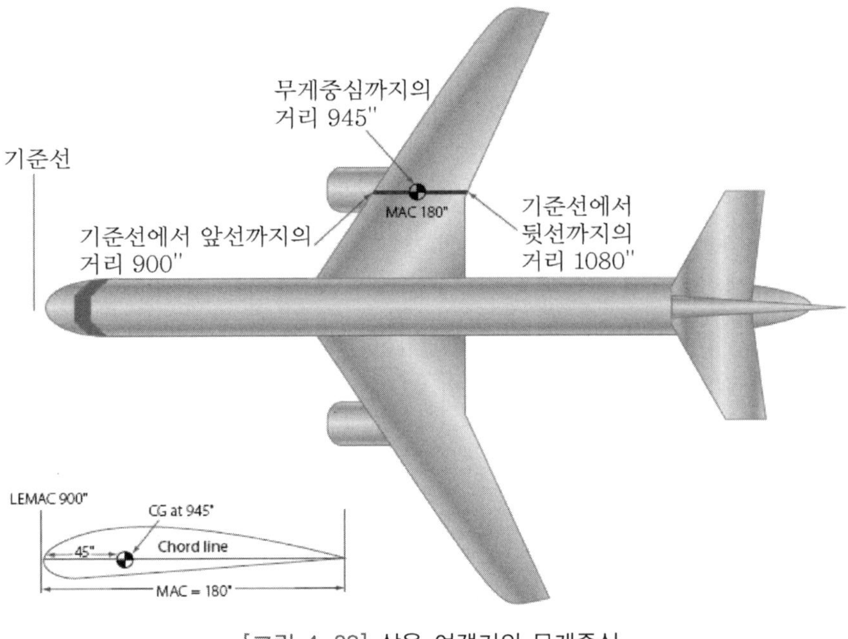

[그림 4-28] 상용 여객기의 무게중심

예를 들면 그림 4-28과 같은 경우, % MAC의 계산은 다음과 같이 계산된다.

- MAC: 항공기 날개의 공력특성을 대표하는 Chord 길이
- MAC: 항공기 날개의 면적을 Span의 길이로 나누었을 때 평균 Chord 길이를 의미함.
  Cm = S/b (S: Wing 면적, b: Span, Cm: 평균공력시위)

- MAC 백분율 산출(%):
  H = Datum Line으로부터 C.G까지의 거리
  X = Datum Line으로부터 MAC 앞전까지의 거리
  C = MAC의 길이

$$\%MAC = \frac{(H-X)}{C} \times 100 = \frac{(945-900)}{180} \times 100 = 25\%$$

예제 4.16

항공기의 무게 중심이 기준선에서 220cm에 있고, MAC의 앞전이 기준선에서 200cm인 곳에 위치한다. MAC가 80cm인 경우 무게중심 몇 % MAC에 있는가?

풀이 무게중심의 $\%MAC = \frac{(H-X)}{C} \times 100 = \frac{(220-200)}{80} \times 100 = 25\%$

⑧ 중심 한계

항공기의 무게는 연료, 승무원, 승객, 탑재물, 연료 소모량 등에 따라 변한다. 따라서 항공기 중심도 무게의 변화에 따라 위치가 앞뒤로 이동하게 된다. 그러므로 항공기가 안전하게 비행할 수 있는 중심의 이동 범위도 MAC 위에서 어떤 기준이 되는 중심 위치에 대하여 앞뒤로 한계를 정하고 있는데, 이것을 항공기의 중심 한계라 한다. 중심 한계는 항공기의 유형에 따라 규정하고 있다. 예를 들면, 보통의 경비행기인 경우 중심 한계는 약 20% MAC로 규정하고 있다. 만일 무게 중심이 날개의 25% MAC에 있고, 중심의 전방 한계가 15% MAC, 후방 한계가 35% MAC인 경우 20% MAC의 중심 한계를 가진다.

(2) 무게의 구분

① 기체 구조 무게

항공기 기체에 해당되는 날개, 꼬리날개, 동체, 착륙장치, 조종면, 나셀, 엔진 마운트의 무게를 포함한 것을 말한다.

② 동력 장치 무게

엔진 및 엔진과 관련된 부속 계통, 프로펠러 계통, 연료계통, 유압 계통의 무게를 포함한 것을 말한다.

③ 고정 장치 무게

전자·전기 계통, 공유압 계통, 조종계통, 공기 조화 계통, 방빙 계통, 자동 조종계통, 계기 등의 무게를 포함한 것을 말한다.

④ 총 무게

총 무게(Gross Weight)는 그 항공기에 인가된 최대 하중으로서 형식증명서(Type Certificate)에 기재된 무게를 말한다.

⑤ 유용 하중(Useful Load)

승무원, 승객, 화물, 무장 계통, 연료, 윤활유의 무게를 포함 한 것으로서 최대 총 무게에서 자기 무게를 뺀 것을 말한다.

⑥ 자기 무게(Empty Weight)

승무원, 승객 등의 유용 하중, 사용 가능한 연료, 배출 가능한 윤활유의 무게를 포함하지 않은 상태에서의 항공기의 무게이다. 자기 무게에는 사용 불가능한 연료, 배출 불가능한 윤활유, 엔진 내의 냉각액의 전부, 유압 계통의 작동유의 무게도 포함된다.

⑦ 영 연료 무게(Zero Fuel Weight)

연료를 제외하고 적재된 항공기의 최대 무게로서, 화물, 승객, 승무원의 무게를 포함한다. 영 연료 무게(Zero Fuel Weight)를 초과한 모든 무게는 사용하는 연료 무게가 된다.

⑧ 측정 장비 무게(Tare Weight)

항공기의 무게를 측정할 때 사용하는 잭, 블록, 촉, 지지대와 같은 부수적인 품목의 무게를 말한다. 항공기의 실제 무게와는 관계없다.

(3) 무게 중심 계산

항공기의 중심의 위치는 승무원, 승객, 화물 등의 탑재물에 따라 변하며, 또 비행하는 동안에 사용하는 연료량에 따라서도 변한다. 항공기가 안전한 비행을 하기 위해서는 비행 상태에 따라 허용된 중심 위치에 중심이 있도록 해야 한다. 항공기의 무게와 평형은 주로 세로축, 즉 기축에 대한 것이다.

① 평형의 원리

항공기의 무게 중심을 계산하고 평형 작업을 하는데 기초가 되는 것은 지렛대의 평형 원리이다. 지렛대의 받침점으로부터 서로 반대 방향으로 같은 거리에 같은 무게가 놓여 있다면 이 지렛대는 평형을 이루게 된다.

그림 4-29은 지렛대의 원리와 항공기의 평형을 나타낸 것이다. 지렛대의 받침점을 기

준으로 하여 양쪽의 물체에 의한 모멘트는 같아야만 평형이 된다.

$$M_1 = W_1 \times l_1 = W_2 \times l_2 = M_2$$

지렛대가 평형이 될 때 지렛대에 작용하는 무게 또는 전체 하중은 받침점에 집중하게 된다. 항공기의 동체를 지렛대의 보로 생각하여 무게 중심(c. g.)을 받침점이라고 하면, 항공기의 연료, 화물, 승객 등의 모든 하중이 무게중심(c. g.)에 집중되어 평형을 이루게 된다.

② 무게 중심 계산의 기본식

모든 무게가 기준선에서부터 한쪽 방향에 위치할 때 중심의 위치는 다음과 같은 기본식으로 계산한다.

$$\text{무게 중심 위치 c.g} = \frac{\text{총 모멘트}}{\text{총 무게}} = \frac{W_1 \times l_1 + W_2 \times l_2 + \cdots + W_n \times l_n}{W_1 + W_2 + \cdots + W_n}$$

여기서, W는 무게, l은 기준선에서 무게까지 팔 길이를 나타낸다.

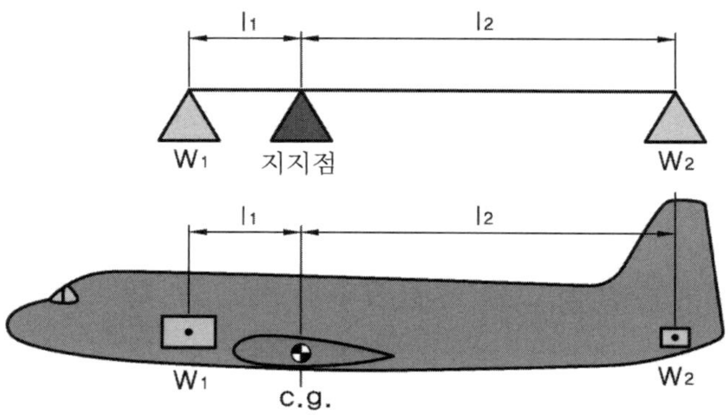

[그림 4-29] 평형의 원리

㉠ 모멘트의 계산

항공기의 하중에 의한 모멘트는 무게와 기준선에서부터 하중까지의 팔 길이를 곱하여 나타낸다. 모멘트의 단위는 N m나 ft lb 등이 쓰인다.

모멘트 = 무게 × 기준선에서 무게까지의 팔 길이

㉡ 무게 중심 위치의 계산

항공기의 무게 중심 위치는 무게 중심을 계산하는 기본 식에서 항공기의 기준선에 대한 총 모멘트를 총 무게로 나눈 값으로 얻어진다.

예제 4.17

항공기의 총 모멘트가 81,307,499 kg cm이고 총 무게가 94,495 kg일 때 이 항공기의 무게 중심 위치는 어디에 있는가?

풀이

$$c.g = \frac{\text{총 모멘트}}{\text{총 무게}} = \frac{81,307,499\ kg \cdot cm}{94,495\ kg} = 860.4\ cm$$

㉢ 무게를 추가한 다음의 중심 위치의 계산

추가된 무게와 추가된 모멘트가 같은 방향인 경우 중심 계산의 기본 식에 합하여 계산하면 무게를 추가한 다음의 새로운 무게 중심 위치를 계산할 수 있다.

$$\text{새로운 } c.g = \frac{\text{원래의 총 모멘트} + \text{추가된 모멘트}}{\text{원래의 총 무게} + \text{추가된 무게}}$$

㉣ 무게를 제거한 다음의 중심 위치의 계산

제거된 무게와 제거된 모멘트가 같은 방향인 경우 중심 계산의 기본 식에서 빼고 계산하면 무게를 추가한 다음의 새로운 무게 중심 위치를 계산할 수 있다.

$$\text{새로운 } c.g = \frac{\text{원래의 총 모멘트} - \text{제거된 모멘트}}{\text{원래의 총 무게} - \text{제거된 무게}}$$

㉤ 무게의 위치를 이동한 경우의 중심 위치의 계산

항공기로부터 무게를 장탈하지 않고, 한 곳에서 다른 곳으로 이동시킬 때의 무게 중심의 이동은 다음 식과 같다.

$$\text{새로운 } c.g = \frac{\text{원래의 총 모멘트} + \text{변화된 모멘트}}{\text{원래의 총 무게}}$$

4 강도와 안정성

1) 재료의 기계적 성질

재료의 변형은 하중에 의하여 탄성한계 범위에서는 응력(σ)과 변형률(ϵ)의 비례 관계가 다음과 같이 이루어진다.

$$\sigma = E\epsilon$$

이것을 후크의 법칙(Hooke's Law)이라 한다. 여기서 E는 비례상수로서 재료의 탄성계수 또는 영률(Young's Modulus)이라 하는데, 재료에 따라 각각 다른 값을 가진다.

마찬가지로, 전단 응력(τ)과 전단 변형률(γ)도 다음과 같은 비례 관계를 가진다.

$$\tau = G\gamma$$

여기서 G 를 전단 탄성 계수(Shear Modulus)라 한다. 이러한 응력과 변형률의 관계는 재료 시험을 통하여 알 수 있는데, 재료 시험 중 일반적인 것이 인장 시험이다. 일정한 규격을 가진 인장 시험편을 인장 시험기에 장착한 후 잡아당기면 그림 4-30과 같은 결과를 얻는데, 이것을 재료의 응력-변형률 곡선이라 한다.

그림 4-30에서 점O에서 점 A까지를 비례 탄성범위라 하는데, 후크의 법칙은 이 범위에서만 성립한다. 이 점까지 가해졌던 응력(힘)이 제거되면 변형률도 제거되어 원래의 상태(원점 O)돌아오는데, 재료의 이러한 성질을 탄성(Elasticity)이라 한다. 점 B에서는 응력(힘)이 증가하지 않아도 저절로 변형이 진행되는데, 이 점을 항복점(Yield Point)이라 하고, 이때의 응력을 항복 응력(Yield Stress) 또는 항복 강도(Yield Strength)라 한다. 점 G는 재료가 받을 수 있는 최대 응력으로, 이를 극한 강도(Ultimate Strength) 또는 인장 강도(Tensile Strength)라 한다.

항복 강도는 그림 4-30(a)와 같이 분명한 재료도 있지만, 알루미늄과 같이 그렇지 않은 재료도 있다. 이때의 재료의 항복 강도는 그림 4-30(b)에서 점 D의 0.2%의 잔류 변형이 남는 점 C의 응력으로 나타낸다. 구조 재료를 설계할 때에는 항복 강도 또는 극한 강도를 넘지 않도록 주의해야 한다.

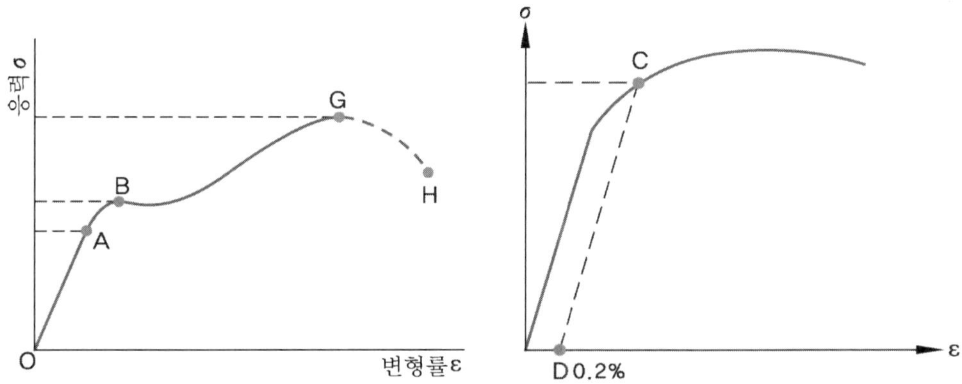

(a) (b)

[그림 4-30] 응력-변형률 선도

2) 구조의 안정성

구조의 설계에서 온도에 의한 크리프(Creep), 단면 변화에 대한 응력 집중, 반복 하중에 의한 피로파괴 등과 같은 현상이 일어나며, 이러한 현상들에 대해서는 정하중에 의한 강도 계산으로는 설명할 수가 없다.

또, 압축 하중을 받는 긴 기둥이나 판재는 그 재료의 항복 강도 이하에서 파괴되는 좌굴 현상이 일어나는데, 이와 같은 현상은 구조의 안정성에 대한 문제로 알려져 있다.

(1) 크리프(Creep)

구조 재료는 온도의 변화에 따라 팽창 또는 수축하여 기계적 성질이 변한다. 크리프(Creep)란, 일정한 응력(힘)을 받는 재료가 일정한 온도에서 시간이 경과함에 따라 응력(힘)이 일정하게 작용하더라도 변형률이 변화하는 현상을 말한다. 이러한 현상은 크리프-파단 시험에서 얻어지는 시간-변형률 곡선으로부터 설명할 수 있으며, 그림 4-31과 같다.

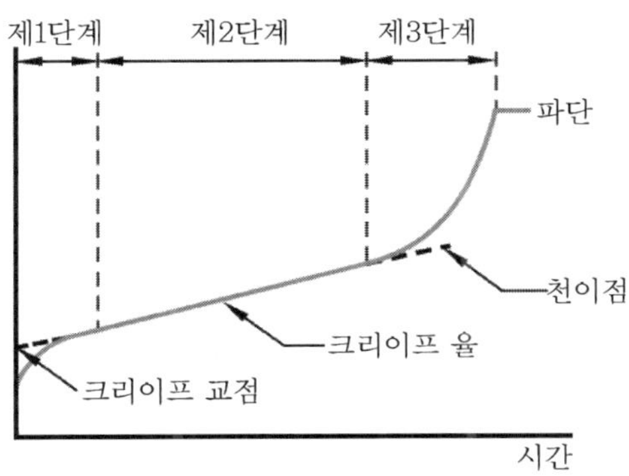

[그림 4-31] 크리프-파단 곡선

그림 4-31의 크리프의 제1단계 또는 초기 단계는 탄성범위 내의 변형으로서 하중을 제거하면 원래의 상태로 돌아온다. 제2단계는 변형률이 직선으로 증가한다. 그리고 제3단계에서는 변형률이 급격히 증가하여 결국 파단이 생긴다.

(2) 응력 집중

부재의 강도를 계산할 때 응력은 단면에 균일하게 분포된다고 가정하였다. 그러나 볼트, 리벳 등을 연결하거나 동체의 창문을 내기 위해서 구멍을 뚫어야 하는 경우와 단면적의 급격한 변화가 있는 부분의 응력 분포는 균일하지 않다. 노치, 작은 구멍, 키이, 홈, 필릿 등과 같이 단면의 변화가 있는 부분에서 국부적으로 대단히 큰 응력이 발생하는 것을 응력 집중(Stress Concentration)이라 한다.

예를 들면, 중앙에 원형 구멍이 있는 직사각형은 판재가 인장력을 받을 때 그 구멍 주위에는 그림 4-32와 같이 응력이 발생한다. 즉 구멍이 없는 평판의 두께를 t, 폭을 b라 하면, 하중 W에 의하여 다음과 같은 응력이 발생한다.

$$\sigma_0 = \frac{W}{bt}$$

그러나 원형 구멍 끝에서 발생되는 응력을 σ_m이라고 하면, 이 값은 구멍의 크기, 모양 등에 따라서 달라진다. 또한 이 값은 구멍이 없을 때의 응력 σ_0값보다 일반적으로 매우 크다. 여기서 원형 구멍 끝에서 발생되는 응력 σ_m을 평균 응력 σ_0로 나눈 값을 응력 집중 계수 K 라 하며 다음과 같다.

$$K = \frac{\sigma_m}{\sigma_0}$$

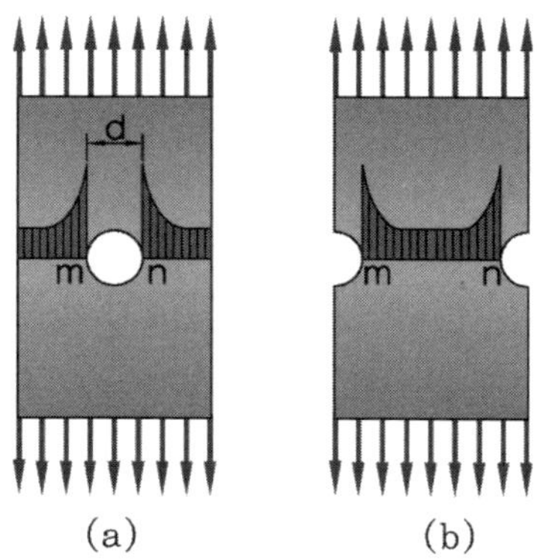

[그림 4-32] 응력 집중

(3) 피로 파괴

반복 하중을 받는 구조는 정하중에서의 재료의 극한 강도보다 훨씬 낮은 응력 상태에서 파괴되는데, 이것을 피로 파괴라 한다. 이와 같이 반복 하중에 의하여 재료의 저항력이 약해지는 현상을 피로(Fatigue)라 한다.

재료의 피로 현상은 피로 시험(Fatigue Test)으로 알 수 있는데, 여러 가지 시험 방법이 있으며, 그 중 간단한 시험 방법의 하나가 회전 굽힘 시험(Rotating Beam Test)이다.

외팔보로 된 시험편의 한쪽 끝에 수직 방향으로 하중을 작용시키면서 일정한 각속도로 회전시킨다. 그러면 보 단면의 응력의 부호는 반 회전마다 바뀌어 응력의 반복 횟수가 시험기의 회전수와 같아진다. 따라서 재료 내부의 단면에서는 그림 4-33과 같이 최대(σ_{max}) 및 최소 응력(σ_{min})이 반복적으로 발생한다. 이때 최대 및 최소 응력이 한 번씩 나타나는 것을 횟수(Cycle)이라 하고, 최대 응력과 최소 응력의 범위를 응력 변역(Range of Stress)이라 하며, 그 비를 응력 비(Stress Ratio)라 한다. 이 응력 비를 R라 하면 다음 식으로 나타내어진다.

$$R = \frac{\sigma_{min}}{\sigma_{max}}$$

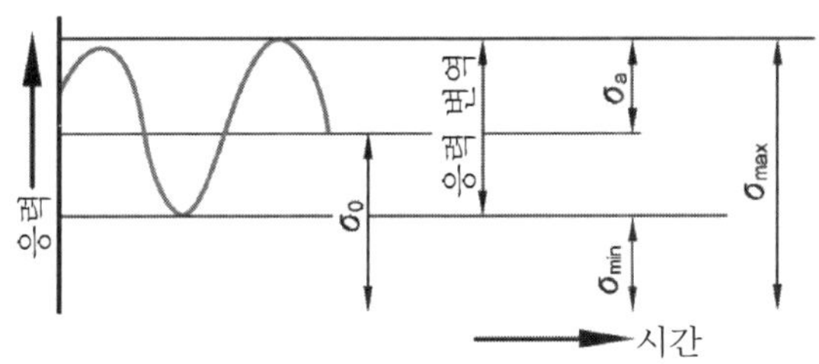

[그림 4-33] 반복 하중

최대와 최소 응력의 합의 반을 평균 응력 σ_0라 하면, 임의의 순간에 시험편에 발생하는 응력은 다음과 같이 얻어진다.

$$\sigma = \sigma_0 + \sigma_a \sin(\omega t)$$

여기서 σ_0: 평균응력, σ_a: 진동하는 응력의 진폭, ω: 회전각속도, t: 시간

피로 시험에서 최대 응력을 세로축으로 하고 가로축을 반복 횟수로 하여 그 현상을 나타낸 극선을 S-N곡선이라 한다. 그림 4-34와 같이 횟수가 증가함에 따라 곡선은 아래로 감소하다가 일정한 값이 되어 수평을 유지하게 되는데, 이것을 피로 한도(Fatigue Limit)

또는 피로 강도라 한다.

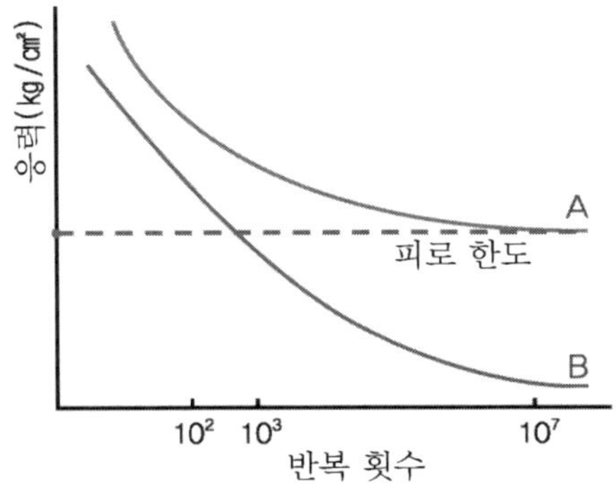

[그림 4-34] S-N 선도

만일, 재료의 응력이 피로 한도 이하라면, 이 재료는 아무리 반복 하중을 작동시키더라도 파괴가 일어나지 않는다. 철 계통의 재료는 곡선 A와 같이 피로한도가 분명히 나타나는데, 대개 이 때 반복 횟수는 $10^6 \sim 10^7$ 정도이다. 그러나 알루미늄 계통의 재료는 B 곡선과 같이 접근선이 뚜렷하지 않기 때문에, 반복 횟수를 기준으로 하여 보통 2×10^8 횟수에서 나타나는 강도를 재료의 피로 강도로 한다.

(4) 기둥의 좌굴

축 방향으로 압축력을 받는 부재로서 단면에 비하여 길이가 비교적 긴 부재를 기둥(Column)이라 한다. 반면 길이가 아주 짧은 부재를 막대 또는 봉(Bar)이라 한다. 기둥에서는 봉과 같이 압축 강도에 의하여 파괴되는 것이 아니라 압축 하중이 어느 정도 커지면 휘어지면서 꺾여 더 이상의 강도에 견디지 못하게 되는데, 이러한 현상을 좌굴(Buckling)이라 하고, 이 때 작용하는 하중을 좌굴하중(P_{cr})이라 한다. 그리고 이 때 단면에서 발생하는 응력은 재료의 압축 강도보다 훨씬 작은 값이다.

그림 4-35와 같이 기둥의 좌굴 현상은 임계 하중보다 작은 하중에서는 기둥이 거의 직선 상태를 유지하다가 임계 하중의 순간에서는 약간의 하중이나 변형의 영향으로 구조의 기능을 잃어 불안정한 상태가 된다. 따라서 임계 하중은 안정한 상태와 불안정한 상태의 분기점이 되는 중립의 상태라고 할 수 있다. 이와 같은 기둥의 좌굴 현상을 구조의 안정성에 대한 문제라 한다.

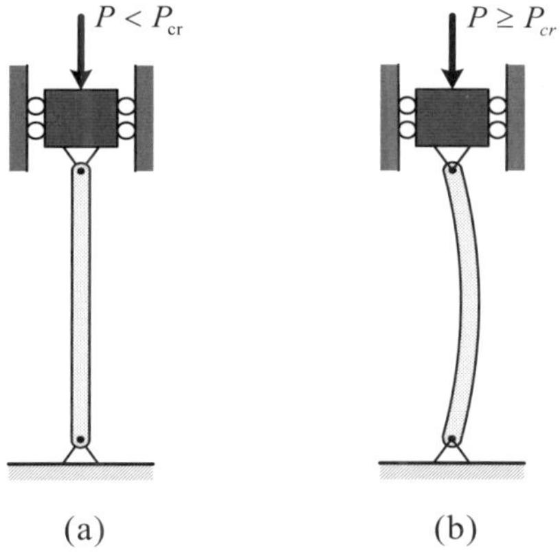

[그림 4-35] 기둥의 좌굴

Chapter 5

착륙장치 계통

항공기의 착륙장치 계통은 항공기의 무게를 지지하며 지상에서의 이동과 정지 및 착륙에 대한 충격을 흡수할 수 있어야 한다. 현대 항공기의 착륙장치는 접히고 펼쳐지는 기능이 있으며 오토 브레이크 기능을 지원한다. 이 단원에서는 착륙장치 계통의 기계적인 작동 방법과 원리에 대해서 알아보기로 한다.

1 개요

항공기의 착륙장치계통(Landing Gear System)은 항공기의 이륙, 착륙, 지상 활주 및 정지 상태에서 항공기 무게를 지탱하고, 진동을 흡수하며, 특히 착륙 시에는 항공기의 수직운동 속도성분에 해당하는 운동에너지를 흡수해야 하므로 매우 큰 충격을 받게 된다. 따라서 착륙장치는 적당한 구조와 강도를 갖도록 설계된다. 또한 지상 활주 중에 방향 전환 기능과 제동력을 가져야 한다.

[그림 5-1] 대형 항공기의 착륙장치

대형 항공기의 착륙장치는 200톤(ton)이 넘는 무게를 지탱하며, 시속 200 km 이상으로 착륙 하는 충격 하중을 흡수한다. 착륙장치는 착륙장치 지지대(Strut), 제동장치(Brake System), 조향장치(Steering System) 및 착륙장치 계통을 제어하는 컴퓨터로 구성된다. 착륙장치 지지대는 비행 중에 사용되는 것이 아니므로 외부 노출 시 유해항력(Parasite Drag)만을 유발시킨다. 따라서 착륙장치 지지대는 항공기의 크기와 종류에 따라 저속 소형기에는 공기저항을 무시하고 무게절감 효과를 고려하여 고정식 착륙장치(Fixed Type Landing Gear)가 사용된다. 반면 고속 대형기에는 구조가 복잡하지만 비행성능을 고려하여 동체나 날개 안에 접어 올릴 수 있는 접개들이식(Retractable Type) 착륙장치가 사용된다. 제동장치는 작용하는 방법에 따라 다양한 종류가 있으며 바퀴(Wheel)와 타이어 및 브레이크로 구성된다.

조향장치는 지상에서 항공기의 진행 방향을 조종할 수 있도록 한다. 착륙장치를 제어하는 컴퓨터 및 경고 장치는 착륙장치 계통의 기계적인 움직임을 감지하여 착륙장치의 상태와 경고를 조종석에 알려준다. 일반적으로 착륙장치는 유압작동기와 유압 밸브에 의하여 순차적으로 작동하게 되며, 착륙장치 계통을 이해하기 위해서는 유압 장치들의 작동 원리를 이해하여야 한다.

2 착륙장치

착륙장치를 사용 목적에 따라 분류할 때, 육상용은 타이어(Tire)가 장착된 바퀴 형(Wheel Type), 눈 위에 서는 스키 형(Ski Type), 수상용으로는 플로트 형(Float Type)이 주로 사용되며, 특히 육상용 착륙장치는 바퀴(Wheel) 배열 방식, 착륙장치(Landing Gear) 장착방식 및 충격 흡수방식에 따라 표 5-1과 같이 분류될 수 있다.

〈표 5-1〉 착륙장치의 종류

분류기준	종류	특징
장착위치	앞바퀴식	지상취급 용이하고 안정적
	뒤바퀴식	지상전복 발생 가능성
장착방법	고정식	소형기에 사용, 구조가 간단
	접개들이식	대형기에 사용, 유압 사용
사용목적	타이어식	육상용
	스키식	눈에 사용
	플로트식	수상용

1) 바퀴(Wheel)의 배열

착륙장치는 바퀴의 수에 따라 단일 형식(Single Type), 이중 형식(Dual Type) 및 트럭(Truck Type)으로 분류하며, 트럭형식은 바퀴의 수가 4개 이상의 경우를 말하며 보기 형식(Bogie Type)이라고도 한다.

일반적으로 항공기의 착륙장치는 항공기의 무게를 지지하는 주 바퀴의 위치에 따라 다음과 같이 분류한다.

(1) 뒤 바퀴식 착륙장치(Tail Wheel-Type Landing Gear)

초창기 항공기의 일반적인 착륙장치(Landing Gear)로서 주 바퀴(Main Wheel)가 항공기 무게중심(Center of Gravity) 전방에 위치하고 동체 후방 꼬리부분에 장착된 꼬리 바퀴(Tail Wheel)에 의해 방향 전환을 하는 형식이다. 주 바퀴(Main Wheel)가 전방에 위치하므로 활주로 노면 상태의 영향을 덜 받으나 지상전복(Ground Loop) 사고가 자주 발생한다는 단점이 있다.

[그림 5-2] 뒤 바퀴형 착륙장치(DC-3, MX-7-235)

그림 5-2에서 보듯이 뒤 바퀴식 착륙장치는 항공기 무게를 지지하는 주 바퀴가 앞쪽에 장착되어 있으며, 방향을 조종할 수 있는 바퀴를 후방에 부착한다. 뒤 바퀴식 착륙장치는 재래식 착륙장치라고도 부르며 왕복엔진의 프로펠러 회전력을 지지하기 위하여 소형 항공기에 사용하고 있다. 뒤 바퀴식 착륙장치는 다음과 같은 장점이 있어 초기부터 많이 사용하였다.

① 뒤 바퀴가 작아 앞 바퀴식 착륙장치보다 유해항력이 작고 같은 동력에서 보다 빠른 속도로 비행할 수 있다.
② 앞 바퀴식 보다 뒤 바퀴의 구조가 간단하여 유지비가 작게 든다.
③ 지상에서 수동 조작이 쉽고, 좁은 장소에서의 취급이 쉽다.
④ 지상으로부터 프로펠러의 유격을 높게 할 수 있어 이물질에 의한 프로펠러의 손상이 작고 거친 활주로에서 운영할 수 있다.

그러나 뒤 바퀴식 착륙장치는 다음과 같은 단점이 있어 앞 바퀴식 착륙장치가 발전하는 계기가 되었다.

① 주 착륙장치가 전방에 위치하므로 활주로 노면 상태의 영향을 덜 받으나 장애물에 걸리거나 과도한 브레이크를 사용하면 쉽게 지상전복(Ground Loop) 사고가 자주 발생한다.

② 지상에서 방향 전환 조작이 어렵고, 앞바퀴를 중심으로 쉽게 돌아가려는 경향이 있다.

③ 앞 바퀴식 착륙장치에 비해 지상에서의 시야가 상대적으로 나쁘고 조종 교육에 많은 시간이 필요하다.

(2) 앞 바퀴식 착륙장치(Tricycle-Type Landing Gear)

앞 바퀴식 착륙장치는 항공기의 무게중심 가까이 장착하는 주 바퀴와 항공기 동체의 전방에 위치하는 보조 바퀴로 구성된다. 전방 착륙장치(Nose Landing Gear)는 항공기 동체의 전방하부에 부착되어 있으며 항공기의 10퍼센트 미만의 하중만 받으며 지상 활주 시에 항공기의 방향을 조종하는 조향장치(Steering System)가 부착되어 있다. 주 착륙장치(Main Landing Gear)는 기체 무게중심 후방의 좌우에 장착되어 있으며 전체의 90퍼센트 이상의 하중을 지지하며 제동장치가 장착되어 있다.

엔진의 성능향상에 따라 프로펠러(Propeller)의 고속 회전이 가능해지면서 프로펠러의 길이가 짧아져 전방에 전방 바퀴(Nose Wheel), 후방에 주 바퀴(Main Wheel)가 배열된 앞 바퀴식 착륙장치(Tricycle Landing Gear)가 착륙장치(Landing Gear)의 배치 형태로 일반화되어 오늘날에 사용되고 있다.

[그림 5-3] 앞 바퀴식 착륙장치(Cessna 172)

동체의 길이가 긴 항공기는 이륙, 착륙 시 꼬리 부분이 지면에 닿아 파손되는 것을 방지하기 위하여 충격 흡수 장치인 테일 스키드(Tail Skid)를 꼬리 부분에 장착한다. 대부분의 항공기는 앞바퀴 형식의 삼각형 배열(Tricycle Type)을 하고 있으며 다음과 같은 장점이 있다.

[그림 5-4] 앞 바퀴식 착륙장치의 이중 메인기어

① 지상에서 항공기 동체가 수평을 유지할 수 있어 항공기 내에서 승객들의 이동이 용이하다.
② 안정성이 뛰어나 지상전복(Ground Loop)을 방지하고 고속상태에서 항공기의 급제동이 가능하다.
③ 조종사는 이륙. 착륙 시 상대적으로 넓은 시야각을 갖게 된다.
④ 삼각형 배열의 착륙장치는 항공기 진행 시, 무게중심의 위치를 앞쪽으로 옮기려는 경향성이 있으며 직진 성능이 좋고 안정적인 지상 활주를 할 수 있다.

그러나 앞 바퀴식 착륙장치는 뒤 바퀴식 보다 구조가 복잡하여 유지비가 증가하고, 지면과 프로펠러의 높이가 뒤 바퀴식 보다 낮아 거친 활주로에서 운영하기 어려운 단점이 있다.

(3) 직렬식 착륙장치(Tandem Type Landing Gear)

바퀴를 앞뒤로 배열하는 직렬식 착륙장치(Tandem Landing Gear)는 대형 항공기에서 무게 하중을 분산하기 위해 사용되며, 주 바퀴(Main Wheel)가 앞뒤로 일렬로 배열된다.

직렬식 착륙장치(Tandem Landing Gear)는 주로 보기형 착륙장치이며, 무거운 대형 항공기는 착륙장치 스트러트에 4개 또는 4개 이상의 바퀴를 사용한다. 그림 5-5에서 보는 바와 같이 2개 이상의 바퀴가 착륙장치 스트러트에 장착되었을 때 장착하는 장치(Mechanism)를 보기(Bogie)라 한다.

[그림 5-5] 보잉 777의 삼륜 보기 착륙장치

2) 착륙장치(Landing Gear) 장착 방식

모든 항공기는 필연적으로 두 가지 형태의 항공 역학적 항력을 가지고 있다. 동체 스킨을 지나는 공기 흐름(Airflow)의 마찰에 의해 발생되는 유해항력(Parasite Drag)과 양력(Lift)을 발생하기 위해 발생하는 유도항력(Induced Drag)이 있다.

속도가 증가하면 필요한 양력을 발생하기 위해 요구되는 받음각(Angle of Attack)의 감소로 유도항력이 감소되는 동안 속도의 증가로 착륙장치덮개(Fairing)의 유해항력은 증가한다.

(1) 고정식 착륙장치(Fixed Type)

저속 소형 항공기는 공기저항으로 인한 손실 보다는 무게절감으로 인한 효과가 더 크므로 가벼운 고정식 착륙장치(Fixed Type Landing Gear)를 사용한다. 고정식 착륙장치는 바퀴 팬츠(Wheel Pants)라 불리는 유선형 덮개(Streamlined Fairing) 형식의 바퀴를 감싸서 유해항력을 현저히 감소시킬 수 있다.

기체에 고정되어 있는 형식은 저속 소형기에 많이 사용되며 구조가 간단하여 정비 유지비가 저렴하나 항력이 증가하게 된다.

(2) 접이들이식 착륙장치(Retractable Type)

고속 대형 항공기는 동체 내에 착륙장치(Landing Gear)를 접어 넣음으로써 약간의 무게 증가에 따른 비용 증가 보다 항력 최소화로 인한 비행 효율을 개선을 통한 더 많은 비용절감 효과를 얻을 수 있다.

즉 접이들이식 착륙장치를 사용하는 고속 항공기의 착륙장치는 공기의 저항을 줄여 효율을 최대화할 수 있으나 항공기의 무게가 증가하고 정비 유지비가 많이 든다.

3) 완충장치(Shock Absorber)의 종류

착륙장치(Landing Gear)는 착륙시 항공기 수직속도 성분에 의한 운동 에너지를 흡수함으로써 충격을 완화하여 항공기 구조에 작용하는 하중이 설계 착륙하중 이하로 감소시켜 주며, 활주(Taxing) 시의 격심한 진동을 흡수하기 위한 장치를 갖추고 있으며, 이러한 장치를 완충창치라 한다.

즉 이러한 완충 장치는 착륙 시 항공기의 충격을 흡수 또는 완화하여 항공기 구조물의 손상을 방지하며, 지상 이동 중의 진동을 흡수한다. 그림 5-6은 대표적인 완충장치로서 완충 장치는 재질의 탄성력을 이용한 형식과 유체의 압축 성질을 이용한 형식으로 구분한다. 재질의 탄성력을 이용한 형식은 고무식과 평판 스프링식이 있으며, 유체의 압축 성질을 이용한 형식은 공기 압축식과 올레오 형식이 있다.

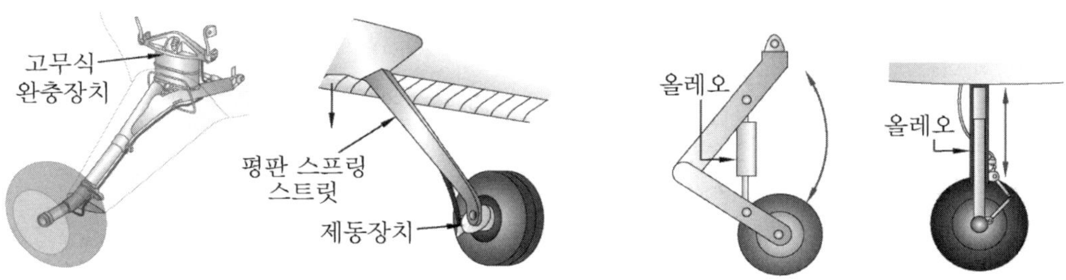

[그림 5-6] 완충 장치의 종류

(1) 평판 스프링식 완충장치(Elastic Shock Absorber)

항공기는 충격을 흡수하지 못하고 탄성매체를 통해 에너지를 받았다가 되돌리므로 감쇠성이 없어 반동이 크게 작용하므로 마찰댐퍼나 기름댐퍼가 필요하고, 경비행기에 사용한다. 완충효율이 50% 이다. 종류는 Coil Spring Steel Landing Gear, Flat Steel Leaf Landing

Gear 또는 Tubular Spring Steel Strut를 사용한다.

(2) 고무완충장치(Rubber Shock Absorber)

고무의 탄성을 이용하여 충격을 흡수하는 방식이며 감쇠성은 좋으나 내구성이 없어 주기적으로 교환해주어야 하며, 경비행기에 사용한다. 완충효율은 50%를 넘지 못한다.

(3) 강체 완충장치(RIGID)

구형 항공기에는 착륙시의 모든 하중이 항공기 동체 구조물에 직접 전달되는 강체 착륙장치(Rigid Landing Gear)가 사용되었다. 이런 형식의 착륙장치 계통은 경착륙(Hard Landing)시 구조물의 손상 원인이 되기도 한다. 강체 착륙장치(Rigid Landing Gear)를 장착한 헬리콥터는 매우 부드럽게 정상적으로 착륙한다.

(4) 번지 끈 완충장치(Bungee Cord)

번지 끈(Bungee Cord)는 충격 끈(Shock Cord)로 불리며, 번지점프 시 완충 효과를 위해 사용되는 끈으로 항공기 착륙시의 충격 흡수를 위해 고무를 사용하기도 한다. 느슨하게 엮은 천 튜브로 감싼 고무 끈의 다발 번지 끈(Bungee Cord)형태 이다. 고무 번지 끈(Rubber Bungee Cord)는 착륙시의 충격과 활주(Taxing) 시의 과도한 진동을 흡수한다.

(5) 공기 압축식 완충장치

공기 누설을 막기 어렵고 공기 압축비가 적어 완충효율이 약 40% 대로 기온 및 비행기 무게에 따라 완충장치 길이가 변화하는 단점을 가지고 있다.

(6) 올레오 완충장치(Oleo Shock Absorber)

오늘날 항공기에 가장 널리 사용되는 완충장치는 공기-오일 완충장치(올레오)(Air-Oil Shock Absorber (Oleo Strut))이다. 동체에 장착된 외부 실린더(Outer Cylinder) 안에서 내부 실린더(Inner Cylinder)가 상하로 자유롭게 움직인다. 충격하중으로 피스톤(Piston)이 위로 움직이면 작동유가 좁은 구멍(Orifice)을 통하여 밀려 올라가는 동안 에너지가 흡수되고 공기를 압축하게 되어 충격에너지가 흡수된다.

유체의 마찰에 의한 운동 에너지 흡수와 기체의 압축성에 의한 탄성(Spring) 효과가 복합적으로 작용하여 충격흡수 효율이 약 75%로 높다.

3 착륙장치의 구성품(Landing Gear Component)

착륙장치의 작동은 착륙장치 레버를 내림(Down)위치에 놓고, Up Latch를 해제시키고, 착륙장치 문을 열고, 착륙장치를 내리고, Down Latch를 잠그는 순서로 작동된다. 보통 사용되는 접개들이 착륙장치의 보안등은 Up위치에는 소등상태, 작동중의 경우는 적색등이 켜지고, Down 위치에는 녹색등이 켜진다.

착륙장치(Landing Gear)를 지지하고 안전성을 유지하기 위하여 다양한 형태의 부품들로 구성되어 있다. 여기서는 접개들이식 착륙장치 계통(Retractable Landing Gear System) 주요 구성품의 기능과 용어에 대해 설명하고자 한다.

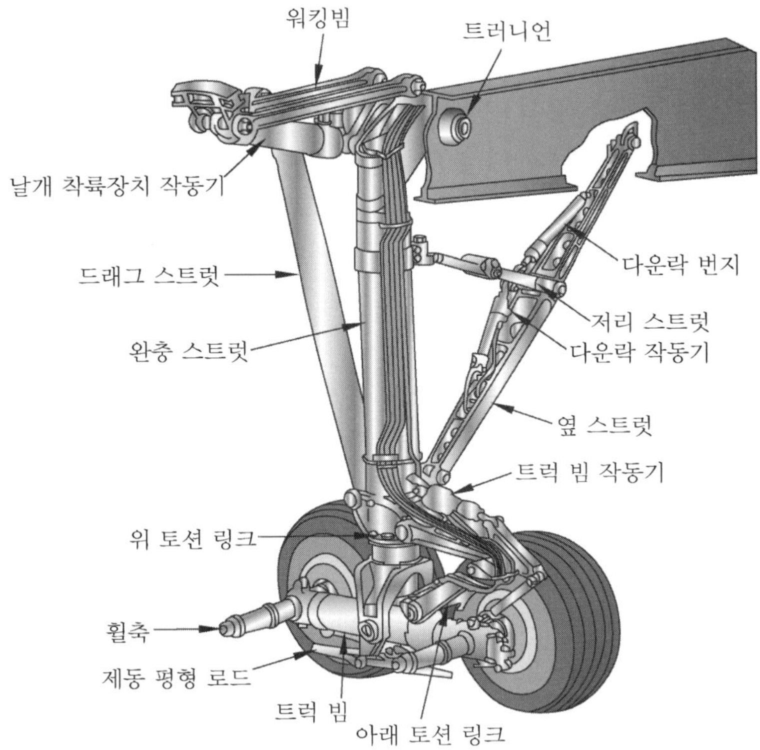

[그림 5-7] 대형 항공기 착륙장치의 구조

1) 착륙장치 레버

착륙장치 레버는 조종석에서 착륙장치를 올리거나 내릴 때 사용한다. 그림 5-8은 업(Up), 다운(Down)의 위치로만 움직이는 착륙장치 레버를 보여 주고 있다. 항공기 종류에 따라 착륙장치 레버는 업, 다운의 중간에 오프(Off)위치가 있는 항공기도 있다. 운항 중의 착륙장치 레버는 업 위치나 오프 위치로 놓으며 지상에서는 다운 위치에 놓는다. 착륙장치의 레버 위치는 착륙장치의 유압 작동라인을 선택하는 역할을 하며 지상에서 접혀 올라가는 것을 방지하기 위한 안전장치가 있다.

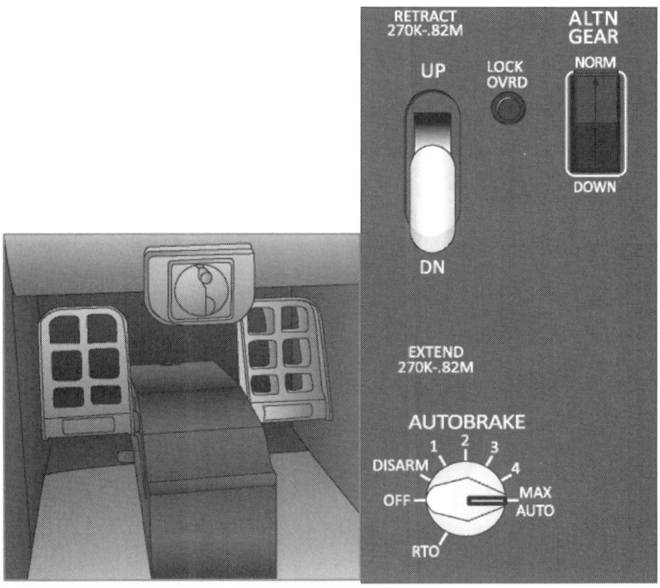

[그림 5-8] 착륙장치 작동레버

2) 완충 스트럿(Shock Absorber Strut)

완충 스트럿(Shock Absorber Strut)은 공기와 작동유의 완충작용으로 충격을 흡수하는 장치이며, 항공기의 무게를 수직방향으로 지지하는 주요 부재이다. 이륙 및 착륙시의 충격을 흡수할 수 있도록 실린더 구조로 되어 바깥쪽 실린더와 안쪽 실린더가 토션 링크(Torsion Link)에 의해 연결되어 있다. 바깥쪽 실린더 위쪽의 트러니언 기구를 통해 동체에 연결되고, 안쪽 실린더 아래쪽에 차축이 연결되어 바퀴와 타이어를 장착한다. 그림 5-9는 대형 항공기의 완충 스트럿과 주변의 장치들을 보여준다.

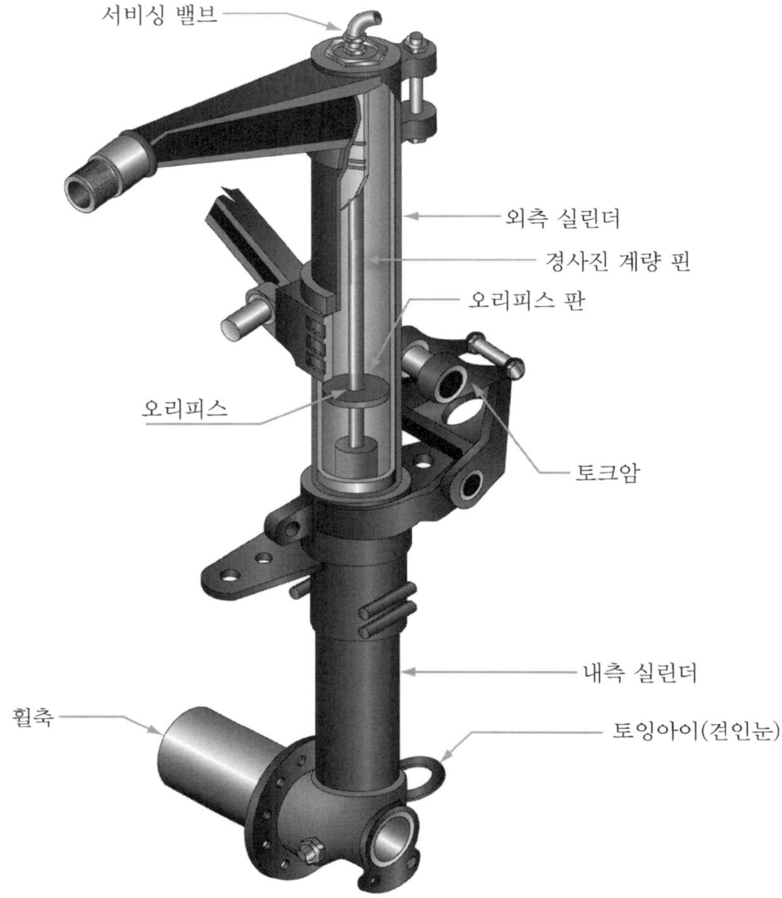

[그림 5-9] 계량 핀(Metering Pin)이 장착된 완충 스트러트(Shock Strut)

3) 보조 스트럿

보조 스트럿은 드래그 스트럿(Drag Strut)과 사이드 스트럿(Side Strut)으로 구성된다. 드래그 스트럿은 완충 스트럿의 전 · 후(항공기 길이 방향)움직임을 지지하는 역할을 하며, 사이드 스트럿은 착륙장치 Down 상태에서 옆으로 작용하는 하중을 지지하고 올라갈 때는 링크기구로 작동하여 완충 스트럿의 좌 · 우 움직임을 지지하는 역할을 한다. 드래그 스트럿과 사이드 스트럿은 중앙에 힌지축을 중심으로 각각 상 · 하 부위로 나뉘어져 있다. 보조 스트럿은 완충 스트럿이 펼쳐진 상태에서는 접히지 않도록 잠금 역할을 하고, 접힐 경우는 저리 스트럿(Jury Strut)에 의하여 관절처럼 꺾이며 완충 스트럿이 접힐 수 있도록 도와준다.

4) 트러니언(Trunnion)

트러니언은 항공기 동체 구조물에 착륙장치를 연결하는 부분으로 양끝이 베어링으로 지지되며, 착륙장치가 이 베어링을 회전축으로 하여 접혀지거나 펼쳐지게 하는 역할을 한다. 착륙장치의 완충 스트럿은 트러니언의 중심 위치에서 'T'자 형태로 체결되어 있다. 착륙장치의 유압작동기와 워킹 빔(Working Beam)은 완충 스트럿의 상부와 기체에 연결되어 있으며, 트러니언을 회전축으로 완충 스트럿을 90° 각도로 들어 올리고 내리는 역할을 한다.

착륙장치를 동체에 연결하는 부분으로 양끝이 베어링으로 지지되며, 이 베어링을 회전축으로 하여 착륙장치가 펼쳐지거나 접어 들여진다.

5) 토크 링크(Torque Link)

그림 5-10의 구조와 같이 토크 링크는 중앙 연결 부위가 힌지 축으로 되어 있다. 토크 링크의 윗부분은 완충 스트럿의 외부 실린더와 체결되어 있고, 아래 부분은 완충 스트럿의 내부 실린더와 체결되어 있다. 토크 링크의 힌지 구조는 완충 스트럿의 내부 실린더가 위, 아래로 움직일 수 있도록 하고 내부 실린더의 좌, 우 회전(옆으로 돌아가는 것)을 방지하여 바퀴의 직선운동을 유지시키는 역할을 한다. 토크 링크를 토션링크(Torsion Link)라고도 한다.

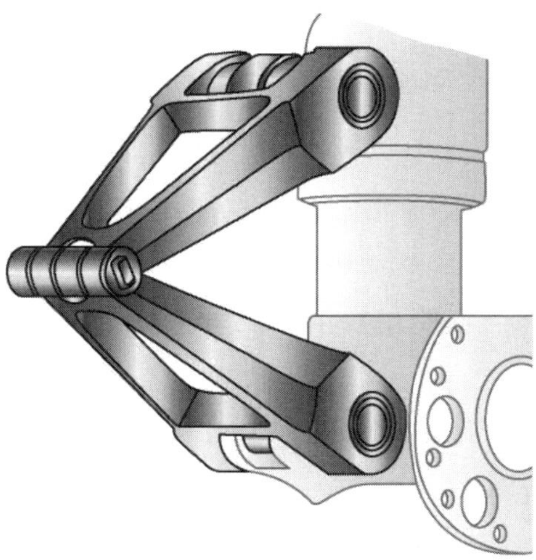

[그림 5-10] 토션 링크

6) 트럭

트럭(Truck)은 완충 스트럿의 내부 실린더 하부에 연결되는 'H' 빔(Beam) 형 구조물이며, 다수의 휠과 브레이크를 앞, 뒤로 장착할 수 있도록 되어있다.

이륙 및 착륙 시항공기 자세에 따라 완충 스트럿의 내부 실린더와의 연결부위가 전후로 일정 각도로 기울어 질 수 있게 되어 착륙 시 지면으로부터 충격을 1차 흡수하며 착륙장치가 접어들일 때(Retraction 시) 수납공간을 최소화 해준다. 트럭(Truck)을 보기(Bogie)라고 부르기도 하며 무게절감을 위해 내부가 비어 있는 Tubular Beam 형식으로 설계된다.

트럭은 중앙에 힌지로 연결되어 있으며, B747과 같은 대형 항공기에서는 일정 각도로 기울어져서 휠 저장 공간으로 들어간다. 주 착륙장치에 장착되는 바퀴의 개수는 항공기의 크기와 종류에 따라 다양하다. 대형 항공기는 4개 이상의 바퀴를 장착하여 항공기의 무게를 분산할 뿐만 아니라 한 개의 타이어가 손상 되더라도 지상 이동에 문제가 발생하지 않도록 한다. 4개 이상의 바퀴가 장착된 트럭은 각 바퀴별로 균등한 제동력을 유지하기 위하여 제동 평형 로드가 장착되어 있다.

7) 래치 장치(Latch System)

착륙장치를 정해진 위치에 안전하게 고정시키는 장치로서 Up latch는 올림위치에 착륙장치를 고정하는 것이고, Down latch는 내림위치에 착륙장치를 고정하는 것을 의미한다.

8) 제동평형로드(Brake Equalizing Rod)

제동평형로드는 항공기가 착륙해서 지상 활주할 때 제동장치를 작동시키면 앞, 뒷 바퀴 모두가 앞쪽으로 회전하기 때문에 제동장치도 앞쪽으로 회전하려는 회전모멘트를 받게 된다. 그러므로 트럭 빔의 앞과 뒤의 바퀴가 담당하는 하중이 달라지는데 이러한 현상을 보완하는 것이 제동평형로드의 역할이다. 즉 트럭의 앞・뒤 바퀴가 균등하게 하중을 담당하도록 하는 기구이다.

9) 다운 락 스트럿(Over-Center Link)

Over-Center Link는 드래그 스트럿(Drag Strut) 과 사이드 스트럿(Side Strut)의 중앙 회전 연결부(Pivot Joint)에 힘을 가해 착륙장치를 접어 올릴 때를 제외하고 항공기가 지상에서 움직일 때 링크(Link)가 접히는 것을 예방한다. Over-Center Link는 착륙장치를 접어 올리기 위해 유압으로 작동하며, Over-Center Link는 다운 락(Down-Lock) 또는 저리 스트럿(Jury Strut)이라 부르기도 한다.

10) 번지 스프링(Bungee Spring)

번지 스프링은 Over-Center Link를 기계적으로 작동시키며, 랜딩기어의 다운 락(Down Lock)을 돕는 역할을 한다.

4 착륙 계통의 유압 장치와 완충 스트럿의 작동

현대 항공기의 착륙장치는 대부분이 유압 장치를 이용하여 착륙장치를 들어 올리거나 내린다. 착륙장치에 사용되는 유압 장치는 유압작동기, 유로 선택밸브, 업락(Up-Lock) 작동기, 다운락(Down-Lock) 작동기, 시퀀스 밸브(Sequence Valve), 셔틀 밸브(Shuttle Valve), 흐름 제어 밸브 등이 있다. 착륙장치의 펼침과 접히는 순서는 유압 장치와 기계적인 연결 장치들의 조합에 의하여 순차적으로 작동한다. 착륙장치가 정상적으로 작동하기 위해서는 유압 계통이 정상적으로 작동하여야 한다. 그림 5-11은 착륙장치가 접힌 상태에서 펼쳐지는 동작을 보여 주고 있으며, 접히는 동작은 역순으로 진행된다.

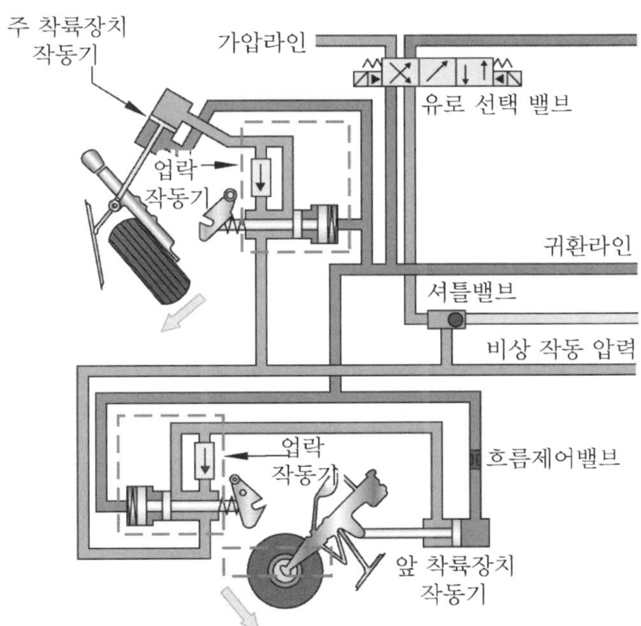

[그림 5-11] 착륙장치의 펼침 과정

착륙장치가 펼쳐지는 과정은 아래와 같다.

① 조종실의 착륙장치 레버를 펼침(Down) 위치로 내리면 유로 선택밸브가 작동하여 유압이 착륙장치를 내리는 방향으로 가압된다.
② 가압된 유압은 일반적으로 비상 작동 압력보다 높으므로 셔틀 밸브를 밀고 업락 작동기에 도달하게 되며, 스프링의 잠금 상태를 풀어 착륙장치가 펼쳐질 수 있도록 한다. 업락 작동기로 향하는 유압은 일방향성 체크 밸브(Check Valve)를 통하여 흐름이 제한되며, 업락 작동기가 부드럽게 작동하도록 한다.
③ 업락 작동기가 풀림 위치로 움직이면 착륙장치의 유압작동기가 착륙장치를 펼친다.
④ 착륙장치가 완전히 펼쳐지면 다운락 작동기가 작동하여 착륙장치가 접히지 않도록 한다. 다운락 작동기는 보조 스트럿을 역관절 형태로 꺾어 완충 스트럿이 접히지 않도록 한다.
⑤ 모든 착륙장치가 완전히 펼쳐진 후 다운락 상태가 되면 조종실의 상태 알림 표시창에 녹색의 램프 표시로 알려 준다.

착륙장치는 유압작동기에 의하여 정상적으로 펼쳐지지 않는 경우를 대비하여 보조 펼침 장치를 갖고 있다. 일반적으로 보조 펼침 장치는 전기 모터나 수동으로 연결된 장치를 이용하여 업락 장치를 푸는 역할만 한다. 업락 장치가 풀리면 착륙장치는 자중에 의하여 펼쳐진다. 그림 5-11에서는 보조 펼침 방식으로 비상 유압이 사용되는 것을 알 수 있다.

5 착륙장치의 지시 계통

조종실의 알림 표시창은 착륙장치의 위치와 작동 상태를 다양한 형태로 표시한다. 착륙장치의 작동 레버 위치와 착륙장치의 위치가 서로 다른 경우는 조종사에게 벨 소리와 경고 메시지로 알려 준다. 그림 5-12은 소형 항공기의 착륙장치 지시계통에 대한 대표적인 예이다. 그림의 녹색 불빛은 착륙장치의 작동 레버 위치를 펼침 위치로 놓았을 때 모든 착륙장치가 내려와 있음을 알려 주는 것이다. 완충 스트럿의 토션 링크와 보조 스트럿은 착륙장치의 접힘과 펼침 위치를 확인할 수 있도록 각 부위에 마이크로 스위치(Micro Switch) 또는 근접 스위치(Proximity Switch)가 장착되어 있다.

[그림 5-12] 소형 항공기 착륙장치의 위치 알림창

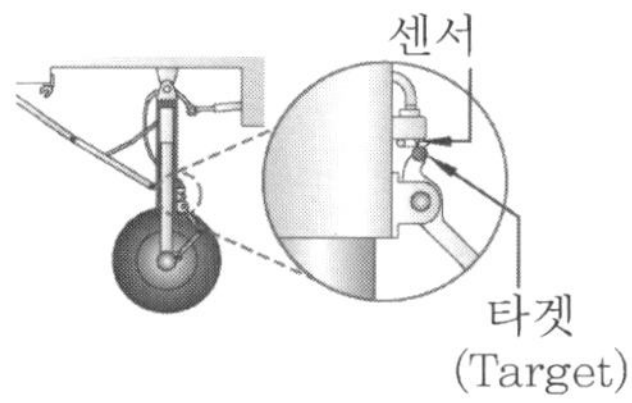

[그림 5-13] 착륙장치의 마이크로 스위치 구성

마이크로 스위치와 근접 스위치는 센서와 타겟이 한 쌍으로 구성되며, 센서와 타겟이 접촉하거나 근접한 위치로 접근하면 전기적인 신호를 발생시킨다. 착륙장치 제어 컴퓨터는 각각의 마이크로 스위치 또는 근접 스위치로 부터 신호를 받아 각 착륙장치의 접힘과 펼침 상태를 감지하며, 착륙장치 작동 레버와 착륙장치의 위치를 비교하여 작동 상태와 경고 메시지를 화면으로 표시한다. 그림 5-14는 대형 항공기의 착륙장치에 대한 지시 계통의 예이다.

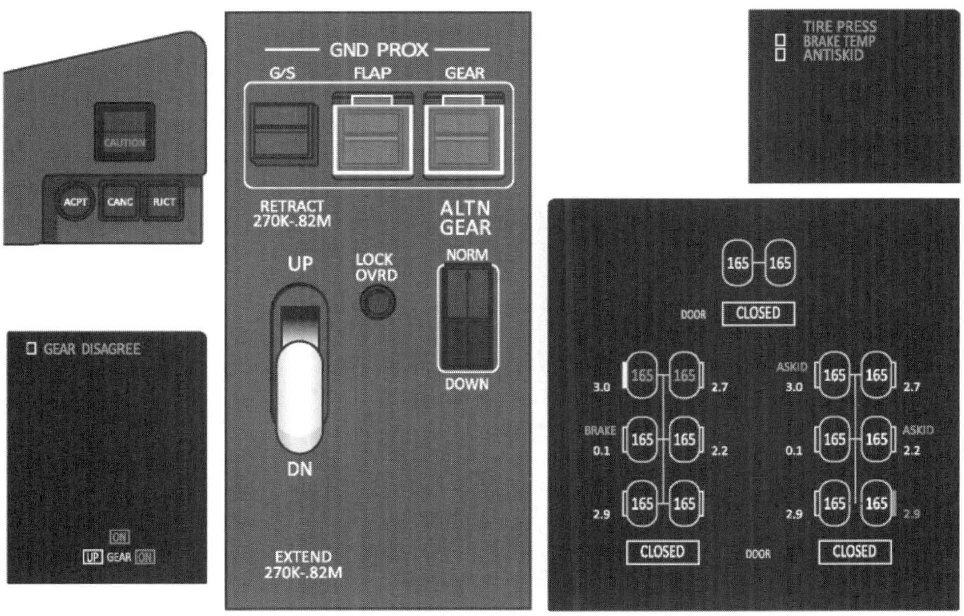

[그림 5-14] 착륙장치의 알림 표시창과 경고 메시지

그림 5-14에서 좌측 하단의 지시창은 착륙장치 레버가 내려와 있으나 좌측 주 착륙장치가 내려오지 않은 상태를 주황색의 경고 메시지(Gear Disagree)로 보여 주고 있다.

6 완충 장치

1) 올레오 완충 장치

올레오(Oleo) 완충 장치는 공기의 압축 성질과 비압축성 작동유의 흐름을 제어하여 충격을 흡수한다. 완충 스트럿의 외부 실린더 상부는 항공기 기체의 구조물과 연결되고 내부 실린더는 휠의 지지부와 연결된다. 그림 5-15에서 보듯이 외부 실린더의 상부는 에어 밸브가 장착되어 있어 압축 공기를 주입하고, 하부는 작동유를 주입하거나 배출할 수 있는 오일 밸브가 장착되어 있다. 미터링 핀은 내부 실린더에 붙어 있으며 하부가 상부보다 굵은 테이퍼 형태로 실린더 오리피스(Orifice)를 통하여 위, 아래로 이동한다. 항공기 착륙 시 내부 실린더는 착륙장치의 자중과 압축 공기의 영향으로 완전히 하부로 내려와 있게 된다.

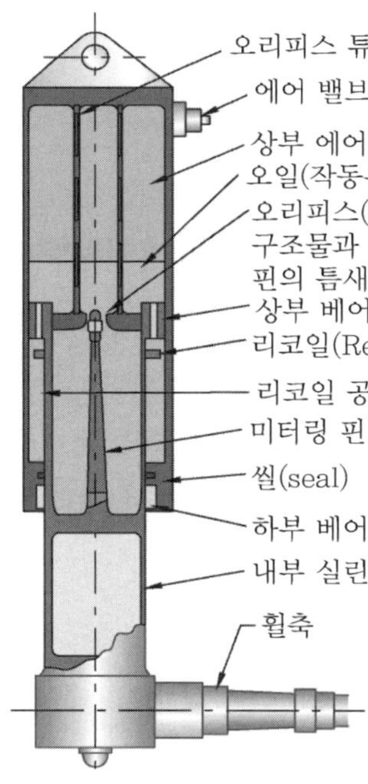

[그림 5-15] 올레오 완충장치의 단면

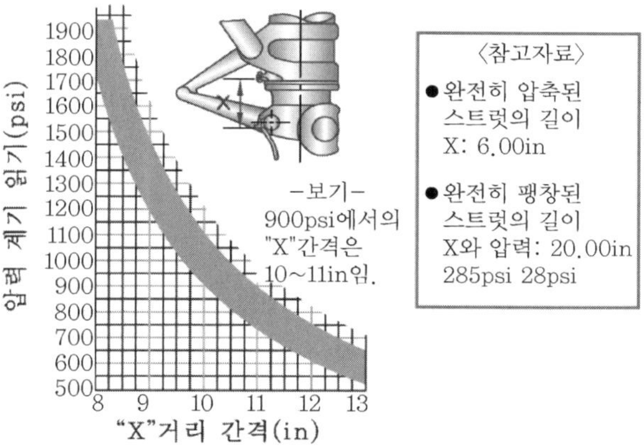

[그림 5-16] 올레오 완충 장치의 서비스 도표(예)

착륙과 동시에 실린더의 작동유는 오리피스를 통하여 위쪽으로 밀려 올라가게 되고 압축 공기를 더욱 압축하여 충격하중을 흡수한다. 내부 실린더가 위로 올라가면미터링 핀의 오리피스가 점점 좁아져 유량의 흐름을 제한하게 되며, 완충력을 조절하여 부드럽게 충격하중을 완화한다. 올레오 완충 장치의 리코일(Recoil) 밸브는 공기의 압축과 팽창에 의하여 반동이 일어나는 것을 방지한다. 올레오 완충 장치의 작동유가 외부로 새어 나오면 충격을 흡수하지 못하게 되고 항공기의 구조적인 손상을 발생시킬 수 있다. 완충 장치의 아래쪽 실린더 부위는 작동유가 새는 것을 쉽게 확인할 수 있도록 크롬으로 도금되어 있으며 항상 청결하게 관리하여야 한다.

2) 올레오 완충 장치의 작동유와 압축 공기 보급

올레오 완충 장치가 효율적으로 작동하기 위해서는 작동유의 량과 압축 공기의 압력이 규정된 범위에 있어야 한다. 올레오 완충 장치는 착륙장치의 도어 안쪽이나 완충 장치의 외부에 작동유의 양과 압축 공기의 압력 상태를 확인할 수 있도록 그림 5-16와 같은 서비스 도표(Service Chart)가 부착되어 있다. 올레오 완충 장치의 작동유와 압축 공기를 도표에 따라 규정된 범위로 보급하는 것은 중요한 작업이며 보급 순서는 아래와 같다.

올레오 완충 장치에 작동유와 공기 압력을 규정된 범위로 보급하기 위해서는 정상적으로 연료가 탑재된 항공기를 수평면 위에 놓고 도표에 따라 작동유의 양과 공기 압력을 측정하여야 한다.

(1) 항공기 주변의 모든 장애물을 치운다. 일부 항공기는 작동유 공급을 하기 위하여 잭 작업이 필요하다.
(2) 주입 플러그(Filler Plug) 주변의 먼지나 이물질을 깨끗이 닦는다.
(3) 에어 밸브에서 캡(Cap)을 제거한다. [그림 5-17(가)]
(4) 렌치를 이용하여 스위벨 6각 너트(Swivel Hex Nut)가 안전하게 조여져 있는지 확인한다. [그림 5-17(나)]
(5) 만약 에어 밸브에 밸브 코어(Valve Core)가 있으면 그림 5-17(다)와 같이 밸브 코어를 눌러 공기를 빼낸다. 이때 고압 공기의 배출로 얼굴에 부상을 당할 수 있으므로 항상 밸브의 한쪽으로 비켜서 작업을 한다.
(6) 밸브 코어를 빼낸다. [그림 5-17(라)]
(7) 스위벨 6각 너트를 반시계 방향으로 돌려 스트럿의 공기를 뺀다. [그림 5-17(마)]
(8) 완충 스트럿이 완전히 압축되어 공기 압력이 제거 되었으면 밸브 뭉치를 빼낸다. [그림 5-17(바)]
(9) 정비 교범에서 권고하는 형식의 작동유를 에어 밸브 또는 오일 보급 밸브를 통해 주입하여 에어 밸브 위치로 부터 거품이 나오지 않을 때 까지 보급한다. 이 때 내부 실린더는 완전히 압축된 상태에 있어야 한다.
(10) 에어 밸브 뭉치에 새로운 오-링(O-Ring)을 장착한다.
(11) 에어 밸브를 장착하고 정해진 토크 값으로 조인다.
(12) 에어 밸브 코어를 장착한다.
(13) 고압의 질소를 보급하여 완충 스트럿의 피스톤을 서서히 팽창 시키면서 공기 압력과 내부 실린더의 팽창 길이를 측정하여 서비스 도표에 표시된 규정된 범위에 들도록 한다.
(14) 스위벨 6각 너트를 장착하고 주어진 토크 값으로 조인다.
(15) 밸브 캡을 닫는다.

이때, 서비스 도표에 표시된 공기 압력에 비하여 완충 스트럿의 피스톤 팽창 길이가 짧다면(예; 그림 5-16의 'X' 거리), 공기가 스트럿의 작동유에 갇혀 있을 수 있으므로 갇힌 공기를 배출하여야 한다. 스트럿의 작동유 사이에 갇힌 공기 배출 작업은 일반적으로 잭을 한 상태에서 수행하며, 내부 스트럿의 팽창, 수축 과정을 수 회 반복하면서 기포가 작동유로부터 완전히 배출되도록 하는 것이 중요하다.

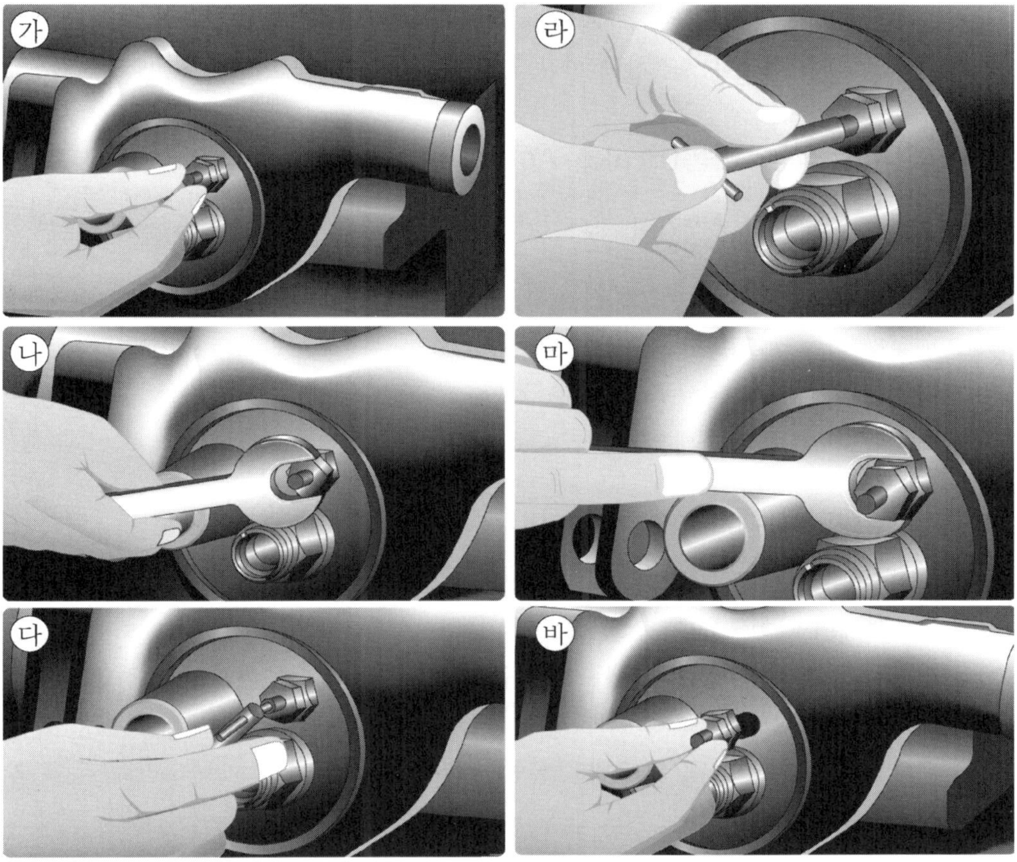

[그림 5-17] 올레오 완충 장치의 작동유와 압축 공기 보급

7 제동장치(Brake System)

제동장치(Brake System)는 항공기의 감속, 정지, 대기(Holding), 방향 전환(Steering)에 사용한다. 제동장치는 적정 거리 내에 항공기를 정지하도록 충분한 에너지를 흡수할 능력이 있어야 한다. 즉, 브레이크는 정상 엔진 작동 중에 항공기를 지상에 대기시켜야 하고, 또한 지상에서 항공기의 방향 전환을 위한 감속을 해야 한다.

브레이크는 주 착륙장치 계통의 바퀴에 장착되고 서로 독립적으로 작동한다. 우측 착륙장치 바퀴는 고무 페달(Rudder Pedal)의 끝에 가해지는 힘에 의해 조종되고, 좌측은 좌측 페달(Pedal)에 의해 작동 된다.

브레이크가 효율적으로 정상적으로 작동하기 위해서는 제동장치(Brake System)안에 있는 각 구성품(Component)이 적절하게 작동해야 하며 브레이크 계통 전반에 대해 자주 검사하고 계통에 충분한 유압의 유체(Hydraulic Fluid)를 유지시키며, 각 브레이크 부품(Brake Assembly)은 적절히 조절하고 마찰 표면에 그리스나 오일 등이 없어야 한다.

1) 브레이크 작동 계통(Brake Actuating System)

일반적으로 다음과 같은 3가지 형식의 브레이크 작동 계통(Brake Actuating System)이 사용된다.

- 독립 브레이크 계통(Independent Brake System)
- 동력 브레이크 조종계통(Power Brake Control System)
- 동력 부스터 브레이크 계통(Power Boost Brake System)

(1) 독립 브레이크 계통(Independent Brake System)

일반적으로 독립 브레이크 계통(Independent Brake System)은 소형 항공기에 사용된다. 이 형식의 브레이크 계통을 "독립적"이라고 하는 이유는 각각의 유압 액체 보관용 용기가 있고, 항공기의 주 유압 계통과는 완전히 분리되어 있기 때문이다. 독립적인 브레이크 계통은 마스터 실린더(Master Cylinder)에 의해 힘을 받는다. 유압 액체 보관용 용기, 두 개의 마스터 실린더, 브레이크 페달, 유압 배관(Hydraulic Fluid Line), 그리고 각 주 착륙장치 바퀴(Main Landing Gear Wheel)에 있는 브레이크 구성품(Brake Assembly) 등으로 구성된다. 각 마스터 실린더는 브레이크 페달의 압력에 의해 작동한다.

(2) 동력 브레이크 조종계통(Power Brake Control System)

브레이크 작동에 많은 용량의 유압 액체가 필요한 동력 브레이크 조종계통(Power Brake Control Valve System)이다. 일반적으로 대형 항공기에 많이 적용된다. 대형 브레이크는 유압 액체의 이동 량이 많고 고압이며, 또한 이런 조건 때문에 독립적인 마스터 실린더 계통이 대형 항공기에는 적용 될 수 없다. 이 계통은 주 유압계통(Main Hydraulic System)의 압력 배관(Pressure Line)으로부터 유압을 공급받는다. 이 라인의 첫 번째 장치가 체크(Check) 밸브로 이것이 주 계통의 고장 시에 브레이크 계통 압력의 손실을 막는다. 다음 장치가 축압기(Accumulator)로 압력 상태의 예비 유압 액체(Hydraulic Fluid)를 저장한다.

(3) 동력 부스터 브레이크 계통(Power Boost Brake System)

일반적으로 동력 부스터 브레이크(Power Boost Brake) 계통은 착륙이 너무 빨라서 독립적인 브레이크 계통을 사용할 수 없는 곳에 사용하지만, 동력 브레이크 종종 계통을 사용하기에는 무게가 가벼운 항공기에 사용한다. 주 유압 계통 압력은 오직 동력 부스터 실린더(Power Boost Cylinder)를 통해서 페달에 힘을 가한다.

2) 제동장치의 주요 구성품과 작동 원리

항공기 제동장치는 크게 브레이크와 바퀴(휠) 및 타이어로 구성되며, 지상에서 움직이는 항공기를 멈추게 하거나 정지 상태로 유지하는 역할을 한다. 제동장치는 일반적으로 주 착륙장치에만 장착되어 있으며, 일부 항공기는 앞 착륙장치에도 장착되는 경우가 있다. 제동장치의 주요 구성품은 브레이크 페달, 브레이크 미터링 밸브, 유압 퓨즈, 셔틀 밸브, 엔티 스키드 밸브, 오토 브레이크 제어장치, 브레이크, 휠 및 타이어가 있다.

(1) 브레이크 페달

제동장치는 수동으로 브레이크 페달의 위쪽을 눌러 작동시키거나 오토 브레이크 제어장치에 의하여 자동으로 작동한다. 브레이크 페달은 러더와 브레이크를 같이 작동할 수 있도록 상호 연결되어 있다. 브레이크 페달을 밀면 러더가 움직이고, 위쪽을 누르면 브레이크가 작동한다. 브레이크 페달은 일반적으로 브레이크 미터링 밸브를 움직이는 역할을 한다.

(2) 브레이크 미터링 밸브

브레이크 미터링 밸브(Metering Valve)는 브레이크 페달의 움직임에 따라 유압 라인으로 부터 들어오는 유압의 양과 속도를 조정하여, 조정된 압력이 브레이크에 작용하도록 한다. 소형 항공기의 제동장치는 브레이크 페달과 브레이크 미터링 밸브만으로 구성되기도 한다. 브레이크 미터링 밸브는 좌, 우측에 독립적으로 장착되어 있으며, 오른쪽과 왼쪽의 브레이크를 독립적으로 작용할 수 있다.

(3) 셔틀 밸브

셔틀 밸브(Shuttle Valve)는 유압라인의 유로를 선택하는 역할을 한다. 브레이크 미터링 밸브를 통하여 작용하는 유압과 오토 브레이크 제어장치로 부터 유입되는 유압의 크기에 따라 큰 압력이 작용하는 쪽으로 유로를 형성한다.

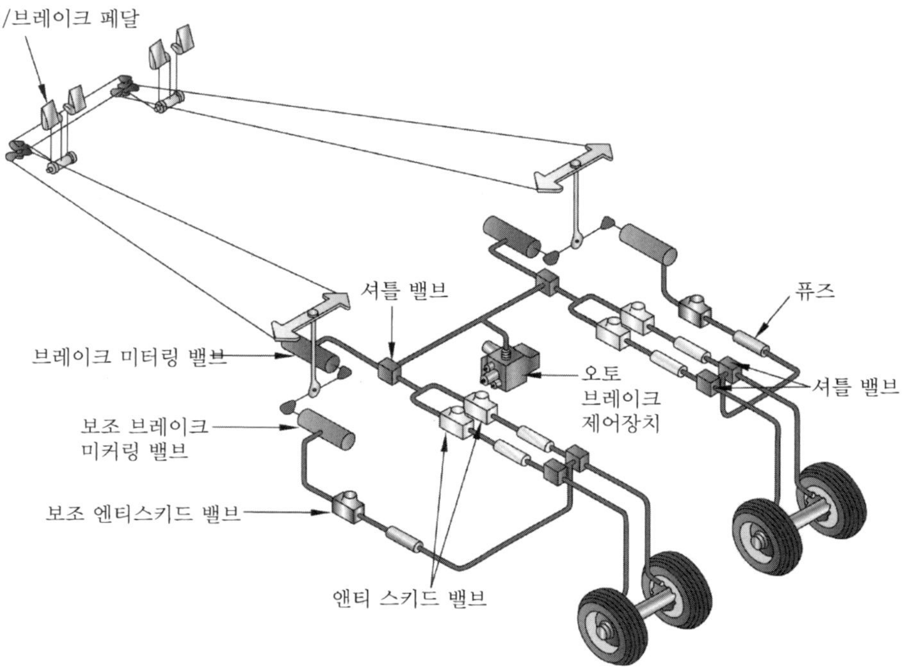

[그림 5-18] 제동장치의 주요 구성품과 작동 원리

(4) 유압 퓨즈

유압 퓨즈(Hydraulic Fuse)는 유압 퓨즈를 통해 들어오고 나가는 유압 라인의 압력 차이에 의해 작동하는 일종의 셔틀 밸브이다. 브레이크의 유압 라인이 파손되어 유량이 빠른 속도로 누출되고 압력이 떨어지면 유압 퓨즈가 유로를 차단하여 다른 유압 라인의 유압 손실을 방지한다.

(5) 엔티 스키드 밸브

엔티 스키드 밸브(Anti-Skid Valve)는 브레이크 제어 밸브의 일종이다. 브레이크와 가까운 위치에 장착하여 브레이크 미터링 밸브나 오토 브레이크 제어장치를 통해 들어오는 유압을 제어한다. 엔티 스키드 밸브는 휠 속도 감지 센서와 제동장치 제어 컴퓨터에 의하여 작동한다. 엔티 스키드 장치는 항공기가 착륙 후 지상 활주할 때 바퀴의 빠른 회전 속도에 대하여 무리한 제동을 걸면 바퀴가 회전을 멈추고 미끄러져 타이어가 심한 손상을 입게 되는 현상을 방지한다. 또한 앤티 스키드 계통을 작동시켰을 경우 항공기가 착륙을 하기 위하여 지면에 접속한 후 브레이크 페달에 최대의 힘을 계속 가하고 있으면 브레이크 장치는 자동적으로 바퀴가 미끄러지지 않는 조건 하에서 최대의 제동효율을 가진다.

(6) 오토 브레이크 제어장치

오토 브레이크 제어장치(Auto Brake Control Module)는 제동장치의 제어 컴퓨터에 의해 작동한다. 이륙이나 착륙 시 브레이크 페달을 작동하지 않아도 사전에 설정된 유압으로 브레이크가 작동된다. 오토 브레이크 제어장치에 작용하는 유압의 크기는 활주로의 길이와 상태에 따라 조종사가 사전에 설정하도록 되어 있다.

(7) 보조 브레이크 장치

항공기의 정상적인 브레이크는 유압이 작동할 경우에만 작동한다. 제동장치에는 유압이 작동하지 않는 경우에 임시로 제동 역할을 하는 보조 브레이크 장치가 있다. 보조 브레이크 장치는 일반적으로 압축 공기가 들어 있는 축압기로 구성되어 있다. 유압이 정상적으로 작동하지 않는 상태에서 브레이크 페달을 밟으면 축압기의 압축 공기가 제동장치의 유압을 일시적으로 가압하여 브레이크 기능을 수행한다. 브레이크 축압기는 실린더 타입이 많이 사용되며 축압기의 한 쪽은 약 1000psi의 압축 공기로 채워져 있다. 축압기의 압축 공기는 정상적인 유압의 약 ⅓ 압력으로 채워져 있으므로 유압 계통이 정상적으로 작동하는 경우에는 축압기의 공기압이 브레이크 쪽으로 작용할 수 없게 된다. 축압기는 엔진을 정지한 상태에서 항공기를 주기하기 위한 파킹 브레이크 기능으로도 사용되며, 브레이크 유압라인의 압력 파동을 흡수하는 기능도 수행한다.

3) 브레이크의 종류와 구조

브레이크의 종류는 구조 형식에 따라 드럼식(Drum Brake 또는 Shoe Brake 라고도 함), 팽창 튜브식(Expander Tube Type)과 디스크식(Disk Type)으로 나뉘며, 디스크식은 싱글 디스크(Single-Disk), 듀얼 디스크(Dual-Disk), 멀티 디스크(Multi-Disk) 또는 세그먼트 로터(Segmented Rotor)로 세분화된다. 소형 항공기는 싱글 디스크(Single-Disk), 듀얼 디스크(Dual-Disk Type)식이 쓰이고, 멀티 디스크(Multiple Disk Type)식은 주로 중형 항공기에, 그리고 세그먼트 로터(Segmented Rotor)와 팽창 튜브(Expander Tube Type)식은 대형 항공기에서 주로 쓰인다.

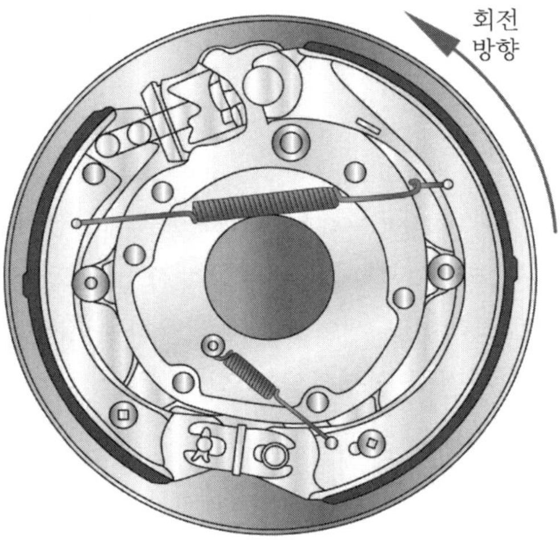

[그림 5-19] 드럼 브레이크 구조

(1) 드럼 브레이크

드럼(Drum) 브레이크는 슈(Shoe) 브레이크라고도 하며 휠의 안쪽에 드럼을 장착하고 슈(Shoe)나 패드(Pad)를 드럼 쪽으로 팽창시켜 제동력을 얻는다. 슈나 패드를 팽창시키는 방법에 따라 기계식과 유압식으로 구분된다. 드럼 브레이크는 속도가 빠른 대형 항공기에는 적당하지 않으며 일부 소형 항공기에 사용한다.

(2) 팽창 튜브 브레이크

팽창 튜브 브레이크(Expander Tube Type)는 무게가 가볍고 간단한 구조로 되어 있으며, 대형 항공기에 많이 사용된다. 그림 5-20과 같이 팽창 튜브 안으로 유압이 작용하면 팽창 튜브가 팽창한다.

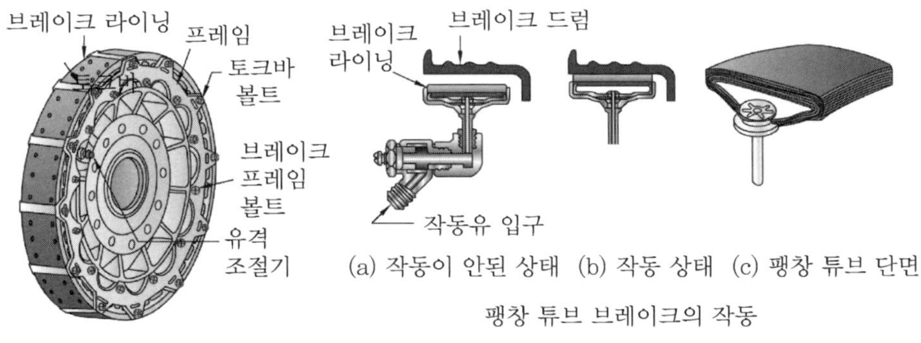

[그림 5-20] 팽창 튜브 브레이크의 구조와 작동 원리

팽창 튜브는 둘레에 있는 브레이크 라이닝이 브레이크 드럼을 마찰하도록 밀어 바퀴를 제동한다. 브레이크를 작동하지 않는 상태에서는 브레이크 라이닝의 귀환 스프링에 의하여 튜브가 브레이크 드럼과 접촉하지 않도록 한다.

(3) 디스크 식 브레이크

디스크 식(Disk Type) 브레이크는 바퀴와 함께 회전하는 로터(Rotor)와 바퀴 축에 고정된 스테이터(Stator)로 구성된다. 브레이크 스테이터는 패드(Pad)라고도 하며 로터를 양쪽에서 압착하여 바퀴의 회전을 정지시킨다. 일반적으로 브레이크는 매우 높은 에너지를 흡수하여야 하므로 강철 재질이나 탄소 재질로 만든다. 대형 항공기의 브레이크는 에너지 흡수율이 높고 무게가 가벼운 탄소 재질을 많이 사용한다. 디스크 식 브레이크는 싱글 디스크 브레이크(Single Disk Type), 듀얼 디스크 브레이크(Dual Disk Type),멀티 디스크 브레이크(Mutiple Disk Type), 세그먼트 로터 브레이크(Segment Rotor Type)로 구분되나, 기본적인 작동과 역할은 비슷하다. 세그먼트 로터 브레이크는 멀티 디스크 브레이크와 같은 구조이나 로터 디스크의 재질과 모양에서 차이가 있다. 세그먼트 로터 브레이크의 로터 디스크는 일반적으로 강철 재질이며 여러 개의 조각으로 나누어 연결한 모양을 하고 있다.

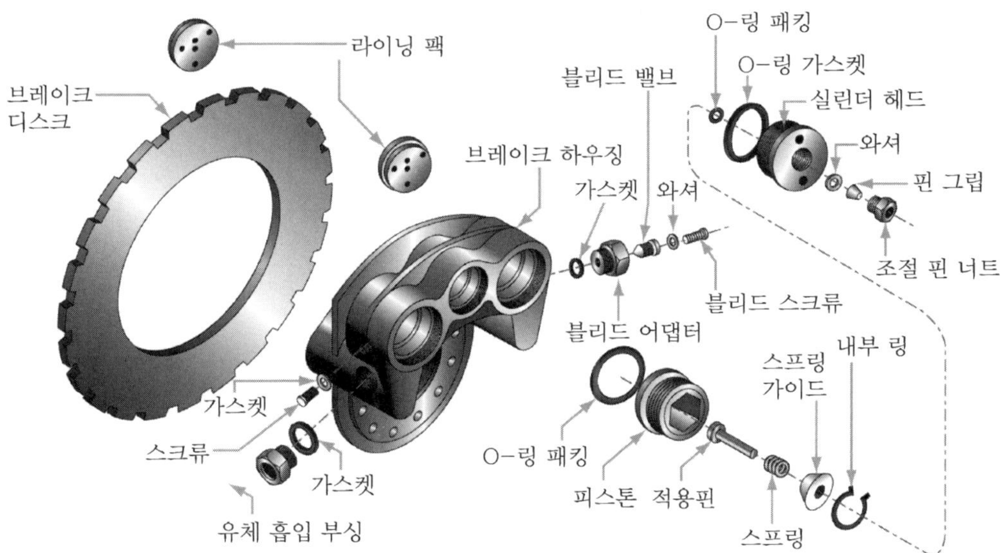

[그림 5-21] 싱글 디스크 브레이크의 구성

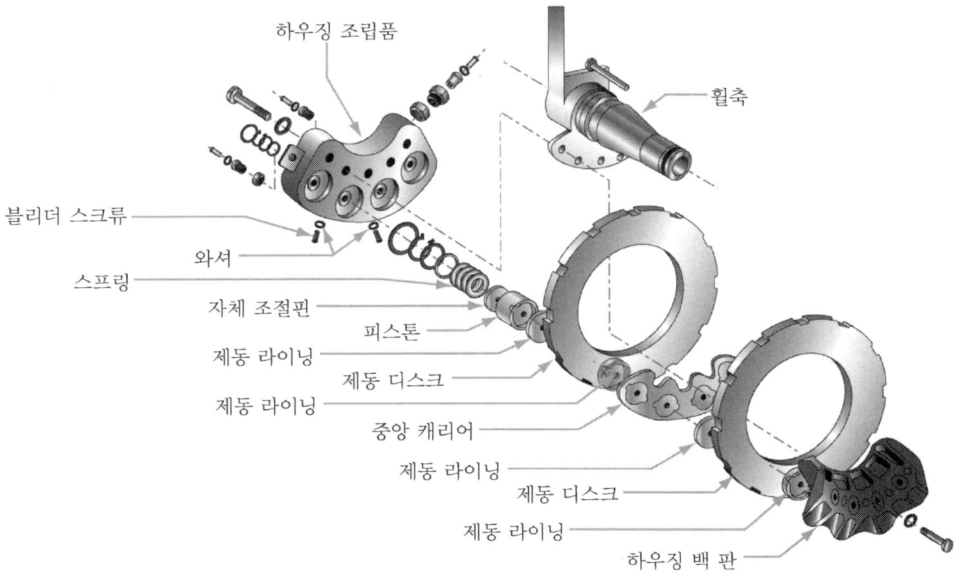

[그림 5-22] 듀얼 디스크 브레이크의 구성

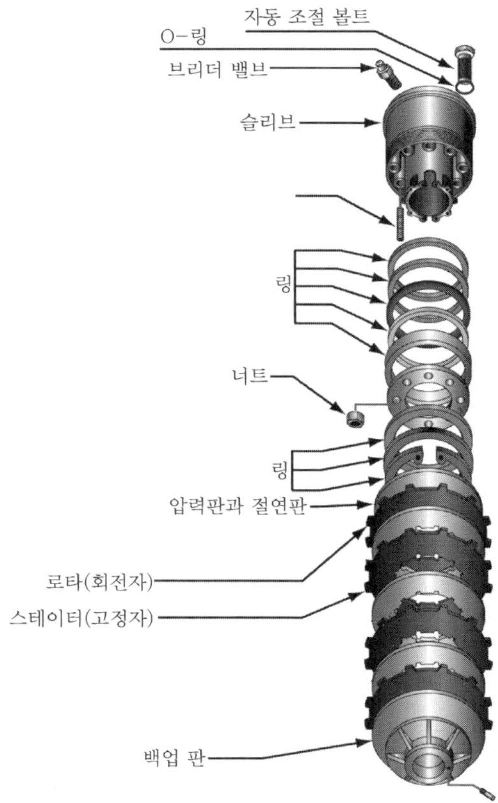

[그림 5-23] 멀티 디스크 브레이크의 구성

그림 5-21 및 5-23는 싱글 디스크와 멀티 디스크의 브레이크 구성을 보여준다. 멀티 디스크 브레이크는 로터 디스크와 스테이터(Stator) 디스크를 여러 겹으로 묶어서 브레이크의 에너지 흡수율을 높인 것으로 대부분이 탄소 재질로 되어 있다. 일반적으로 대형 항공기의 제동장치는 멀티 디스크 형식을 사용한다.

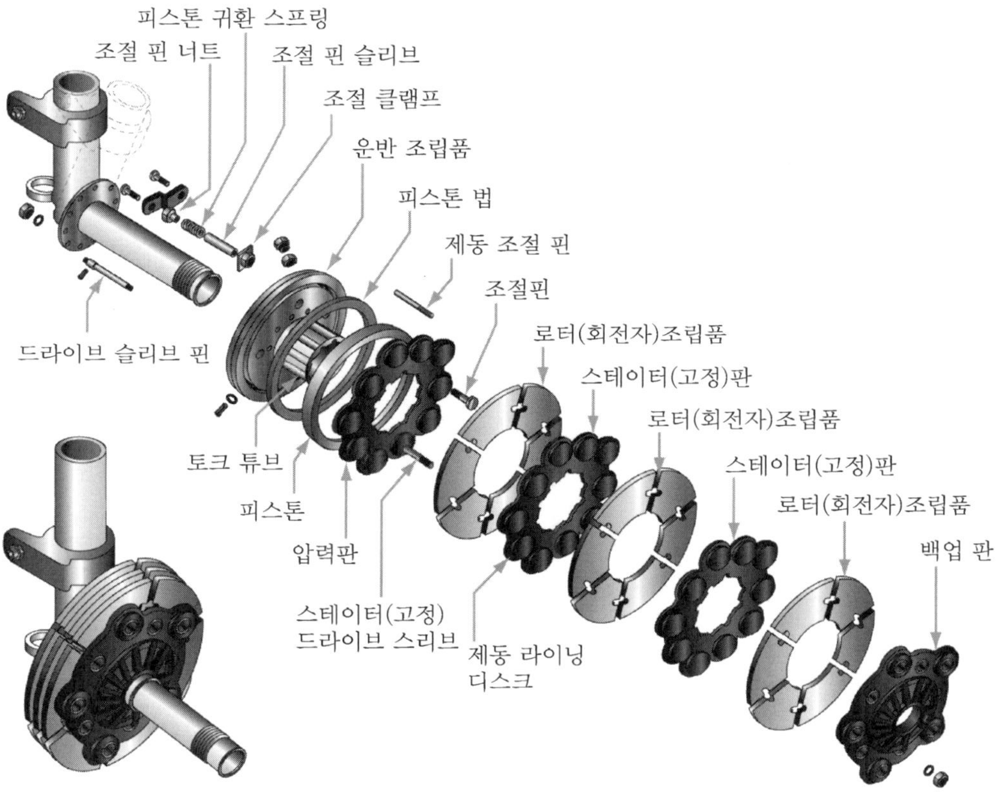

[그림 5-24] 세그먼트 로터 브레이크

4) 휠과 타이어

(1) 휠(바퀴)

휠은 타이어를 지지해 주는 구조물로서, 브레이크와 함께 휠 축에 장착한다. 휠은 일반적으로 양쪽으로 분리할 수 있는 스플릿(Split) 형을 사용하며, 타이 볼트(Tie Bolt)와 너트로 체결된다. 휠의 재질은 보통 알루미늄 또는 마그네슘 합금이며 표면에 부식 방지 처리를 한다.

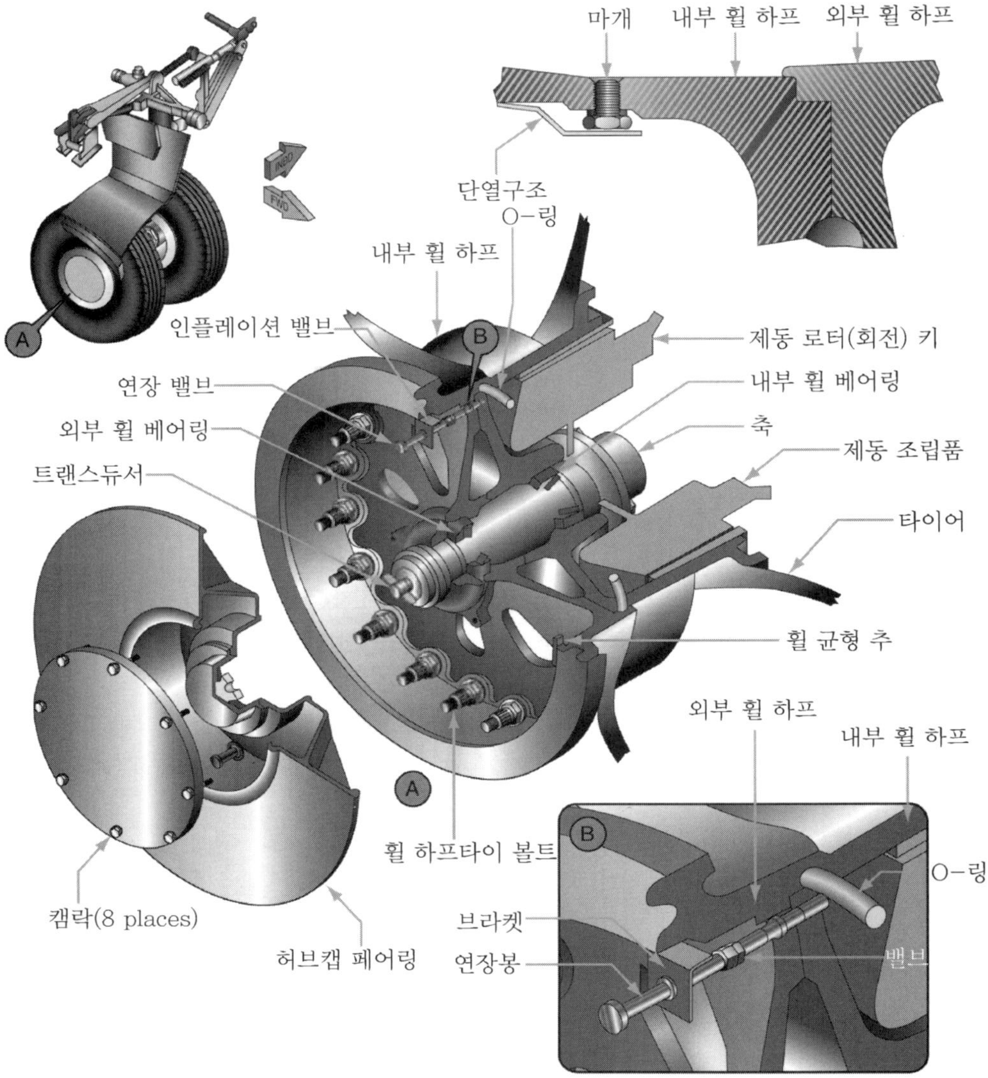

[그림 5-25] 휠(바퀴)의 구조

휠은 보통 3-4개의 퓨즈 플러그(Fuse plug)가 장착되어 있으며, 퓨즈의 내부 코어는 용융점이 낮은 가용성 재질로 되어 있다. 브레이크를 무리하게 사용하여 타이어 내의 온도 및 압력이 과도하게 상승하면 퓨즈 플러그가 녹아 공기 압력을 외부로 방출하여 타이어가 터지는 것을 방지한다. 퓨즈 플러그는 써멀 릴리프 플러그(Thermal Relief Plug) 라고도 한다. 그림 5-26은 현대 항공기에서 사용되는 두 개의 스플릿 휠 구조를 보여준다.

[그림 5-26] 타두 개의 스플릿 휠

(2) 타이어

항공기 타이어는 튜브 형식과 튜브리스 형식이 있으며, 대부분이 튜브리스(Tubeless) 형식이며, 착륙이나 이륙시의 충격을 흡수하기 위해 에어 쿠션(Air Cushion)을 가지고 있다. 타이어는 지상에서 항공기의 하중을 지지하고 착륙시 제동 및 정지를 위해 필요한 지면과의 마찰 작용을 한다.

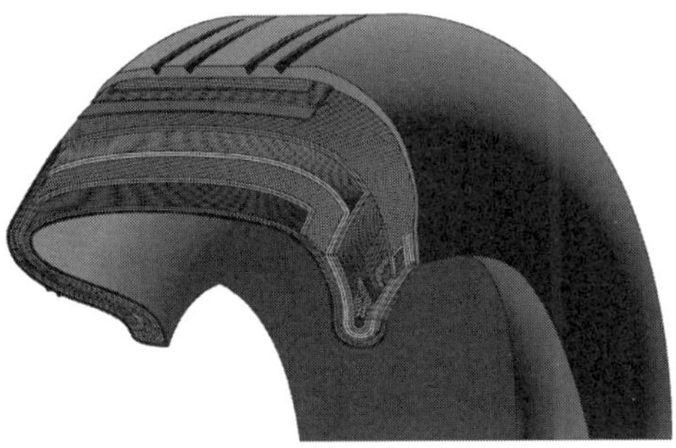

[그림 5-27] 바이어스 형식(Bias Tire)의 타이어

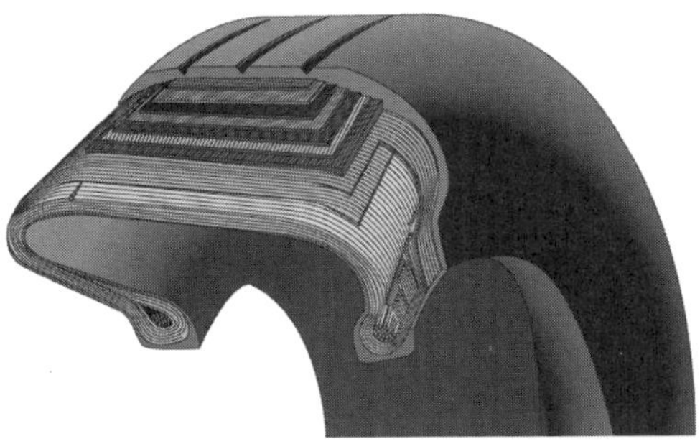

[그림 5-28] 레이디얼 형식(Radial Tire)의 타이어

항공기 타이어는 구조 및 제작방식에 따라 바이어스 형식(Bias Tire)과 레이디얼 형식(Radial Tire)의 두 종류가 있으며, 바이어스 형식은 전통적인 구조 방식으로서 45도 방향의 사선 방향 줄(끈, Cord)이 서로 대각선을 이루도록 겹겹이 여러 층으로 몸체(Carcass)를 구성하는 것으로 무게가 무겁고 사이드 월(Sidewall)이 두꺼워 충격 흡수성이 약하며

운용 수명(Service Life)이 짧다.

현대 항공기는 대부분이 신축성이 뛰어난 레이디얼 식을 사용하고 있으며, 그림 5-29은 레이디얼 타이어의 구조를 나타낸 것이다.

타이어는 활주로상의 이물질에 의해 쉽게 손상되거나 마모될 수 있으므로 항상 주의 깊게 상태를 확인하여야 한다. 일반적으로 항공기 타이어는 자동차 타이어 압력의 3~5배 정도의 압력으로 유지하며, 타이어 내부에 공기보다 안정적인 질소 가스를 주입한다. 항공기 타이어는 항공기별로 정비 교범에 정해진 압력을 유지하여야 하며, 외부의 손상이 없어야 한다.

항공기 타이어는 트레드(Tread), 사이드 월(Side Wall), 코어 보디(Core Body), 와이어 비드(Wire Bead) 등으로 구성된다.

① 트레드(Tread)

마모 및 외부 요인으로부터 타이어를 보호하기 위한 두꺼운 고무 층으로 방향 유지성, 코너 링, 제동성을 높이기 위해 여러 형태의 무늬가 적용되나 항공기는 회전 방향으로 연속된 홈과 두툼한 띠(Rib) 만으로 구성된 원주 방향의 띠(Rib)로 된 형식이 광범위하게 사용되고 있다.

트레드는 지면과 직접적으로 닿는 부분이며 트레드 홈의 깊이에 따라 마모 상태를 확인한다. 트레드는 내마멸성, 점도가 커야 하며, 트레드의 홈은 미끄럼 방지, 주행할 때 열 발산, 절손의 확대방지의 역할을 한다.

② 어깨(Shoulder)

트레드(Tread)와 사이드 월(Side Wall)사이 어깨 부분으로 구조상 가장 두꺼우며 마찰로 발생한 열을 쉽게 발산시키는 역할을 한다.

③ 트레드 강화 층(Tread Reinforcement)

트레드 홈(Tread Groove)와 상부 골격 층(Top Carcass Ply)사이에 위치하는 나일론 섬유 층(Nylon Cord Plies)로서 고속에서의 안정성을 향상시키고 하중을 받을 때 트레드의 변형을 막아주고 외부의 이 물질로 인한 타이어 펑크나 절단을 최소화 시켜주는 보호 층 역할을 한다.

④ 브레이커(Breaker)

항상 사용되는 것은 아니나 보강용 나일론 섬유 중 가장 상부 섬유 층으로서 타이어 카커스 섬유 층과 트레드를 보호하기 위해 트레드 고무 아래에 위치해 있으며 타이어 사용 중 발생하는 응력을 분산시킨다. 즉 브레이커(Breaker)는 코어보디와 트레드 사이에 있는 것으로 외부충격을 완화하고 열을 차단하며, 바퀴와 타이어를 밀폐시키는 역할을 한다.

⑤ 카커스(Carcass Ply / Core Body)

카커스를 코어 버디(Core Body)라고도 하며, 고무로 코팅된 나일론 섬유 층으로 되어 있어 타이어 강도 및 형태를 유지하며 내압을 견디는 골격에 해당하는 중요 부분으로 타이어에 강도(Strength)를 제공해 준다. 타이어 몸체(Tire Body)를 형성하며 둘러싸고 있는 타이어 골격(Carcass Plies)들은 와이어 비드(Wire Bead)와 여러 겹의 나일론 섬유 층에 의해 원주 방향으로 감겨있다.

⑥ 와이어 비드(Wire Bead)

와이어 비드는 고무 사이에 끼어 있는 철사(Steel Wire)로서 섬유질(Fabric)로 둘러싸여 있으며, 직접 바퀴와 접촉되는 부분으로 바퀴가 플랜지에서 빠지지 않도록 하는 역할을 한다. 또한 와이어 비드는 카커스(Carcass)를 고정하고 있으며, 바퀴에 타이어를 견고하게 밀착시켜 공기 밀폐(Air Sealing)작용과 타이어의 강도를 유지한다.

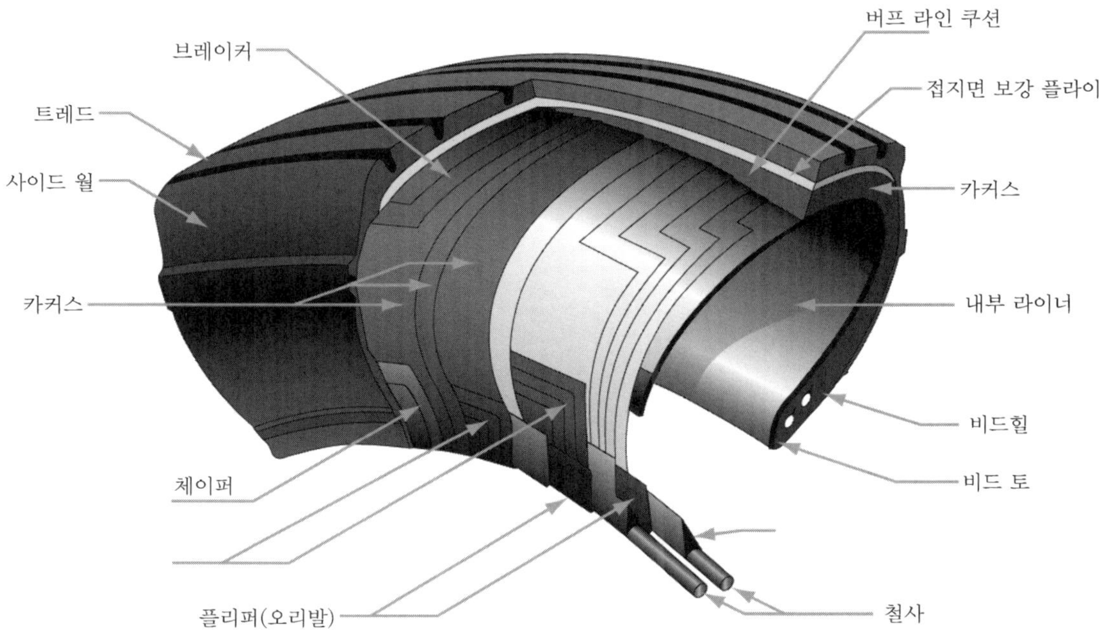

[그림 5-29] 항공기 타이어의 구조

⑦ 체이퍼(Chafer)

체이퍼는 타이어 장착 또는 장탈 중 카커스(Carcass)의 손상을 최소화 해주는 섬유 또는 고무 층으로 이루어진다. 제동 시 발생하는 열로부터 카커스를 보호하고 동적인 움직임에 대해 밀폐(Seal)역할을 한다.

⑧ 내부 라이너(Inner Liner)

튜브리스 타이어에서는 비 투과성의 고무로 만들어진 내부 층(Inner Layer)이 튜브 역할을 하게 되며, 이것이 공기가 카커스 층(Carcass Ply)을 통해 새는 것을 방지한다. 튜브 형에서는 얇은 고무 라이너가 안쪽 플라이의 튜브와 부딪쳐서 벗겨지는 것을 방지한다.

⑨ 사이드월(Sidewall)

나일론 섬유 천이 손상을 받거나 노출되는 것을 방지하기 위해 카커스(Carcass)의 측면을 일차적으로 덮어 보호 역할을 한다. 특수한 사이드월 구조인 "Chine Tire"는 활주로상의 물을 측면으로 분산시키기 위해 설계된 앞바퀴 타이어(Nose Wheel Tire)로써 후방에 위치한 제트 엔진으로 물이 분사되는 범위를 줄여준다.

(3) 타이어의 치수

항공기 타이어는 미국 타이어 협회(Tire and Rim Association)에 의해 9개의 형식으로 분류되었다.

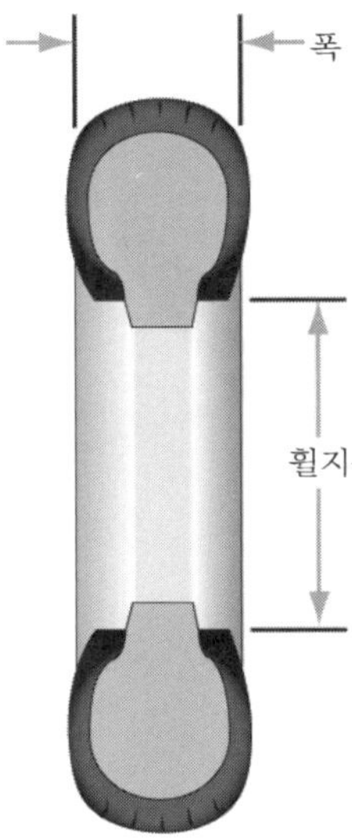

[그림 5-30] 타이어의 치수(Ⅲ형식)

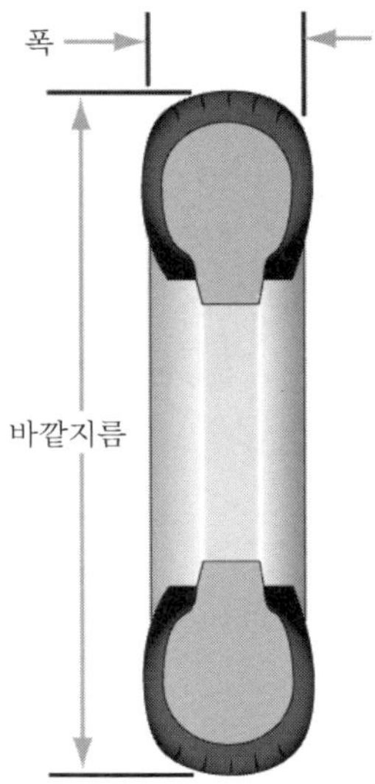

[그림 5-31] 타이어의 치수(Ⅶ형식)

그러나 3개 영역으로 분류된 형식은 Ⅰ, Ⅲ, Ⅶ 그리고 Ⅷ이 있으며, Ⅰ형식은 생산되었으나 더 이상 사용되지 않고 있다.

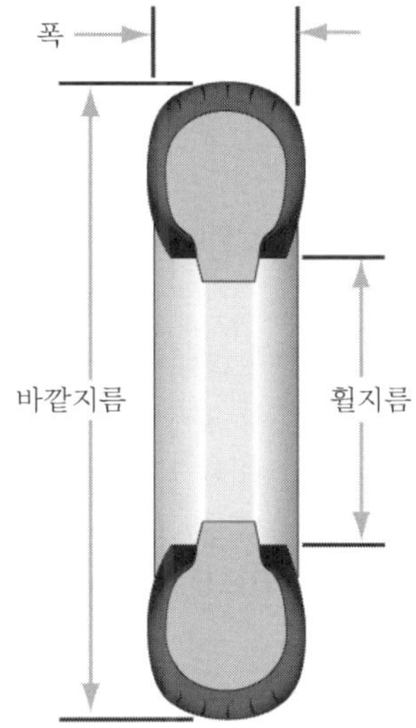

[그림 5-32] 타이어의 치수(Ⅷ형식)

예제 5.1

18 × 4.25-10은 10인치 지름의 휠에 장착해야 하는 타이어의 지름이 18인치이고 단면의 폭이 4.25인치라는 것을 의미한다.

예제 5.2

46×18－20, 32 R2는 바깥지름(인치) × 폭(인치) – 휠 지름(인치), 플라이 수(ply), 재생횟수를 나타낸다.

8 조향장치(Nose Wheel Steering System)

조향장치는 지상에서 항공기의 진행 방향을 바꾸기 위하여 사용하는 장치이며 일반적으로 앞 착륙장치가 담당한다.

소형 항공기는 앞 착륙장치에 케이블과 푸시 풀 로드를 연결하여 조향 역할을 하는 경우도 있으나, 대부분의 항공기는 유압작동기를 이용한 조향장치로 구성된다.

경항공기는 앞바퀴의 조향(Nose Wheel Steering) 능력을 제공하기 위해 단순한 기계적인 연결기구(Mechanical Linkage)에 방향키(Rudder Pedal)를 연결해서 사용한다. 가장 흔한 것은 앞바퀴 피봇(Nose Wheel Pivot)지점에 위치한 혼(Horn)에 페달(Pedal)을 연결하기 위하여 푸시 풀 로드(Push-Pull Rod)를 이용하는 것이다.

대형 항공기는 큰 덩치에 맞는 확실한 조종이 필요하며, 앞바퀴 조향장치에 동력 조향장치를 이용한다. 비록 대형 항공기의 앞바퀴 조향장치가 제작 상 각각 다르긴 하지만 기본적으로 이 장치는 유압작동기를 이용하며 거의 같은 방법과 같은 장치로 작동한다.

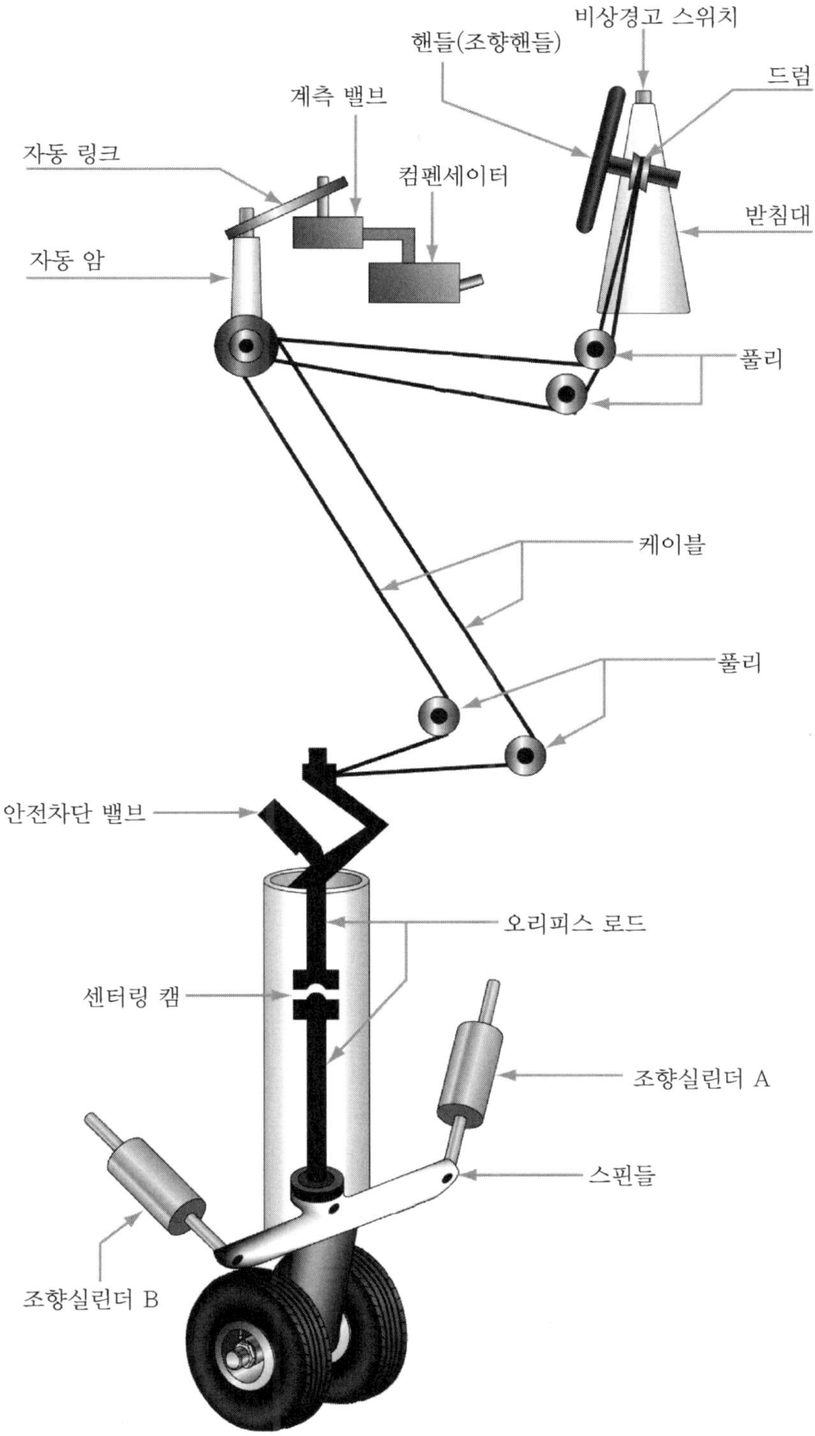

[그림 5-33] 항공기 조향장치

1) 조향장치의 구성과 작동원리

일반적으로 조향장치는 방향키 페달과 스트어링 휠, 스티어링 미터링 밸브, 스티어링 실린더, 토션 링크 등으로 구성되어 진다. 그림 5-34은 유압작동기를 이용한 대형항공기의 조향장치 구성과 작동 원리를 나타낸다.

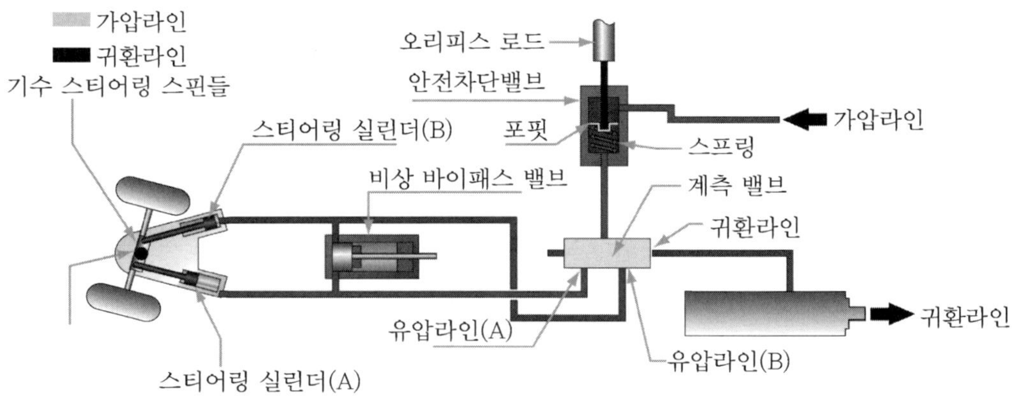

[그림 5-34] 조향장치의 구성과 작동 원리

(1) 방향키 페달

방향키 페달은 지상에서 작동할 경우, 스티어링 미터링 밸브를 움직이며 작은 각도로 방향 전환할 경우에 사용한다.

(2) 스티어링 휠

스티어링 휠(Steering Wheel)은 항공기의 방향 전환이 크게 요구될 경우에 사용하며 약 70°~80°의 회전이 가능하다. 항공기 종류에 따라 차이는 있으나 일반적으로 65° 이상의 회전이 필요한 경우는 토션 링크를 분리하여 인위적으로 회전시킬 수 있다.

(3) 스티어링 미터링 밸브

스티어링 미터링 밸브(Steering Metering Valve)는 방향키 페달 및 스티어링 휠과 케이블로 연결되어 있다. 스티어링 미터링 밸브는 조향장치의 스티어링 실린더에 작용하는 유압의 방향과 비율을 결정한다. 스티어링 미터링 밸브의 내부에는 스프링 피스톤 형태의 유압 보정기(Compensator)가 내장되어 있다. 유압 보정기는 유압의 파동을 흡수하고 항공기 진행시의 앞 착륙장치가 좌, 우로 진동하는 것을 막아준다. 유압 보정기가 내장되지 않은 앞 착륙장치는 좌, 우로 진동하는 시미(Shimmy) 현상을 예방하기 위하여 별도의 시미 댐퍼(Shimmy Damper)를 장착하기도 한다.

① 시미 댐퍼(Shimmy Damper)

시미댐퍼(Shimmy Damper)는 유압 댐 플러그(Hydraulic Dam Plug)에 의해 진동과 시미 현상(Shimmy:이상 진동)을 조절한다. 댐퍼는 장착되거나 앞 착륙장치의 일부로 제작되어 활주, 착륙, 이륙 중에 앞바퀴의 시미현상(Shimmy)을 방지하는 역할을 한다.

[그림 5-35] 시미 댐퍼(Shimmy Damper)

다음과 같은 3 가지 형태의 시미 댐퍼(Shimmy Damper)가 흔히 항공기에 사용된다.

- 피스톤 형(Piston Type)
- 베인 형(Vane Type)
- 무 유압형(Non-Hydraulic Type): 무 유압형 시미댐퍼는 피스톤형과 유사하나 유체를 사용하지 않고 윤활제를 포함하는 고무 피스톤을 사용하기도 한다.

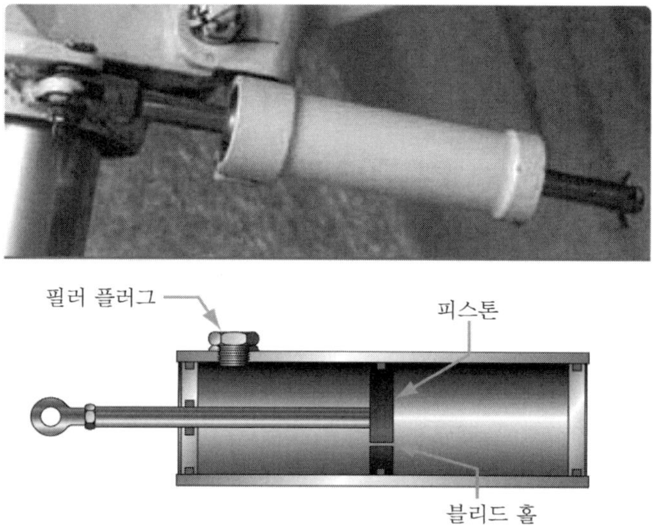

[그림 5-36] 피스톤 형 시미 댐퍼

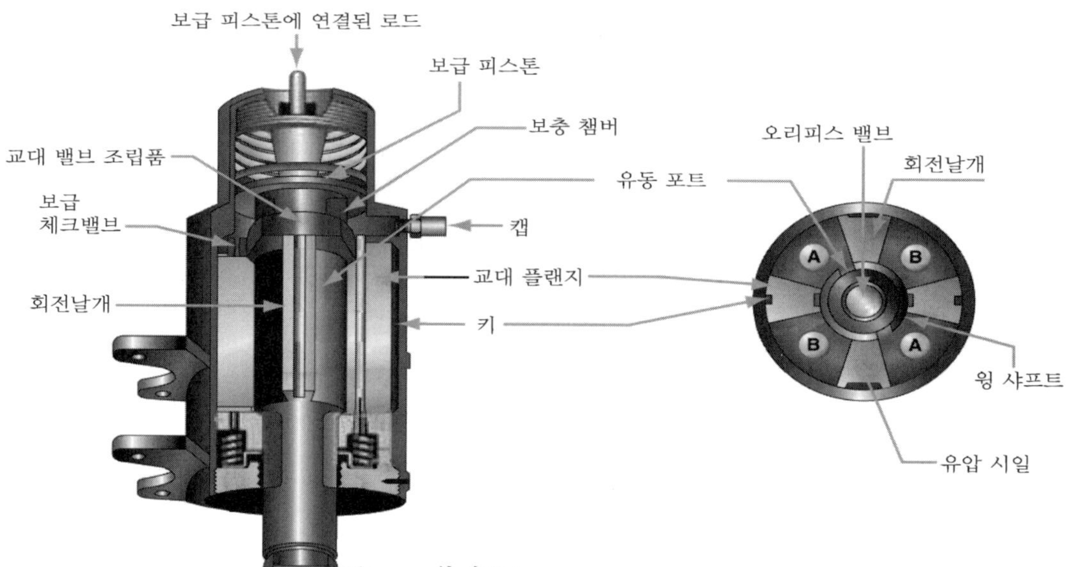

[그림 5-37] 베인 형 시미 댐퍼

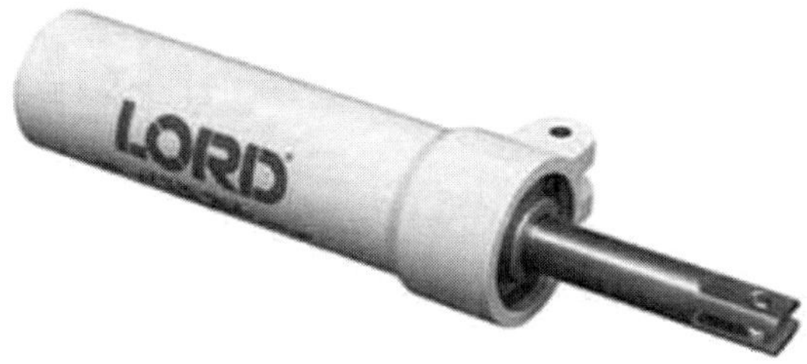

[그림 5-38] 무 유압형 시미 댐퍼
(충격을 흡수하기 위해 윤활제를 지닌 고무 피스톤을 이용하는 무 유압형 시미 댐퍼)

(4) 스티어링 실린더

스티어링 실린더는 좌, 우 한 쌍으로 되어 있으며, 미터링 밸브를 통해 들어오는 유압으로 서로 밀고 당기는 방향으로 작동한다. 스티어링 실린더는 토션 링크와 연결되어 있으며 조향 역할을 담당한다.

(5) 토션 링크

상부 토션 링크는 스티어링 실린더와 연결되어 있으며 외부 스트럿을 축으로 회전할 수 있도록 되어 있다. 하부 토션 링크는 내부 스트럿에 연결되어 있으며, 토션 링크의 회전을 내부 실린더에 전달하여 앞 착륙장치가 방향을 전환하게 한다.

(6) 비상 바이패스 밸브

항공기의 견인(Towing)은 유압을 가하지 않은 상태에서 하게 되지만, 방향 전환에 따라 스티어링 실린더의 한 쪽은 유압 펌프와 같은 역할을 하게 되므로 회전에 대한 반작용 힘이 발생한다. 이 반작용 힘은 항공기의 견인 차량과 연결된 견인 봉에 무리한 힘이 가해져 매우 위험한 상황이 발생할 수 있으므로 스티어링 실린더에 생기는 반작용 유압을 방지하는 장치가 필요하다. 비상 바이패스 밸브(Emergency Bypass Valve)는 스티어링 실린더의 좌, 우측 유압 라인을 열린 상태로 만드는 밸브이며, 항공기 견인 시 반드시 비상 바이패스 밸브 핀을 꽂아 반작용 유압이 생기지 않도록 하여야 한다.

2) 조향장치의 중립 유지

항공기가 이륙하거나 착륙할 때 앞 착륙장치가 중립 위치를 유지하는 것은 중요하다. 착륙장치가 중립 위치를 유지하지 않은 상태에서 착륙을 하게 되면 매우 위험스러운 상황이 발생할 수 있다. 그림 5-39와 같이 앞 착륙장치의 외부 실린더는 조향장치를 중립으로 유지시키는 센터링 캠(Centering Cam)이 장착되어 있다. 센터링 장치는 내부 센터링 캠(Internal Centering Cam)에 의해서 앞바퀴(Nose Wheel)를 중립에 오게 해서 앞바퀴가 잘 접히게 하는 역할을 한다.

내부 실린더는 상, 하로 움직이면서 내부 실린더의 만곡부위가 센터링 캠과 맞물리거나 빠져 나온다. 항공기가 이륙을 위하여 땅에서 벗어나거나 착륙장치를 내리게 되면, 앞 착륙장치의 내부 실린더가 아래 방향으로 완전히 내려와 센터링 캠과 맞물리며 중립을 유지한다. 항공기가 착륙하여 자중이 앞 착륙장치에 가해지면 내부 실린더가 위로 올라가며 센터링 캠으로 부터 빠져 나오면서 조향장치가 작동할 수 있게 된다.

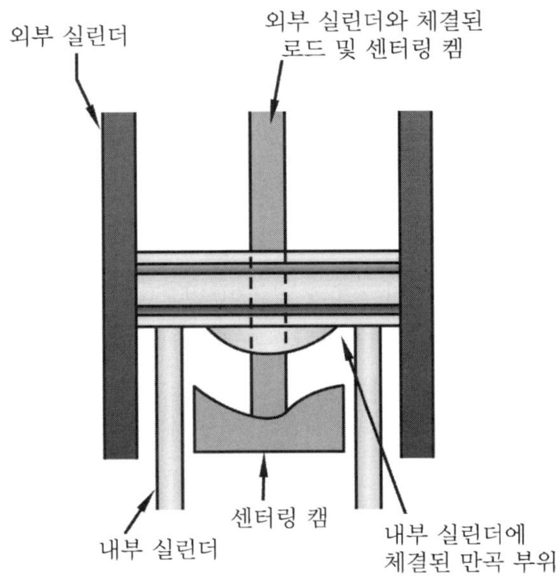

[그림 5-39] 조향장치의 중립장치

3) 착륙장치(Landing Gear)의 안전장치

착륙장치를 접어 올릴 때 부주의한 접어올림(Retraction)은 기계적인 다운 락(Down Lock), 안전스위치(Safety Switch), 지상 락(Ground Lock)과 같은 안전장치에 의해 예방된다.

안전 스위치는 착륙장치(Landing Gear)의 안전 회로에 있는 착륙장치 안전 스위치로 주 착륙장치 충격 스트러트(Main Gear Shock Strut)의 브래킷에 장착되어 있으며, 이 스위치는 착륙장치 토크 링크를 통하는 연결기구(Linkage)에 의해 작동된다.

지상 락(Ground Lock)은 항공기가 지상에 있을 때 착륙장치의 풀림을 방지하는 장치를 지상 락(Ground Lock)라고 부른다. 가장 흔한 형식이 착륙장치의 저리 스트러트(Jury Strut)에 일치된 구멍을 만들어 핀을 끼우는 형태이다. 모든 형태의 지상 락(Ground Lock)에는 빨강색 테이프(Red Streamer)가 붙어 있어서 장착 여부를 확인할 수 있다.

착륙장치 작동 위치의 지시를 위해서 지시계가 조종실에 장착되어 있으며, 모든 접이들이식 착륙장치 항공기에는 착륙장치의 정상 작동 여부에 대한 비주얼(Visual) 및 음성경고(Aural Warning) 장치가 있다.

9 착륙장치 계통의 작동 점검 및 조절

1) 착륙장치 계통의 작동 점검 및 조절

(1) 일반 점검

일반적으로 착륙장치의 작동 점검은 유압 작용에 의한 착륙장치의 펼쳐짐과 접히는 상태, 조향장치의 작동 상태 및 제동장치의 작동 상태를 점검한다. 착륙장치 계통은 반복적으로 충격을 받게 되므로 기계적인 연결 부위의 파손이나 마모, 변형에 대한 점검이 필요하며, 윤활 상태와 유격 등을 정밀하게 점검하여야 한다. 그림 5-40은 착륙장치 계통의 기계적인 변형과 파손에 대한 일반적인 유형을 보여준다.

(2) 작동 점검과 조절

착륙장치 계통의 작동 점검은 항공기를 잭으로 들어 올린 상태에서 착륙장치 레버를 움직여 착륙장치를 접거나 펼치는 과정이 포함 되므로, 안전에 매우 조심하여야 한다. 지상에서 착륙장치 계통을 점검할 경우는 반드시 착륙장치 레버를 내리고 완충 스트럿 또는 보조 스트럿의 잠금 핀을 꽂은 상태에서 수행하여야 한다. 현대 항공기의 착륙장치 계통에 대한 작동 상태는 착륙장치나 제동장치의 제어 컴퓨터를 통하여 대부분 확인할 수 있다.

(3) 완충 스트럿에서 확인하고 조절하여야 하는 사항

① 올레오 완충 스트럿의 공기 압력과 작동유의 양을 확인하고 외부로 빠져 나온 내부 완충 스트럿의 길이(그림 5-16의 'X')

② 보조 스트럿과의 연결 부위에 대한 마모, 변형, 윤활 상태

③ 완충 스트럿에 있는 마이크로 스위치 또는 근접 스위치의 작동 상태와 유격

④ 업락, 다운락 구성품의 작동상태와 파손 여부

⑤ 유압 라인의 누유 상태

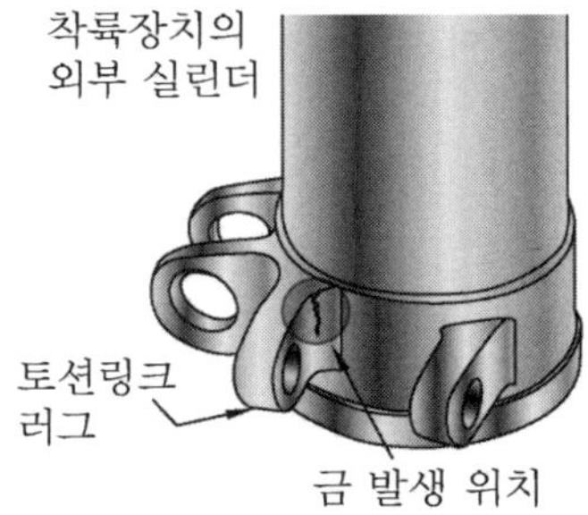

착륙장치의 피로에 의한 금 발생

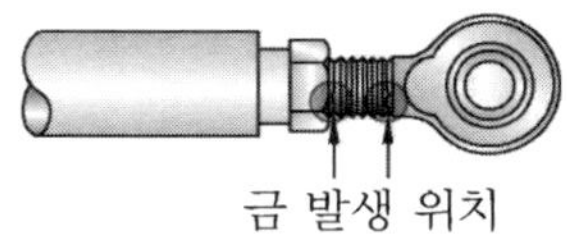

일반적인 로드 끝단의 금 발생 위치

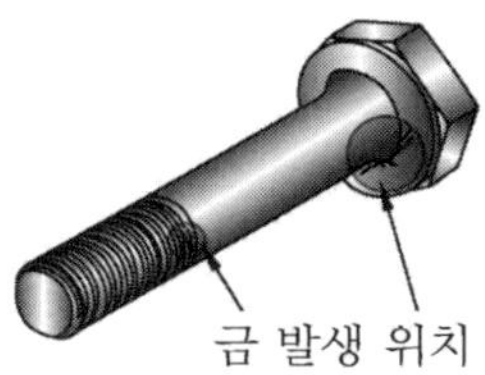

일반적인 볼트 구멍의 금 발생 유형

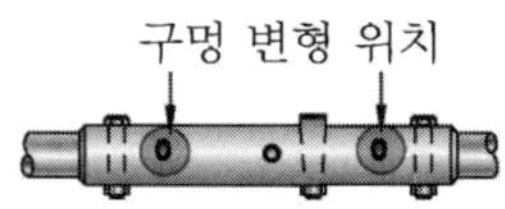

토크 유브 볼트 구멍의 변형 유형

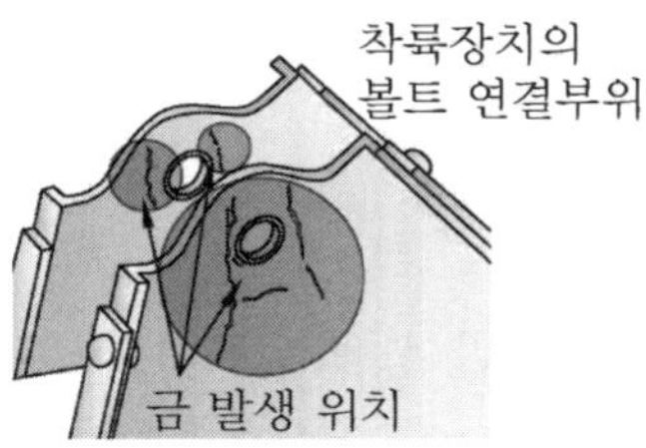

볼트 연결 부위의 금 발생 위치와 형태

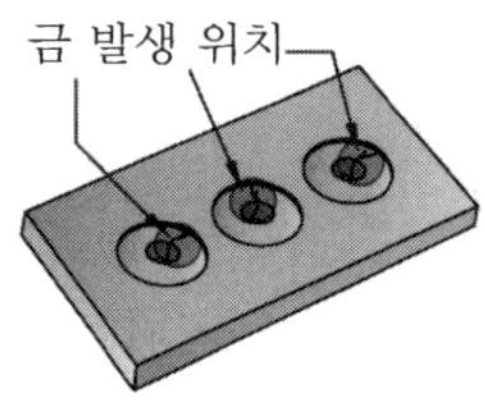

일반적인 볼트의 금 발생 위치

[그림 5-40] 착륙장치 계통의 기계적인 변형과 손상 유형

(4) 제동장치에서 확인하고 조절하여야 하는 사항

① 브레이크 마모 상태를 확인하여 브레이크 마모 핀이 규정 길이 이하이면 브레이크 교환

② 보조 제동장치 축압기의 압축 공기 압력을 확인하고 정상 범위(녹색 띠로 표시된 부분)를 벗어나면 재보급

③ 제동장치와 유압 연결 부위의 누유 상태 확인 및 유압 라인의 기포상태 확인 후 기포 배출

④ 브레이크 라이닝과 패드 유격을 확인하고 조절(브레이크를 수 회 작동 한 후 확인)

(5) 타이어의 마모 및 손상상태 확인

항공기 타이어는 활주로와 직접적인 마찰력이 작용하므로 가장 자주 교환되는 항공기 부품이다. 그림 5-41에서 보듯이 타이어는 공기의 주입 상태에 따라 비정상적인 마모가 발생하며 외부 이물질에 의하여 쉽게 찢히거나 손상되는 점을 유의하여 세밀하게 확인하여야 한다.

① 타이어의 공기압 점검(브레이크 작동 후에는 열이 식은 상태에서 측정)
② 타이어의 측면에 혹이나 찢어진 부분이 있는지 확인
③ 트레드의 마모 상태 점검

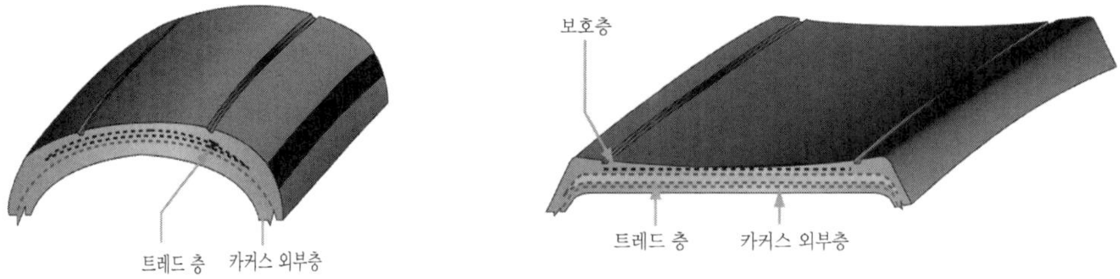

바이어스 타이어 레이디얼 타이어

(a) 과대 공기압으로 인한 트레드 마모

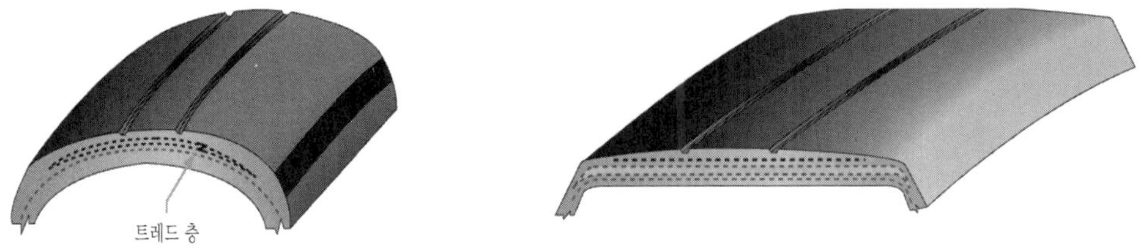

바이어스 타이어 레이디얼 타이어

(b) 과소 공기압으로 인한 트레드 마모

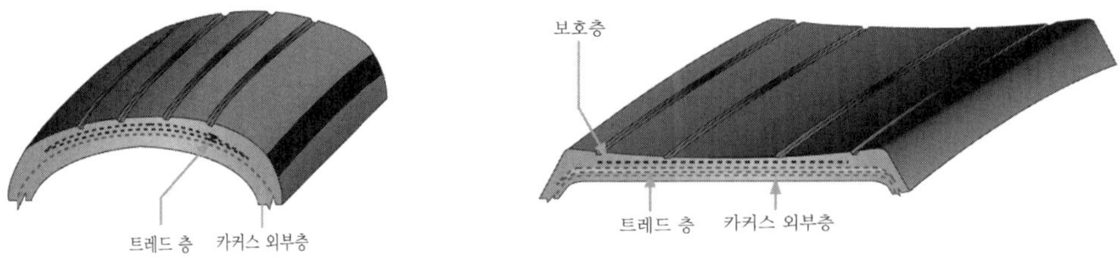

바이어스 타이어 레이디얼 타이어

(c) 정상적인 공기압으로 인한 트레드 마모

[그림 5-41] 항공기 타이어의 마모 검사

Chapter 6

조종계통

항공기의 조종계통은 조종면을 움직이는 인간의 근육과 같은 역할을 한다. 초창기의 항공기 조종은 수동으로 기계적인 연결 장치를 통하여 작동하였으나, 현대 항공기의 조종계통은 자동 조종 컴퓨터가 그 역할을 대신하고 있는 추세다. 이 단원에서는 조종계통의 기계적인 작동 방법과 조종면을 움직이는 원리에 대해서 알아보기로 한다.

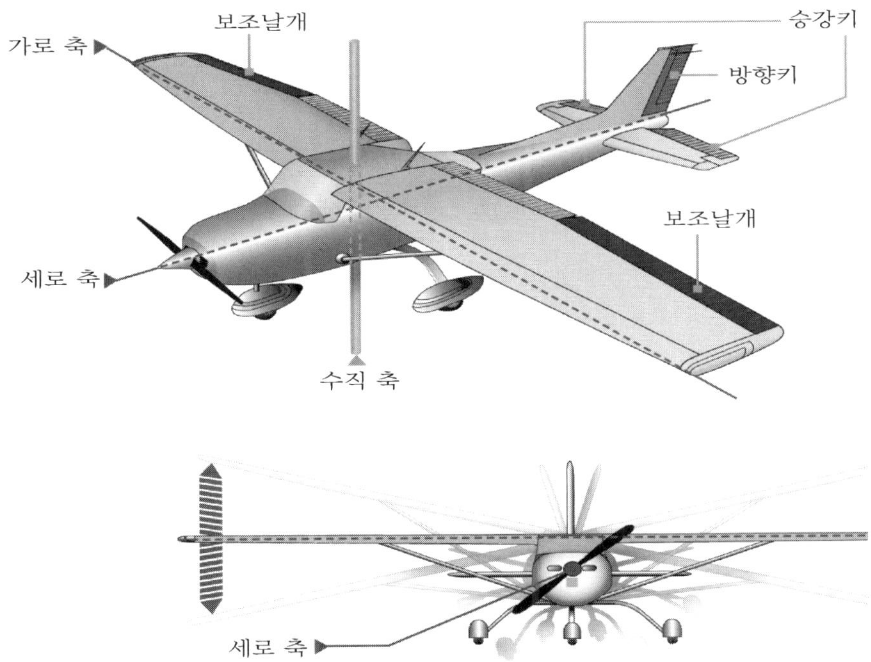

[그림 6-1] 항공기 운동의 기본 축

1 개요

항공 산업의 발전과 항공기의 발달 기술은 매우 빠르게 변화되어 항공기의 크기와 속도에 큰 변화를 가져왔다. 항공기의 크기와 속도의 증가에 따라 조종면을 움직이고 제어하는 기술과 장치들 또한 복잡한 구조로 변하였다.

항공기에서의 계통(System)에 대한 개념은 독립된 역할을 수행하도록 구성된 입력, 출력 장치들을 의미한다. 조종계통은 항공기의 조종면을 움직이는 기능이 주 역할이며 대표적인 입력, 출력 및 연결 장치는 아래와 같다.

입력장치	연결장치	출력장치
주 조종 입력장치 •조종간 •방향키 페달 보조 조종 입력장치 •플랩 레버 •스피트브레이크 레버 트림 스위치 •도움날개 트림 스위치 •방향키 트림 스위치 •스테빌라이저 트림 스위치 자동 조종장치 •자동 조종 스위치 •비행 제어 컴퓨터	기계적 연결장치 •푸시풀 로드 •조종 케이블 •밸크랭크 •토크튜브 •쿼드란트 전기·전자적 연결장치 •전기 케이블 •데이터 통신 케이블 •릴레이 •아날로그-디지털 변환기	직접 출력장치 •푸시풀 로드 •조종 케이블 동력 출력장치 •유압 작동기 •전기 모터

항공기 조종계통의 입력장치는 조종간(Control Stick or Control Wheel), 방향키 페달, 플랩 레버, 스피드브레이크 레버, 트림 스위치, 비행 제어 컴퓨터 등이 있다. 항공기 조종계통의 연결장치는 기계적인 힘이나 전기. 전자적인 신호를 조종계통의 출력장치에 전달하는 역할을 한다.

조종계통의 출력장치는 조종면에 직접 연결된 푸시풀로드, 조종케이블, 유압작동기, 전기모터 등이 있다. 입력 장치의 작동 결과는 시각, 촉각적으로 조종사에게 피드백(Feedback)된다. 전기, 전자적인 연결 장치의 피드백은 인위적인 감각 장치(Artificial Feel

Mechanism)에 의하여 조종면에 작용하는 힘의 크기를 느끼게 한다.

항공기가 대형화되면서 조종계통의 연결 장치들은 케이블과 푸시풀로드의 사용이 현격히 줄어들고 있으며, 플라이 바이 와이어(Fly-by-wire) 계통이 이를 대신하고 있다. 그림 6-2은 플라이 바이 와이어 장치의 기본 개념을 표시한 것으로 조종석의 입력 신호들이 전기. 전자적인 신호로 변환되어 조종면의 유압작동기를 움직이는 과정을 보여준다. 플라이 바이 와이어 장치는 항공기 각 계통에 사용되는 컴퓨터와의 접속을 원활하게 하여 데이터 교류가 획기적으로 개선되었으며 자동 비행제어 및 항법장치에 큰 발전을 가져왔다.

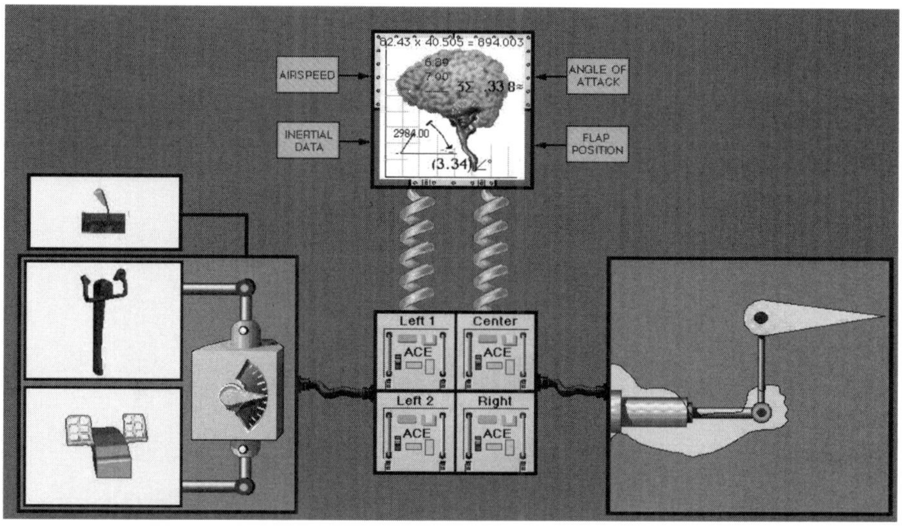

[그림 6-2] 조종계통의 기본 개념

현재, 미국의 항공우주연구소(Nasa)는 차세대의 기술로 사용할 신경망 연결 개념의 지능형 비행제어장치 (IFCS : Intelligent Flight Control System)를 개발하고 있다. 지능형 비행제어장치는 항공기의 조종 성능뿐만 아니라 고장이 발생하였을 경우에 자가 대체 능력도 갖도록 한다.

2 조종계통(Control System)의 부착 구조

1) 항공기 날개

항공기 날개에는 여러 용도의 부착 장치가 설치되는데, 여기에는 공력 보조 장치, 도움날개, 날개의 방빙 및 제빙장치, 연료탱크 등이 있다. 공력 보조 장치란 양력이나 항력을 목적에 따라 변화시키기 위해서 날개 또는 동체에 부착된 장치를 말하며, 여기에는 고양력 장치와 고항력 장치(스포일러)가 있다. 항공기 날개에 부착된 조종계통에 대한 것은 제1장의 날개부착장치에서 다루고 있는 공력보조장치(고양력장치)에 대해서는 생략하고자 한다.

2) 항공기 꼬리날개

꼬리날개는 항공기가 안정성과 조종성을 유지하고 비행하기 위한 중요한 구조 부분이다. 꼬리날개는 그 일부를 조종면으로 이용하고 기체의 자세나 비행 방향을 변화시키는 역할을 한다.

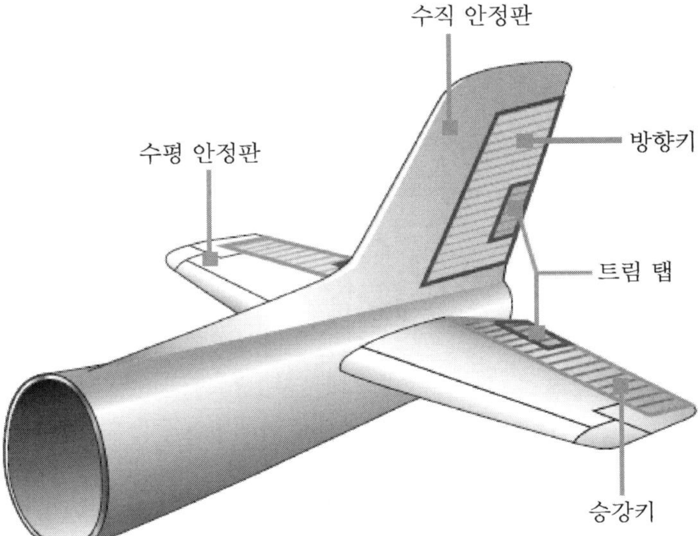

[그림 6-3] 꼬리날개의 구조

꼬리날개의 배치는 그 항공기의 항공역학상의 요구에 의해 정해진다. 초기의 항공기에는 수평, 수직꼬리날개가 직접 동체에 설치되어 있었으나 최근에는 T자형 꼬리날개나 십자형 꼬리날개도 다수 사용된다. T형 꼬리날개는 수평꼬리날개가 기류의 혼란이 적은 곳에 있기 때문에 크기에 비해서 효과가 좋고 중량 경감에 도움이 된다. 항공기의 꼬리날개는 보통 그림 6-3과 같은 형태가 대부분이며, 수평과 수직꼬리날개의 2종류로 나누어지고 안정판 및 조종면으로 구성되어 있다. 안정판에는 수평안정판(Horizontal Stabilizer)

및 수직안정판(Vertical Stabilizer)이 있고, 여기에는 승강키(Elevator) 및 방향키(Rudder)라고 불리는 조종면이 설치되어 있다. 어떤 항공기는 수평 및 수직의 꼬리날개를 겸한 V형 꼬리날개로 승강키(Elevator)와 방향키(Rudder)를 겸한 Ruddervator를 갖고 있는 것도 있다. 즉 V형 꼬리날개는 꼬리날개 전체의 면적을 줄이기 위해 고안된 것이다.

꼬리날개의 크기는 작지만 보통 날개와 같은 구조로 만들어져 있다고 생각하면 좋다. 그러나 우포 구조로 만들어진 옛날 항공기의 꼬리날개 속에는 주위의 프레임(Frame)에 우포만 씌운 간단한 것도 있다. 꼬리날개는 1개 또는 여러 개의 날개보(Spar), 리브(Rib)와 외피(Skin)로 구성된 세미모노코크구조로 되어 있다.

수직안정판(Vertical Stabilizer)은 동체의 일부로 만들어진 경우와 장탈 할 수 있는 독립된 구조 부재로 만들어진 경우가 있다. 안정판 및 조종면을 포함한 항공기의 꼬리부분(Tail Section) 전체를 보통 후방동체(Empennage)라고 부른다. 동체의 최후방을 Tail Cone이라고 한다. Tail Cone은 동체의 최후 단을 유선형으로 마무리하는 역할을 하고 있으나 동체로부터 받는 응력이 작기 때문에 일반적으로 경량 구조로 되어있다. 그러나 Tail Cone내에 보조 동력 장치를 장착한 대형 여객기에서는 필요한 강도 외에 방화벽을 갖고 있다.

(1) 수평꼬리날개

수평꼬리날개는 보통 수평안정판(Horizontal Stabilizer)과 승강키(Elevator)로 구성되며, 승강키의 역할은 제 1장에서 자세히 다루고 있다. 동체의 취부각은 날개의 Down Wash를 고려해서 수평보다도 조금 상향으로 하고 있다. 소형 항공기의 수평꼬리날개는 단일 날개로 하고 동체 위에 얻는 방법을 하고 있으나 대형 항공기에서는 좌우로 분할해서 중심부분에 결합하고 있다. 아음속 영역을 비행하는 제트 여객기는 마하수의 영향이 생기기 때문에 기체의 평형은 수평안정판(Horizontal Stabilizer)의 취부각을 변경해서 얻어진다. 이 때문에 중심부분은 전방 날개보(Spar) 부분을 유압모터로 움직일 수 있도록 한 것이 많다. 이 방식의 안정판을 조정식 안정판(Adjustable Stabilizer)이라고 한다.

(2) 수직꼬리날개(Vertical Stabilizer)

수직꼬리날개는 수직안정판(Vertical Stabilizer)과 방향키(Rudder)로 구성되며, 방향키의 역할은 제 1장에서 자세히 다루고 있다. 수직꼬리날개는 항공기의 방향 안정을 유지하고 방향을 조종한다. 동체의 취부 각은 프로펠러의 후류를 고려해 항공기 축으로부터 어떤 각도만큼 치우치게 하는 것도 있다. 수직꼬리날개는 날개나 수평꼬리날개와 같이 좌우의 날개를 결합시켜 굽힘 모멘트를 상쇄할 수가 없고 이 날개의 굽힘 모멘트는 모두 동체의 압축 모멘트로 작용하게 된다. 이 때문에 대형 항공기에서는 수직안정판(Vertical

Stabilizer)의 주요 구조는 동체 구조의 일부로서 만들어지는 경우가 많고 하중의 전달이 부자연스럽게 되지 않도록 날개보(Spar) 결합 방식이 사용된다. 대형 항공기의 수직꼬리 날개는 안정판의 일부를 전기적으로 절연하고 이 자체를 HF 혹은 VOR 안테나로 이용하고 있는 것이 많다.

3 조종면(Flight Control Surface)

1) 1차 조종면(Primary 또는 Main Control Surface)

항공기의 자세 조종은 세로축(X), 가로축(Y) 및 수직축(Z) 주위의 조종면에 의해 행해진다.

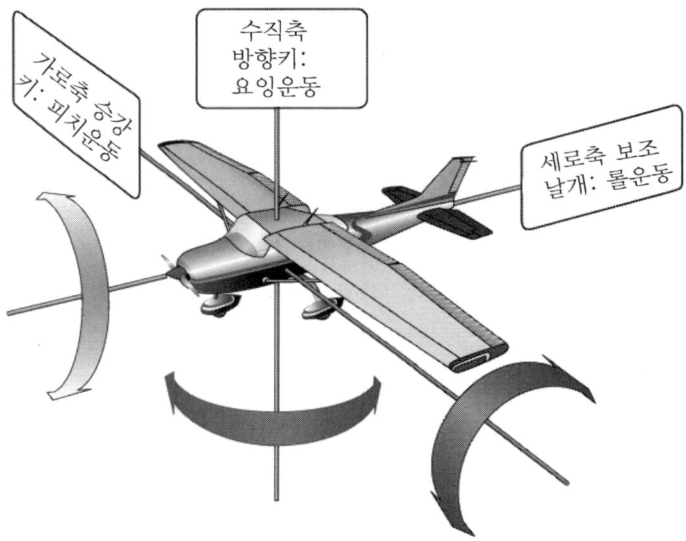

주요 조종면	항공기 운동	회전 축	안정성 종류
보조 날개	롤 운동	세로 축	가로 안정성
승강키	피치 운동	가로 축	세로 안정성
방향키	요잉 운동	수직 축	방향 안정성

[그림 6-4] 조종면 운동과 3축

조종면은 1차 조종면과 2차 조종면의 부분으로 나누어지며, 그림 6-4에서 보는 바와 같이 항공기의 운동은 X축, Y축 및 Z축을 중심으로 이루어진다.

세로축(x축)은 기체의 앞과 뒤를 연결하는 축이며, 세로축(X)에 대하여 비행기는 가속, 감속 또는 등속 운동으로 직선운동을 하거나 회전운동을 하는데 이 세로축에 대한 회전운동을 옆놀이(Rolling)라 한다. 옆놀이 운동을 일으키는 조종장치는 보조날개(Aileron:도움날개)이 역할을 한다.

가로축(y축)은 한쪽 날개 끝에서 다른 쪽 날개 끝을 연결한 축으로 가로축(Y)을 중심으로 일어나는 운동 즉, 비행기 기수가 올라가거나(상승) 내려가는(하강) 회전운동을 키놀이(Piching)이라 하며, 가로축에 대한 직선운동을 옆 미끄럼이라 한다. 키놀이 운동을 일으키는 조종장치는 승강키(Elevator)가 한다.

수직축(z축)은 세로축과 가로축으로 된 평면에 수직인 축이며 비행기의 기수가 좌, 우로 회전하는 운동을 빗놀이(Yawing)라 하며 비행기의 방향을 조종한다. 빗놀이 운동을 일으키는 조종장치는 방향키(Rudder)가 한다.

항공기의 옆놀이, 키놀이, 빗놀이 운동을 조종하는 장치를 1차 조종면이라 하며, 1차 조종면은 보조날개(Aileron), 승강키(Elevator) 및 방향키(Rudder)로 구성되어 있다. 조종면의 구조는 안정판과 비슷하지만, 보통 구조를 간단하게 하여 중량을 가볍게 만들고 있다. 이들은 강성을 갖게 하기 위해 앞전에 날개보(Spar) 혹은 튜브를 붙인 것이 많이 사용되고, 이 날개보(Spar)나 튜브에 리브(Rib)를 붙인다. 리브(Rib)에는 무게감소를 위해 중량 경감 구멍을 뚫고 있다. 구형 항공기의 조종면은 우포로 덮여 있는 것도 있지만 고속 항공기에서는 강도상 전부 금속 또는 복합소재 외피(Skin)을 사용하고 있다. 복합소재 외피(Composite Skin)는 내부를 벌집형 샌드위치 구조(Honeycomb Sandwich Structure)로 한 것이 많이 사용된다.

조종면은 무게 분포가 적절하지 않으면 비행 중, 또는 조종 중에 플러터(Flutter)현상을 야기할 위험이 있기 때문에 보통은 그 앞전에 추를 넣어 플러터(Flutter) 현상을 방지하고 있다. 이 추를 질량 균형(Mass Balance)이라고 한다. 조종면에는 앞전 작동의 중심이 되는 힌지 라인(Hinge Line)이 있어서 조종 장치를 조작하면 케이블 등을 통하여 이 힌지 라인을 중심으로 튜브를 직접 회전시킨다.

조종면에는 이와 같은 질량적으로 균형을 취한 질량 균형 조종면과 공기역학적 균형 조종면이 있다. 공기 역학적 균형 조종면은 조종면의 앞전을 힌지 라인보다 전방에 밀어낸 것이다. 이 조종면이 어떤 각을 취했을 경우, 전방에 밀어낸 날개면이 조종면을 힌지 주위에 회전시켜 조종력을 경감한다.

일부의 항공기에서는 조종면에 2개의 역할을 갖게 하고 있다. 예를 들면 Elevon은 Aileron와 Elevator의 두 가지 기능을 결합시킨 것이며, Ruddervator는 Elevator와 Rudder의 기능을 갖게 한 것이고, Flaperon은 Flap으로서도 작용하는 Aileron이다. Stabilrator는 Horizontal Stabilizer과 Elevator 의 역할을 한다.

(1) 보조날개(Aileron)

보조날개(Aileron)는 1 차 조종면의 일부로써 미리 설계된 원호에 따라서 움직이도록 날개의 후방 날개보(Spar)에 힌지로 장착되어 있다. 보조날개는 조종 바퀴(Control Wheel)를 좌우로 회전시키거나 혹은 조종간(Control Stick)을 좌우로 밀어서 작동시킨다.

보조날개는 보통 좌우 날개의 바깥쪽 뒷전(Trailing Edge)에 힌지로 장착되며, 그림 6-5은 전형적인 소형 항공기의 보조날개의 위치를 나타낸 것이다.

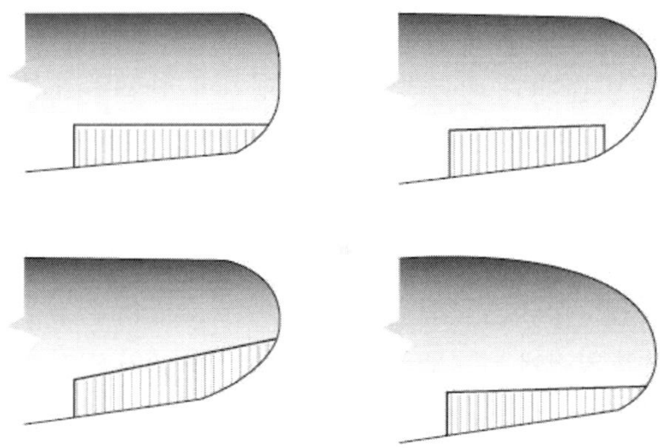

[그림 6-5] 여러 가지 날개 형태에 대한 보조날개 위치

[그림 6-6] 차동 보조날개 조종 계통

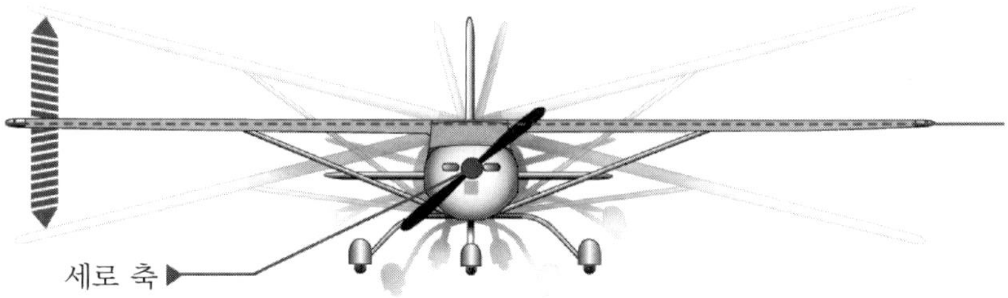

(보조날개운동에 대한 롤 조종)

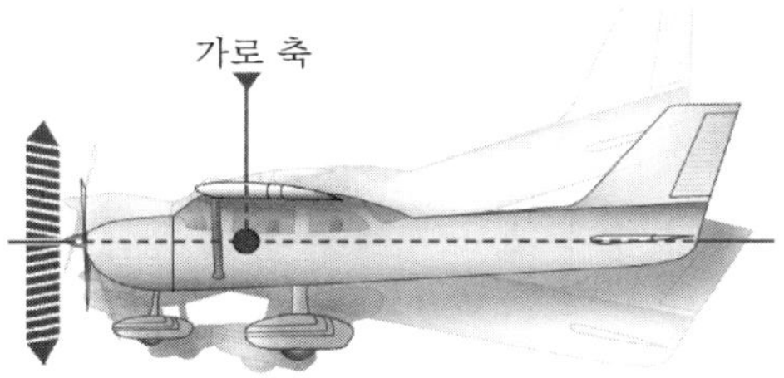

(승강키 운동에 의한 상승과 하강 조종)

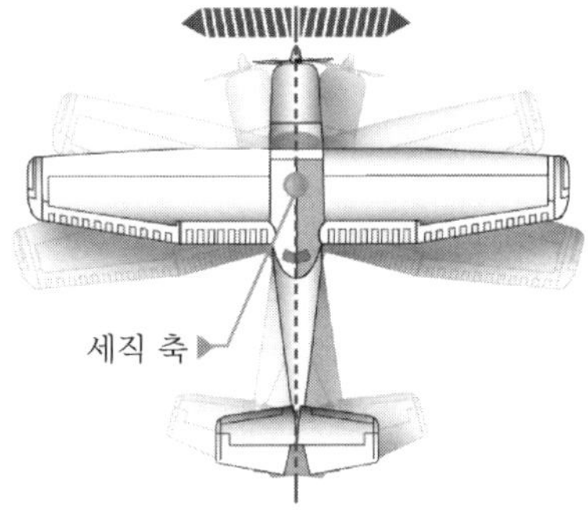

(방향키 운동에 의한 요잉조종)

[그림 6-7] 항공기 운동의 기본 축

또, 소형 항공기의 보조날개 뒷전(Aileron Trailing Edge)에는 고정탭(Fixed Tab)이 붙어 있는 것도 있다. 예를 들어 설명하면, 이 탭(Tab)은 항공기를 직선 비행 시키려고 했을 때 오른쪽으로 기울어 버린 경우, 오른쪽 보조날개 탭을 윗 방향으로, 왼쪽 보조날개 탭을 아래쪽 방향으로 구부려서 직선 비행을 시킬 수 있다.

도움날개(보조날개: Aileron)는 항공기 날개의 끝 부분에 장착되어 항공기의 옆놀이 운동(rolling)을 발생시키는 조종면으로 두 개의 도움날개가 서로 반대방향 (차동)으로 작동된다. 좌우의 보조날개를 동시에 서로 반대 방향으로 작동시키기 위해, 그 조작계통은 조작 장치의 내부에 연결시키고 있으며, 한쪽 방향의 보조날개를 내리면 그 쪽의 양력이 증가하고, 반대쪽의 보조날개는 올라가 양력이 감소하므로 날개에 미치는 공기력의 불균형에 의해 기체에 회전운동을 일으킨다. 도움날개를 내렸을 때의 양력발생은 플랩과 원리가 동일하며, 대형 항공기에서는 도움날개가 좌우에 각각 2개씩 있다. 저속에서는 모두 작동하고, 고속에서는 안쪽의 것만 작동되며 비행조종계통에 연결되어 있다.

조종면은 기체의 속도가 빨라지면 나중에는 바람에 펄럭이는 깃발처럼 불안전한 진동

(Flutter: 플러터 현상)을 일으킨다. 이러한 현상을 방지하기 위해 매스 밸런스(Mass Balance)를 설치하고, 조종면의 무게 중심이 힌지 라인에 오도록 조정한다.

(2) 승강키(Elevator)

승강키(Elevator)는 수평안정판의 후방에 설치되고 상하로 움직여서 기체에 기수 상향, 또는 기수 하향 모멘트를 발생시킨다.

속도가 충분치 못하던지, 상승을 계속할만한 출력의 여유가 없다면 기수를 치켜 들뿐 상승은 못한다. 착륙시 접지면에서는 충분하게 기수를 치켜들기 때문에 승강키는 최대 양각 가까이까지 당겨진다.

승강키에는 극단적인 저속 항공기나 2중 이상의 유압식 동력조종장치를 사용한 항공기를 제외하고는 조종면의 질량 균형(Mass Balance)은 반드시 필요하다. 조종면을 수리할 때에는 반드시 중심 위치를 측정하고 지침서(Manual)에서 제시한 허용 범위 내에 있는 것을 확인해야 한다.

승강키의 구조에서 특이한 것은 좌우의 승강키를 토크 튜브(Torque Tube)로 연결하고 있는 것이다. 만약, 좌우의 승강키를 분리한 대로 각각의 각도로 조작하면 좌우 승강키의 역회전과 후부 동체의 뒤틀림은 플러터(Flutter)현상을 유도할 위험이 있기 때문이다.

대형 여객기의 승강키는 파손 안전 구조(Fail Safe Structure)로서 위에서 부터 2개로 분할해서 각각을 다른 유압계통으로 작동시키도록 하고 있는 것이 많다. 대형 항공기에서는 비행기가 과도하게 회전(Over Rotation)하는 것을 막기 위해 조종사에게 속도 증가에 따른 승강키의 작동을 감소시키는 장치가 마련되어 있다. 승강키의 작동을 감지할 수 있는 컴퓨터(Feel Computer)를 장착하여 조종간에 무게를 주어 승강키의 작동각을 작게 하여 과도한 회전을 방지할 수 있다.

(3) 방향키(Rudder)

방향키(Rudder)는 보통 수직 안정판(Vertical Stabilizer)의 후방에 설치되어 방향키 페달을 밟는 것에 의해 좌우로 움직여 기수를 좌우로 회전시켜 항공기를 다른 위치로 이동 또는 선회시킨다.

방향키는 회전의 중심에 토크튜브(Torque Tube)를 넣고 이것에 혼(Horn) 또는 레버(Lever)를 설치하며, 케이블(Cable), 로드(Rod) 또는 유압작동기(Actuator)에 의해 움직인다.

구조는 승강키(Elevator)와 비슷하다. 또, 비행 중에 기체가 좌로 빗놀이(Yawing) 될 경향이 있는 경우는 방향키 탭(Rudder Tab)을 좌로 구부리면 수정할 수 있겠지만, 그래도 빗놀이 운동이 있는 경우에는 방향키 각도의 점검이 필요하게 된다. 대형 여객기의 방향키는 승강키와 마찬가지로 페일 세이프 구조로써 2개로 분할해서 각각 다른 유압계통으로 작동시키도록 한 것이 많다.

2) 2차 조종면(Secondary Control Surface: 부 조종면)

2차 조종면은 조종면에서 1차 조종면을 제외한 보조 조종계통에 속하는 모든 조종면으로 탭, 플랩, 스포일러 등이 있다. 사용 목적에 따라 양력을 증가시키는 뒷전플랩, 앞전 플랩, 항력을 증가시키는 스포일러 등이 있다.

(1) 뒷전플랩(Trailing Edge Flap)

뒷전플랩(Trailing Edge Flap)의 수 및 형식은 항공기의 크기와 형식에 의해 여러 가지가 사용되고 있다. 플랩은 항공기의 양력을 일시적으로 증가시켜서 이・착륙 속도를 감소시켜 이착륙 활주 거리를 짧게 한다. 대부분의 플랩은 보조날개와 동체 사이의 날개 뒷전에 설치되어 있다. 대형 고속 항공기에는 앞전플랩(Leading Edge Flap)도 같이 사용된다. 플랩은 Up위치에서 날개의 뒷전의 일부가 되고 Down위치 때에는 힌지 포인트를 중심으로 약 30°~50°정도 내려간다. 이것에 의해 날개의 캠버(Camber)가 증가하고 공기의 흐름이 변화하는 것에 의해 보다 많은 양력을 발생시킨다.

단순 플랩(plain flap)은 그림 6-8(b)와 같이 날개 뒷전의 끝부분을 단순히 밑으로 굽힘으로 캠버를 바꿔 받음각을 크게해 주는 간단한 구조이며, 소형 저속 항공기에 쓰인다. 큰 각도로 굽히게 되면 공기 흐름의 박리 현상이 발생하므로 각도가 제한된다. 캠버를 증가시켜 고양력이 발생하며, 얇은 날개에 장착하기 쉬워 전투기기에 주로 채택되며 내림각이 10~15°를 초과하게 되면 공기흐름의 박리가 일어날 수 있다.

스플릿 플랩(Split Flap)은 그림 6-8(c)와 같이 날개 뒷전 밑면의 일부를 내림으로서 날개 윗면의 공기 흐름을 강제적으로 흡입하여 흐름의 박리를 지연시켜 양력을 증가시킨다. 캠버를 증가시켜 고양력을 발생시키며 날개의 아랫면에 부착되어 구조가 간단하고 무게가 가벼우나 효율이 낮아 잘 사용하지 않는다.

파울러 플랩(Fowler Flap)은 그림 6-8(d)와 같이 플랩을 내리면 스플릿플랩보다도 큰 면적의 플랩을 날개 밑면에 수용할 수 있으며, 플랩을 내릴 때는 웜 기어(Warm Gear) 등의 구동에 의해 플랩전체를 후방으로 움직이고, 더욱 아래쪽으로 내린다. 이것에 의해 날개 면적을 증가시키는 것과 함께 날개의 캠버를 크게 하여 양력을 증가시킨다. 즉 캠버 증가, 간격발생(틈의 효과), 날개 면적 증가의 3중 효과로 고양력을 발생시킨다.

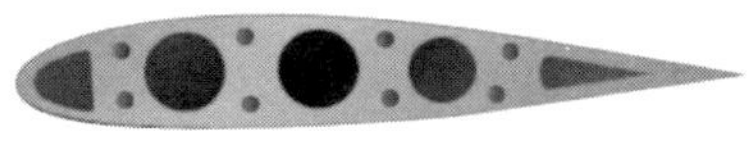

(a) 기본 익형(에어포일)구조

(b) 단순 플랩

(c) 스플릿 플랩

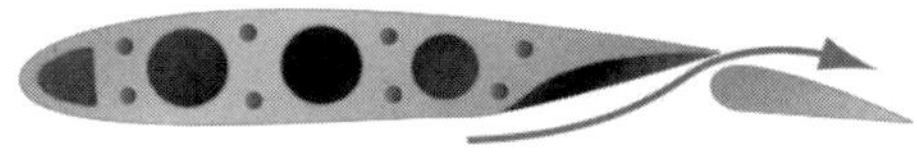

(d) 파울러 플랩

(e) 슬롯 플랩

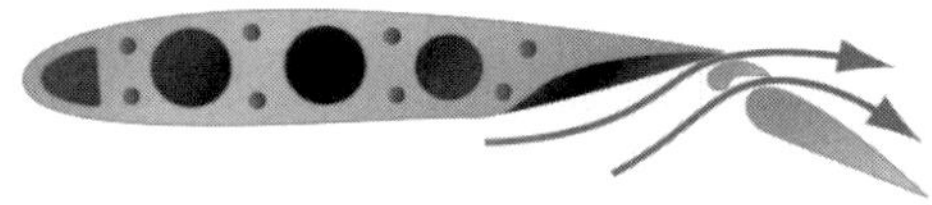

(f) 이중 슬롯 플랩

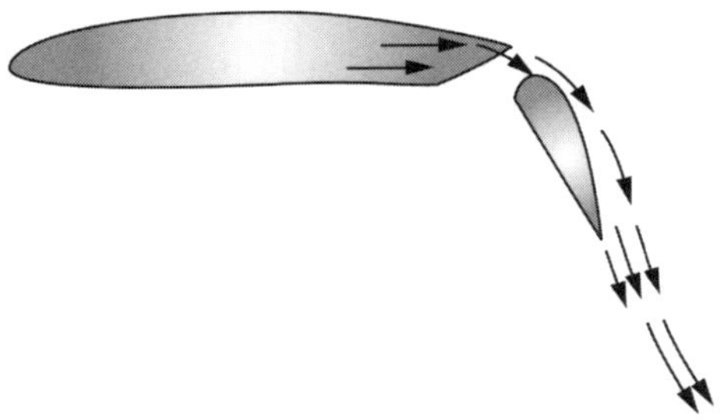

(g) 블로플랩

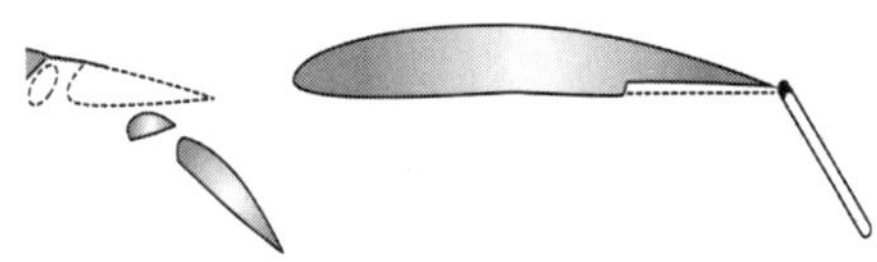

(h) 잽 플랩

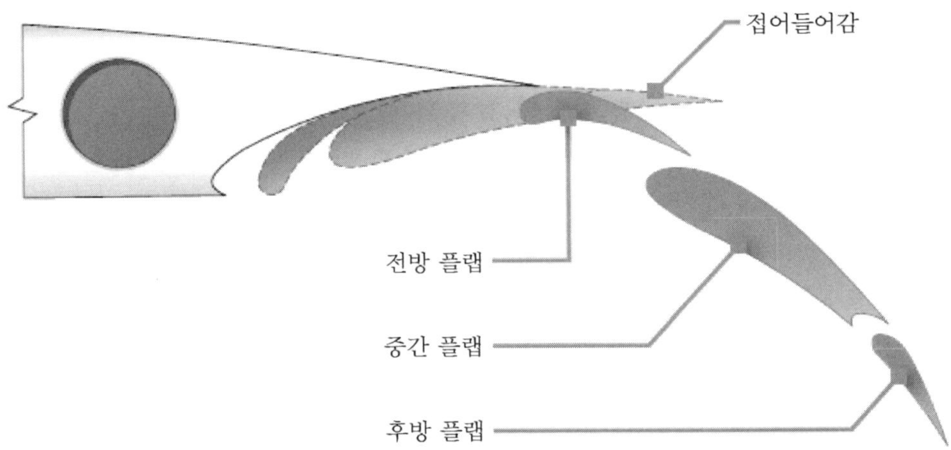

(i) 삼중 슬롯 플랩

[그림 6-8] 날개 뒷전 플랩 종류

슬롯 플랩(Slotted Flap)은 그림 6-8(e)와 같이 플랩을 내렸을 때에 플랩의 앞에 틈이 생긴다. 그 틈을 통하여 압력이 높은 날개 밑면의 공기 흐름을 날개 윗면으로 올려 뒷전 부근의 공기흐름의 박리를 방지하고 공기 속도를 증가시켜 양력을 증가시킨다. 캠버를 증가시키고 흐름의 떨어짐(박리현상)을 방지하여 고양력을 발생시키고 새로운 경계층으로 인하여 플랩의 내림각을 40°이상 할 수 있다. 슬롯 플랩(Slotted Flap)은 현재 가장 일반적으로 사용되고 있는 대표적인 뒷전플랩(Trailing Edge Flap)이며, 작은 각도에서 사용하면 항력의 증가 비율이 낮고 양력 증가 비율이 높지만 큰 각도에서 사용하면 양력도 항력도 증가하는 특성을 갖고 있다.

이중슬롯플랩은 그림 6-8(f)와 같이 날개와 플랩 사이에 슬롯 플랩(Slotted Flap) 형식의 플랩 앞에 더욱 작은 깃(Vane)을 붙인 것이 2중 슬롯플랩(Slot Flap)이다. 깃(Blade)을 장착하여 슬롯 플랩의 효과를 증가시키므로 플랩의 내림각 범위가 다른 것보다 월등히 넓으며, 슬롯플랩보다 더욱 큰 양력을 얻을 수가 있다. 보다 큰 양력을 얻으려고 하는 항공기는 날개 면적을 증가시키는 것이 가능한 파울러플랩(Fowler Flap)을 사용한다.

그림 6-8(i)은 대형 제트 항공기에 사용되고 있는 3중 슬롯 플랩(Triple Slotted Flap)의 예이다. 이 형식의 플랩은 날개와 플랩 사이에 깃을 장착하여 슬롯 플랩의 효과를 증가시키며, 이륙 및 착륙에서 높은 양력을 발생한다. 이 플랩은 전방 플랩(Fore Flap), 중앙 플랩(Mid Flap) 및 후방 플랩(Aft Flap)의 3개로 구성되며, 날개 하중을 크게 높일 수 있어 대형 여객기에 많이 사용된다. 각 플랩의 날개코드 길이는 플랩이 내려가는 것에 따라 늘어나고 플랩 면적을 크게 증가시킨다. 플랩을 내려서 생긴 플랩 간의 슬롯은 플랩 윗면의 박리현상을 방지한다.

그림 6-8(g)의 블로 플랩(Blow Flap)은 슬롯 플랩과 구조가 같으며, 효과를 높이기 위하여 기관의 배기가스를 사용하여 양력을 최대로 할 수 있다.

그림 6-8(h)의 잽 플랩(Zap Flap)은 스플릿 플랩과 비슷하나 캠버 증가 및 날개면적 증가로 고양력을 발생시키며, 정해진 트랙을 따라 움직이며 뒤쪽으로 빠져나온 후 아래로 내려가도록 되어 있다.

(2) 앞전 플랩(Leading Edge Flap)

앞전 플랩(Leading Edge Flap)은 단순 플랩과 같이 캠버를 증가시켜 고양력을 발생시킨다. 이 플랩은 힌지로 지탱되고, 플랩을 펴면 날개의 앞전은 아래쪽으로 늘어나 날개의 캠버를 증가시킨다. 앞전 플랩은 단독으로 사용되는 경우는 없고 보통 다른 형식의 뒷전 플랩과 같이 사용된다. 그 종류에는 슬롯과 슬랫(Slot and Slat : Fixed or Movable), 크루거 플랩(Kruger Flap), 드루프(Drooped Flap) 앞전 등이 있다.

슬롯(Slot)과 슬랫(Slat)은 그림 6-9(a)와 같이 날개 앞전의 약간 안쪽 밑면에서 윗면으로 틈(slot)을 만들어 날개가 큰 받음각일 때 밑면의 공기 흐름을 윗면으로 유도하여 공기 흐름의 박리(Separation)을 지연시켜 양력을 증가시키는 장치이다. 슬롯은 높은 받음각에서 공기 흐름의 박리를 지연시키도록 하는 장치이며, 슬롯(Slot)과 슬랫(Slat)은 아음속 여객기에 많이 사용된다.

슬롯은 길고 가는 통이나 홈으로 날개 아랫면의 공기를 슬롯을 통하여 윗면으로 보내어 공기의 흐름이 날개의 면면에서 이탈하는 것을 방지하는 역할을 한다. 슬랫은 블라인드의 가로창살과 같은 단층모양의 판자를 표현하는 용어로서, 항공기에서는 날개 앞에 장치하여 필요에 따라 전 하방으로 내밀 수 있는 장치를 말한다.

크루거 플랩(Kruger Flap)은 앞전 플랩에 일반적으로 사용되며, 그림 6-9(b)와 같이 보통 때는 날개 밑면에 접혀져 날개의 일부를 구성하고 있으나, 크루거 플랩이 작동하면 앞쪽으로 나오면서 꺾여 앞전 반지름을 크게 하는 효과로 양력을 증가시킨다. 슬랫과 그 작동 및 목적이 유사하며, 얇은 날개에 장착하기가 슬랫보다 더 유리하고 날개 내부로 접어들일 수 있다.

드루프 앞전(Drooped Leading Edge)은 그림 6-9(c)과 같이 날개 앞전 부분이 밑으로 꺾여서 굽혀지는 것으로, 앞전 반지름과 캠버의 증가 효과로 양력을 증가시킨다. 드루프 앞전은 구조가 간단하며, 앞전이 얇거나 뾰족한 초음속에 많이 이용되며, 저속에서 내리고 고속에서 들어올린다. 슬랫보다 효율적이지 못하고, 전투기를 제외하고는 사용하지 않는다.

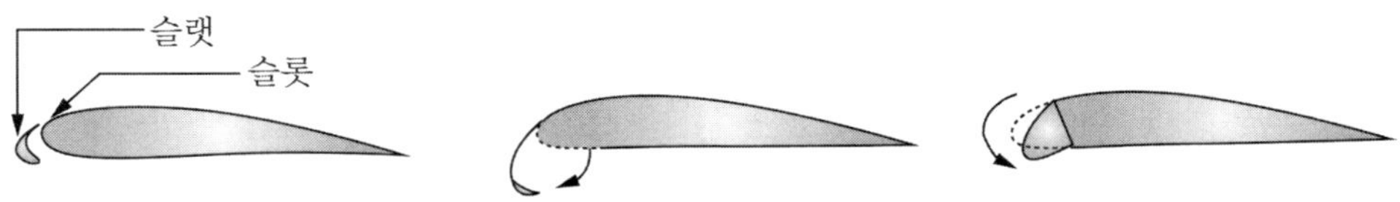

(a) 슬롯과 슬랫 (b) 크루거 플랩 (c) 드루프 플랩

[그림 6-9] 날개 앞전 플랩의 종류

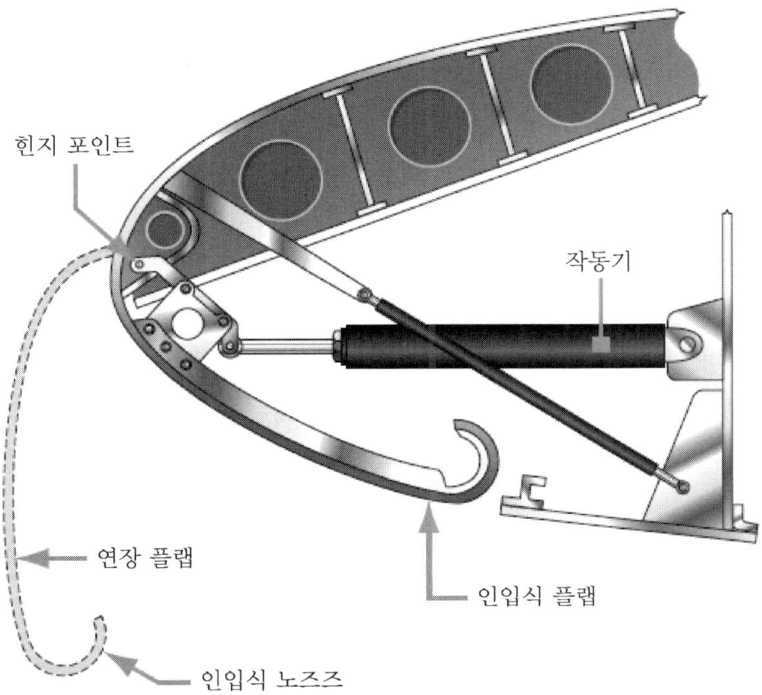

[그림 6-10] 앞전 플랩

(3) 슬랫(Slat)

슬랫(Slat)은 날개 앞전에 슬롯(Slot)을 설치해 날개 윗면의 공기 흐름의 박리를 방지함으로써 양력의 증가를 꾀한 것이다. 슬랫에는 고정슬랫과 가동슬랫이 있고 가동슬랫은 날개 윗면의 부압(Negative Pressure)을 이용해서 자동적으로 슬롯을 만드는 것과 동력에 의한 뒷전플랩과 연동해서 열리는 것이 있다.

슬랫의 조종은 레일(Rail)을 이용하고 있고 힌지 방식의 사용은 적다. 슬랫은 뒷전플랩만큼 일반적이지는 않고, 특히 고양력을 필요로 하는 항공기나, 큰 받음각 자세에서의 비행이 요구되는 항공기에 한정되어 사용되고 있다.

앞전 슬랫의 조종은 공기 흐름 기점 변화를 이용해서 어떤 받음각 이상이 되면 부압에 의해 자동적으로 접히게 한 것이 소형 항공기나 전투기에 사용된다. 대형 항공기에서는 유압 또는 전기 작동기에 의해 개폐된다. 날개 앞전에는 결빙의 위험이 있기 때문에 슬랫은 물론 날개 앞전에도 방빙(Anti-icing) 장치를 설치하고 슬롯이나 날개 앞전에 얼음이나 눈이 가득 차지 않도록 하고 있다.

(4) 스포일러(Speed Brake/Spoiler)

스포일러(Speed Brake/Spoiler)는 대형 항공기 날개의 중간 정도에 위치하여 양력을 감소시키고 항력을 증가시키는 작용을 한다. 즉, 고속 비행 중에 좌우 날개에 대칭적으로 스포일러를 펼치면 에어 브레이크의 역할을 하고, 도움 날개와 연동해서 좌우 비대칭으로 작동하면 도움 날개의 역할을 하게 된다. 또, 착륙 후 활주할 때에는 수직에 가깝게 세워 항력을 증가시켜 활주 거리를 짧게 하는 브레이크 작용도 하며, 기체의 빗놀이(Yawing) 운동을 일으킨다.

속도 제동 판넬(Speed Brake Panel)은 여러 가지 형상으로 만들어져 있고, 장착위치도 항공기의 설계 및 사용 목적에 따라 다르다. 속도 제동 판넬은 날개의 표면 또는 동체에 장착되어 있다. 동체에 장착되어 있는 스포일러 면적은 적지만 난류를 발생시켜 항력을 크게 한다.

날개윗면에 장착되어 있는 스포일러는 판넬을 날개 면에 세워 공기의 흐름을 저지하고 항력을 늘림과 동시에 날개의 양력을 감소시키기 때문에 스포일러(Spoiler)라고 부르는 경우가 많다. 스포일러는 스위치로 조종하고 유압에 의해 작동한다. 스포일러는 도움날개(Aileron)와 함께 작동시켜 한쪽만을 움직여 가로 방향의 조종에 사용할 수 있다.

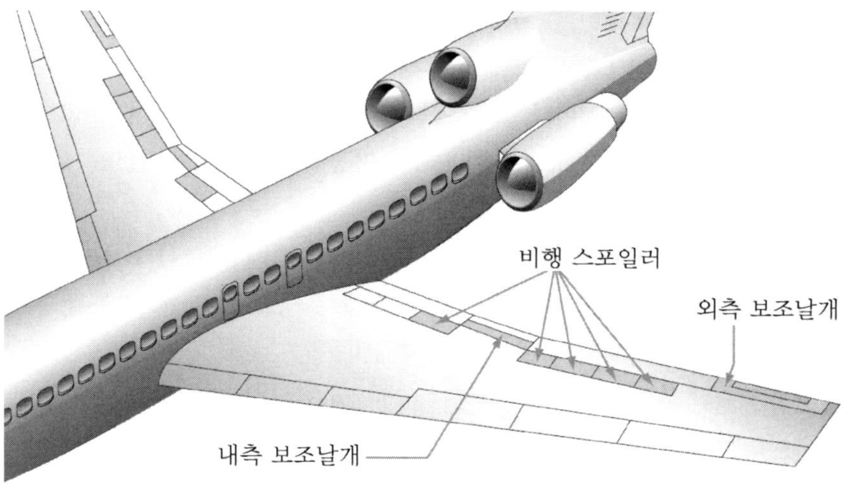

[그림 6-11] 항공기 날개의 조종면

스포일러를 속도 제동장치(Speed Brake)로서 사용하면 판넬은 좌우 대칭으로 작동한다. 대형 항공기의 스포일러에는 공중 및 지상의 어디에도 작동하는 것과 지상에서 착지 후에만 작동하는 것이 있으며 전자를 비행 스포일러(Flight Spoiler), 후자를 지상 스포일러(Ground Spoiler)라고 불러 구별하고 있다. 보통 스포일러 판넬(Spoiler Panel)은 알루미늄 합금 외피에 접착된 벌집(Honeycomb) 구조로 만들어 힌지에 의해 날개에 설치되어 있다.

(5) 탭(Tab)

항공기를 조종하기 위해 극히 단순하고 가장 중요한 장치는 조종면에 설치된 탭(Tab)이다. 탭은 조종면을 대신하는 것은 아니지만, 조종면의 뒷전에 설치되어 조종면의 균형을 좋게 하고 조종면의 움직임을 용이하게 한다. 탭은 그 사용 목적에 따라 트림 탭(Trim Tab)과 평형 탭(Balance Tab)으로 나눠진다. 트림 탭은 항공기의 정적 균형을 얻기 위해 쓰이는 조절장치이고 평형 탭은 조종력을 경감할 목적으로 사용된다.

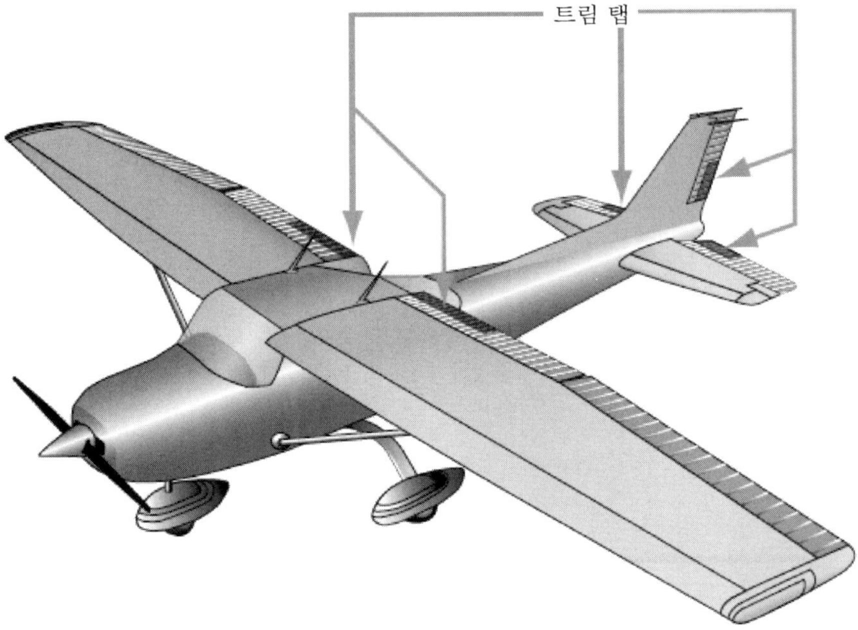

[그림 6-12] 트림 탭

트림 탭은 조종계통과는 분리하여 장착한다. 따라서 그 조작은 독립된 트림(Trim) 조절 장치에 의해 작동된다. 이 탭을 조절하여 조종력을 경감시키고, 장시간 비행에서 피로를 막아주는 역할을 한다. [그림 6-12]

트림 탭과 같은 역할을 하는 것에 고정 탭(Fixed Tab)이 있다. 이 탭은 날개 뒷전, 도움날개 또는 방향키의 뒷전에 설치되고 이것을 적당히 구부려 비행 자세를 수정한다.

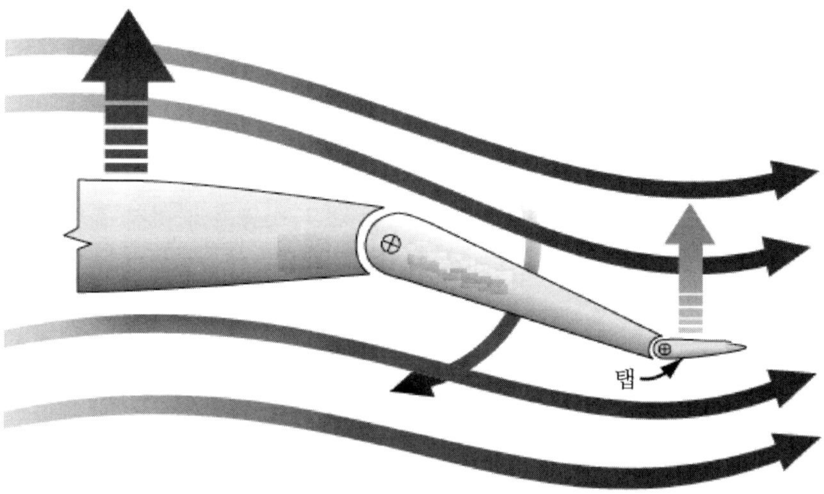

[그림 6-13] 평형 탭의 작동원리

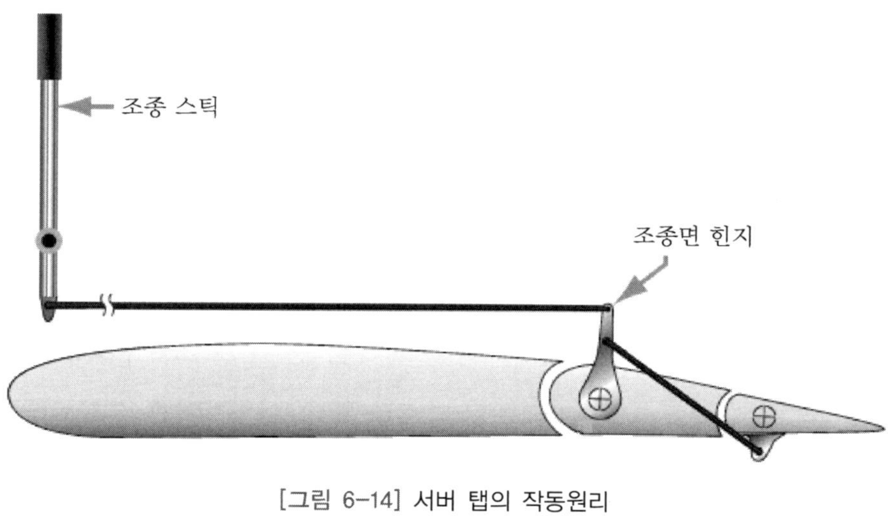

[그림 6-14] 서버 탭의 작동원리

그림 6-13의 평형 탭(Balance Tab)은 구조적으로는 트림 탭(Trim Tab)과 같아 보이지만, 그 기능과 조작 기구가 다르다. 평형 탭은 조종면의 움직임과는 반대 방향으로 움직이고 이것에 작용하는 공기력에 의해 조종력을 용이하게 하려고 하는 것이다. 평형 탭 방식은 대형 항공기에 적당하며 저항이 적고 진동을 일으키지 않는 장소에 장착되지만, 탭 각이 크게 되면 실속하여 평형(Balance)의 역할을 하지 못하게 된다.

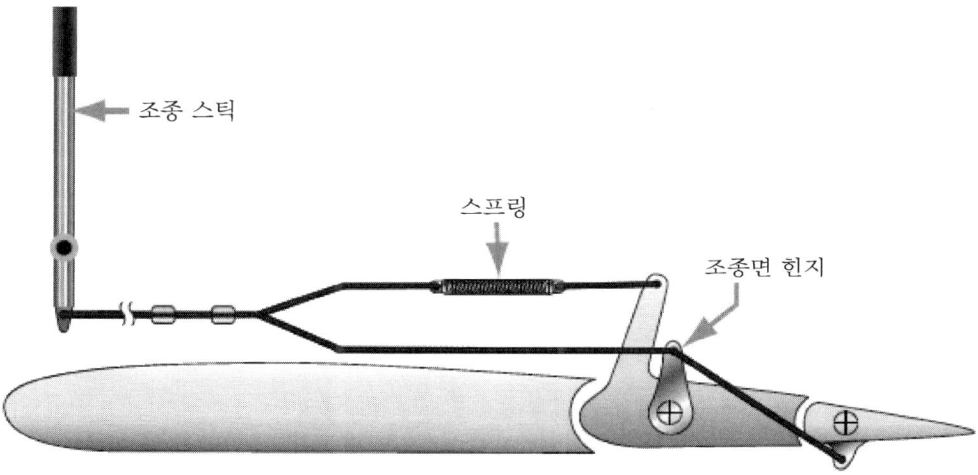

[그림 6-15] 스프링 탭의 작동원리

조종면을 직접 조작하지 않고 탭을 조작하여 탭에 작용하는 공기력으로 조종면을 움직이는 방식을 서버 탭(조종 탭: Servo Tab)방식이라고 한다.

그림 6-15와 같이 조종면과 탭과의 사이에 스프링을 삽입한 것을 스프링 탭(Spring Tab)이라고 한다. 이 탭은 서버 탭의 일종으로 비행 속도의 변화에 동반하는 조종력 유지의 변화를 스프링에 의해 개선하고 있다. 이 방식은 현재의 대형 항공기에서는 필수적인 것이다.

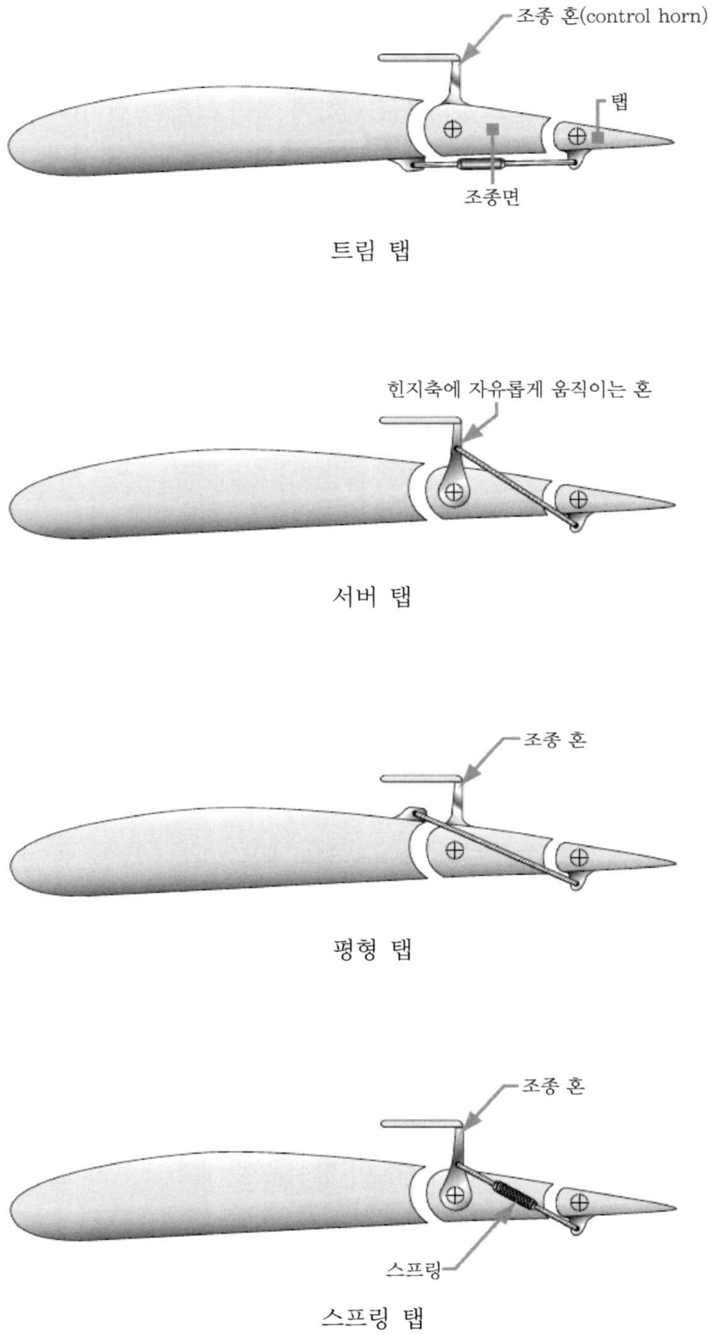
조종 혼(control horn)
탭
조종면
트림 탭
힌지축에 자유롭게 움직이는 혼
서버 탭
조종 혼
평형 탭
조종 혼
스프링
스프링 탭

[그림 6-16] 탭의 종류

4 조종장치의 구성

1) 조종장치의 개요

항공기의 조종장치는 비행기 자세를 조종사의 조작대로 변화시키는 장치이다. 조종장치는 수동 조종계통(Manual Control System)와 유압 등의 힘을 이용하여 조절하는 동력 조종계통(Power Control System)가 있으며 조종장치는 다시 4 종류로 분류된다.

(a) 매뉴얼 조종 장치

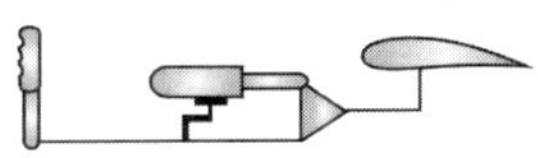

(b) 부스터 조종 장치

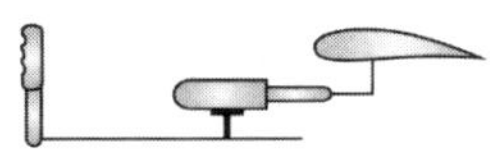

(c) 불가역 동력 조종 장치

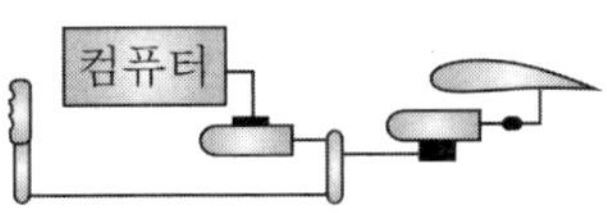

(d) SAS(안정 증강 장치)

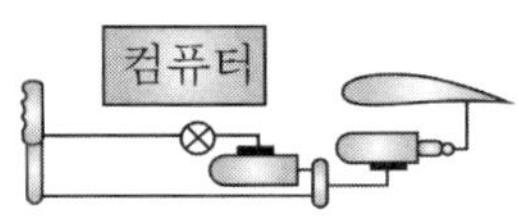

(e) CAS(Control Augment System)

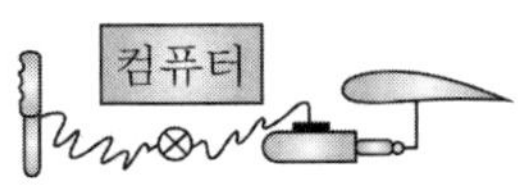

(d) 플라이 바이 와이어(Fly by Wire)조종 장치

[그림 6-17] 조종 장치

- Manual Control System(수동 조종계통)
- Power Control System(동력 조종계통)
- Booster Control System(부스터 조종계통)
- Fly-By-Wire Control System(플라이 바이 와이어 조종계통)

항공기에는 보조날개, 승강키 및 방향키가 기체의 3축 주위의 자세를 변화시키는 조종장치 외에 각 조종면의 2차 조종면 조종장치(탭, 플랩, 스포일러, 고양력 장치 등) 스로틀

(Throttle)의 조작장치가 있다.

이들 장치도 포함하여 조종 장치라하지만 그 때에는 보조날개, 승강키, 방향키를 1차 혹은 주 조종 장치(Primary Flight Control Surface)라 부르고 그 이외의 계통은 보조 조종 장치(Secondary Flight Control Surface)라고 구별한다.

2) 수동 조종계통(Manual Control System)

수동 조종 계통은 조종사가 조작하는 조종간(Control Stick) 및 방향키 페달(Rudder Pedal)과 조종면을 케이블이나 풀리 또는 로드와 레버를 이용한 연결기구로 연결해서 조종사가 가하는 힘과 조작량(변위)을 기계적으로 조종면(Control Surface)에 전달하는 방식이다.

이 계통은 가격이 싸고 가공이 쉽고 정비가 쉬우며 경량이므로 동력원이 필요 없다. 또, 신뢰성이 높다는 등의 장점이 많아 앞으로도 소. 중형기에 널리 이용될 방식이다. 비행기가 고속이 되거나 대형화가 되면 큰 조종력이 필요해지므로 수동 조종 계통을 사용하지 않는다. 또, 천음속 항공기, 초음속 항공기처럼 비행 속도에 따라 조종면의 공력 특성이 급격히 크게 변하는 것은 이 방식으로 조종할 수 없어 동력 또는 부스터 조종계통을 사용한다.

수동 조종 계통은 케이블 계통, 로드(Rod) 계통 및 토크 튜브(Torque Tube) 계통의 3가지 형식과 이것들을 응용한 것이 있다.

(1) 케이블 조종계통(Cable Control System)

케이블 계통은 이 계통을 부착하고 있는 구조에 변형이 생겨도 그 기능에는 큰 영향을 주지 않으므로 신뢰성이 높고 기본적인 조종 계통용으로 소형 항공기에서 대형 항공기까지 널리 사용된다.

조종 케이블은 비행중의 진동을 생각하면 1개의 케이블은 1개의 로드(Rod) 이상의 공간이 필요하다. 또, 케이블(Cable)에는 미리 장력을 주어 하중이 가해져 늘어나거나 구조가 변형되어도 느슨해져 탈선되지 않게 되기 위해서는 매우 큰 장력이 필요하다. 그러나 장력을 크게 하면 풀리(Pulley)에 큰 반력이 생겨서 마찰력이나 장력이 커져서 조종성에 역행하는 결과를 초래할 수 있다.

조종 케이블과 풀리는 푸시풀로드로 연결된 조종 계통의 단점을 해소하기 위하여 사용한다. 조종 케이블은 설치 공간과 힘의 전달 방향을 유연하게 선택할 수 있으므로 대부분의 푸시풀로드 역할을 대행할 수 있다. 조종 케이블은 무게를 줄일 수 있는 장점이 있으나, 동체의 압축, 팽창력과 온도 변화에 따르는 장력의 변화를 고려하여야 한다.

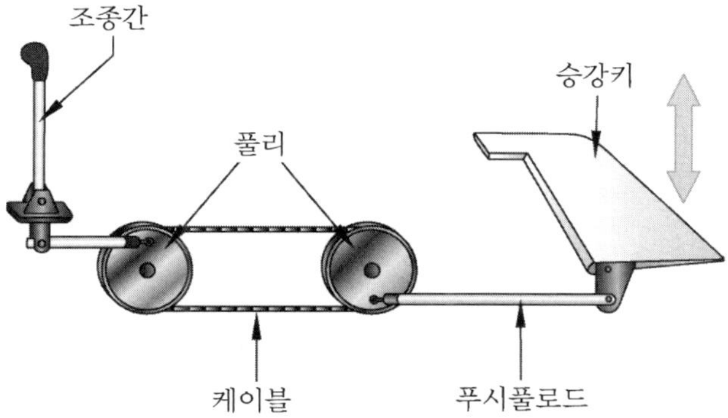

[그림 6-18] 조종 케이블과 푸시풀로드 연결 장치

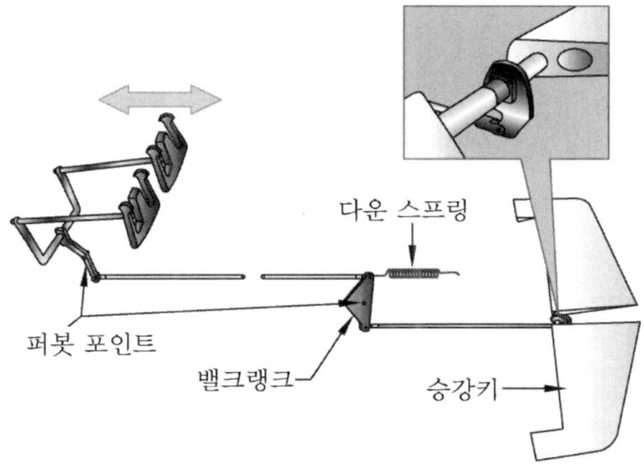

[그림 6-19] 푸시플로드 연결 장치의 개념

(가) 케이블 조종 계통의 장점

다른 조종 장치에 비해 무게가 가벼워 동력원이 필요 없고, 케이블의 느슨함이 없으며 방향 전환이 자유롭다. 또한 구조가 간단하여 가공 및 정비가 쉬우며 가격이 싸다.

(나) 케이블 조종 계통의 단점

케이블의 접촉이 많아지므로 마찰이 크고 마모가 많으며, 케이블의 작동을 용이하게 할 공간이 필요(케이블의 간격은 7.5Cm 이상 떨어짐)하다. 조종력 전달을 위해 장력이 크며, 신장(늘어남)이 크다(강성이 낮다). 현대 항공기의 고속화 및 대형화로 인해 큰 조종력이 필요해지면 조종의 한계를 초래하게 된다.

(2) 케이블 조종 계통의 구성품

① 케이블(Cable), 풀리(Pulley)

케이블(Cable)은 가장 일반적인 조종 장치의 구성 부품이다. 항공기가 케이블(Cable)을 사용할 때는 반드시 왕복으로 사용한다. 한 방향의 케이블의 신호를 전달하는 기구는 지상의 기계류에서는 종종 사용되지만 비행기에서는 원칙적으로 사용하지 않는다.

비행 중에 급격한 조작을 하면 중력에 의해 케이블의 중량이 증가되어 느슨해지며 스프링이 늘어나고 잘못된 신호의 원인이 되기 때문이다. (그림 6-20) 이 때문에 케이블은 반드시 왕복으로 사용하여 케이블의 느슨함을 막고 구조와의 접촉을 막기 위해 페어리드(Fairlead)가 쓰인다. 페어리드(Fairlead)가 설치된 곳에서 케이블의 방향을 바꾸는 것을 최대 3°까지의 각도 내에서 수행해야 한다.

조종 케이블은 가요성 케이블(Flexible Cable), 다른 장치와 연결시키는 터미널(Terminal) 및 턴버클(Turnbuckle)로 구성되어 있다. 케이블은 보통 강재가 사용되나, 부식이 발생하기 쉬운 장소에 사용될 경우는 스테인리스 스틸(Stainless Steel Cable) 케이블을 사용한다. 케이블은 정기 점검 시에 케이블의 방향에 따라 청소용 천으로 문지르고 천이 걸린 부분을 조사하여 와이어가 끊어졌는지 검사한다. 케이블을 완전히 조사하려면 조종 장치를 최대 작동 범위까지 움직여 볼 필요가 있다. 이렇게 함으로서 풀리(Pulley), 페어리드(Fairlead) 및 드럼 부근의 케이블(Cable)의 작동상태도 조사할 수 있다.

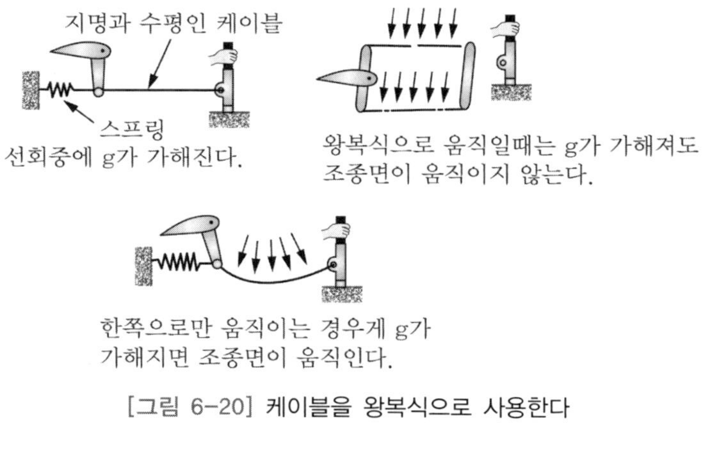

[그림 6-20] 케이블을 왕복식으로 사용한다

와이어가 끊어지는 것은 케이블이 풀리위나 페어리드를 통과하는 곳에서 가장 많이 일어난다. 전형적인 손상 위치를 그림 6-21에 나타내었다.

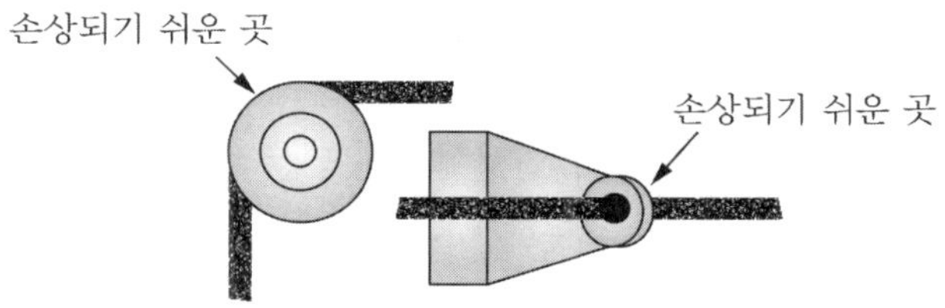

[그림 6-21] 케이블이 손상되기 쉬운 위치

Lockclad 케이블은 대형 항공기의 직선 운동을 하는 부분에 사용된다. 이 케이블 은 가요성 강철 케이블(Flexible Steel Cable)과 알루미늄 튜브(Aluminum Tube)로 구성되어 있다. Lockclad 케이블은 일반 케이블보다 온도에 따른 장력의 변화가 적고, 또 부하 하중에 의한 신장(늘어난 길이)량이 작다는 장점이 있다.

Lockclad 케이블은 알루미늄 피복이 닳아서 내부에 있는 케이블이 노출되었을 때에는 교환해야 한다. 만일, 케이블의 표면이 부식되어 있을 때는 조종 케이블의 장력을 늦추고 꼬임을 반대로 비틀어서 내부의 부식을 조사한다. 내부 부식이 발견되면 교환해야 한다. 내부 부식이 없으면 거친 천이나 섬유 솔(Fiber Brush)로 외부의 부식을 제거한다. 케이블을 손질할 때는 금속성 천(Metallic Wool)이나 철사 솔(Wire Brush), 솔벤트(Solvent) 등을 사용해서는 안 된다. 이러한 것들은 이질 금속(Dissimilar Metal)의 입자를 케이블의 와이어 틈새에 침투시켜 부식이 더 심해지게 된다. 솔벤트는 케이블의 내부 윤활제를 제거해버리므로 도리어 부식을 촉진시킨다. 케이블을 완전히 손질한 뒤에 부식 방지용 컴파운드(Compound)를 바른다.

조종 케이블은 유연성이 있으므로 설치공간과 거리의 제한을 받지 않는다. 조종 케이블은 단일 철사를 여러 가닥으로 꼰 것으로, 현대 항공기에 주로 사용하는 케이블은 철사의 가닥수가 7개나 19개인 것을 사용한다.

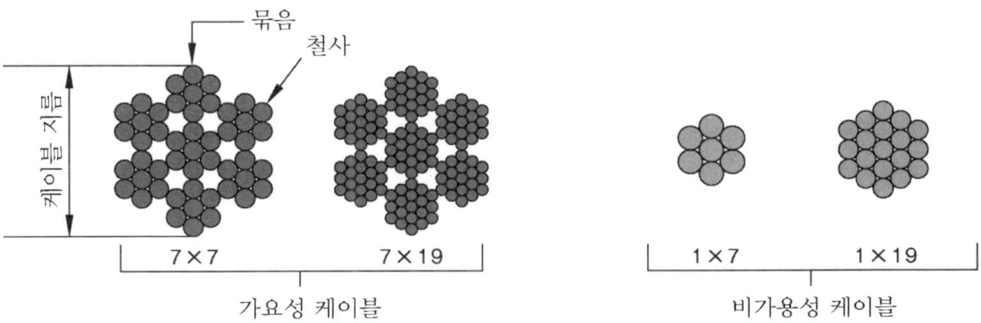

[그림 6-22] 조종 케이블의 종류

그림 6-22에서 보이는 것과 같이 조종 케이블의 지름은 전체적인 케이블의 외경으로 표시하며, 사용 가닥수에 따라 7×7 케이블, 7×19 케이블, 1×7 케이블, 1×19 케이블로 구분한다. 7×7 케이블은 일반적으로 유연성이 요구되는 곳에 사용하며, 7×19 케이블은 유연성과 강도를 동시에 필요로 하는 곳에 사용한다. 1×19케이블은 유연성이 상대적으로 떨어지나 동일한 직경의 다른 케이블 보다 강도가 약 20% 강하다. 케이블의 재질은 탄소강이 일반적이며 부식 방지를 위하여 표면에 아연이나 주석으로 도금한다.

여기서 7×7 케이블은 가는 와이어(철사) 7개로 1가닥을 만들고 7개의 가닥을 꼬아 만든 케이블이며, 7×19 케이블은 가는 와이어(철사) 19개로 1가닥을 만들고 7개의 가닥을 꼬아 만든 케이블, 1×7 케이블은 가는 와이어(철사) 7개로 1가닥을 만들고 1개의 가닥으로 된 케이블, 1×19 케이블은 가는 와이어(철사) 19개로 1가닥을 만들고 이 1개의 가닥으로 된 케이블이다. 보통 전체 케이블의 직경(반지름)이 1/8~3/8인치인 경우는 7×19 케이블, 1/16~3/32인치인 경우는 7×7 케이블을 사용한다.

② 케이블 끝단 체결부품

조종 케이블은 다른 기계 부품과 연결하기 위하여 끝단에 체결부품이 체결된다. 끝단 체결 부품은 기계적 압착 방법으로 스웨이징하며 그림 6-23에서 보이는 것과 같이 모양에 따라 볼 단자(Ball end Terminal), 포크 단자(Fork end Terminal), 나사산 단자(Threaded Cable Terminal), 아이 단자(Eye end Terminal) 등으로 구분한다. 일반적으로 나사산 단자, 포크 단자, 아이 단자는 턴버클이나 벨 크랭크와 같은 기계적인 부품에 연결하기 위하여 사용하며, 볼 단자는 케이블 쿼드란트에 연결하거나 다른 단자를 사용하기 어려운 좁은 공간에 사용한다.

(3) 케이블 터미널 피팅 연결방법

(가) 스웨이징 방법(Swaging Terminal)

① 용도에 따라 스웨이징 터미널의 종류를 그림 6-23 중에서 선택한다.

② 스웨이징을 할 케이블을 면밀히 검사하여 이상이 없는가를 확인한다.

③ 케이블이 터어미널 피팅에 물리게 될 부분을 표시한다. 이것은 스웨이징을 한 다음 케이블이 피팅으로부터 밀려 나간 상태를 확인하기 위해서이다.

④ 터어미널 피팅에 케이블을 물린 다음 그림 6-24와 같은 스웨이징 공구에 피팅을 물려 양 손잡이를 천천히 눌러 압착시킨다.

⑤ 터미날 연결부분의 강도는 케이블 강도의 100%로서 원래 부품(Cable Assembly)와 동일한 강도를 보장한다.

AN663 볼 이중 쌩크 단자

AN664 볼 단일 쌩크 단자

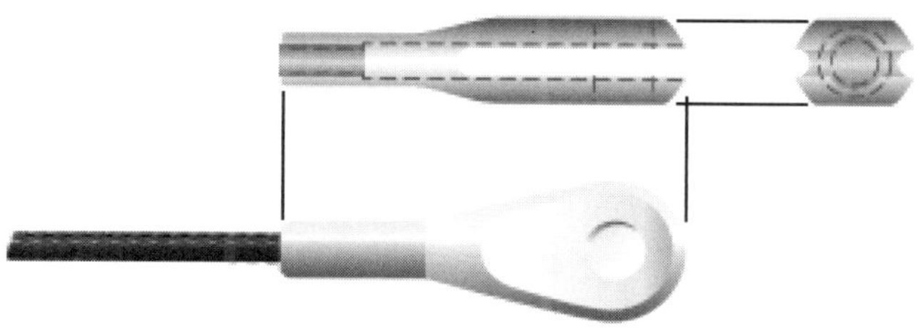

AN665 로드 단자

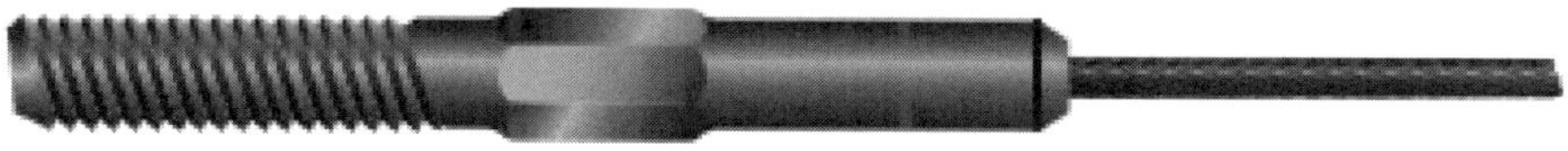

AN666 나사 스터드 단자

[그림 6-23] 케이블 터미널(계속)

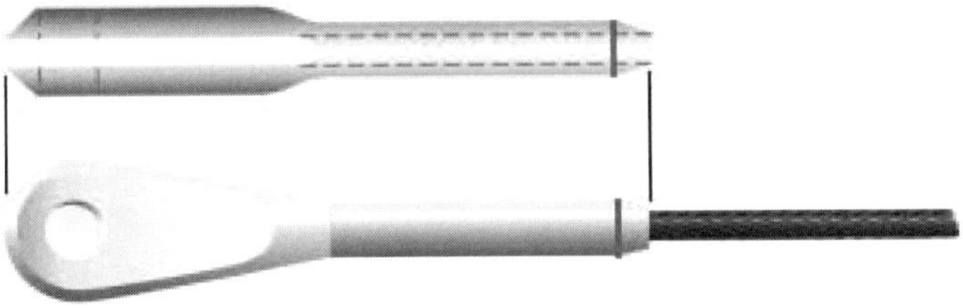

AN667 포크 단자

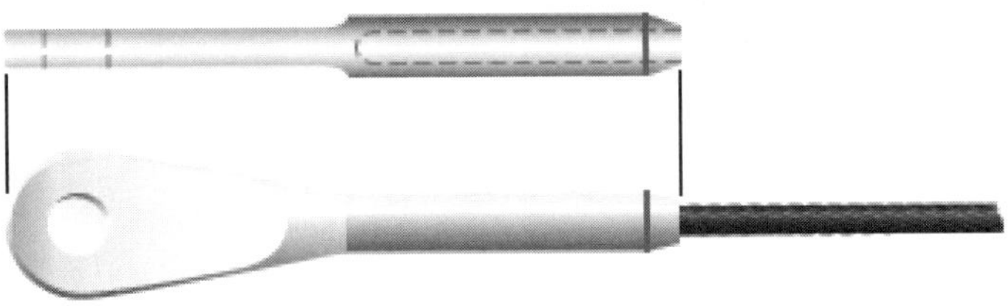

AN667 포크 단자

[그림 6-23] 케이블 터미널

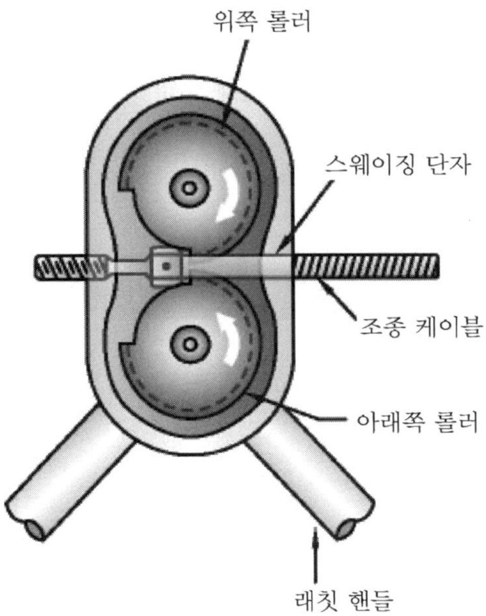

[그림 6-24] 스웨이징 공구

(나) 5단 역기 연결법(5-Tuck Woven Splice)

① 케이블의 가닥을 풀어서 꼰 다음 그 위에 와이어를 감아 씌운 방법을 말한다.

② 7×7, 7×19케이블과 같이 가요성 케이블로서 케이블의 직경이 3/32″(inch) 이상의 케이블에 적용가능하다.

③ 연결부분의 강도는 75%를 보장한다.

[그림 6-25] 5단 엮기법

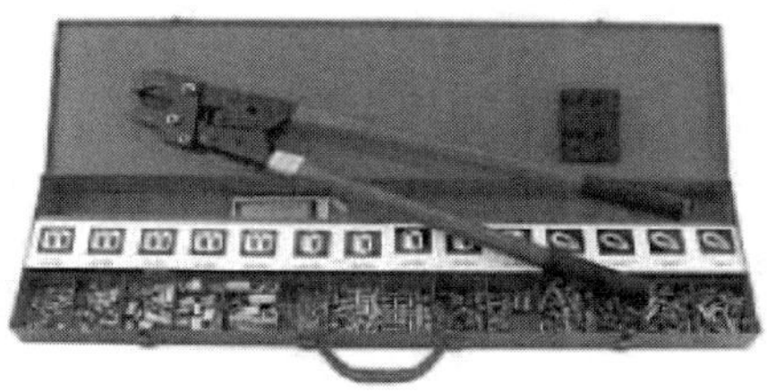

니코프레스형 세트

스웨이징 세트

[그림 6-26] 케이블 터미널 피팅 연결법

(다) 납땜 이음 연결 방법(Wrap-Solder Cable Splice)

① 케이블을 부싱(Bushing)이나 심블(Thimble)위에 구부려서, 와이어에 땜납액이 흘러 들어갈 수 있도록 조금씩 공간을 남겨두고 감은 다음 땜납액이 케이블사이에 스며 들게 한다.

② 직경이 3/32″(inch) 이하인 7×7, 7×19 가요성 케이블이나 1×19의 비가요성 케이블에 적용가능하다.

③ 연결부분의 강도는 90%를 보장하며, 방화벽과 같이 고온부분에는 사용해서는 안 된다.

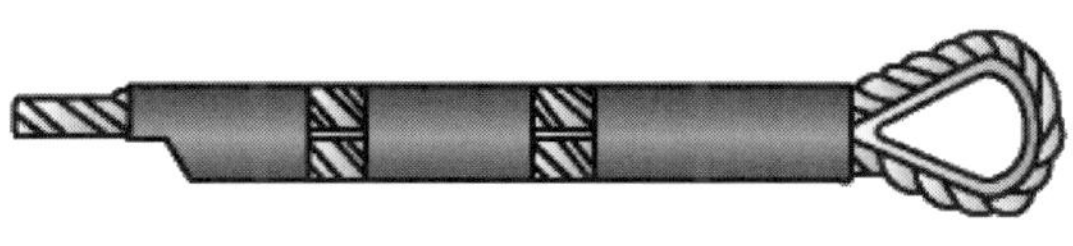

[그림 6-27] 납땜이음법

(라) 니코프레스 단자방법

니코프레스 단자 이음방법은 케이블 주위에 구리로 된 니코프레스 슬리브를 특수공구로 압착하여 케이블을 조립하는 방법으로 케이블의 원래의 강도 100%를 보장한다.

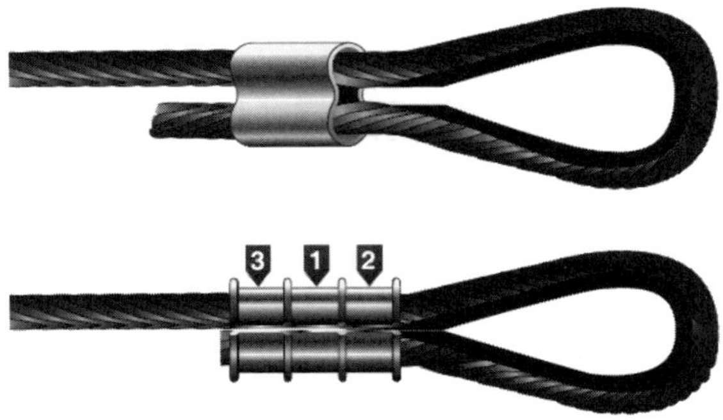

[그림 6-28] 니코프레스 단자연결 방법(공구 사용 순서: 1, 2, 3)

(4) 페어리드(Fairlead)

페어리드는 조종케이블의 작동 중 최소의 마찰력으로 케이블과 접촉하여 직선운동을 하며, 케이블을 3° 이내의 범위에서 방향을 유도하고, 케이블이 서로 엉키거나 다른 부분 또는 구조물에 닿지 않도록 블록(block)에 케이블이 통과할 수 있도록 1~2개의 케이블구멍(cable hole)이 뚫어져 있는 것을 말한다.

대부분의 페어리드는 두 조각으로 되어 있으며 두 조가 사이에는 케이블이 통과할 수 있도록 케이블 구멍이 있다. 케이블이 먼 거리로 연결된 경우에는 케이블이 처지거나 진동에 의해 흔들리지 않도록 일정한 간격으로 페어리드를 설치한다.

페어리드(Fairlead)는 케이블이 벌크헤드(격벽판: BulkHead)의 구멍이나 다른 금속이 지나가는 곳에 사용되며 페놀 수지처럼 비금속 재료 또는 부드러운 알루미늄과 같은 금속으로 되어 있다.

그림 6-29 케이블이 진동해서 기체 구조에 접촉될 가능성이 있는 곳에는 테프론(Teflon) 등의 재료로 된 러브 스트립(Rub Strip)이 사용된다.

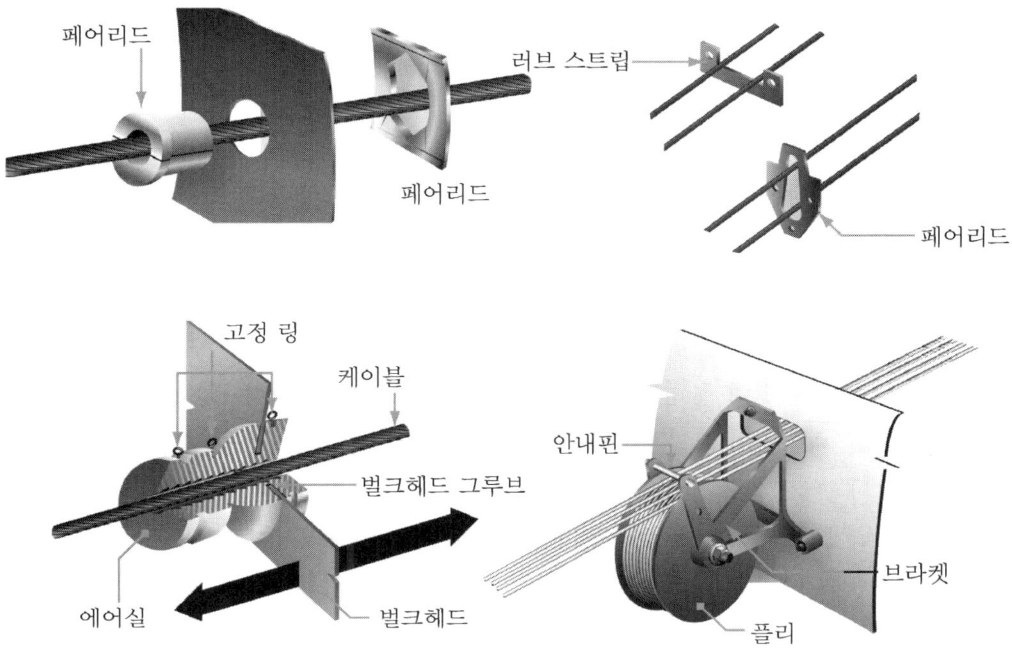

[그림 6-29] 케이블 안내기구

(5) 압력 실(Pressure Seal: 에어 실(Air Seal))

여압식 항공기에서 조종케이블이 여압실내에서 여압이 안 되는 압력 격벽판(Pressure Bulkhead)을 통과하는 곳에 페어리드가 사용된다. 이 페어리드는 압력 손실을 막기 위해 고무 압력 실(seal)이 부착된 페어리드가 사용되어 압력 실(Seal)의 역할도 한다. 그림 6-32의 압력 실(Seal)은 케이블이 압력 벌크헤드(Pressure Bulkhead)를 통과하는 곳에 장착된다. 이 실(Seal)은 압력의 감소는 막지만 케이블(Cable)의 움직임을 방해하지 않을 정도의 기밀성이 있는 실(Seal)이 시용된다.

(6) 풀리(Pulley)

케이블(Cable)의 방향을 바꿀 때 풀리(Pulley)를 사용한다. 조종케이블 풀리는 페놀 합성수지로 만들어진 원판 원주에 케이블 직경에 맞게 홈이 파여져 있으며, 마찰을 최소로 하기 위해 풀리에 밀폐된 볼베어링이 밀봉되어 있어서 추가의 윤활이 필요 없다. 풀리는 굵은 케이블이나 비가요성 케이블에는 풀리의 직경이 큰 것이 사용되고, 가는 케이블이나 가요성 케이블에는 풀리의 직경이 작은 것이 사용된다. 풀리는 항공기의 구조물에 브래킷(Bracket)으로 부착되고 풀리를 지나는 케이블이 벗어나지 않게 안내 핀(Guard Pin)이 붙어있다. 안내 핀(Guard Pin)은 케이블의 걸림이나 온도 변화에 따른 느슨함이 생겼을 때 풀리에서 케이블이 벗겨지는 것을 막기 위해 작은 틈새를 유지하고 있다. [그림 3-26 (d)]

(7) 턴버클(Turnbuckle)

턴버클은 나사산 단자를 연결하기 위한 케이블 연결 부품이며 케이블의 장력을 조절할 목적으로 사용한다. 턴버클(Turnbuckle)의 배럴(Barrel)은 한쪽에는 왼나사가 반대쪽의 배럴(Barrel)에는 오른 나사가 있다.

나사가 턴버클 배럴에 물려있는지 확인하기 위해 턴버클배럴에 검사구멍이 있으며, 이 구멍에 핀(Pin)을 꼽아 보아서 들어가지 않으면 턴버클은 물려 있는 것이며, 일반적으로 배럴 밖으로 보이는 나사산의 수가 3~4개 이상 밖으로 나와 있으면 안 된다.

턴버클을 조종 케이블에 연결할 때는 양쪽 터미널에 장착하는 터미널 나사산의 회전수를 동일하게 하여야 하며, 턴버클을 조종 케이블과 체결한 경우는 반드시 배럴과 터미널에 풀림방지 작업인 턴버클 안전결선 작업(단선식과 복선식: 실습책 참고)을 해야 한다.

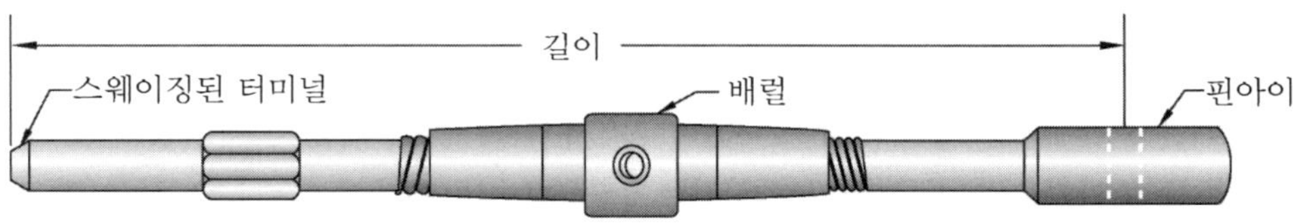

[그림 6-30] 턴버클의 구성

(8) 턴버클 결선방법

(가) 턴 버클 안전 결선에 쓰이는 와이어

턴 버클 안전 결선에 쓰이는 와이어의 종류는 표 6-1에 있다.

〈표 6-1〉 턴 버클 안전 결선에 쓰이는 와이어

<table>
<tr><th>와이어의 재질</th><th>케 이 블 의 크 기</th><th>와이어의 최소 지름</th></tr>
<tr><td>아연 도금된 연강
(QQ-W-461)</td><td rowspan="2">1.6mm (1/16″)
1.6mm 또는 3.2mm
(1/16 또는 1/8″)
4.0mm(5/32“ 그 이상 치수)</td><td rowspan="2">0.8mm(0.032″)
0.8∼1mm(0.032∼0.041″)
1mm 또는 1.2mm
(0.047또는 0.041″)</td></tr>
<tr><td>열처리된 내식강
(QQ-W-423)</td></tr>
</table>

(나) 복선식 연결법(Double Wrap Method)

케이블 지름이 3.2mm(⅛″)(inch) 이상일 경우 이 방법을 사용하는데, 작업 방법은 다음과 같다.

① 작업에 적합한 재질과 지름의 와이어를 선택한다.
② 턴 버클 길이의 4배 정도 되도록 와이어를 두 가닥 자른다.
③ 그림 6-31과 같이 턴 버클 중심에 있는 구멍에 2개의 와이어를 끼워 턴 버클의 끝을 향하여 90도 되게 구부린다. (최대로 3개 이상의 나사산이 보이면 안된다.)

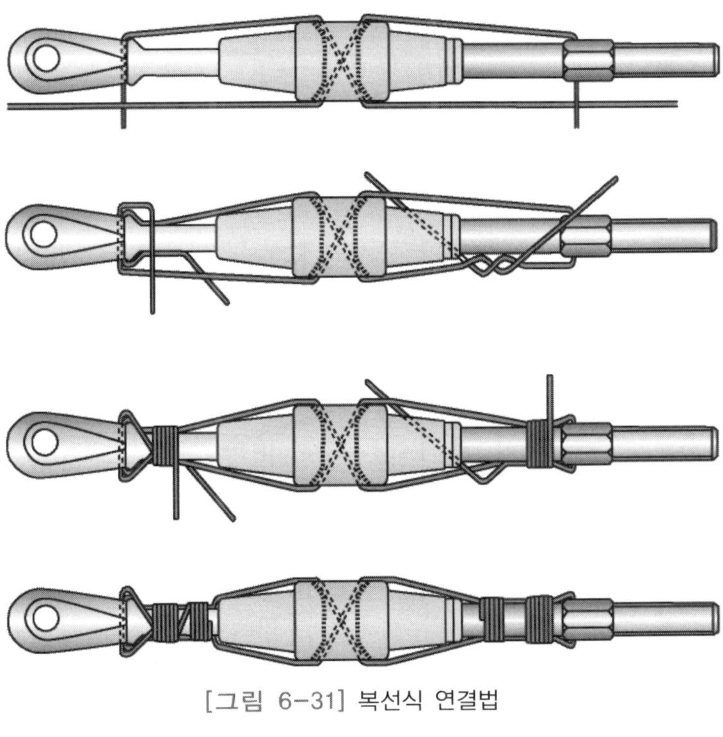

[그림 6-31] 복선식 연결법

④ 턴 버클의 아이(Aye)나 포오크 엔드(Fork And)의 갈라진 틈(Yoke) 속으로 와이어 속을 집어 넣는다.

⑤ 그림 6-31과 같이 와이어를 양 끝에서 턴 버클 중심을 향하여 다시 좁힌다.

⑥ 남은 와이어로 섕크 주위의 와이어를 4번 정도 감는다.

⑦ 그림 6-31과 같이 구멍을 통과한 선을 잡고 턴 버클의 중심을 향하여 먼저 감은 선과 반대 방향으로 4번 감는다.

⑧ 와이어 끝을 자른 다음에 이것을 섕크의 몸통에 바싹 붙인다.

⑨ 턴 버클의 반대쪽도 똑간은 방법으로 작업을 한다.

(다) 단선식 결선법(Single Wrap Method)

케이블의 지름이 3.2mm(⅛″)(inch)이하일 경우 이 방법을 사용하는데, 작업 방법은 다음과 같다.

① 턴 버클의 죔이 적당한가 확인한다. 확인하는 방법은 나사산이 밖으로 3~4개 나와 있거나 구멍에 철사를 넣어 막혀 있으면 된다.

② 턴 버클 길이의 4배 정도되게 와이어를 자른다.

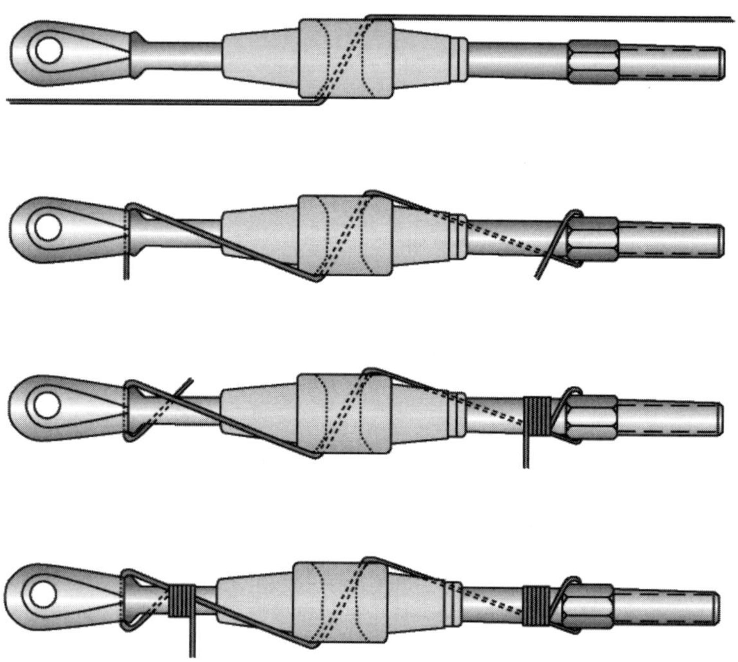

[그림 6-32] 단선식 결선법

③ 턴 버클이 죄어지는 방향으로 와이어를 반 회전시켜 턴 버클 엔드 피팅의 구멍에 끼운다.

④ 턴 버클 배럴에 있는 구멍에 와이어를 끼운다.

⑤ 구멍을 통과한 와이어를 배럴의 중앙을 향하여 반대로 구부린다.

⑥ 턴 버클 섕크 주위로 와이어를 그림 6-32와 같이 4회 이상 감는다.

⑦ 와이어를 절단하고 섕크에 단단하게 감아 붙인다.

(라) 클립에 의한 고정 방법(Clip-Locking Method)

① 클립에서 직선 부분의 끝을 배럴과 케이블 터어미널 사이에 만들어진 구멍 속에 집어 넣는다.

② 클립은 다른 쪽(고리 모양으로 되어 있음)을 배럴 밖으로 하여 그 끝을 배럴의 중앙 구멍에 끼워 넣는다. 이때 클립 2개를 배럴의 같은 쪽 구멍에 넣고 고정해도 좋다. 그림 6-33(a)는 고정 클립의 명칭과 장착 후 검사하는 방법을, 그림 6-33(b), (c)는 장착 후 단면의 모양을 나타낸 것이다.

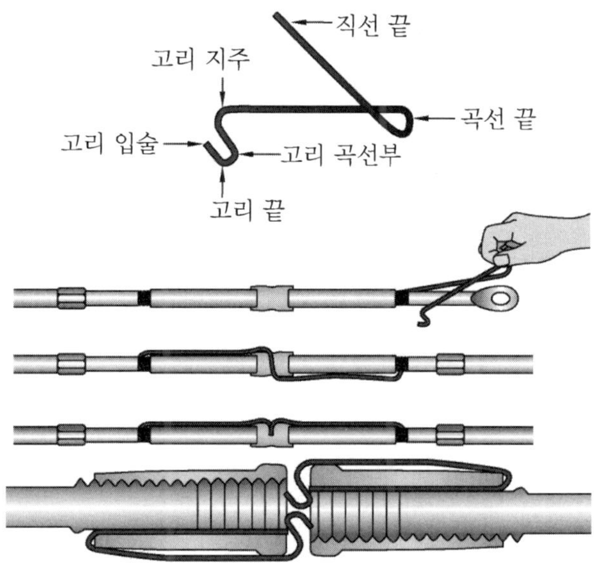

(a. 고정클립의 명칭 b. 클립 장착 순서 c. 장착 후 단면 모양)

[그림 6-33] 턴 버클 클립 고정법

(9) 케이블의 장력 측정법

(가) C-5 장력 측정기의 사용법

① 그림 6-34와 같이 장력 측정기(Tension meter)의 트리거(Trigger)를 아래로 내린다.

② 케이블을 앤빌(Anvil) 밑에다 놓는다.

③ 트리거를 위로 올리면 라이저(riser)가 올라간다.

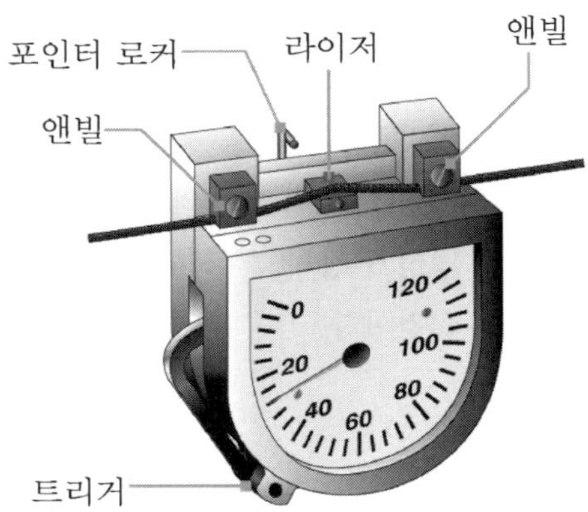

[그림 6-34] C-5 장력 측정기

④ 라이저가 케이블과 밀착되면서 지시 바늘이 돌아가 눈금을 지시한다.

⑤ 포인터 로크(Pointer Lock)를 아래로 누르면 눈금이 고정된다.

⑥ 트리거를 내려서 케이블을 들어내고 지시값을 읽은 다음, 포인터 로크를 위로 뽑으면 지시 바늘이 0점으로 돌아간다.

(나) C-5 장력 측정기 읽는 방법

① 케이블의 지름에 따라 라이저를 선택한다(케이블의 지름이 1/16", 3/32", 1/3"인 경우는 라이저 1번을 사용해야 한다는 것을 의미한다).

② 표 6-2에서 A의 No.1, No.2, No.3는 라이저의 형을 말한다.

〈표 6-2〉 C-5 장력 측정기 지시 바늘 읽는 방법

케이블 장력 (LBS)	라이저 번호(RISER NO.)						
	#1	#1	#1	#2C	#3	#3	
	케이블 직경(INCHES)						
	1/16	3/32	1/8	5/32	3/16	7/32	1/4
	C-5 장력 측정기 다이얼 지시값						
5	0	0	0	0	0	0	0
10	7	9	11	0	0	0	0
15	10	13	16	9	16	0	0
20	14	18	20	15	21	0	0
25	18	22	25	17	24	25	36
30	21	26	30	20	27	28	39
35	24	29	34	22	30	30	42
40	26	32	37	24	33	32	44
45	29	35	40	26	36	33	47
50	32	38	44	28	39	35	50
60	36	44	50	32	44	39	55
70	41	50	57	36	48	42	60
80	46	61	64	40	52	46	64
90	50	67	70	44	57	50	69
100	56	0	75	48	60	53	73
110	0	0	0	51	64	56	76
120	0	0	0	54	67	59	80
130	0	0	0	58	70	62	84
140	0	0	0	60	74	66	87
150	0	0	0	62	79	69	90

③ B의 숫자는 케이블의 지름을 말하며, 이 지름에 따라서 라이저를 선택한다.

④ 예를 들어 케이블의 지름이 8분의 1인치인 경우의, No.1의 라이저를 선택하여야 하며, 케이블의 장력을 잰 결과 50이라는 숫자를 지시했다면, 50숫자의 옆에 있는 장력항목 60이라는 숫자가 실제 케이블의 장력을 나타내며 단위는 lb이다.(즉 C-5 장력측정기는 장력 측정 범위는 20~200 lb이며, 장력만 측정한다.)

(다) C-8 장력 측정기의 의한 케이블 지름 측정법

① 그림 6-35과 같은 장력 측정기의 손잡이(handle)를 아래로 내려서 손잡이 고정 장치(handle lock)로 고정시킨다.

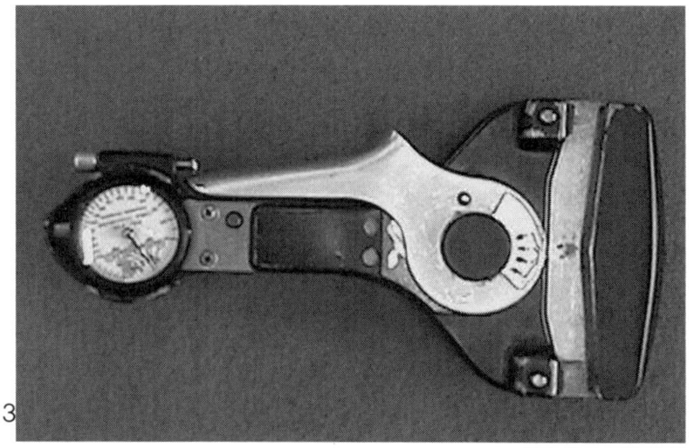

[그림 6-35] 텐션미터(C8형)

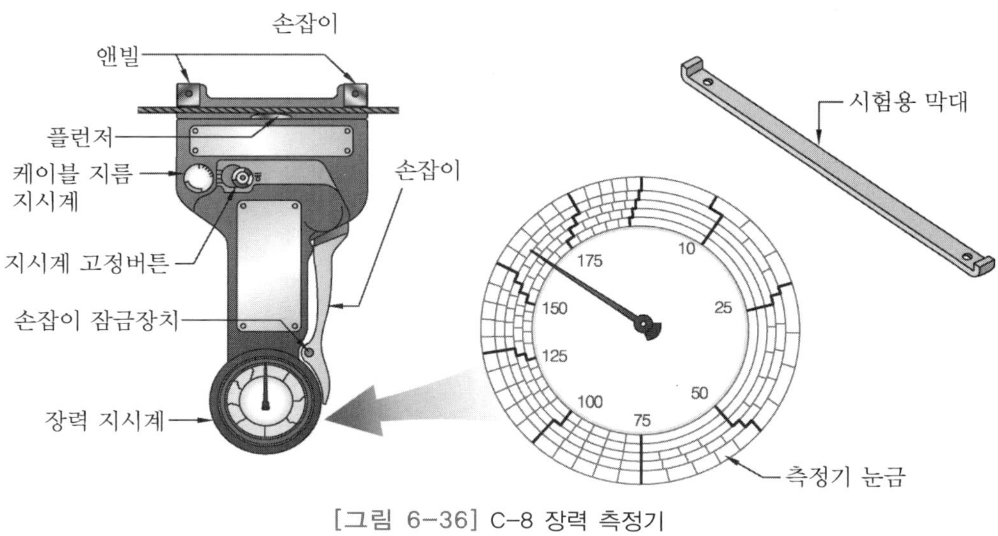

[그림 6-36] C-8 장력 측정기

② 케이블 지름 지시계(cable size indicator)를 반시계 방향으로 멈출 때까지 돌린다.
③ 손잡이를 약간 눌렀다가 천천히 놓으면서 케이블을 장력 측정기에다 물린다.
④ 손잡이를 다시 눌러 고정시킨다.
⑤ 케이블 지름 지시계에 표시된 케이블의 지름을 읽는다.

(라) C-8 장력 측정기에 의한 케이블의 장력 측정

① 이 측정기의 장력 측정 범위는 20~200lbs이다.
② 케이블의 지름을 측정한 다음, 지시 테(Indicator Rim)를 돌려서 측정하려고 하는 지름의 지시판 눈금이 0점에 오도록 조절한다.
③ 케이블을 측정기에 설치하고 핸들을 풀어서 그림 6-36과 같이 눈금에 표시된 수치값을 읽는다.
④ 측정한 케이블의 장력 값이 정비교범에 규정한 값과 일치하는 지 확인하고, 필요하다면 턴버클을 이용하여 장력을 조절한다.
⑤ 턴버클 양쪽 끝단의 나사부에 균등한 힘이 작용하도록 케이블 끝단의 연결단자를 체결한 후 턴버클 배럴을 죄는 방향으로 회전시키면서 케이블에 장력을 가한다. 이때, 장력 측정기로 장력을 점검하면서 실시한다.
⑥ 규정된 장력으로 조절된 상태에서는 턴버클에 체결한 케이블 끝단의 연결단자 나사산이 3개 이상 턴버클 몸통 밖으로 나와서는 안 되며, 3개 이상의 나사산이 나오게 되는 경우는 배럴의 길이가 긴 턴버클로 교환 장착한다.
⑦ 조종 계통의 조작을 3~4회 움직이면서 케이블의 장력에 변화가 없는 것을 확인하면 턴버클 배럴의 고정 작업을 한다.

(10) 케이블의 세척 방법

① 쉽게 닦아낼 수 있는 녹이나 먼지는 마른 천으로 닦아 낸다.
② 케이블 표면에 칠해져 있는 오래된 방부제나 오일의 오물 등은 깨끗한 천에 솔벤트나 케로신을 사용해서 닦아 낸다. 이때, 솔벤트나 케로신을 너무 많이 묻히면 케이블 내부의 방부제를 녹여 밖으로 나오게 한다. 밖으로 흘러 나온 방부제는 와이어의 마멸을 일으켜 케이블의 수명을 단축시킨다.
③ 세척한 케이블은 깨끗한 마른 천으로 닦아 낸 다음 부식에 대한 방지를 한다.

(11) 케이블 검사 방법

① 케이블의 와이어에 잘림, 마멸, 부식 등이 없는가를 검사한다.

② 와이어의 잘린 선을 검사할 때 천으로 케이블을 감싸서 검사한다.
③ 풀리와 페어리이드(Fairlead)에 닿은 부분을 세밀히 검사한다.
④ 7×7 케이블은 25.4mm(1인치) 당 3가닥, 7×19 케이블은 25.4mm(1인치) 6가닥 이상 잘렸으면 교환해야 한다.

[그림 6-37] 케이블 검사 방법

(12) 케이블 연결기구(Cable Connector)

턴버클(Turnbuckle) 외에 케이블 연결기구(Cable Connector)가 사용되기도 한다. 이 연결기구는 케이블을 신속히 연결하거나 분리하는데 사용된다. 그림 6-38은 스프링 형식의 케이블 연결기구(Cable Connector)의 예이다. 이 형식은 스프링을 조절하여 연결하거나 분리한다.

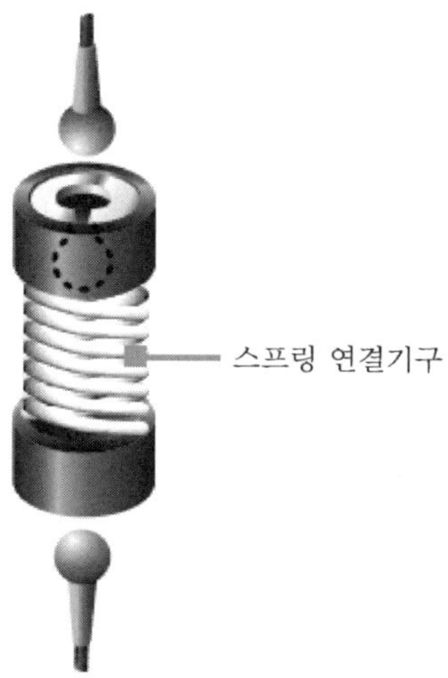

[그림 6-38] 스프링 형식의 케이블 연결기구

(13) 스톱퍼(Stopper)

조종 계통에는 도움날개(Aileron), 승강키(Elevator) 및 방향키(Rudder)의 운동 범위를 제한하기 위해 조절식 또는 고정식의 스톱퍼(Stopper)를 장착하고 있다. 보통 스톱퍼(Stopper)는 3 개의 주 조종면에 각각 2곳에 장착되어 있다.

한 곳은 Snubber Cylinder 또는 구조부의 스톱퍼로서 조종면이 있는 곳에 다른 한 곳은 조종실의 조종 장치가 있는 곳에 장착되어 있다. 이 두 곳의 스톱퍼(Stopper) 는 그 설정 범위가 달라 조종면에 장착한 스톱퍼가 먼저 접촉되게 되어 있다.

이것은 케이블의 늘어남이나 심한 조종에 의한 조종 계통에 손상을 막기 위한 이중 스톱퍼(Double Stopper)로서의 기능을 한다.

(14) 장력 조절기(Tension Regulator)

케이블에는 장력을 줄 필요가 있으며, 압력을 받는 지역을 통과하는 케이블, 기체 구조와 케이블의 온도 환경이 다른 케이블이나 날개와 같이 변형이 큰 구조 내를 통과하는 케이블은 상황에 따라 장력이 크게 변화한다. 즉 케이블 조종계통의 단점은 온도 변화에 따른 케이블장력의 변화가 크다는 점이다. 케이블의 장력이 온도변화에 따라 변화하는 것은 알루미늄 구조물인 항공기 구조물과 강철재인 조종케이블의 온도변화에 대한 열팽창계수가 다르기 때문이다. 따라서 온도변화에 관계없이 항상 일정한 케이블 장력을 유지하기 위해 조종 케이블에는 케이블 장력 조절기(Tension Regulator)를 설치한다.

3) 푸시 풀 로드 조종계통(Push Pull Rod Control System)

초기의 항공기는 크기가 작고 속도가 낮아 푸시풀로드만으로 조종간과 조종면을 연결하였다. 푸시풀로드로 연결된 소형 항공기의 벨 크랭크(Bell Crank)와 피봇은 조종면을 직접 움직일 수 있도록 한다. 푸시풀로드는 직선방향으로 힘을 전달하고 벨 크랭크와 피봇은 힘의 전달 방향을 바꾼다. 피봇 포인트로 움직이는 조종간을 앞으로 밀면 푸시풀로드는 뒤쪽 방향으로 힘을 전달하고 벨 크랭크의 회전에 의하여 승강키는 내려가게 된다.

이러한 구조는 조종면에 작용하는 공기력의 저항이 그대로 조종간에 전달된다. 조종간에 전달되는 반작용 힘은 조종사에게 과도한 조종력을 요구하여 조종력을 경감시키는 장치가 필요하다. 다운스프링과 같은 간단한 장치를 이용하면 조종간에 작용하는 저항력을 줄일 수 있다. 푸시풀로드로 연결된 항공기는 조종면의 떨림이 그대로 조종사에게 전달되어 피로를 누적시키며, 공간을 활용하기 어려운 단점이 있다. 또한 장력을 주지 않은 로드 조종 계통에서는 베어링의 느슨함 등이 축적되어 조종성을 방해하게 되고, 로드(Rod) 등의 중량과 관성이 조종에 지장을 초래하기도 한다. 이 조종 계통은 조립과 조절을 간단히 할 수 있으므로 날개 등의 장탈이 빈번한 소형 항공기 등에 널리 사용된다.

(1) 푸시 풀 로드 조종 계통의 장점

케이블 조종장치에 비해 마찰이 작고, 온도 변화에 의한 팽창을 별로 받지 않고 관리하기도 쉽으며, 늘어나지 않을 정도로 강성이 높다. 조종력의 전달거리가 짧은 경우에 적합하며, 소형기에 많이 사용한다.

(2) 푸시 풀 로드조종 계통의 단점

케이블식 조종계통과 비슷하나 케이블 대신에 로드가 사용되므로 무게가 무겁고, 운동에 의한 관성력이 크며, 느슨함이 있다. 또한 케이블 조종계통에 비해 가격이 비싸다.

(3) 푸시 풀 로드조종계통의 구성품

조종로드(Control Rod)는 일반적으로 둥근 튜브와 로드 단자(Rod End)로 만들어지며 조종 계통에서 밀고 당기는 운동을 가하는 링크로 사용된다. 이 로드는 한쪽이나 양쪽 끝에 나사를 사용해서 길이를 조절한다.

그림 6-39은 푸시 풀 로드이다. 양쪽 끝에는 조절 가능한 볼 베어링 로드 단자(Bearing Rod End) 또는 로드 크레비스 단자(Rod Clevis End)가 있어 조종 계통에 로드를 장착하도록 되어 있다.

푸시풀로드는 직선방향으로 힘을 전달하며 무게를 줄이기 위하여 튜브 형태의 알루미늄 합금이나 강으로 만든다. 푸시풀로드의 양 끝단은 길이를 조절할 수 있도록 나사산으로 되어 있고 잠금 너트를 사용하여 진동에 의한 풀림을 방지한다. 푸시풀로드는 압축력에 의한 휨과 진동을 방지하기 위하여 길이가 제한된다. 그림 6-39은 푸시풀로드의 구조를 보여준다.

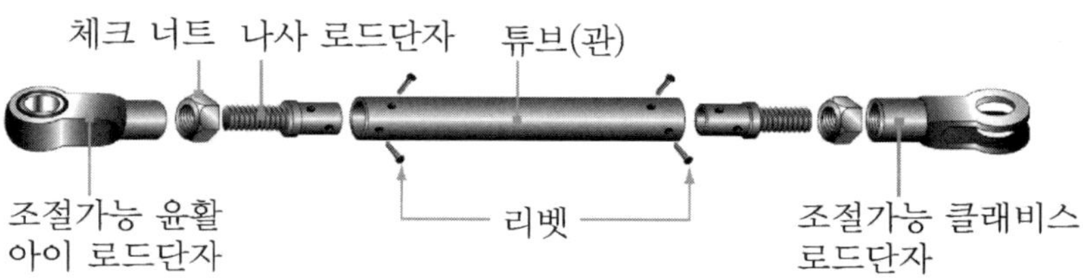

[그림 6-39] 푸시 풀 로드

(4) 쿼드란트와 토크 튜브

쿼드란트(Quadrant)는 조종 케이블의 직선운동을 토크튜브의 회전운동으로 변환시킨다. 일반적으로 쿼드란트는 토크튜브에 고정되어 있으며 쿼드란트의 양쪽 끝단은 조종 케이블이 연결된다. 토크튜브의 회전운동은 푸시풀로드에 의해 조종면을 직접 움직이거나 유압 작동기의 조종 레버를 움직인다. 그림 6-41는 쿼드란트와 토크튜브의 기본 구성으로 조종 케이블에 의한 기계적인 힘의 변환과정을 알 수 있다.

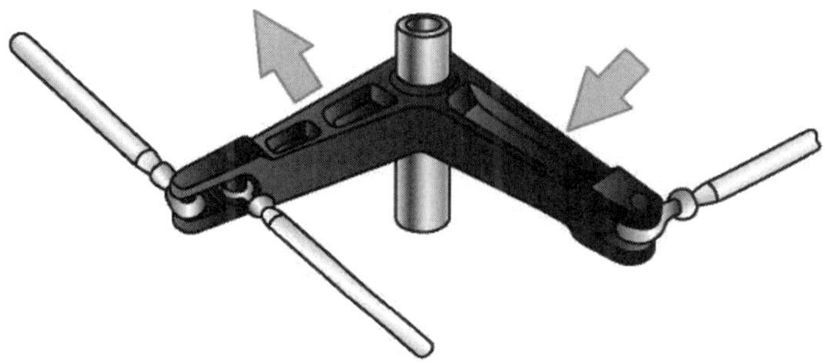

[그림 6-40] 벨 크랭크

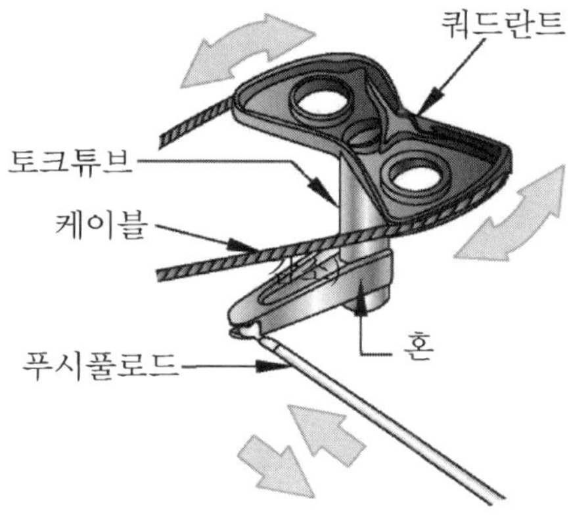

[그림 6-41] 토크 튜브

벨 크랭크(Bell Crank)는 일반적으로 'L'자 형태이며 힘의 전달 방향을 바꾼다. 벨 크랭크의 양 끝단은 조종 케이블이나 푸시풀로드를 연결할 수 있도록 되어 있고 중심은 피봇으로 되어 있다. 벨 크랭크는 중심축으로부터 끝단의 각도에 따라 여러 종류가 있으며, 일반적으로 사용하는 90°각의 벨 크랭크는 수평 직선운동의 힘을 수직 직선운동으로 변환한다. 벨 크랭크는 중심축으로부터 끝단의 길이에 따라 기계적인 힘의 이득을 얻을 수 있는 장점도 있다. 소형 항공기는 벨 크랭크의 한쪽을 조종면에 직접 고정하고 조종케이블이나 푸시풀로드를 조종간에 연결하여 작동하는 경우도 있다.

4) 토크 튜브 조종계통(Torque Tube Control System)

토크 튜브(Torque Tube)는 조종력이 조종면에 전달되는 경우, 튜브(Tube)에 회전력(Torque)이 주어져 이렇게 부른다. 토크 튜브에는 레버 형식과 기어 형식의 2 종류로 구별된다. 레버 형식은 주 조종 계통에는 거의 사용되지 않고, 케이블 또는 푸시풀 로드보다 무게가 무거우며, 비틀림에 의한 튜브의 변형을 최소로 하기 위하여 지름이 큰 튜브를 사용한다.

각운동이나 회전 운동을 전달하는 곳에는 토크 튜브(Torque Tube)를 사용하며, 조종 측과 조종면에서 직선운동을 회전운동으로 또는 회전운동을 직선운동으로 바꿔준다.

설치장소를 크게 필요하지 않으며, 기계적으로 조작하는 플랩 계통(Flap System)에 사용하는 경우가 많다. 기어 형식은 전체에 기어를 써서 회전토크를 줌으로써 조종면을 원하는 각도만큼 변위 시키며 기어를 사용하면 방향변경이 용이하다. 공간의 제약이 적고, 부품 수를 줄일 수 있으며, 방향 전환이 큰 장소에 사용되며 마찰력을 줄일 수 있는 장점이 있다.

5) 봅 웨이트(Bob Weight), 다운 스프링(Down Spring)

보통의 조종 장치에서, 조종사 조타 감각의 기본은 일정한 운동에 대해 조종간을 움직인 양과 그 힘(무게)이다. 이 관계가 비행기의 속도와 고도에 관계없이 일정하게 유지되면 이상적이다. 그러나 원래 승강키(Elevator)의 효율과 무게에는 속도의 자승에 비례하는 성질이 있어 속도가 빨라지면 약간만 조종면을 움직여도 기체에 큰 g(가속도)가 가해지게 되어 효율이 너무 예민해지게 된다. 이 때문에 승강키조종 계통의 강성을 낮추거나 계통에 스프링을 넣어 고속이 되면 케이블이나 스프링이 늘어나 조작 량에 대한 조종면의 움직임이 작아지게 할 수 있다. 조종면의 무게와 g(가속도)의 관계가 속도에 따라 변화하는 것을 막는 것이 봅 웨이트(Bob Weight)이다.

그림 6-42의 봅 웨이트(Bob Weight)는 기체에 가해지는 g(가속도)를 이용해서 g(가속도)가 가해지면 봅 웨이트(Bob Weight)를 지탱하는 힘이 비례해서 커지는 조종 계통에 연결된 추이다. g(가속도)가 커지면 조종간을 조작하는 반력이 커지고 조종간을 당겨서 조종 영역을 벗어나는 일(Over Control)이 없다. 다운 스프링(Down Spring)은 지상에서는

승강키가 하강이 되도록 누르고(인장도 좋음)있는 스프링이다. 그림 6-42 (b) 조종간을 중립 위치까지 당기는데 상당한 힘이 필요한 비행기도 있으나 이 힘은 비행 중에 트림(Trim)되어 버리므로 손을 때도 하강으로 되는 일은 없다. 다운 스프링(Down Spring)의 목적은 속도가 증가되면 수평 비행을 계속하기 위해 조종간을 누르는 힘이 필요해지고, 또 역으로 속도를 줄이면 조종간을 당기는 힘이 필요해 진다고 하는 +의 가로안정의 특성을 강하게 하기 위한 것이다.

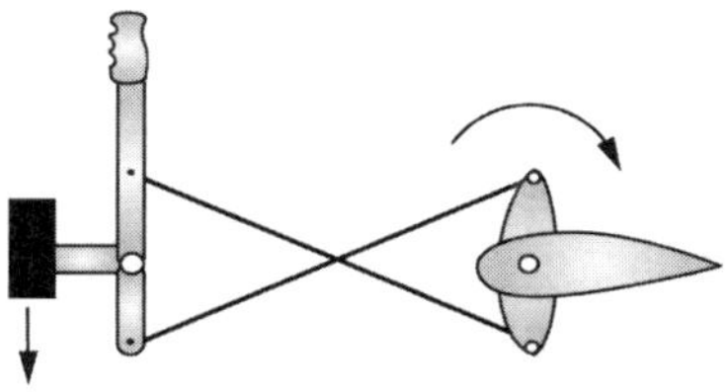

(a) 봅 웨이트(Bob Weight)

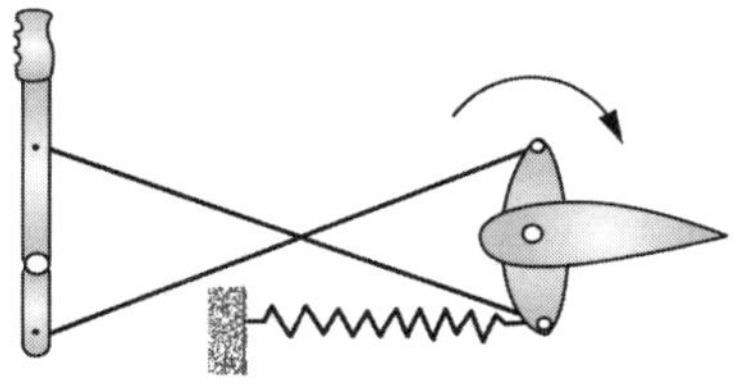

(b) 다운 스프링(Down Spring)

다운 스프링은 조종면 각도에 관계없이 가능한한 일정한 토큐를 주도록
탄력상수나 장착방법 등을 고려한다.

[그림 6-42] 봅 웨이트와 다원 스프링

정(+)의 가로안정이 있는 비행기라도 조종 계통의 마찰 등으로, 이 경향이 명백하지 않을 때 사용하는 다운 스프링은 조종면 각에 의해 힌지 모멘트가 변화되지 않게 항상 일정한 토크를 주도록 장착된다. 봅 웨이트에도 같은 효과가 있으나 다운 스프링은 g(가속도)의 영향을 받지 않는다는 점이 크게 다른 점이다. 다운 스프링처럼 스프링을 사용할 때는 만일 파손되어 전달되더라도 기능이 유지될 수 있게 원칙적으로 누르는 용수철로서 사용한다. 이것은 스프링을 당겨서 사용하면 간단한 기구로 되지만 파손되었을 때의 위험은 크다.

6) 차동 조종 계통(Differential Flight Control System)

차동 조종 계통은 왕복 행정에 차이가 있는 조종 계통으로 주로 보조날개 조종 계통에 쓰인다. 보조날개(Aileron)를 조작했을 때의 공기 저항은 작동각이 동일해도 상승 조작 쪽보다는 하강 조작 쪽이 크다. 그 때문에 비행기가 선회하려고 할 때 기울어진 방향과는 역 방향으로 기수가 흔들린다. 이 상태를 선회 방향과는 반대 방향의 빗놀이(Adverse Yaw)

모멘트가 생겼다고 한다. 이 상태로는 균형 선회가 불가능하다. 이 문제를 해결하기 위해 보통의 비행기에서는 보조날개의 작동 범위를 상승측이 크고 하강측이 작아지는 차동 기구를 삽입 하고 있다. 이러한 보조날개를 차동 보조날개(Differential Aileron)라 부르며 보조날개(Aileron)의 상승 및 하강 각도의 비를 차동 비라고 한다.

[그림 6-43] 차동 보조날개 조종 계통

7) 유압 작동기

유압 작동기는 큰 힘을 얻기 위하여 사용한다. 항공기에 사용하는 유압 작동기는 3000 psi의 압력이 작용하며 소형으로도 큰 힘을 만들 수 있다. 항공기의 큰 힘이 필요한 조종면의 움직임과 착륙 장치들은 대부분이 유압 작동기에 의하여 움직인다. 일반적으로 유압 작동기의 몸통은 항공기 구조물에 피봇으로 고정하고 피스톤 로드의 끝단을 움직여 힘을 전달한다. 유압 작동기는 작동 실린더와 피스톤, 피스톤로드, 선택밸브, 제어밸브 및 유압라인으로 구성되며 피스톤의 좌우 면적에 작용하는 유압의 힘을 이용하여 피스톤을 움직인다. 그림 6-44는 기계적인 연결 장치에 의하여 승강키의 유압 작동기가 움직이는 유압 작동 원리를 보여준다. 플라이 바이 와이어 계통의 유압 작동기 제어 밸브는 전기모터나 솔레노이드에 의하여 작동한다.

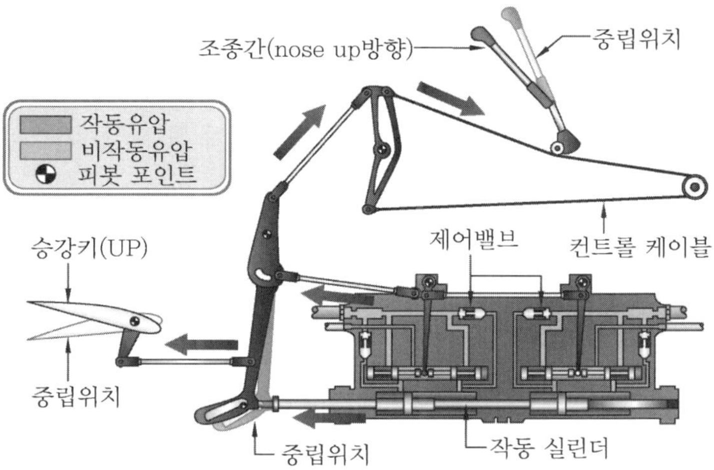

유압작동기

[그림 6-44] 조종 계통의 유압 작동기(예: 승강키)

8) 동력 조종계통(Power Control System)

동력 조종계통은 조종간이나 방향키 페달의 움직임을 유압 서버 작동기(Hydraulic Servo Actuator) 등을 매개로 조종면에 조종력을 전달하는 방식이다. 이 방식은 조종하고자 하는 방향에 큰 조종력을 필요로 하는 대형 항공기나 초음속 항공기에 널리 사용된다. 이 방식에서는 조종간의 움직임은 서버 작동기(Servo Actuator)로 전달할 수 있으나 조종면의 움직임은 조종력과 대응되지 않으므로 인공 감각장치를 함께 사용한다. 이 장치는 공력 특성이 급변하는 천음속 영역을 포함한 속도 영역에서 비행하는 항공기에는 필수적인 장치이다. 대형 제트 항공기도 초기의 극히 일부를 제외하고는 유압에 의한 동력 조종장치를 사용하고 있다.

(1) 부스터 조종계통(Booster Control System)

부스터(Booster) 조종계통에서는 조종사의 조종하는 힘(조타력)에 비례해서 증가된 힘을 유압장치로부터 조종면(Control Surface)에 직접 힘을 가할 수가 있다. 조종하는 변위(조타량)은 조종간의 움직임에 비례하고 힘에도 비례한다.

그러나 이 장치는 조종간(Control Stick)을 움직이면 조종면은 작동하지만, 조종면을 움직이려 해도 조종간이 움직이지 않는 비가역성 기구이므로 초음속 항공기용으로는 이용할 수 없는 점도 있어 현재에는 거의 쓰이지 않는다.

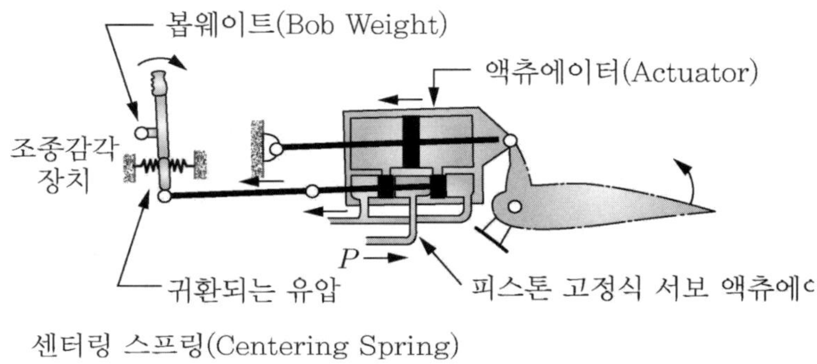

[그림 6-45] 비가역 동력 조종 장치

(2) 플라이 바이 와이어 계통(Fly-By-Wire System)

푸시풀로드와 조종 케이블을 이용한 수동 조종계통은 구조가 간단하고 고장이 없어 현대 항공기에서도 많이 사용하고 있다. 그러나 항공기가 대형화되고 전자장치의 신뢰성이 좋아짐에 따라 점차적으로 플라이 바이 와이어 장치의 사용빈도가 늘어나고 있다. 플라이 바이 와이어는 조종 케이블이나 푸시풀로드를 대체하는 전기, 전자적인 신호 및 데이터를 전송하는 장치이다.

Fly-By-Wire 조종계통은 항공기의 조종장치 속에 기체에 가해지는 중력 가속도(g) 나 기울기를 감지하는 센서와 컴퓨터를 내장해서 조종사의 감지 능력을 보충하도록 한 것이다. 예를 들면 급히 항공기의 자세를 변화시키려 할 때는 일단 크게 조타하여 반대로 조타한 후 중립으로 돌린다. 이것을 조종면을 댄다고 하는데, 플라이 바이 와이어를 쓰면, 이와 같은 조작이 필요 없게 된다. 조종사는 조종면을 대는 조작을 하지 않더라도 컴퓨터가 계산해서 조종면을 필요한 만큼 취해준다. 이것에 의해 성능은 좋아도 조종성이나 안정성이 나빠서 잘 조종할 수 없었던 항공기를 실용화하는 것이 가능하게 되었다.

이 장치에서 조종간이나 방향키(Rudder Pedal)는 조종사의 조종신호를 컴퓨터에 입력하기 위한 도구가 된다. 따라서 무게와 조타량이라는 2종류의 신호는 불필요해지며 가해지는 힘의 크기만으로 충분한 신호가 된다. 미국의 F-16 전투기는 이 방식을 사용한 최초의 전투기로써, 조종간이나 방향키 페달은 거의 움직이지 않고 힘의 크기만을 감지한다. 초음속 항공기 운동성의 향상이나 대형 여객기의 경제성 향상의 수단으로 큰 기대가 모아지고 있으며, 에어버스사의 A320은 민간용 여객기로서 최초로 이 방식을 사용한 것으로 유명하다.

플라이 바이 와이어 장치의 기본 구성은 변위를 감지하는 센서와 데이터 처리용 컴퓨터 및 유압작동기의 서보밸브(Servo Valve)로 구성된다. 플라이 바이 와이어 장치의 센서는 그림 6-46에서 보이는 것과 같이 길이 변위와 회전 변위를 감지하는 센서로 구분 되며, 감지된 신호를 데이터 처리용 컴퓨터로 전송한다. 유압작동기의 제어밸브(서보밸브)는 컴퓨터의 전송 신호에 따라 유압작동기의 움직임을 제어한다. 플라이 바이 와이어 장치는 1970년대에 개발되기 시작하였으며 컴퓨터의 발달과 더불어 조종 케이블 및 기계적인 연결 장치들을 빠른 속도로 대체하고 있다. 그림 6-46은 플라이 바이 와이어의 기본 개념을 보여준다. 플라이 바이 와이어 장치에 사용하는 컴퓨터는 2개 이상의 독립된 운영체제로 되어 있으며 하나의 소프트웨어가 정상적으로 작동하지 않아도 다른 소프트웨어가 기능을 대체하도록 설계한다.

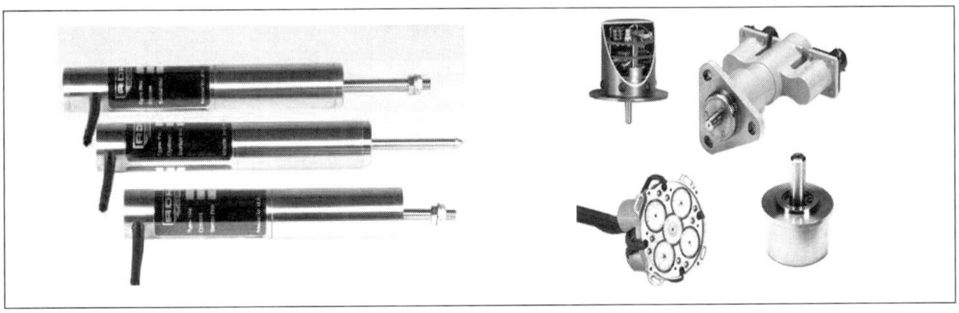

플라이 바이 와이어의 변위 감지 센서 종류

1) LVDT(Linear Variable Differential Transformer) : 길이 방향의 물리적인 변화량을 전기적인 신호로 변환하는 장치(그림 좌측)
2) RVDT(Rotary Variable Differential Transformer) : 회전 방향의 물리적인 변화량을 전기적인 신호로 변환하는 장치(그림 우측)

[그림 6-46] 플라이 바이 와이어 장치의 센서(예)

플라이 바이 와이어 장치는 기계적인 연결 장치의 진동으로 인한 유격 조정이나 조종 케이블에서 나타나는 장력의 변화가 없으며 설치공간의 제한을 받지 않는 장점이 있다. 그러나 플라이 바이 와이어 장치의 센서와 컴퓨터는 수분 영향에 의한 오작동이 발생할 수 있으며 고장 탐구와 유지비용이 증가할 수 있다.

(3) 플라이 바이 라이트 계통(Fly-By Light System)

초기의 플라이 바이 와이어 기술은 기계적인 신호를 전기적인 신호로 변환하여 전송하였다. 플라이 바이 와이어의 도입으로 아날로그 신호를 디지털 신호로 변경하여 전송하는 방법은 계속 발전하였으며 데이터 전송량이 증가하면서 광학소자를 이용한 전송방법이 개발되었다.

플라이 바이 라이트(Fly-by-Light)는 디지털 전자기술의 발전에 따라 광섬유를 이용하여 데이터를 전송하는 방법이며, 이 방법의 도입으로 보다 안전하고 빠르게 데이터를 전송할 수 있게 되었다. 최근 개발되는 항공기의 제어 컴퓨터들은 광섬유 인터페이스(Interface)를 이용하는 기술이 상용화 되었으며 복잡하게 구성된 신호 전송체계를 매우 빠르고 안정적으로 지원한다.

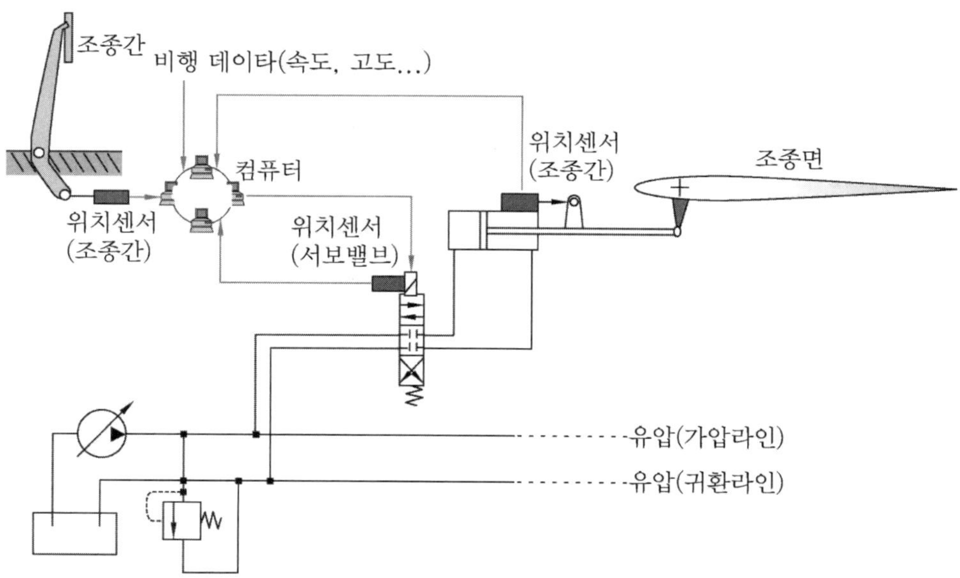

[그림 6-47] 플라이 바이 와이어 장치의 구성

5 조종계통의 입력장치

1) 주 조종 입력장치

조종석(cockpit)의 비행기 조종은 단일 좌석 또는 직렬(Tandem: 앞 뒤) 좌석 배치 항공기에서는 오른손으로 조종간을 잡고 왼손으로 스로틀 레버(Throttle Lever)를 움직여 양발로 방향키(Rudder)페달을 조작한다. 병렬(Side by Side) 좌석 항공기는 양쪽의 좌석에서 조종이 가능한 비행기 또는 대형 항공기로 2명의 조종사가 필요한 비행기는 2명의 조종사 사이에 엔진이나 트림(Trim) 등의 조작장치를 장착하여 어느 쪽에서라도 조작이 가능하게 되어 있다.

보통 항공기에서는 좌측을 조종사석, 우측을 부조종사 석으로 한다. 이 경우, 조종사는 왼손으로 조종간을 잡고 오른손으로 스로틀 레버(Throttle Lever)를 움직인다. 비행기의 조종간을 오른쪽으로 밀면 기체는 오른쪽으로 경사가 심해지고 좌로 밀면 왼쪽으로 경사가 심해진다. 조종간을 앞으로 밀면 기수가 내려가고 앞으로 당기면 기수가 올라간다. 방향키 페달(Rudder Pedal)은 오른발을 밟으면 기수가 오른쪽으로 향하고 왼발을 밟으면 기수는 왼쪽으로 향한다. 스로틀 레버(Throttle Lever)를 앞으로 당기면 엔진의 출력이 감소하여 기체가 감속된다.

조종계통의 입력장치는 조종석에서 조종사가 조종면을 움직이기 위한 장치를 말하며 주 조종면과 보조 조종 장치를 움직인다. 일반적으로 항공기 조종 장치는 2명의 조종사가 독립적으로 각각 조종할 수 있도록 구성되어 있다. 항공기의 주 조종면은 도움날개, 승강키, 방향키를 의미하며, 도움날개와 승강키는 조종간에 의하여 움직이고 방향키는 방향키 페달(Rudder Pedal)에 의하여 움직인다.

(1) 조종간

조종간은 모양에 따라 그림 6-48과 같이 조종 휠(Control Wheel)과 조종 스틱(Control stick)으로 구분되며 항공기의 도움날개와 승강키를 움직인다. 조종 휠은 전, 후로 밀고 당기거나 좌, 우로 회전하도록 되어 있으며, 조종 스틱은 전후, 좌우로 움직이도록 되어 있다. 그림 6-49은 소형 항공기의 조종간에 대한 기계적인 연결 구조를 보여 준다. 도움날개를 움직이는 연결 구조와 승강키를 움직이는 연결구조가 서로 간섭되지 않도록 구성되어 있으며, 조종간의 최대 움직임은 멈춤장치에 의하여 제한된다.

대형 항공기의 좌・우측 조종간은 그림 6-50과 같이 케이블 드럼(Cable Drum)에 의하여 같이 움직이도록 연결되어 있다.

[그림 6-48] 조종 휠과 조종 스틱

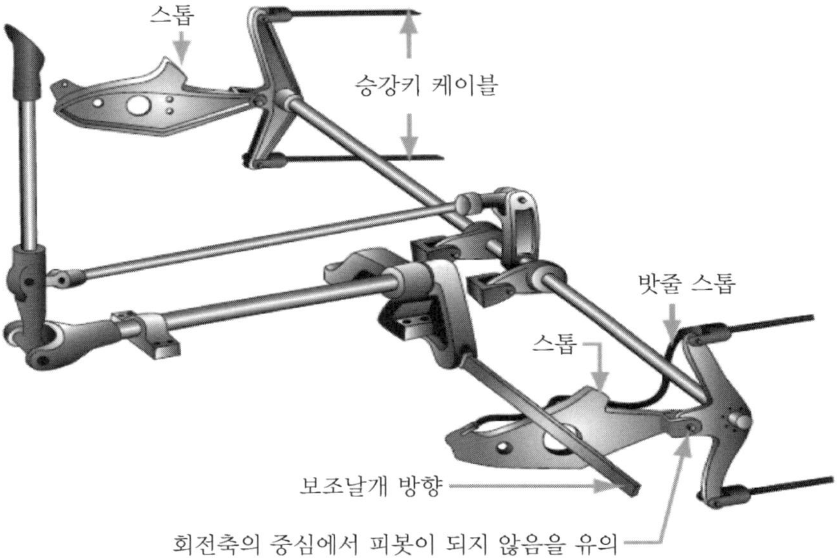

[그림 6-49] 조종실에서 조종면까지 전달되는 조종력

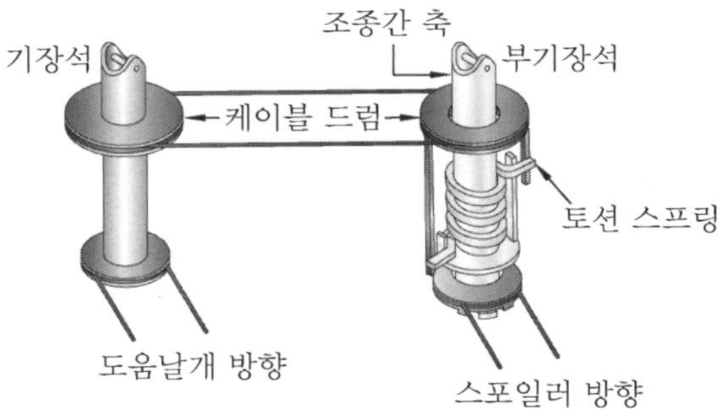

[그림 6-50] 좌 · 우 조종간의 연결 구조

일반적으로 2개의 조종석이 있는 대형 항공기는 좌측의 조종간이 주 조종면에 직접 연결되며, 우선적으로 작동한다. 그림 6-50은 도움날개를 움직이기 위하여 조종사석과 부조종사석의 조종간을 서로 반대방향으로 작동하여도 조장사석의 작동이 우선순위가 있음을 보여준다. 또한, 부조종사석의 조종간은 스포일러 케이블과 연결되어 있으며, 도움날개를 작동하기 위하여 조종간을 움직이면 스포일러도 따라서 움직임을 알 수 있다.

(2) 방향키 페달

방향키 페달은 한 쌍이 기본 구성이며 비행 중에는 방향키를 움직이고 지상에서는 조향장치와 제동장치를 움직인다.

그림 6-51는 대형 항공기의 방향키 페달 구조를 보여준다. 방향키 페달의 좌측이나 우측 페달을 밀면 회전축을 중심으로 방향키 조정 전방 쿼드란트(Quadrant)가 회전하면서 쿼드란트에 연결된 케이블에 의해 방향키를 움직인다. 지상에서 방향키 페달을 작동하면 방향키 페달에 연결된 조향장치 푸시로드에 의해 조향장치를 움직일 수 있다. 방향키 페달의 윗부분을 누르면 제동장치를 작동시키는 역할도 한다.

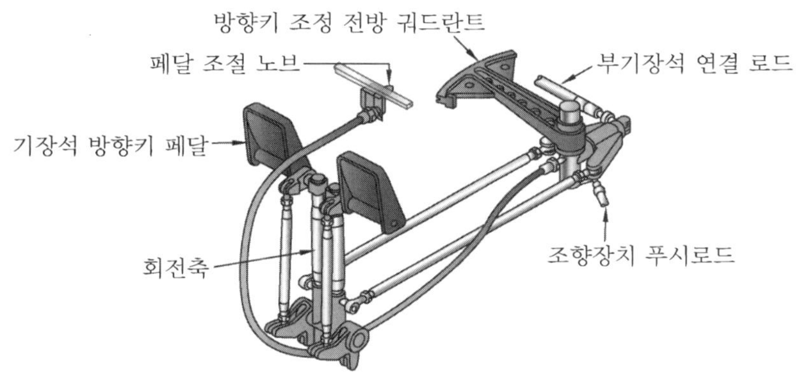

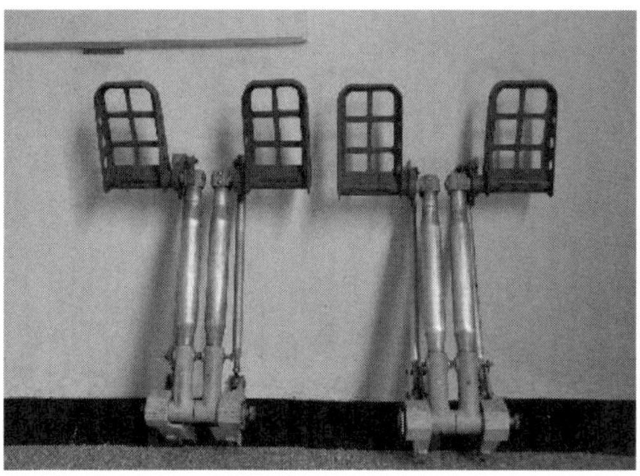

[그림 6-51] 방향키 페달 구조

2) 보조 조종 입력장치

보조 조종 입력장치는 플랩 레버와 스피드브레이크 레버가 있다. 그림 6-52에서 보이는 것처럼 일반적으로 플랩 레버는 추력 레버의 우측에 위치하며 스피드브레이크 레버는 조종석 추력 레버의 좌측에 위치한다.

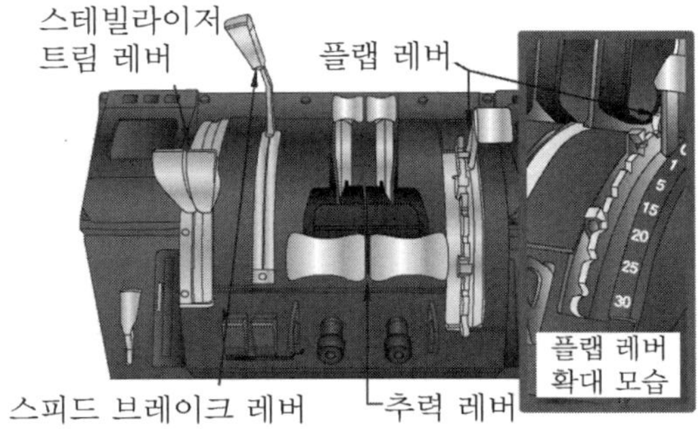

[그림 6-52] 보조 조종 입력장치

(1) 플랩 레버

플랩 레버는 항공기의 뒷전 플랩과 앞전 플랩을 움직이는 장치이다. 플랩 레버는 그림 6-52의 우측 확대 모습에서 보이는 것처럼 단계별로 작동하도록 되어 있으며, 플랩 레버를 움직이는 단계에 따라 플랩 구동장치의 유압모터 회전량이 결정된다. 이러한 항공기에 사용되는 유압모터(Hydraulic Motor)는 3000psi의 유압 흐름을 이용하여 회전력을 만들며 전기모터보다 큰 회전력을 전달할 수 있다.

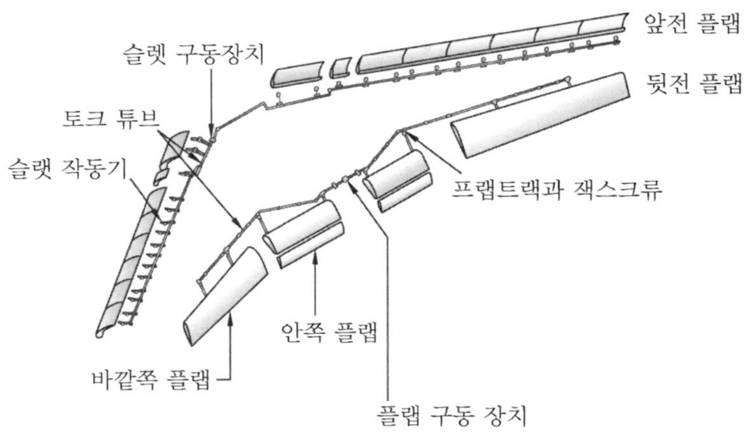

[그림 6-53] 플랩 장치의 구조

그림 6-53,54는 플랩 장치의 구조와 플랩 구동장치를 보여준다. 현대 항공기의 플랩 장치는 유압으로 작동하는 모터와 토크 튜브(Torque Tube)의 회전에 의하여 움직이며, 보조 장치로 전기모터를 사용한다. 플랩 구동장치의 전기모터는 조종석의 플랩 보조 작동 스위치(Flap Alternate Switch)에 의하여 작동하며 정상적인 상태에서는 토크 튜브와 분리되어 있다. 플랩 레버를 움직이면 뒷전 플랩을 움직이는 유압 모터가 회전한다. 유압 모터는 기어박스를 통하여 토크 튜브와 연결되어 있다. 대형 항공기의 뒷전 플랩은 토크 튜브의 회전력을 받아 움직이는 잭스크루에 의하여 전, 후로 움직인다.

[그림 6-54] 플랩 구동장치의 실제모습

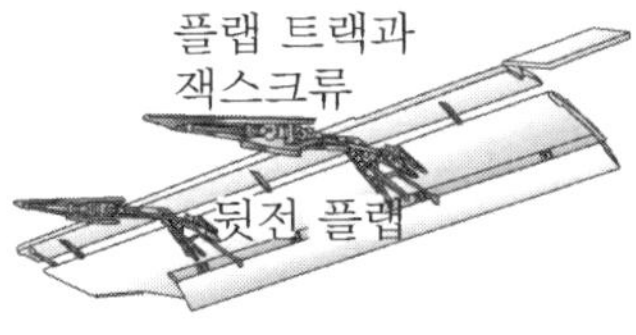

[그림 6-55] 뒷전 플랩의 트랙과 잭스크루

그림 6-55은 뒷전 플랩의 트랙(Track)과 잭스크루의 장착 상태를 보여준다. 플랩 레버의 위치에 따라 유압 모터의 회전량이 제한되어 플랩의 움직이는 위치를 단계별로 조절할 수 있다. 뒷전 플랩이 작동하면 슬랫 구동장치도 연동하여 움직인다. 앞전 플랩은 유압작동기에 의하여 작동하며, 앞전 플랩의 유압작동기는 일반적으로 1단계(접힘-펼침) 또는 2단계(접힘-중간 펼침-펼침)로 움직인다.

(2) 스피드브레이크 레버

스피드브레이크 레버는 스포일러를 작동시키는 역할을 한다. 대형 항공기의 스포일러는 비행중에 작동하는 스포일러(Flight Spoiler)와 지상에서 작동하는 스포일러(Ground Spoiler)로 구분된다. 스포일러는 스피드브레이크의 레버에 연결된 유압작동기에 의하여 작동한다. 비행 중 스피드브레이크 레버는 조종사가 인위적으로 작동하여야 하며, 착륙 시에는 추력 레버의 위치와 연동하여 자동으로 작동한다.

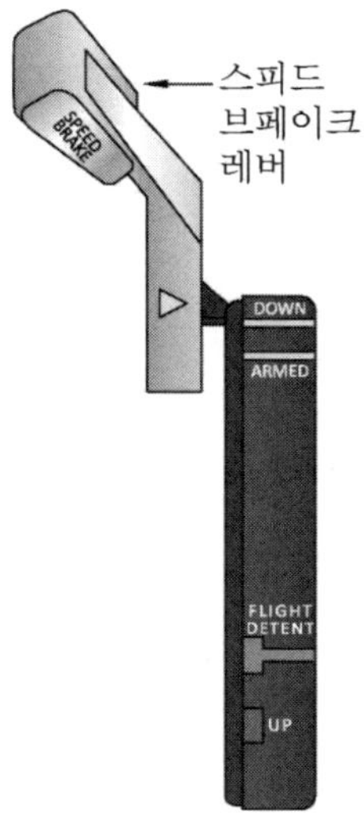

[그림 6-56] 스피드 브레이크 레버

스피드브레이크의 레버 위치와 스포일러의 작동은 아래와 같다.

① Down: 모든 스포일러가 아래로 내려진 위치에서 고정 상태를 유지한다. 스피드브레이크 레버가 'Down' 위치에 있으면 스포일러 유압작동기는 유압에 의한 잠김(Locking) 상태를 유지하여 비행 중에 떨리지 않도록 한다.

② Armed: 스피드브레이크 레버의 위치를 'Armed' 위치에 놓으면 착륙과 동시에 스피드브레이크 레버가 자동으로 'UP' 위치로 이동하면서 모든 스포일러가 작동한다. 착륙준비 단계의 절차로 조종사는 스피드브레이크 레버를 'Armed' 위치에 놓도록 되어 있다.

③ Flight Detent : 비행 중에 스피드브레이크를 사용하기 위하여 작동하는 위치이다. 스피드브레이크 레버를 'Flight Detent' 위치로 움직이면 양쪽 날개의 비행 스포일러(Flight Spoiler)가 동시에 최대로 펼쳐지며 항력을 발생시킨다.

④ UP: 스피드브레이크 레버가 'Armed' 위치에 있다면, 착륙 시 지상에서 자동으로 스피드브레이크 레버가 'UP' 위치로 움직이며 비행 스포일러와 지상 스포일러(Ground Spoiler)를 최대로 펼친다. 지상에서는 조종사가 인위적으로 스피드브레이크 레버를 'UP' 위치로 움직일 수도 있다.

3) 트림 스위치(Trim Switch)

항공기의 상승, 하강 또는 선회 운동은 승강키나 도움날개를 움직인 상태로 유지하기 위하여 계속적으로 조종간에 힘을 가하여야 한다. 예를들어 비행 중 좌측 엔진이 정지된다면 조종사는 항공기 자세를 바로 유지하기 위하여 우측 방향키 페달을 밀고 있어야 한다.

트림(Trim) 계통의 목적은 조종사의 불필요한 피로를 없애기 위해 설정한 속도 및 고도에서 조종간이나 페달에 힘을 가하지 않아도 작동이 가능하게 하기 위한 것이다. 즉 트림 계통은 비행 중 조종간이나 방향키 페달에 작용하는 힘을 계속적으로 가하지 않아도 항공기의 비행 자세가 유지될 수 있도록 조종하는 장치이다. 트림 장치는 1차 조종면의 뒤쪽에 탭을 장착하여 움직이는 방법과 1차 조종면을 직접 트림 스위치로 움직이는 방법으로 구분된다. 소형 항공기의 탭 장치는 조종면과 기계적인 연결에 의하여 움직이며, 대형 항공기의 트림 장치는 전기모터에 의하여 움직이는 것이 일반적이다. 그림 6-57은 대형 항공기의 트림 스위치들을 보여 준다.

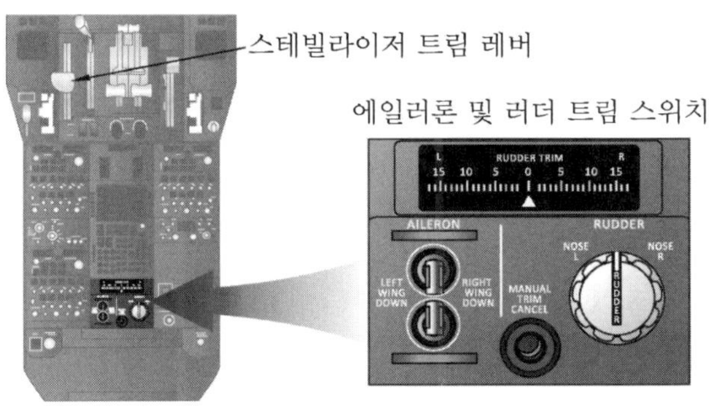

[그림 6-57] 대형 항공기 트림 작동 장치(예)

(1) 도움날개와 방향키 트림 스위치

도움날개와 방향키 트림 스위치는 조종석의 중앙 조종제어 판넬에 위치하는 것이 일반적이다. 트림 스위치를 작동하면 전기모터에 의하여 도움날개와 방향키의 중립을 유지하는 기계장치가 움직여 조종간과 방향키 페달이 편향된 상태로 새로운 중립상태를 유지한다.

조종간과 중앙 조종제어 판넬은 트림 스위치에 의한 도움날개와 방향키의 이동 크기를 알 수 있도록 지시계가 장착되어 있다. 트림 스위치에 의하여 도움날개와 방향키를 움직일 수 있는 범위는 조종간과 방향키 페달에 의해 움직일 수 있는 최대 범위 보다 작다.

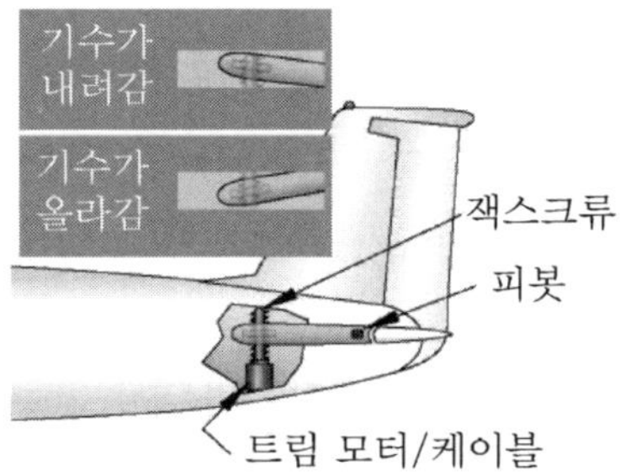

[그림 6-58] 스테빌라이저

(2) 스테빌라이저 트림 스위치

항공기는 운항 중에 세로축 방향의 무게중심이 계속 변하므로 이것을 보정하기 위한 피치운동 트림이 필요하다. 대형 항공기는 피치운동 트림을 위하여 수평안정판을 움직일 수 있도록 설계한다. 조종간과 중앙 조종제어 판넬에는 수평안정판을 작동하기 위한 스위치와 휠이 장착되어 있다. 일반적으로 조종할 수 있는 수평안정판을 스테빌라이저라고 하며 케이블에 연결된 트림 모터와 잭스크루에 의해 움직인다. 스테빌라이저의 트림모터는일반적으로 자동 비행제어 컴퓨터에 의하여 작동한다. 스테빌라이저는 스테빌라이저 트림 스위치와 휠을 수동으로 움직여 작동할 수 도 있다. 그림 6-58은 스테빌라이저의 구조를 보여준다.

6 조종장치

1차 조종 또는 주조종장치의 목적은 기체를 조종하는 것인데 비해 2차 (또는 보조) 조종 장치는 탭(Tab)이나 플랩(Flap) 등을 움직이는 것을 목적으로 한다. 따라서 1차 조종장치와 다르게 트림(Trim) 조종면각, 플랩(Flap)의 위치, 엔진 회전 속도 등의 표시장치가 필요하다.

1) 도움날개와 옆놀이(Roll) 운동

조종 장치는 조종면에 작용하는 양력과 항력을 변화시켜 항공기의 무게중심을 축으로 항공기를 움직이는 장치이며, 주 조종장치와 보조 조종장치로 구분한다. 주 조종장치는 항공기의 자세를 직접적으로 조종하는 도움날개, 승강키 및 방향키가 있다. 항공기의 옆놀이(roll) 운동은 조종간을 좌, 우로 회전하면 도움날개와 스포일러가 작동하여 만들어지는 선회 운동이다.

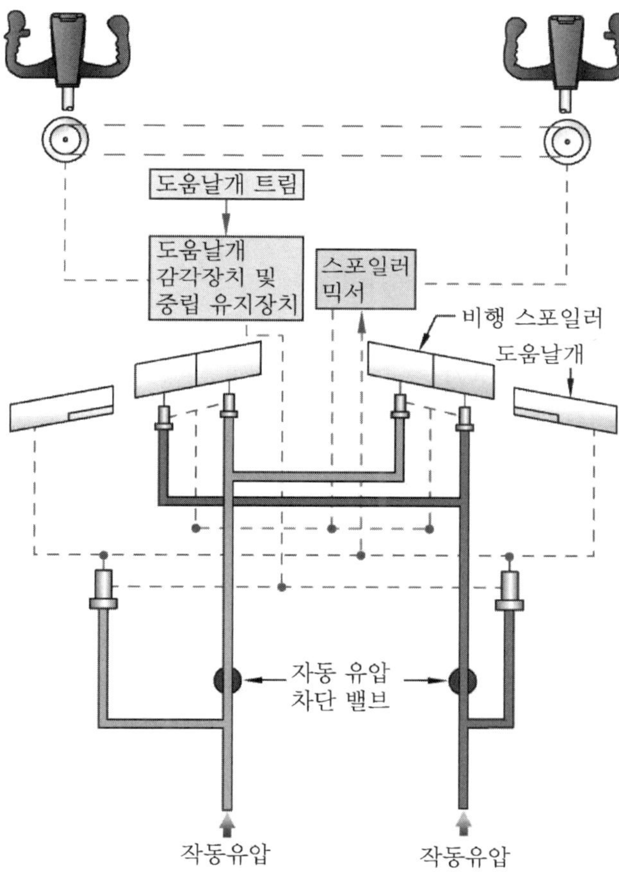

[그림 6-59] 도움날개와 롤 운동

옆놀이 운동의 기본 조종 장치는 그림 6-59에서와 같이 조종간, 도움날개와 도움 날개를 직접적으로 움직이는 유압작동기, 도움날개 감각장치 및 중립유지 장치, 비행 스포일러와 유압작동기, 스포일러 믹서(Spoiler Mixer), 도움날개 트림장치로 구성된다. 좌측(조종사석)의 조종간은 도움날개 감각장치 및 중립 유지장치를 통하여 직접적으로 도움날개의 유압작동기를 작동하도록 연결되어 있다. 우측(부조종사석)의 조종간은 스포일러 믹서를 통하여 비행 스포일러의 유압작동기를 작동하도록 연결되어 있다. 좌, 우측의 조종간은 케이블에 의하여 연결되어 있으므로 어느 한 쪽의 조종간을 회전하여도 도움날개와 비행 스포일러가 작동한다. 도움날개 감각장치 및 중립 유지 장치는 조종간이 스프링의 힘에 의하여 중립 위치를 유지하도록 만들어진 캠과 롤러로 구성된 장치이다.

도움날개 트림 장치는 전기모터 작동기이며 도움날개 트림 스위치에 의하여 도움날개 감각장치 및 중립 유지장치를 작동한다. 스포일러 믹서는 조종간의 좌, 우 회전량에 비례하여 비행 스포일러의 유량을 결정하는 기계장치이며, 일반적으로 조종간을 10°이상으로 회전하면 작동한다. 스포일러 믹서는 도움날개가 올라가는 쪽의 날개에 있는 비행 스포일러만 따라서 올라가도록 한다. 대형 항공기의 조종장치는 유압작동기에 의하여 움직이며, 주 조종장치는 2개 이상의 독립된 작동 유압을 이용하여 하나의 유압계통이 작동하지 않아도 조종 가능하도록 만든다.

2) 방향키와 빗놀이(Yaw) 운동

항공기의 빗놀이(Yaw) 운동은 방향키 페달을 밀어 방향키를 좌, 우로 움직이는 운동이며, 항공기의 수직축을 중심으로 진행 방향을 바꾼다. 빗놀이 운동의 기본 조종 장치는 그림 6-60에서와 같이 두 쌍의 방향키 페달, 방향키와 방향키 유압작동기, 방향키의 감각장치 및 중립 유지장치, 방향키 트림장치로 구성된다.

방향키 페달은 좌측과 우측의 한 쌍이 토크 튜브에 의해 연결되어 있으며, 어느 한 쪽의 방향키 페달을 밀어도 방향키의 감각장치 및 중립 유지장치를 통하여 방향키가 작동한다.

방향키 감각장치 및 중립 유지장치는 방향키 페달이 스프링의 힘에 의하여 중립위치를 유지하도록 만들어진 캠과 롤러로 구성된 장치이다. 방향키 트림 장치는 전기모터 작동기이며 방향키 트림 스위치에 의하여 방향키 감각장치 및 중립 유지장치를 작동한다. 방향키 유압작동기는 2개 이상이 장착되며, 각각 독립된 작동 유압에 의하여 움직이므로 하나의 유압이 작동하지 않아도 정상적인 조종이 가능하다.

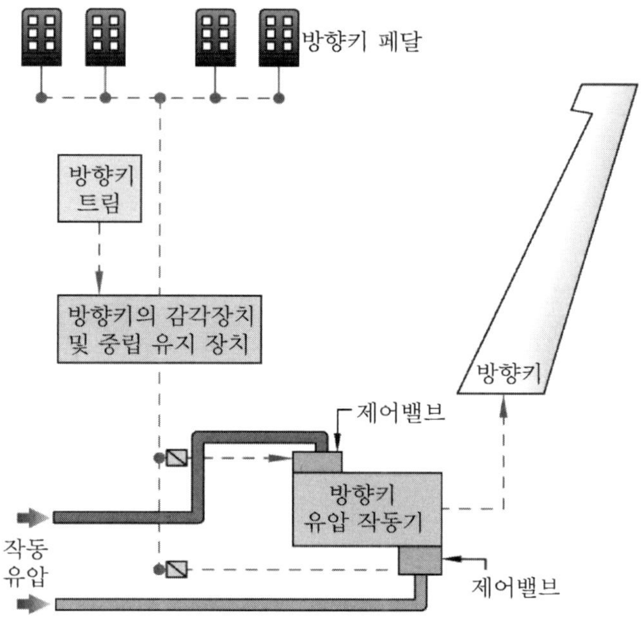

[그림 6-60] 방향키와 빗놀이 운동

3) 승강키와 키놀이(Pitch) 운동

항공기의 키놀이(pitch) 운동은 조종간을 밀거나 당기면 꼬리날개의 승강키가 움직여 기수를 들어 올리거나 내리는 움직임이다. 키놀이 운동의 기본 조종 장치는 그림 6-61에서와 같이 조종간, 좌, 우측 한 쌍의 승강키와 유압작동기, 조종 가능한 수평안정판, 승강키 감각장치 및 중립 유지장치, 승강키 감각 제어 컴퓨터, 수평안정판 트림장치 등으로 구성된다.

승강키를 움직이기 위한 좌, 우측의 조종간은 토크 튜브로 연결되어 있으며 어느 한 쪽의 조종간을 움직여도 승강키가 작동한다. 승강키는 꼬리날개의 좌, 우측에 대칭으로 장착되어 있으며 각각 독립된 2개 이상의 작동유압을 받도록 되어 있다.

승강키 감각장치 및 중립 유지장치는 승강키 감각제어 컴퓨터와 연결되어 있으며, 승강키에 작용하는 공기력을 조종간에 전달하고 조종간의 위치를 중립상태로 유지한다. 승강키 감각 제어 컴퓨터는 작동 유압과 꼬리날개의 피토관으로 부터 측정된 정압과 동압의 차이 및 비행제어 컴퓨터에서 제공하는 항공기 속도를 감지하여 승강키에 작용하는 공기력을 측정하는 기계장치이다. 수평안정판의 트림은 항공기 세로축의 무게중심 변화를 보정하기 위하여 자동 비행제어 컴퓨터에 의해 작동하는 것이 일반적이며, 수평

안정판 트림 스위치나 트림 휠을 움직여 수동으로 작동할 수 도 있다. 수평안정판 지시계는 항공기 이륙시의 전, 후방 무게 중심 한계를 벗어나지 않도록 녹색의 띠로 안전범위를 정해 놓으며, 수평안정판의 위치가 녹색의 범위(Green Band)를 벗어나면 조종사에게 이륙 경고상태를 알려준다.

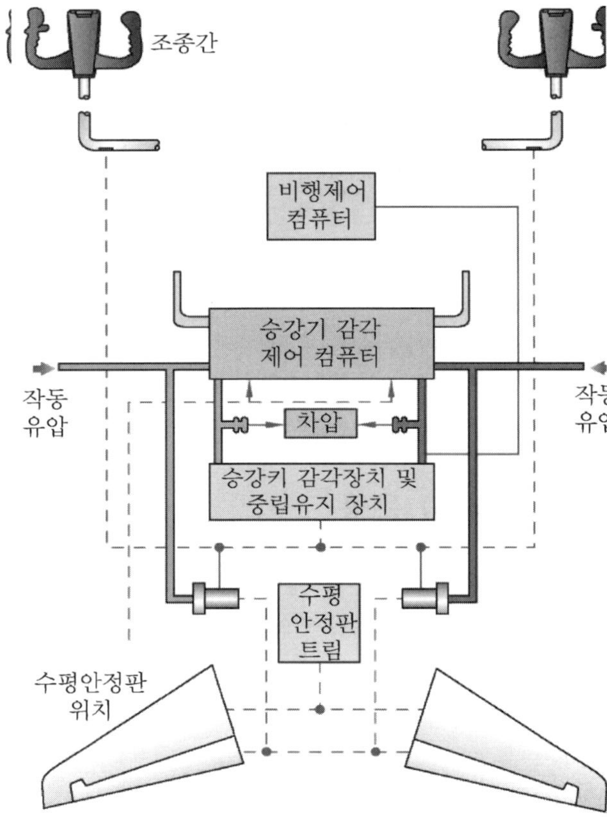

[그림 6-61] 승강키와 피치 운동 운동

4) 보조 조종장치

(1) 고양력 장치

플랩(Flap) 이나 슬롯(Slot) 등의 고양력 장치의 조작은 소형 항공기에서는 수동(Manual)과 기계적인 링크로 작동하기도 하지만, 일반적으로는 전기나 유압 모터로 한다. 고양력 장치에서 특히 주의해야 할 것은 좌우의 어느 한쪽만이 작동하는 것이다. 그 때문에 비대칭 계통(Asymmetry System) 등을 설치하여 플랩(Flap) 구동 기구의 일부가 파괴되었을 때, 한쪽만이 작동하는 것을 자동적으로 정지시키게 하거나 혼 마운트(Horn Mount) 등의 파손까지 고려한 파손 안전(Fail Safe) 성질을 갖는 것이 요구되고 있다.

항공기의 뒷전플랩과 앞전플랩은 대표적인 고양력 장치이며, 그림 6-62은 대형 항공기 플랩의 일반적인 작동 원리를 보여준다. 고양력 장치의 구성 요소는 플랩 레버, 뒷전플랩, 앞전플랩, 뒷전플랩 구동장치, 플랩 제어장치, 플랩 위치 비교 작동스위치, 플랩 보조 작동스위치 등이 있다.

플랩 레버는 뒷전플랩 제어장치, 뒷전플랩 구동 장치 및 앞전 플랩 제어장치와 기계적으로 연결되어 있다. 뒷전플랩은 플랩을 가로 지르는 토크 튜브와 기계적으로 연결되어 있으며, 뒷전플랩 구동 장치에 의하여 토크 튜브가 회전하면서 플랩을 전, 후로 움직인다. 뒷전플랩 구동 장치는 유압 모터와 전기모터로 구성되어 있으며 기본적으로 작동 유압에 의하여 구동 한다.

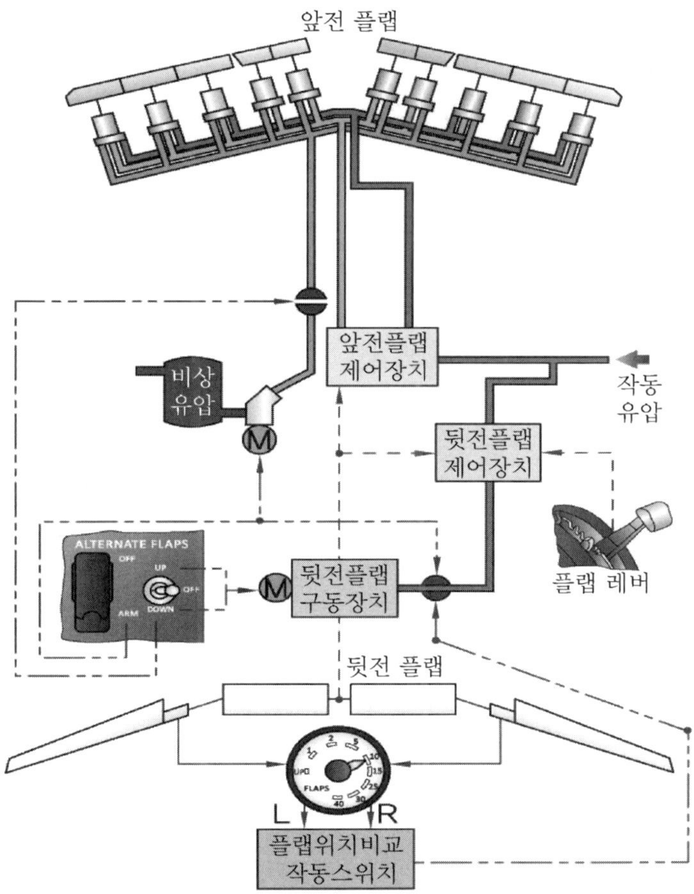

[그림 6-62] 플랩 장치

뒷전플랩 제어장치는 플랩 레버의 위치와 뒷전플랩의 위치를 비교하여 레버 위치와 플랩이 일치하도록 뒷전플랩 구동 장치로 향하는 유압의 흐름을 제어한다. 앞전플랩 제어장치는 뒷전플랩 구동장치와 기계적으로 연결 되어 있으며 앞전플랩으로 향하는 유압의 흐름을 제어한다. 앞전플랩은 유압작동기에 의하여 작동하며, 앞전플랩의 유압작동기는 보조 수단으로 비상 유압을 이용하여 펼칠 수도 있다.

플랩 위치 비교 작동스위치는 뒷전플랩의 좌, 우측 움직임이 다를 경우, 뒷전플랩 구동장치와 연결되는 유로를 차단하는 역할을 한다. 고양력 장치는 정상적인 유압이 작동하지 않을 경우를 대비하여 보조 작동 스위치를 장착하는 것이 일반적이다. 보조 작동 스위치는 전기 모터를 이용하여 뒷전플랩 구동장치와 앞전플랩 비상 유압 모터를 구동한다. 보조 작동 스위치를 작동하면 뒷전플랩 구동 장치로 향하는 유압이 차단되며, 전기 모터에 의하여 뒷전플랩의 토크 튜브를 움직일 수 있다.

(2) 스포일러

항공기의 스포일러는 용도에 따라 비행 스포일러와 지상 스포일러로 구분 되며 양쪽 날개에 좌, 우 대칭으로 장착된다. 스포일러의 장치는 스피드브레이크 레버, 스포일러와 유압작동기, 스포일러 믹서, 그라운드 스포일러 제어 밸브(Control Valve) 및 바이패스 밸브 등이 있다.

그림 6-63은 대형 항공기의 일반적인 스포일러 작동 원리를 보여준다. 비행 중 스피드브레이크 레버를 작동하면 스포일러 믹스를 통하여 좌, 우측 비행 스포일러가 동시에 펼쳐지며 항공기의 항력을 증가시킨다. 운항 중에는 지상 스포일러로 향하는 작동 유압이 그라운드 스포일러 제어 밸브와 그라운드 스포일러 바이패스 밸브에 의하여 차단되어 있으므로 지상 스포일러가 작동하지 않는다.

비행 스포일러의 유압작동기는 지상 스포일러의 유압작동기와는 다르게 각각 독립된 작동 유압을 받아 작동하며, 하나의 유압계통이 작동하지 않아도 최소한의 비행 스포일러 기능을 유지할 수 있도록 되어 있다.

항공기를 선회하기 위하여 조종간을 움직이면 스포일러 믹서를 통하여 도움날개가 올라가는 쪽 날개의 비행 스포일러도 따라 올라간다. 스피드브레이크 레버를 'Armed' 위치에 놓은 상태에서 항공기가 착륙하면 스피드브레이크 레버가 자동으로 'UP' 위치로 움직이며, 지상 스포일러와 비행 스포일러가 동시에 최대의 위치로 펼쳐진다. 착륙장치가 지면에 닿고 스피드브레이크 레버가 'UP' 위치로 움직이면 그라운드 스포일러 바이패스 밸브와 그라운드 스포일러 제어 밸브가 열리며 지상 스포일러가 작동한다. 조종계통에 장착되어 있는 작동 유압 차단 밸브는 항상 열려 있는 상태이며 정비 목적을 위하여 수동으로 유압을 차단할 수 있다. 조종면의 정비 작업을 수행하기 위해서는 반드시 작동 유압 차단 밸브를 차단하고 작업을 수행하여야 유압 작동에 의한 안전사고를 방지할 수 있다.

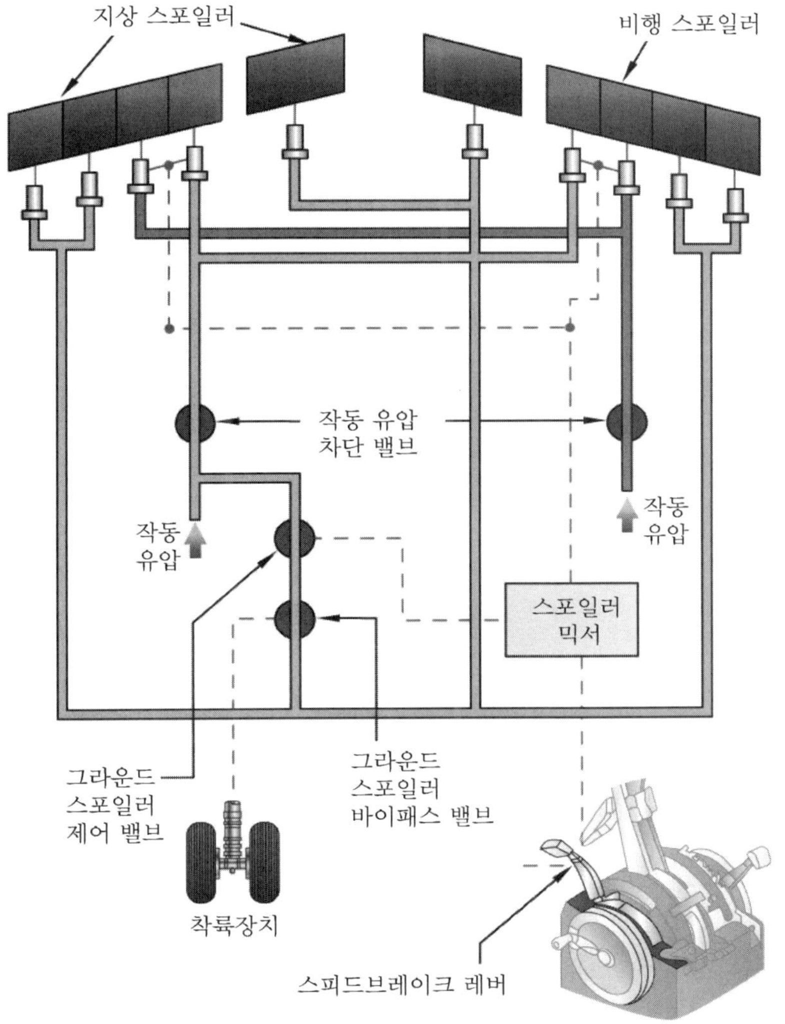

[그림 6-63] 스포일러 장치

5) 조종계통 경고장치

항공기는 비행 중 발생하는 위험한 상태와 고장에 대하여 경고장치를 통해 조종사에게 알려 준다. 조종계통의 경고장치는 실속 경고장치와 이륙 경고장치 및 조종계통의 고장 상태를 알려주는 경고장치로 구분한다.

(1) 실속 경고장치

실속 경고장치는 비행 중 항공기 속도가 실속에 접근하면 조종간에 진동을 발생시키고 벨소리와 경고 메시지로 실속 경고를 알려준다. 실속 경고는 실속 제어 컴퓨터가 담당하며, 항공기의 받음각, 플랩 및 앞전 장치의 위치, 항공기 속도, 엔진 회전수 등의 신호를 감지하여 작동한다.

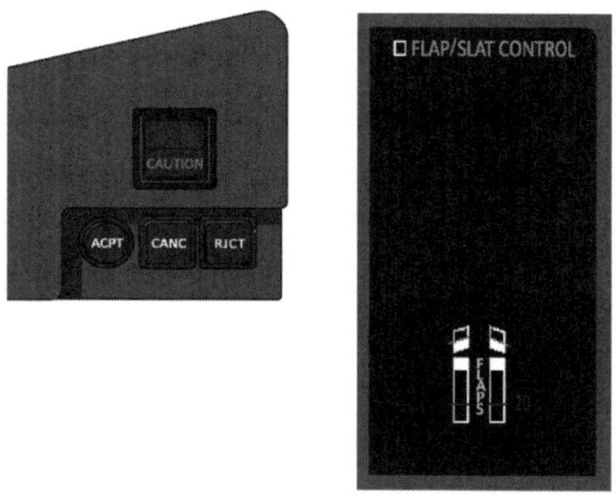

[그림 6-64] 조종계통의 경고(예)

(2) 이륙 경고장치

이륙 준비가 되지 않은 상태에서 추력을 증가시키면 이륙 경고장치가 작동하며 벨소리와 경고 메시지로 조종사에게 알려준다. 이륙 경고를 담당하는 컴퓨터는 엔진 회전수, 스피드브레이크 레버의 위치, 스테빌라이저의 위치, 플랩 레버의 위치에 대한 신호를 감지하고 작동 범위를 벗어나면 경고 신호를 보낸다.

(3) 조종계통 고장 경고장치

항공기의 고장을 진단하는 컴퓨터는 조종계통의 작동상태를 실시간으로 감지하여 고장에 대한 경고를 조종사에게 알려준다. 고장 경고장치는 고장의 종류에 따라 벨소리,

경고 메시지로 표시하며 조종사가 항공기의 상태를 알 수 있도록 한다. 그림 6-64의 우측 상단에 표시된 황색의 메시지(Flap/Slat Control)는 플랩 장치의 고장 상태를 알려주는 하나의 예이다.

7 조종계통의 작동점검 및 조절

1) 조종장치의 작동점검

조종계통을 연결하는 장치들은 유격이나 마모 상태를 확인하는 것이 중요하다. 조종간이나 방향키 페달의 움직이는 크기에 따라 조종면은 중립 위치에서 정확하게 일치하여 움직여야 한다. 항공기 조종계통의 케이블이나 푸시풀로드는 기체에 작용하는 힘과 진동에 의하여 유격이 발생할 수 있으며, 마모나 부식에 의하여 파손될 수 있다. 또한, 유압 작동액이 새거나 기계적인 연결부위가 느슨해지면 조종계통을 정상적으로 작동할 수 없게 되므로 주기적으로 조종계통의 작동상태를 점검하고 조절하는 것이 필요하다. 조종장치의 작동점검은 조종간이나 방향키 페달의 움직임에 따라 조종면이 움직이는 상태를 점검하는 것이 필수적이며 기본적인 작동점검 절차와 조절방법을 설명하도록 한다.

(1) 조종장치의 작동점검 절차

① 조종간이 잠금장치로 잠겨 있다면 잠금장치를 분리한다.

② 조종간을 최대한 전, 후 또는 좌, 우로 움직여서 조종간의 움직임이 빡빡하거나 불규칙한 움직임이 있는지를 점검한다.

③ 조종간을 중앙에 놓고 조종간 잠금장치를 결합시킨 후, 조종 케이블의 장력 값이 정비교범에 규정된 값을 유지하는 지 확인한다.

④ 조종간을 중앙에 놓은 다음, 도움날개나 승강키의 위치가 그림 6-65와 같이 날개와 일직선상에 있는지를 점검한다.

⑤ 조종간을 최대로 움직여 도움날개나 승강키의 움직임이 정비교범에 규정된 작동범위 내에 있는지를 점검한다. 그림 6-66은 조종면의 상, 하 움직이는 범위를 예로 든 것이다.

⑥ 조종면의 최대 움직임에서 조종면을 움직이는 쿼드런트나 토크튜브는 멈춤 장치와 접촉하여야 한다.

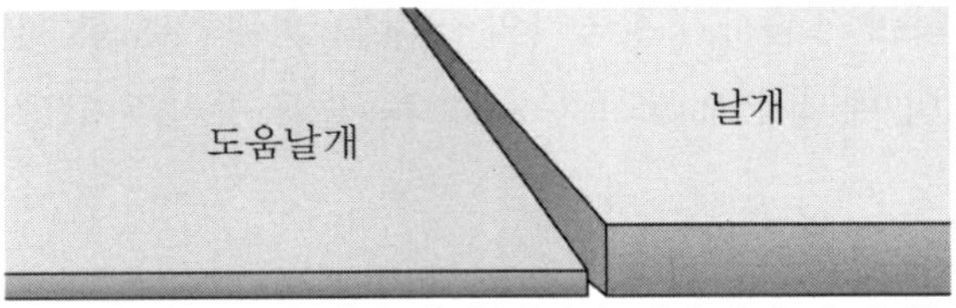

도움날개의 중립 위치 상태(날개와 일직선 유지 상태)

[그림 6-65] 조종면의 중립 위치(예)

(2) 조종장치의 조절

조종장치의 작동상태를 점검할 때에 조종간과 조종면의 움직임이 일치하지 않거나 불규칙하게 움직이면 조종 케이블의 장력과 푸시풀로드의 길이를 조절하여야 한다.

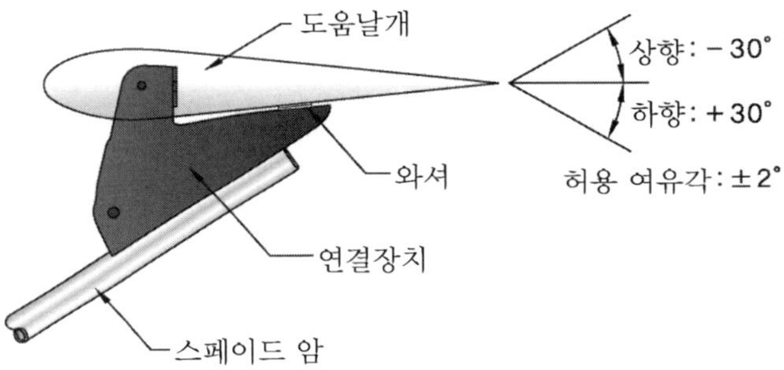

[그림 6-66] 조종면의 움직이는 범위(예)

① 조종간이 중립위치를 유지한 상태에서 조종면 연결 장치의 벨크랭크 리그 핀 구멍에다 리그 핀을 꽂고 정비교범에 규정된 값으로 푸시로드의 길이를 조절하여 맞춘다.
② 조종 케이블 턴버클을 조절하여 정비교범에 규정된 값으로 케이블 장력을 조절하고, 턴버클을 클립으로 고정시키거나 안전결선을 한다.
③ 조종간이 중립위치에 있을 때, 조종면은 날개와 일직선을 유지하여야 한다.
④ 조종간의 움직임에 따라 조종면의 움직이는 범위가 정비교범에 규정한 최대값으로 움직일 수 있어야 한다.

Chapter 7

연료계통

연료계통은 연료탱크로부터 엔진까지 연료를 공급하는 역할을 한다. 항공기는 운용 환경이 지상의 차량과는 매우 다르며 낮은 온도에서도 연료의 연소가 가능하여야 한다. 제트 엔진을 사용하는 대형 항공기는 연료의 소모량이 매우 많으며 장거리 비행을 하기 위해서는 항공기 무게의 절반에 해당하는 연료를 채워야 한다. 항공기의 연료계통은 연료를 저장하고, 분배하는 과정과 급유, 배유 및 연료흐름의 상황을 이해하는 것이 중요하다.

탱크		
왼쪽 탱크	9,560	64,000
오른쪽 탱크	9,560	64,000
중앙 탱크	26,100	174,900
합계	45,200	302,900

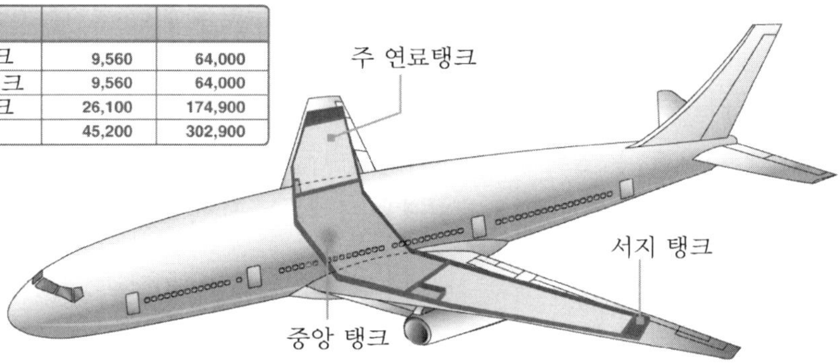

[그림 7-1] 보잉 777 연료탱크 위치와 용량

1 개요

항공기의 연료계통은 다양한 비행 조건에서 엔진에 연료를 공급할 수 있어야 한다. 항공기는 지상에서부터 높은 고도로 상승하는 시간이 짧으므로 엔진으로 유입되는 연료와 공기의 특성이 변한다. 항공기의 연료계통을 이해하기 위해서는 고도 변화에 대한 대기의 특성과 항공기의 운동 특성을 이해하고 있어야 한다.

연료의 중량은 항공기 총 중량의 상당한 비율을 차지하고 있다. 이 비율은 소형기에서는 약 10%, 대형 제트 항공기에서는 약 40% 정도에 달하고 있다. 항공기의 구조는 연료 중량에 의한 비행 하중, 지상 하중 및 착륙 하중에 견뎌낼 수 있는 충분한 강도가 필요하고 연료탱크는 연료 중량의 감소로 인한 항공기의 평형에 문제를 생기게 하지 않도록 장착해야 한다.

연료는 대부분 주 날개에 저장되며, 멀리서 보면 동체에 비해 얇아보여도 표면적이 넓기 때문에 많은 양이 들어간다. 연료탱크를 주 날개 속에 설치한 것은 공간의 문제 도 있지만 항공기의 균형 및 중심 확보 차원의 이유가 더욱 더 크다고 할 수 있다. 항공기가 이륙하기 위해 활주를 시작하면 넓은 양쪽 주 날개에는 양력이 발생하여 밑에서 위로 떠받드는 힘이 생겨 휘어지려고 하는데 그 곳에 연료를 넣어두면 연료의 중량감에 의해 주 날개가 휘는 힘을 완화시킬 수 있기 때문이다. 또한 운항 중에는 보다 긴 시간 주 날개의 중량감을 유지할 수 있도록 하기 위해 주 날개의 동체 가까운 부분에 들어가 있는 연료부터 사용하기 시작하여 날개 끝부분에 들어있는 연료는 마지막으로 사용하게 된다.

항공 사고 가운데는 연료계통 취급 불량으로 인한 것이 가장 많고, 다음이 엔진고장, 연료 고갈의 순으로 이어지며, 연료계통에 공기가 흡수되어 엔진을 정지시키는 것도 의외로 많다. 가스 터빈 연료계통에서는 고 고도에서 연료 온도가 떨어지면 연료내의 미세한 수분이 필터에서 얼음을 형성하여 연료 흐름을 막는다.

연료계통의 주요 고려 사항은 항공기의 운동 자세와 외부 환경 변화에 무관하게 연료를 엔진으로 공급할 수 있도록 하는 것이다. 또한 연료의 소모량에 따라 변하는 항공기의 좌, 우, 전, 후 무게중심에 대한 균형을 유지하는 것이 중요하다.

2 항공기용 연료의 특성

1) 항공기용 연료의 특성

항공기에 사용하는 연료의 특성을 이해하기 위해서는 항공기의 비행 환경을 이해하여야 한다. 상업용 항공기는 일반적으로 외기 온도가 -60℃인 대기에서 약 1000 km/h의 속도로 비행을 한다. 그러므로 항공기용 연료는 낮은 온도와 높은 고도에서 연료의 특성을 유지할 수 있어야 한다.

(1) 연료의 휘발성과 끓는점, 어는점

항공기의 연료는 엔진에 유입되기 전에 액체 상태에서 기체 상태로 변환되어야 연소될 수 있다. 왕복엔진의 기화기나 제트엔진의 연료노즐은 액체상태의 연료를 기화할 수 있도록 만들어 주는 역할을 하며, 연소 효율은 액체 연료가 기화 할 수 있는 능력에 따라 결정된다. 액체 연료가 기체화할 수 있는 성질을 휘발성(Volatility)이라고 하며 항공기의 연료는 높은 고도에서 쉽게 기화될 수 있도록 휘발성이 높아야 한다. 연료 정제과정에서 휘발성을 높게 만들면 쉽게 기화할 수 있는 장점은 있으나, 연료 자체의 끓는점이 낮아지고 어는점이 높아지는 단점이 있다. 연료의 끓는점이 낮아지면 기압이 낮은 고고도에서 쉽게 기화하여 액체 상태인 연료에 기포가 다량으로 발생하게 되며 연료펌프나 노즐의 고장을 유발하게 된다. 항공기의 연료탱크는 공기 통로를 통하여 대기의 수분이 유입된다. 연료탱크에 유입된 수분은 연료와 섞이게 되며, 연료의 어는점이 높아지면 고고도에서 쉽게 결빙 현상이 발생하여 연료의 공급이 중지될 수 있다. 따라서 항공기의 연료는 휘발성을 높이되 끓는점과 어는점을 일정 이하로 유지하여야 하는 기술적인 문제점을 가지고 있다.

(2) 발화점

발화점(Flash Point)은 액체인 연료가 기화한 상태에서 점화플러그에 의하여 점화 될 수 있는 온도를 말한다. 발화점은 휘발성과는 다른 개념으로 발화점이 낮을수록 쉽게 점화된다.

(3) 증기압

연료의 증기압(Vapor Pressure)은 휘발성과 밀접한 관계가 있다. 항공기 연료는 휘발성이 높은 특성을 가지고 있으므로 연료 표면에서는 끊임없이 기화 현상이 발생하게 된다. 연료의 기화 현상은 증기압 영향을 받으며 고도가 높아질수록 기화 현상이 증가한다. 높은 고도에서 연료의 기화 현상이 증가하면 연료탱크의 폭발 가능성이 증가하며, 연소되는 연료와 공기의 혼합 비율이 희박해진다. 또한 연료에 기포가 다량으로 함유되어 흐를 경우는 연료펌프가 정상적으로 작동하지 않게 되며 연료의 공급이 중단되는 증기폐색(Vapor Lock)현상이 일어날 수 있다.

(4) 어는점

항공기에 사용하는 연료는 탄화수소계의 화합물로 구성되어 있으며 연료에 따라 어는점이 다르다. 연료의 정제과정에서 어는점을 낮게 하면 휘발성이 낮아지는 단점이 있다. 연료가 어는점에 도달하면 항공기의 연료에 포함된 수분부터 결빙 현상이 발생하여 연료의 공급이 불가능하게 된다. 일반적으로 고 고도를 운항하는 항공기는 외기온도와 압력이 매우 낮은 상태이므로 가능한 어는점이 낮은 연료가 필요하다.

(5) 밀도

엔진의 추력은 연료의 밀도에 영향을 받는다. 연료의 밀도는 단위 체적당의 무게이며 동일한 밀도에서 온도에 따라 약 25%의 체적 변화가 있다. 항공기의 연료는 항공기 자중에 비하여 매우 많은 양의 연료가 탑재되므로 온도의 차이에 의하여 체적의 변화도 크다.

(6) 수분

연료탱크 내부는 항공기의 고도 증감에 따라 외기 압력이 작용하도록 공기의 통로(Vent)가 설비되어 있다. 고 고도에서 운항하는 항공기가 하강하면 고도가 감소함에 따라 외부의 공기가 연료탱크 내부로 흡입되며 공기에 포함된 수분이 연료에 섞이게 된다. 연료에 포함된 수분은 연료탱크 하단에 모이게 되고 연료와 함께 엔진으로 유입되어 소멸된다. 연료에 포함된 수분은 고 고도에서 운항할 경우, 기화과정에서 응결될 수 있으며 기화기의 고장을 유발할 수 있다. 그러므로 연료탱크에 모이게되는 수분은 지상에서 배출시켜야 한다.

(7) 기타

항공기의 연료에는 소량의 황 성분이 포함되어 있으므로 연료탱크와 연료계통의 부식을 유발할 수 있다. 또한 연료탱크의 바닥이나 벽면에는 연료속의 수분에 포함된 미생물이 끈적이는 상태로 달라붙어 번식하게 되며, 연료를 혼탁하게 하고 부식을 유발한다. 항공기의 연료에는 일반적으로 부식방지제, 미생물 생성 억제제 및 기타 연료의 안정성을 개선하기 위한 첨가제가 첨가된다.

2) 항공기에 사용하는 연료의 종류

항공기에 사용하는 연료는 엔진의 종류에 따라 왕복엔진은 휘발유 계열의 항공휘발유(Aviation Gasoline ; AVgas)를 사용하며, 제트엔진은 등유(Kerosene)계열의 제트연료(Jet Fuel 또는 Jet Petroleum)를 사용한다. 왕복엔진에 사용되는 항공휘발유(AVgas)는 휘발성이 좋고, 가속성이 좋으며 옥탄가가 높은 성질을 지니고 있다. 반면 제트엔진의 제트연료는 방빙성이 좋아야 하며, 안전한 연소성과 발열량이 커야 한다.

항공연료는 색채에 따라 종류를 구별할 수 있으며 엔진에 적합한 연료를 사용하여야 한다.

(1) 항공휘발유(AVgas)

왕복엔진의 특성상 항공휘발유는 일반적인 휘발유보다 발화점을 더 낮게 정제하여 높은 고도에서 발화가 잘 일어나도록 하여야 한다. 항공휘발유는 정제과정에서 자동차에 사용하는 휘발유 보다 증기압을 낮추고, 온도가 급격히 낮아지는 고 고도에서도 결빙되지 않고 액체상태를 유지하도록 만든다. 연료의 증기압을 낮출수록 연료로부터 기포가 발생하는 비율이 줄어들며 기포 발생으로 인한 연료계통의 고장을 줄일 수 있다. 항공휘발유는 왕복엔진에서 일어날 수 있는 비정상 점화로 인한 불완전 연소현상(Knocking 현상)을 방지하기 위하여 연료 정제 과정에서 4에틸납(Tetra-Ethyl Lead : TEL)을 혼합하여 사용한다. 4에틸납을 첨가하면 항공휘발유의 옥탄가를 높일 수 있으며 왕복엔진의 이상작동을 방지할 수 있다. 휘발유 본래의 색은 무색이지만 안료를 인위적으로 첨가하여 착색(Dye)을 통해 용도를 구분하고, 등류계열(Kerosene Type)의 연료와 비교하여 윤활특성이 낮아 가스터빈엔진에 다량 사용할 수 없으며 역효과가 발생할 가능성이 있다.

현재 사용하고 있는 항공휘발유의 종류는 옥탄가에 따라 등급을 분류한 것이다.

〈표 7-1〉 항공연료의 종류와 색깔(Fuel Type & Color of Fuel)

Fuel	착색(Dye)
Aviation Gasoline 80/87	빨강색(Red Dye)
Aviation Gasoline 82UL	보라색(Purple Dye)
Aviation Gasoline 100LL	청색(Blue Dye)
Aviation Gasoline 100/130	녹색(Green Dye)

① 100LL

푸른색을 띠며 숫자 뒤의 LL이 의미하는 것은 상대적으로 낮은 납이 함유(Low Lead)되었음을 의미한다. 100LL은 리터당 최대 0.56g의 납을 함유하고 있으며, 전 세계적으로 가장 널리 사용되는 왕복엔진용 항공휘발유이다.

② 100/130

100/130은 100LL 보다 옥탄가를 높여 고압축성의 고효율 엔진에 사용한다.

녹색을 띠며 리터당 1.12g의 납이 함유되어 있다. 왕복엔진용 연료에 첨가하는 납은 환경오염의 원인이기도 하며 생산 단가도 높아 사용이 자제되고 있으므로 오늘날은 대부분이 100LL로 대체하여 사용하고 있다.

③ 82UL

이 연료는 납이 첨가되지 않은 무연 항공휘발유이며 옥탄가 등급이 82 이하인 엔진에 사용하였으나 오늘날은 더 이상 생산되지 않고 있다.

④ 80/87

붉은색을 띠며 항공휘발유에서는 가장 낮은 량의 납을 포함한다. 낮은 옥탄가로 인하여 고압축성 고효율 엔진에는 사용할 수 없으며, 저압축성의 엔진에 사용한다.

그림 7-2은 항공연료의 종류와 색채를 보여준다. 항공휘발유는 엔진의 종류에 따라 적합한 연료를 사용하여야 하며 색체로 구분할 수 있다.

항공연료의 종류	연료 색깔	장비조종색깔	배관표식 색깔 및 주유기 표시	
AVGAS 82UL	보라색	82UL AVGAS	AVGAS 82UL	82UL AVGAS
AVGAS 100	녹색	100 AVGAS	AVGAS 100	100 AVGAS
AVGAS 100LL	파란색	100LL AVGAS	AVGAS 100LL	100LL AVGAS
JET A	Colorless or straw	JET A	JET A	JET A
JET A-1	Colorless or straw	JET A-1	JET A-1	JET A-1
JET B	Colorless or straw	JET B	JET B	JET B

[그림 7-2] 항공연료의 종류와 색채

(2) 제트연료

제트엔진은 왕복엔진과 전혀 다른 연소과정을 거친다. 연소가 시작되면 엔진을 정지하기 전까지는 연소과정이 지속되므로 연료의 소모량이 매우 많은 단점이 있지만, 왕복엔진에 사용하는 항공휘발유에 비하여 상대적으로 열효율이 낮은 연료를 사용할 수 있다. 오늘날 사용하는 제트연료는 등유(Kerosene : 석유) 계열로서 왕복엔진의 항공휘발유 보다 발화온도가 높아 점화하기 어려운 단점은 있으나, 취급이 용이하고 가격이 상대적으로 저렴하고, 방빙성이 좋으며, 안전한 연소성과 발열량이 크다는 성질을 지니고 있다. 제트연료는 저온에서의 어는점을 개선하고 저압에서의 휘발성을 제어하기 위하여 다양한 첨가제(휘발유 혼합물과 산화방지제, 부식방지제, 빙결방지제, 미생물살균제 등)를 혼합하며, 일반적으로 군용과 민간 항공기용으로 구분한다.

① 군용 항공연료

JP계열의 항공연료는 군용 제트엔진을 위하여 개발되었다. JP계열은 군용기의 속도, 고도 및 기동 환경에 따라 발화점이나 어는점 등의 특성을 용도에 적합하게 개발하여 사용하고 있으며, 1944년에 개발된 JP-1에서부터 1979년도에 개발한 JP-8까지 용도에 따라 종류가 다양하다.

② 민간 항공기용 항공연료

민간 항공기에 사용하는 연료는 등유계열의 Jet A, Jet A-1 및 Jet B 로 분류하며 연한 갈색이나 무색을 띈다. 자동차용 가솔린에 비하여 단위 중량당 발열량이 높고, 영하 45°C에서도 얼지 않을 정도로 어는점이 낮으며, 화재 발생을 방지하기 위하여 인화점이 높다. Jet B 연료는 나프타 계열의 연료를 기반으로 특별히 추운 기후에서 사용할 수 있도록 개발되었으며, Jet A나 Jet A-1에 비하여 상대적으로 어는점이 낮다.

- JET A :등유 계열, 결빙점은 -40[℃]
- JET A-1 : 등유 계열, 결빙점은 -47[℃]
- JET B : 등유와 가솔린(Gasoline)이 혼합되어 있고, JP-4와 비슷하며 일반적인 군용기에 쓰인다. 결빙점은 -50[℃]

〈표 7-2〉 제트 엔진 연료 특성

연료종류(Fuel Type)	Jet A-1	Jet A	JP-8
인화점(Flash Point)	Min 38℃	Min 38℃	Min 38℃
결빙점(Freezing Point)	Max -47℃	Max -40 ℃	Max -47 ℃
전도도(Conductivity(ps/m))	50~450	50~450	150~600
부피당 무게(Specification Gravity(kg/㎥))	0.775~0.840	0.775~0.840	0.775~0.840

3 연료 저장장치

연료를 저장하고 엔진 연료 공급(Engine Feed) 계통 및 APU(보조동력장치:Auxiliary Power Unit) 연료계통까지 연료를 공급하는 구성품 및 기체구조를 포함해서 연료탱크라 한다.

1) 연료 저장장치에 대한 설계시의 고려사항

연료 저장장치(연료탱크)는 항공기의 운용 범위, 속도, 유상하중 등의 용도에 따라 크기와 장착 위치 및 모양이 결정된다. 연료 저장장치의 모양과 위치를 결정하기 위해서는 다음과 같은 사항을 고려하여야 한다.

첫째, 연료 저장장치의 구조적인 강도를 고려하여야 한다. 연료 저장장치는 연료가 소모되면서 공간이 생기게 되며, 항공기의 상승 및 하강에 따르는 외부의 기압 차이에 의하여 이 공간에 큰 힘이 작용하게 된다. 일반적으로 항공기의 연료 저장장치는 외부와의 공기 통로인 벤트장치를 만들고 내, 외부압력 차이를 같게 하여 저장장치에 발생하는 힘을 제거한다. 벤트장치가 정상적으로 작동하지 않으면 연료 저장장치의 구조적인 손상이 발생할 수 있으므로 충분한 크기의 공기 통로를 저장장치에 설치하는 것이 필요하다.

둘째, 연료탱크의 위치, 연료 소모에 따르는 항공기 전, 후, 좌, 우의 균형 유지에 대한 방법이 고려되어야 한다.

셋째, 연료탱크 내부의 밀폐 방법, 연료의 출렁임에 대한 방지 대책, 부품의 장착 위치 및 정비를 위한 접근 방법이 고려되어야 한다.

넷째, 연료내의 수분을 제거하는 방법이 고려되어야 한다. 항공기의 연료는 자체적으로 수분을 포함하고 있을 뿐만 아니라, 벤트장치에 의하여 외부의 습한 공기가 유입되어 수분을 형성하므로 이를 제거하는 방법이 있어야 한다.

2) 연료 저장장치의 종류

항공기의 연료 저장장치는 날개나 동체의 공간을 밀폐하여 사용하는 방식과 고무나 테플론으로 만든 대형 블레더(bladder)를 특정 공간에 장착하여 사용하는 방식으로 구분된다. 현

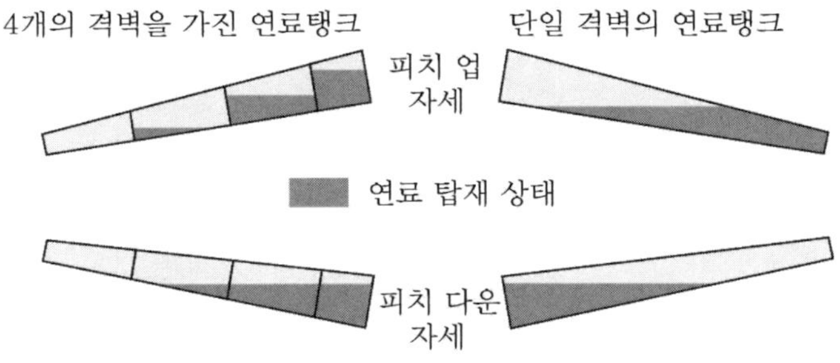

단일 연료탱크와 4개의 격벽을 가진 연료 탑재상태

[그림 7-3] 항공기 피치 변화에 따르는 연료 탑재 상태

대 항공기는 밀폐 기술의 발달과 정비 목적을 고려하여 날개나 동체의 공간을 밀폐하여 사용하는 방식을 많이 사용한다. 날개 보(Spar)의 공간을 연료 저장장치로 활용하면 항공기 기체의 수명을 늘릴 수 있다. 항공기의 날개는 비행 중 양력으로 인하여 위 방향으로 굽힘력을 받게 되어 날개 보의 수명에 악영향을 미친다. 날개 보 사이에 연료를 탑재하면 연료 무게로 인하여 날개 보에 작용하는 굽힘력이 상쇄되고 피로파괴 수명을 현격히 증가시킬 수 있다.

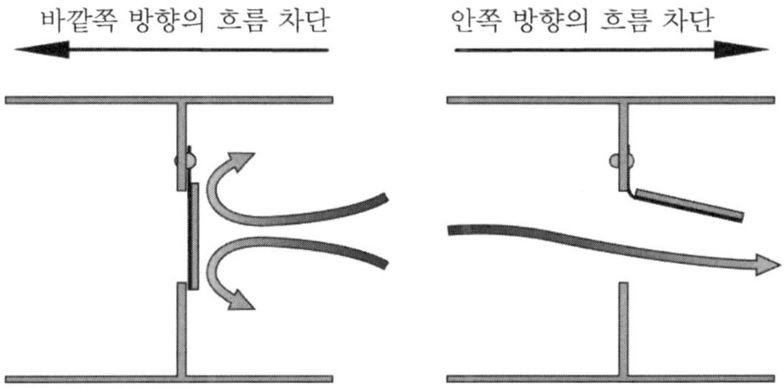

배플(BAFFLE) 책 밸브(CHECK VALVE)의 역할

[그림 7-4] 연료 저장장치의 배플 책 밸브 역할

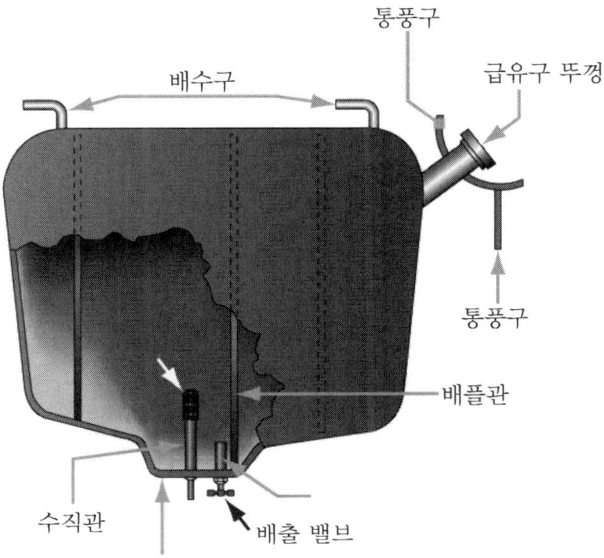

[그림 7-5] 일반적인 강체 이동형 연료탱크

[그림 7-6] 경비행기의 동체 연료탱크

[그림 7-7] 초경량 비행기의 보합재료 연료탱크

3) 연료 저장장치의 구성품

(1) 연료탱크(Fuel Tank)

① 연료탱크의 구조

항공기의 연료탱크는 날개와 동체에 설치되어 있으며 기종에 따라 상이한 구조와 탱크 크기와 개수를 갖는다. 민간 항공기에는 주날개와 중간날개 또는 수평안정판에 장치되어 있으며 군용기에 있어서는 동체에도 설치하고 있다.

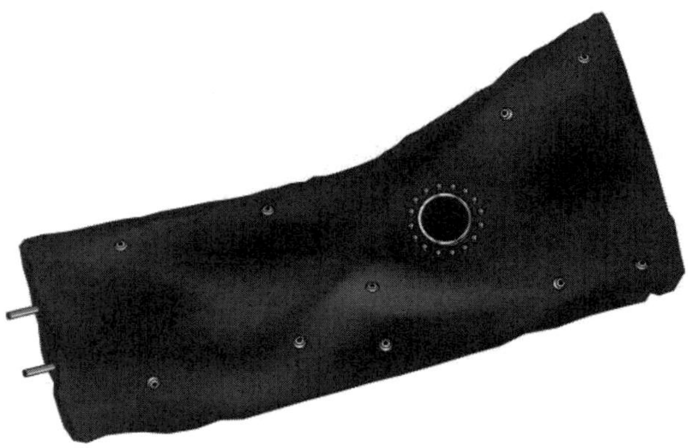

[그림 7-8] 경비행기의 블래더형(가죽) 연료탱크

날개를 이루고 있는 전방스파, 후방스파(Spar) 및 양쪽 끝 리브(Rib) 사이의 공간은 연료탱크로 사용되며 연료의 누설을 방지하기 위하여 모든 연결부는 특수 밀폐제로 밀폐되어 있다. 이러한 탱크를 인테그럴 연료탱크(Integral Fuel Tank) 또는 Wet Wing이라고 한다. 나일론 천이나 고무주머니 형태의 떼어낼 수 있도록 제작된 탱크를 블래더형 연료탱크(Bladder Type Fuel Cell Tank)라 하며 상업용 민간 항공기에는 일부 항공기의 중앙날개 탱크(Center Wing Tank)에 사용하고 있다.

② 연료탱크의 종류

㉠ 주 연료탱크(Main Tank)

대부분 주 연료탱크가 차지하고 있으며 엔진 연료 공급계통(Engine Feed System)에 직접 연결되어 있다.

㉡ 중앙탱크(Center Tank)

날개의 중앙부에 위치하고 있으며 십자형 연료공급(Cross Feed) 계통을 통하여 엔진에 공급하도록 장치되어 있다.

㉢ 보조탱크(Reserve Tank 또는 Auxiliary Tank)

통상 날개의 바깥쪽에 위치하고 있으며 이 탱크의 연료는 주 탱크로 이송시킨 후 엔진으로 공급할 수 있도록 설계되어 있다.

㉣ 수평안정판 탱크(Horizontal Stabilizer Tank)

최신 항공기에는 수평안정판(Horizontal Stabilizer)의 구조 일부에 연료를 적재하여 항속 거리를 연장하고, 비행 중 무게중심(Center of Gravity)을 조절한다.

㉤ 벤트 서지탱크(Vent Surge Tank)

연료를 저장하지는 않으며 연료 공급 중(Venting)에 유출되는 연료를 일시 보관하는 목적으로 사용되는 탱크이다.

③ 탱크의 용량

탱크의 용량은 3가지가 있으며, 사용가능용량(Useable Capacity)은 사용 가능한 연료 용량을 의미하고, 사용불가용량(Unuseable Capacity)은 사용 불가능한 연료 용량, 그리고 공칭 용량(Nominal Capacity)은 연료의 열 팽창에 따른 체적의 증가로 인한 탱크의 손상을 막기 위해 공칭 용량은 사용가능용량 보다 2[%] 크게 설계된다. 이 2[%]의 공간을 팽창 공간(Expansion Space)이라고 한다.

(2) 연료탱크 구성품

① 탱크 접근 문(Tank Access Door)

탱크 내부의 정비 작업을 위해 접근할 수 있도록 날개의 상면이나 하면에는 탱크 접근 문이 있다. 문은 나사로 장착하며 고무 밀폐제를 사용하여 밀폐시킨다.

② 배플 책 밸브

대부분의 항공기 날개는 테이퍼 형태와 상반각을 갖고 있으므로 날개를 연료 저장 장치로 활용하며, 그림 7-9에서 보듯이 비행기 자세에 따라 즉 피치(Pitch) 변화에 따라 연료의 치우침이 생겨 무게중심이 변하게 된다. 즉 상승비행 중에는 연료가 날개의 후방으로 이동하여 항공기의 무게중심이 후방으로 이동하게 된다.

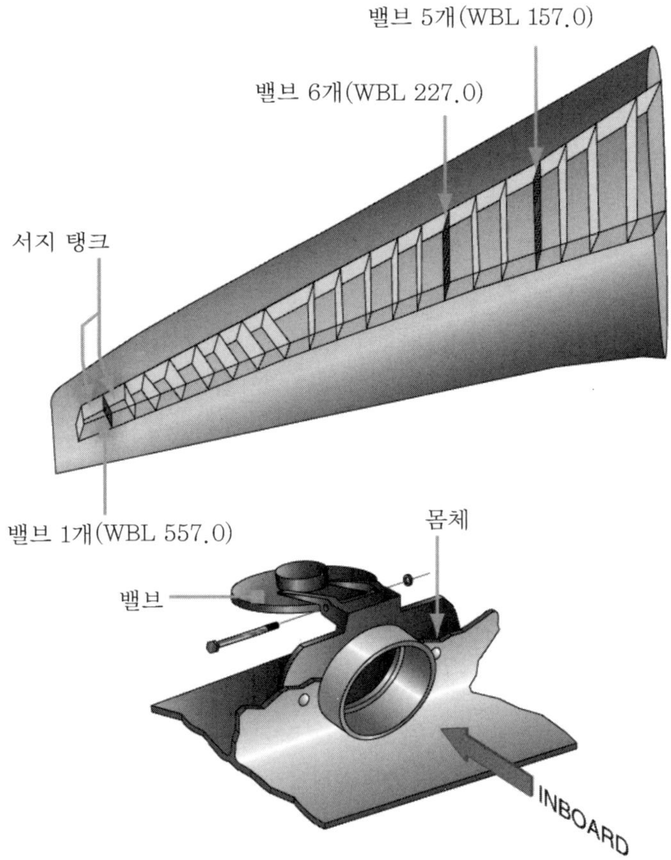

[그림 7-9] 배플 첵크 밸브의 설치된 위치(보잉 737항공기)

이러한 현상을 방지하기 위하여 날개의 공간을 리브와 같은 격벽을 사용하여 여러 개의 공간으로 나누고, 각 격벽에 배플(Baffle) 책 밸브(Check Valve)를 장착하여 연료의 이동을 제한한다. 그림 7-9은 배플 책 밸브의 구조와 역할을 보여준다. 배플 책 밸브는 연료탱크의 안쪽으로만 연료가 이동 가능하게 하며 바깥쪽으로는 연료의 이동을 불가능하게 한다. 연료 저장장치에 격벽과 배플 책 밸브를 장착하면 연료의 이동으로 이한 무게중심의 영향을 줄일 수 있으나, 연료량을 측정하기 위한 센서의 수량이 증가하게 된다.

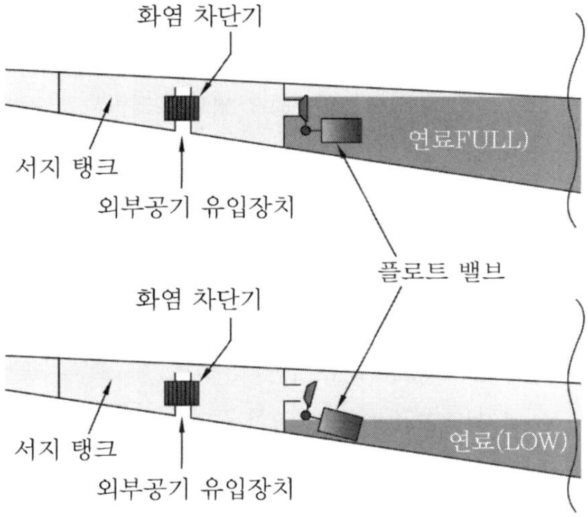

플로트(FLOAT)형 벤트 밸브

[그림 7-10] 연료 저장장치의 벤트와 서지탱크

③ 물 제거 밸브(Water Drain Valve(Sump Drain Valve))

탱크의 최하부에 있으며 수분이나 잔류 연료를 제거하는 데 사용된다. 밸브에는 이 중으로 밀폐되어 있으며 스크루 드라이버(Screw Driver)나 배출 공구(Drain Tool)를 이용하여 물을 배출한다. 물 배출은 매 비행 전 점검 시 및 연료 보급 후 수행한다. 연료 보급 후는 연료 속의 수분이 가라앉을 수 있는 시간으로 약 30분 기다린 후 배출한다. 또한 저온(-5[℃] 이하)에서 연료탱크 바닥의 수분이 결빙되어 배출 밸브(Drain Valve)가 막힐 우려가 있기 때문에 이런 상태에서는 배출을 금지하고 있다. 연료탱크에 축적된 수분을 배출시키기 위해 각 배출 밸브를 이용하는 방법은 2가지가 있다.

- Gravity Purger Tool을 이용한 중력식
- Suction Purger Tool을 이용한 흡수식

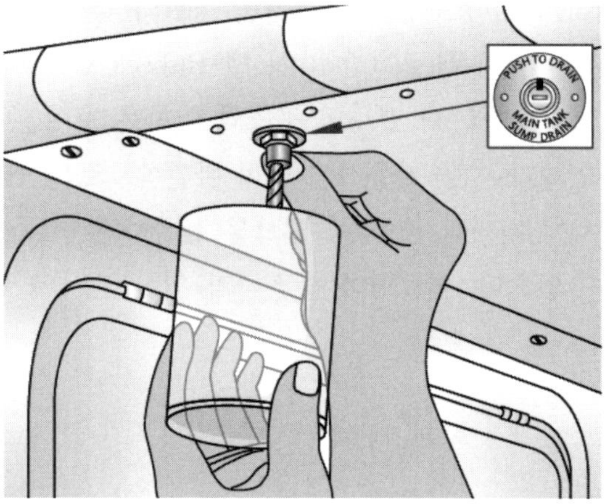

[그림 7-11] 연료탱크 썸프 드레인

④ 연료 저장장치의 벤트와 서지탱크

연료 저장장치는 고도에 따라 탱크 내의 압력과 외기 압력을 균등하게 유지할 필요가 있다. 연료 저장장치의 벤트는 연료탱크 내부에 외기의 공기가 들락날락할 수 있도록 공기통로 역할을 하며 대기의 압력과 같게 유지한다. 일반적으로 날개를 연료 저장장치로 이용하는 항공기는 날개 끝에 서지(Surge)탱크 역할을 할 수 있는 공간을 두어 연료탱크에서 넘치는 연료를 일시적으로 저장할 수 있도록 한다. 그림 7-10은 연료 저장장치의 벤트와 서지탱크 위치를 보여준다. 연료가 탱크에 가득 차면 플로트 형의 밸브가 벤트를 닫아 외부 공기유입을 차단하고, 연료 소모가 진행됨에 따라 벤트가 형성되어 탱크 내의 압력을 조절 하게 된다. 벤트 장치는 낙뢰로 인한 화재를 방지하기 위한 화염차단기가 장착된다.

⑤ 연료 저장장치의 섬프 공간과 스케벤지 펌프

연료펌프의 위치는 항공기의 피치 자세가 변해도 계속 연료를 공급할 수 있도록 탱크 바닥에서 약간 띄워 장착한다. 연료탱크에는 연료펌프에 의해 사용할 수 없는 연료가 바닥에 고이게 되며, 고이는 연료를 모으는 섬프(Sump) 공간을 가장 낮은 위치에 설치한다. 섬프 공간에 모인 연료는 스케벤지(Scavenge) 펌프에 의하여 연료펌프가 사용할 수 있는 위치(콜렉터 셀)로 이동된다. 그림 7-12은 섬프 공간과 스케벤지 펌프의 위치 및 역할을 보여 준다. 스케벤지 펌프는 이젝터(Ejector) 펌프 또는 제트 펌프라고도 하며, 연료펌프의 방출 압력을 이용하여 섬프의 연료를 뿜어 올린다.

⑥ 날개 상면 보급구(Over Wing Filler)

탱크의 상면에는 연료 보급 장비(Dispenser)의 노즐을 이용하여 수동으로 연료를 보급할 수 있는 연료 보급구가 마련되어있다. 커버나 캡으로 채워져 있으며 여기에는 탱크 용량이나 연료 등급(Fuel Grade) 등이 표시되어 있다.

⑦ 퍼지 문(Purge Door)

대형 항공기에는 퍼지 문(Purge Door)이 설치되어 있으며, 이것은 정비 목적을 위해 중앙 탱크 내에 공기의 흐름(Airflow)을 만들어내어 중앙 탱크(Center Tank)의 가스(Fume)를 제거할 때 사용된다.

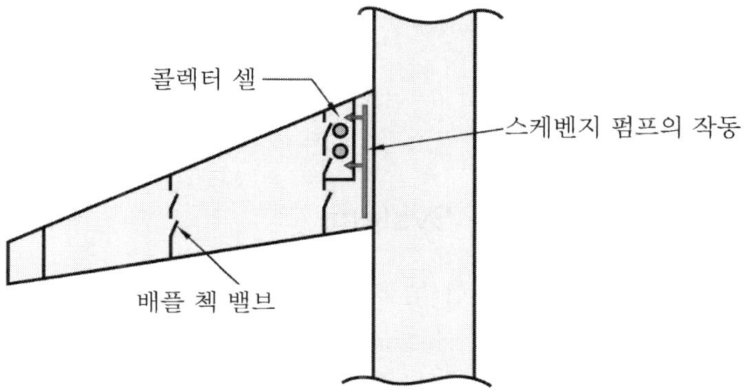

스케벤지(SCAVENGE)펌프와 콜렉터 셀

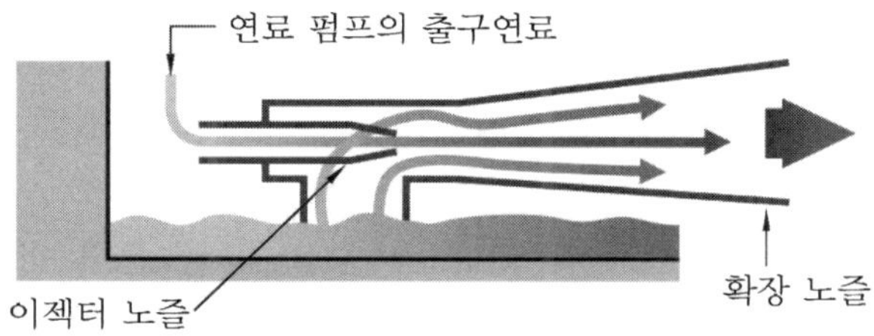

이젝터(EJECTOR)개념(스케벤지 펌프의 예)

[그림 7-12] 연료 저장장치의 섬프 공간과 스케벤지 펌프

(3) 군용기의 연료 저장장치

군용기의 연료 저장장치는 민간용 항공기의 설계 개념과 큰 차이가 없으나, 파손에 의한 피해를 줄일 수 있도록 여러 개의 셀(Cell) 형태로 만든다. 군용기는 용도에 따라 동체 하부 또는 날개 끝에 장, 탈착할 수 있는 보조 연료탱크를 사용하기도 한다. 그림 7-13은 군용기의 연료 저장장치에 대한 하나의 예이다.

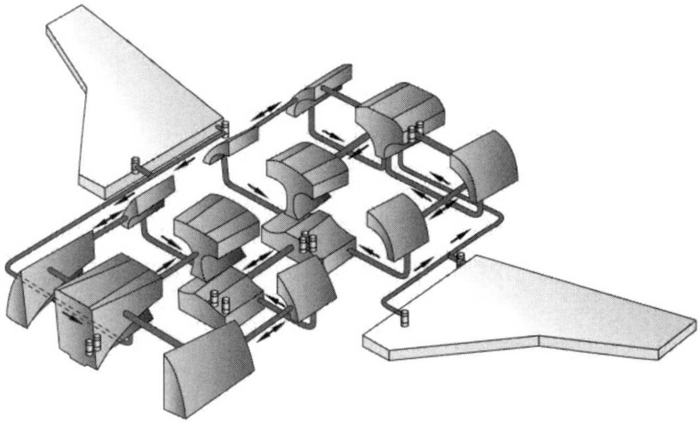

[그림 7-13] 군용기의 연료 저장장치(예)

4) 연료 벤트계통(Vent System)

연료탱크 내외의 차압에 의한 탱크 구조의 손상을 방지하고 엔진연료공급 및 연료배출계통에 충분한 열 압력(Heat Pressure)을 제공하기 위한 구성품 및 기체 구조를 포함해서 벤트(Vent)계통이라 한다.

탱크의 상부는 탱크 외부와 공기통로가 마련되어 있어 탱크 내부를 항상 대기압으로 유지하여 준다. 이는 연료보급 중 탱크 내부에 걸리는 정압(Positive Pressure)이나 연료가 엔진에서 소모될 때 걸리는 부압(Negative Pressure)을 제거시켜 탱크 구조를 보호하기 위함이다. 벤트계통의 주요 구성품에 대한 설명은 다음과 같다.

(1) 벤트 서지탱크(Vent Surge Tank)

벤트 서지탱크(Vent Surge Tank)는 날개 끝단(Wing Tip)쪽에 있는 소형의 탱크로서, 벤트 스쿠프(Vent Scoop)에 의해 외부와 통하며, 연료 배출(Vent)중 배출된 연료를 보관하게되고, 일정량 이상이 되면 이연료는 벤트 스쿠프(Vent Scoop)를 통해 배출된다.

(2) 벤트 관(Vent Duct)

벤트 서지탱크(Vent Surge Tank)와 각각의 주 연료탱크(Main Tank)는 벤트 관(Vent Duct)으로 연결되어 있으며, 벤트 관으로 날개 상부의 스트링거 일부가 사용되기도 하고 큰 직경의 관이 장치되기도 한다. 스트링거를 배출 관(Vent Duct)로 이용하면 기체의 무게를 감소시키는 효과가 있다.

(3) 벤트 플로트 밸브(Vent Float Valve)

벤트 플로트 밸브(Vent Float Valve)는 탱크내의 벤트 관과 연결되어 있는 벤트 관 의 끝 부위에 장착되어 있으며 기체 자세의 변화나 연료량의 증가에 따라 연료의 유면이 플로트(Float)에 이르면 닫히게 되어 연료가 벤트 서지탱크(Vent Surge Tank)로 유출되는 것을 제한한다.

(4) 화염 차단 장치(Flame Arrester)

벤트 서지탱크와 벤트 스쿠프 사이에는 화염 차단 장치(Flame Arrester)가 장착되어 있으며 외부의 화염이 벤트 서지탱크로 인화되는 것을 막아주며, 화염 차단 장치는 알루미늄 재질의허니컴 디스크(Honeycomb Disc)가 많이 쓰인다.

5) 연료 분배계통

(1) 연료공급 방식

연료 분배계통은 연료탱크의 연료를 엔진구동 연료펌프 입구까지 전송하는 역할을 한다. 최종적으로 엔진 연소실로 유입되는 연료는 엔진 축에 의해 구동되는 엔진구동 연료펌프에 의하여 이송된다. 소형 항공기는 엔진구동 연료펌프만으로도 엔진까지 연료를 이송할 수 있지만, 대형 항공기는 연료탱크의 내부 공간이 크기 때문에 엔진구동 연료펌프만으로는 충분한 이송 압력을 만들지 못한다.

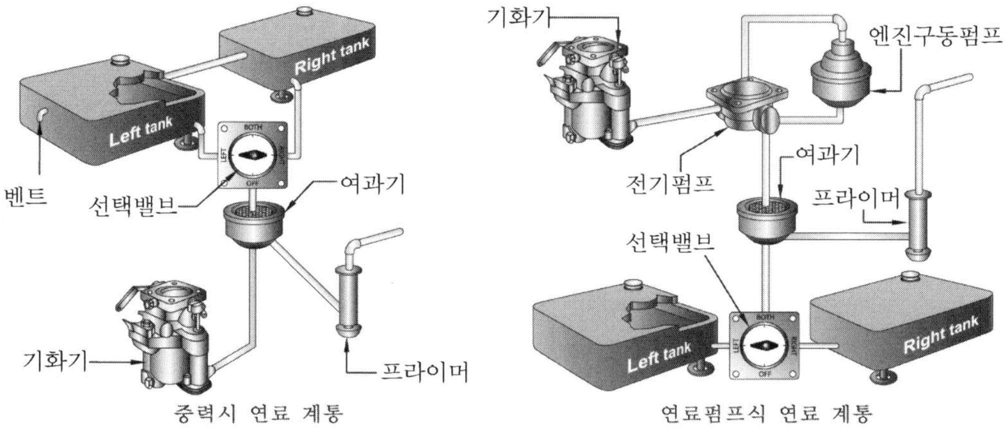

[그림 7-14] 왕복엔진의 연료공급 방식

대형 항공기의 연료탱크 내부에는 여러 종류의 보조펌프를 장착하여 1차적으로 엔진 구동 연료펌프까지 연료를 이송한다. 연료 분배계통은 공급방법에 따라 중력식과 연료 펌프식으로 구분한다.

중력식은 연료탱크를 엔진의 위쪽에 장착하고 연료의 무게를 이용하여 엔진으로 흘러가게 하는 방식이며 구조가 간단하여 소형 항공기에 사용한다. 연료 펌프식은 연료펌프를 이용하여 강압적으로 엔진에 연료를 공급하는 방식이며, 현대 항공기의 대부분에 사용된다. 그림 7-14은 왕복엔진의 연료 공급 방식과 주요 구성품을 나타낸다.

(2) 연료 분배계통의 구성품

연료 분배계통을 구성하는 기본적인 구성품은 선택밸브, 여과기, 연료펌프, 연료 라인, 프라이머(Primer)등으로 구성된다.

① 선택밸브

선택밸브는 연료탱크의 위치를 인위적으로 선택하거나 연료분배를 차단하는 역할을 한다.

② 여과기

여과기(Strainer 또는 Filter)는 연료의 불순물을 걸러내는 장치이며, 연료펌프 입구, 기화기(Carburetor) 입구 및 연료계통을 제어하는 중요 부품들의 입구에 장착한다.

③ 연료펌프

연료펌프는 연료 분배계통의 핵심 구성품이며, 연료탱크 내부에 장착하여 연료를 강압적으로 이송하는 장치이다. 연료분배 계통에 사용하는 연료 펌프는 사용목적에 따라 부스트 펌프(Boost Pump), 오버라이드 트렌스퍼 펌프(Override Transfer Pump), 이젝트 펌프(Eject Pump 또는 Jet Pump)로 구분한다. 그림 7-15은 연료 펌프의 일반적인 구조를 보여준다.

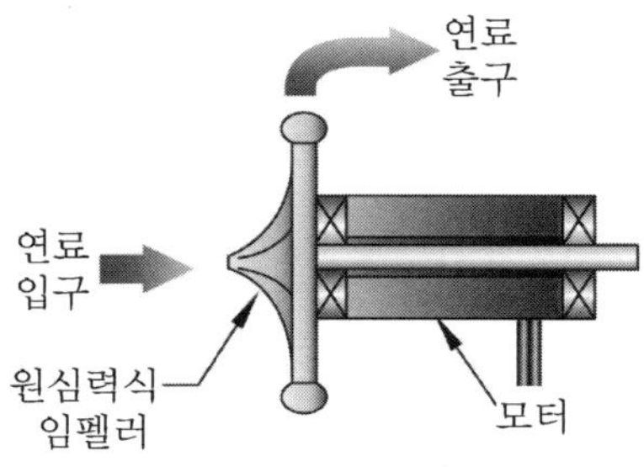

[그림 7-15] 연료 펌프의 일반적인 구조(예)

④ 연료 라인

연료 라인은 연료의 누출로 인한 화재를 예방하기 위하여 두 겹으로 되어 있으며, 안쪽 라인이 파손되더라도 외겹에 의해 연료가 누설되는 것을 방지한다. 연료 라인은 연료탱크와 엔진까지의 거리를 최소한으로 유지하는 것이 필요하다.

⑤ 프라이머

프라이머는 왕복엔진에 사용하는 부품이며 추운 환경에서 엔진의 시동을 쉽게 하기 위하여 사용한다. 프라이머는 연료탱크의 연료를 엔진에서 곧바로 연소할 수 있도록 기화시키는 장치이며, 기화기를 거치지 않고 엔진 실린더로 직접 연료를 공급한다.

(3) 연료 분배계통의 작동원리

항공기는 엔진별로 독립된 연료 분배계통을 갖도록 설계하여야 한다. 2개 이상의 엔진을 장착하는 항공기 연료 분배 계통은 단일 엔진의 소형 항공기에 비하여 복잡한 구조와 추가적인 기능들이 필요하다. 그림 7-16는 대형 항공기의 연료 분배계통에 대한 개념을 도식화 한 것이며, 부스트 펌프, 오버라이드 트렌스퍼 펌프의 위치와 역할을 알 수 있다.

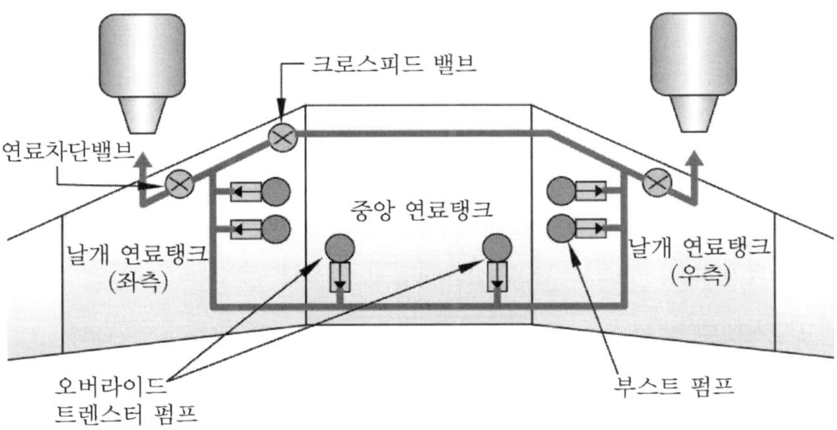

[그림 7-16] 연료 분배계통의 기본 구성

① 부스트(승압) 펌프

부스트 펌프는 전기모터 펌프로서 연료탱크 내의 전방과 후방에 장착하여 엔진구동 연료펌프 입구까지 연료를 1차적으로 가압하여 이송하는 역할을 한다.

② 오버라이드 트렌스퍼 펌프

오버라이드 트렌스퍼 펌프는 날개탱크 사이의 동체를 연료탱크로 사용할 경우에 장착한다. 오버라이드 트렌스퍼 펌프의 가압 용량은 부스트 펌프보다 높아 부스트 펌프와 동시에 작동 하더라도 동체 연료탱크의 연료가 모두 사용되어야 날개의 연료탱크에 있는 연료가 소모된다. 일반적으로 부스트 펌프나 오버라이드 트렌스퍼 펌프는 원심력식 임펠러(Impeller) 또는 베인(Vane)을 이용하며, 연료가 없는 상태에서도 열이 발생하지 않는 구조로 만든다. 그림 7-17은 연료펌프에 사용되는 임펠러 및 분사(Eject) 펌프의 모양을 보여준다.

연료펌프의 원심력식 임펠러(Impeller)

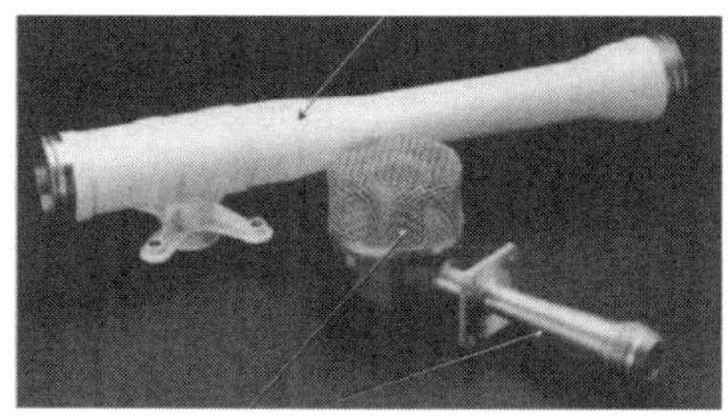

대형 분사(Eject) 펌프 소형 분사펌프

[그림 7-17] 연료펌프의 원심력식 임펠러와 이젝터 펌프

③ 분사(Eject) 펌프

이젝트 펌프는 별도의 구동 모터가 없으며, 부스트 펌프나 오버라이드 트렌스퍼 펌프의 출구 연료를 고속으로 분사하여 주변의 연료가 빨려 들어가도록 되어 있다. 이젝트 펌프는 목적에 따라 부스트 펌프나 스케벤지 펌프로 사용한다.

④ 크로스피드 밸브

크로스피드 밸브(Crossfeed Valve)는 2개 이상의 엔진이 장착된 항공기에서 한 쪽 연료탱크의 연료를 다른 쪽 엔진으로 공급할 때 사용한다. 크로스피드 밸브는 각 연료탱크별로 연료의 이송을 가능하게 하여 연료탱크의 좌, 우 불균형을 조정할 수 있다. 정상적인 상태에서의 크로스피드 밸브는 닫혀 있으며, 조종석에서 인위적으로 작동하여야 열리게 된다.

⑤ 연료 차단 밸브

연료 차단 밸브(Fuel Shut off Valve)는 연료탱크로부터 엔진으로 유입되는 연료를 차단한다. 운항 중 엔진이 고장 나거나 엔진의 화재 발생, 엔진의 연료 누출, 또는 정비목적을 위하여 연료탱크로부터 연료를 차단하기 위하여 사용한다. 일반적으로 연료 차단 밸브를 작동하는 스위치는 안전장치가 되어 있으며 조종석에서 인위적으로 작동하여야 닫히게 된다.

4 급유, 배유 및 방출계통

1) 급유

급유, 배유 및 연료의 방출계통은 지상의 급유시설과 장비를 이용하여 항공기의 연료탱크에 연료를 보급하거나 배출하는 역할을 한다. 장거리 운송용 항공기의 연료탱크는 항공기 무게의 약 50% 까지 연료를 탑재할 수 있으며, 항공기의 사용 목적에 따라 급유하는 시간도 30~40분 이내에 이루어진다. 항공기의 연료를 불필요하게 많이 싣고 다니는 것은 비경제적이므로 급유는 항공기의 출발 편마다 수행하는 것이 일반적이다. 지상에서 주어진 시간 안에 많은 양의 연료를 급유하기 위해서는 높은 압력으로 급유하는 것이 필요하다. 일반적으로 공항에는 항공기를 주기하는 위치가 정해져 있으며 주기장에서 연료를 급유할 수 있도록 주기장 급유시설(Hydrant)이 되어 있다. 대부분의 공항은 급유저장 시설을 가지고 있으며 지하에 매설된 유관을 통하여 주기장 급유시설까지 연료를 고압으로 이송한다. 그림 7-18, 7-19는 공항 급유시설의 지하에 매립된 급유라인과 주기장 급유시설 및 항공기의 급유장치를 보여준다.

[그림 7-18] 급유시설(인천국제공항)

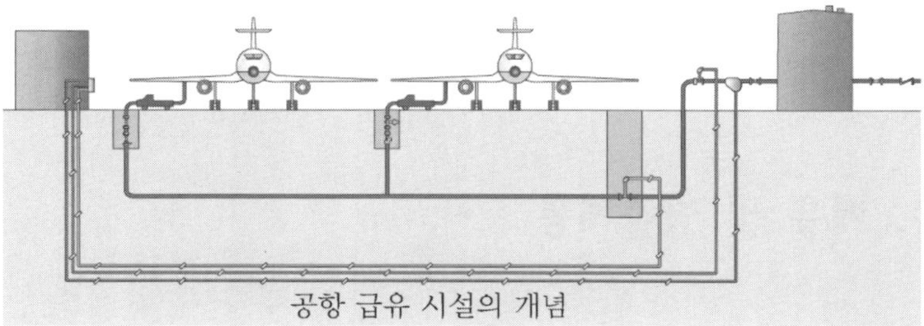
공항 급유 시설의 개념

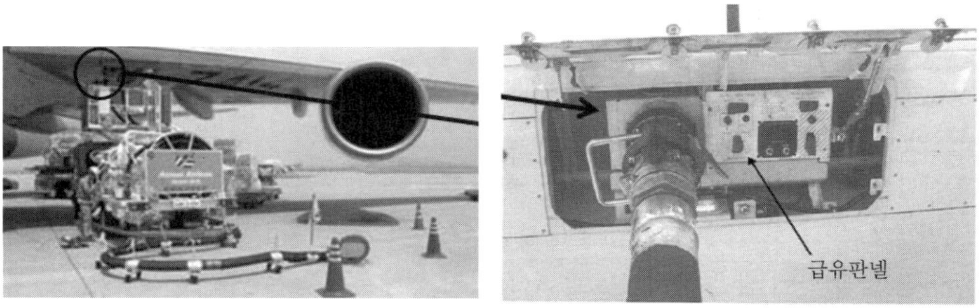

[그림 7-19] 급유라인과 항공기 급유장치

(1) 주기장 급유시설과 급유차량

급유차량은 주기장 급유시설과 항공기를 연결하여 연료를 보급하는 장비이다. 주기장 급유시설의 연료 압력은 항공기에 보급하는 연료 압력보다 높으므로 급유차량에서 적합한 압력으로 조정하여 항공기에 급유한다. 주기장 급유시설이 되어 있지 않은 소형 공항에서는 연료탱크가 내장된 급유차량을 이용하여 급유한다.

(2) 항공기의 급유 판넬과 급유 밸브

일반적으로 항공기는 날개에 급유 판넬(Fuel Service Panel)과 급유 밸브(Refuel Valve)가 장착되어 있으며, 급유 차량과 연결된 상태에서 급유량을 각 연료탱크별로 조정할 수 있다. 급유 판넬과 급유 밸브는 항공기의 크기에 따라 날개의 한쪽 또는 양쪽에 장착되어 있으며, 중력에 의하여 급유할 수 있는 보조 급유 밸브가 날개 위에 장착된다. 그림 7-20은 대형 항공기의 급유 판넬을 보여 준다. 급유 판넬은 항공기의 연료탱크별로 급유 량을 사전에 설정하고 자동으로 공급할 수 있도록 되어 있으며, 연료의 과적 상태를 확인할 수 있다. 급유 판넬의 유량 게이지는 연료탱크의 유량 측정 장치 및 조종실의 연료 지시 장치와 상호 연결되어 있으며, 정해진 유량에 도달하게 되면 자동으로 급유 밸브를 차단한다.

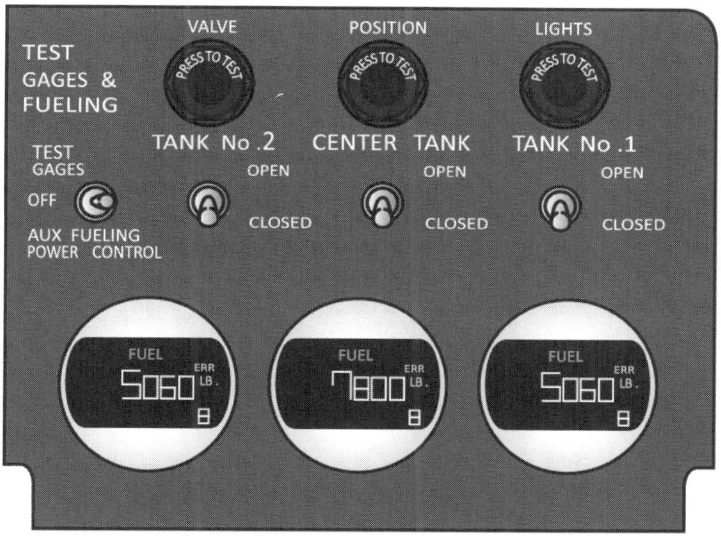

[그림 7-20] 대형 항공기의 급유 판넬(예)

(3) 연료탱크 내의 밸런스 튜브

연료탱크 내부는 다수의 격벽으로 분리되어 있으므로 상반각을 가진 테이퍼형 날개의 바깥쪽 연료탱크까지 짧은 시간에 급유하는 것은 쉽지 않다. 급유밸브를 통하여 연료탱크로 유입되는 연료의 압력이 과도하게 높으면 연료탱크의 구조적인 손상이 발생할 수 있으므로 급유 압력을 높이지 않으면서 이러한 목적을 달성하기 위하여 밸런스 튜브를 장착한다. 연료탱크의 밸런스 튜브는 배플 책 밸브와 함께 격벽이 있는 연료탱크의 급유를 빠른 시간에 가능하게 한다. 그림 7-21은 밸런스 튜브가 장착된 연료탱크의 급유 개념을 설명한다. 일반적으로 연료탱크의 급유 밸브는 날개의 안쪽에 위치하고 있으며 밸런스 튜브를 통하여 연료를 균등하게 보급할 수 있다.

(4) 트랜스퍼 펌프와 급유/트랜스퍼 차단밸브

현대 항공기는 각 연료탱크별로 트랜스퍼 펌프와 차단밸브가 장착되어 있어 급유시나 운항 중에 탱크별로 연료를 차단하거나 다른 탱크로 이송할 수 있도록 한다. 그림 7-22는 연료탱크별로 장착된 트랜스퍼 펌프와 차단밸브의 개념을 보여준다.

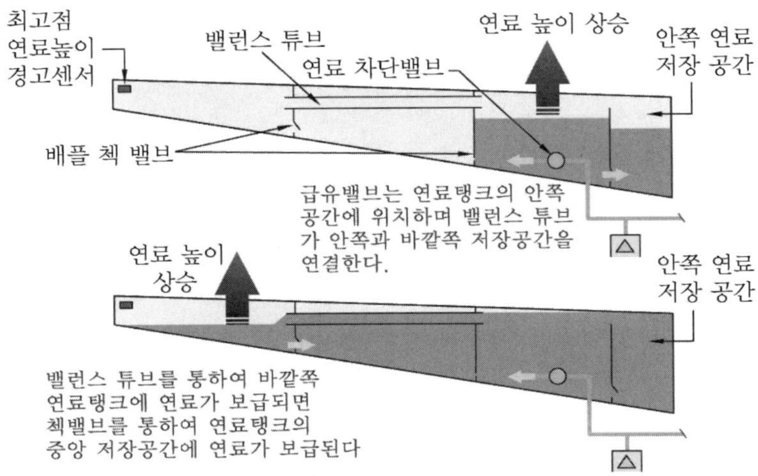

[그림 7-21] 연료탱크의 밸런스 튜브와 배플 책 밸브

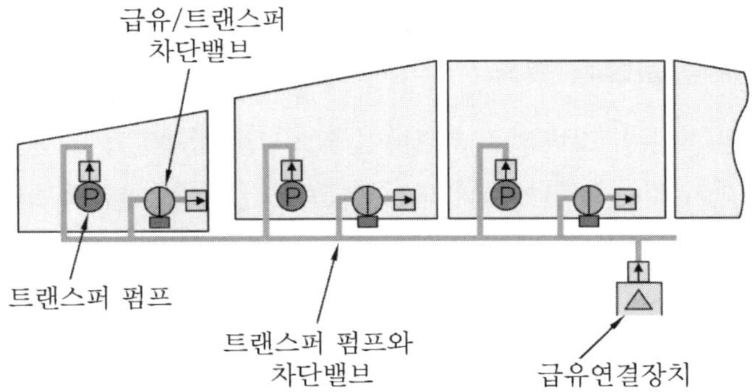

[그림 7-22] 연료탱크 트랜스퍼 펌프와 차단밸브

(5) 급유 방법

급유(Refueling)와 배유(Defueling)는 날개 하부에 위치한 연료 저장소(Fueling Receptacle)를 통해 이루어진다. 보급해야 할 연료량을 미리 설정하고 보급량이 이 수준에 이르면 자동으로 급유가 정지되도록 설계되어 있으며 해당 탱크의 연료량 지시계(Quantity Indicator)를 주시하고 요구량에 이르면 수동으로 정지시키도록 되어 있는 항공기도 있다.

항공 연료는 인화성이 높고 휘발성이 있기 때문에 급유 작업 시에는 화재에 대한 특별한 주의가 요구된다. 연료 라인(Fuel Line)을 통해 연료가 흐르면 정전기가 발생하여 축적되므로 급유 작업 시는 정전기를 배출시킬 수 있도록 반드시 삼점(3-Point) 접지가 이루어져야 한다.

삼점 접지는 ① 연료차-지상 ② 항공기-지상 ③ 연료차-항공기의 순서로 하며 연료 보급 중에는 항공기의 레이더(Weather Radar)나 단파 통신(HF Radio)을 작동하면 안 된다. 급유 방법은 다음과 같이 자동급유 및 수동급유방법이 사용된다.

① 자동 급유(Automatic Refueling)

Cockpit과 IRP(Integrated Refuel Panel)에서 버튼을 누르거나 Select 해주면 자동으로 Refueling이 된다.

② 수동 급유(Manual Refueling)

Automatic Refueling에 대체적인 방법으로 Refueling 과정중에 Switch 들을 조작해 주어야 한다.

(6) 급유 안전사항

항공기에 급유를 할 때에는 다음과 같은 안전사항을 준수하여야 한다.

① 급유 장소에는 소화기가 준비되어 있어야 한다.
② 항공기의 등급에 적합한 연료를 급유하여야 한다.
③ 급유 시작 전에 항공기와 급유 차량을 접지하여야 한다.
④ 급유 시작 전에 급유 차량의 수분 유입 상태를 검사하여야 한다.
⑤ 급유 중에는 항공기의 통신 장비나 레이더 장비를 사용하지 않도록 한다.
⑥ 급유 중에는 항공기의 전기와 관련된 스위치를 조작하지 않는다.
⑦ 급유 중 흘린 연료는 곧 바로 흡착포를 이용하여 제거하여야 한다.

2) 배유 및 연료의 방출

(1) 배유

연료탱크로부터 연료를 배유하는 목적은 정비나 수분의 유입과 같은 오염된 연료를 배출하거나 과적된 연료를 배출하기 위한 것이다. 배유는 급유 판넬의 급유 밸브를 통하여 배출하게 되며 지상의 차량을 이용하거나 부스트 펌프를 이용하는 방법 및 자중에 의하여 배유시키는 방법이 있다.

(2) 연료의 방출

장거리용 대형 항공기의 착륙장치에 대한 강도는 탑재된 연료가 대부분 운항 중에 소모되는 것을 고려하여 결정한다. 따라서 연료를 최대로 탑재한 이륙시의 무게는 착륙시의 최대 허용 무게보다 크다. 이륙 직후 많은 연료가 탑재된 상태에서 긴급하게 착륙하여야 할 경우는 빠른 시간 안에 착륙장치의 최대 허용 무게까지 항공기의 무게를 줄이기 위하여 연료를 강제적으로 방출(Jettison)하여야 한다. 운항 중 연료탱크 외부로 연료를 방출하는 역할은 제티슨 계통이 담당한다. 그림 7-23은 제티슨 장치의 개념을 도식화한 것이다. 일반적으로 연료의 방출장치는 엔진의 연료공급에 영향을 주지 않도록 엔진 이송라인과 구분되어 있으며 별도의 제티슨 펌프를 사용하거나 트랜스퍼 펌프를 사용하기도 한다. 제티슨 펌프는 계통이 고장 나더라도 연료가 어느 정도 이상 방출되지 않도록 연료탱크의 하단에서 일정한 높이에 장착하며, 연료의 방출구는 방출되는 연료가 엔진으로 유입되지 않도록 날개 양쪽 끝에 위치한다. 제티슨 펌프를 사용하기 위해서는 조종석에서 수동으로 작동 스위치를 조작하여야 한다. 비상 상황에서 연료를 방출하지 않고 최대 허용 착륙 하중을 넘은 상태로 착륙하면 정비교범에 따라 항공기 기체의 손상에 대해 세부적인 점검을 하여야 한다.

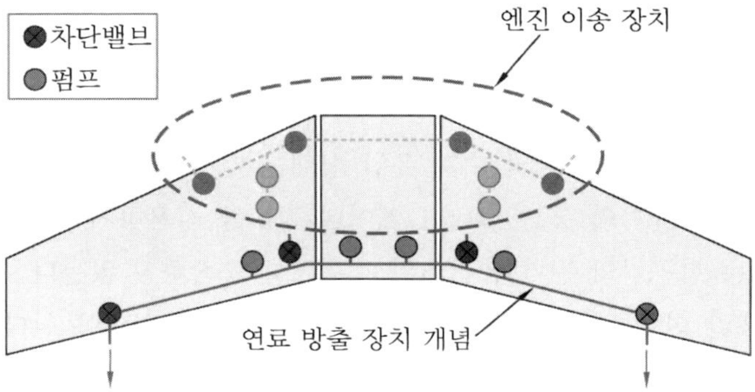

[그림 7-23] 연료의 방출 장치

보통 대형항공기에 사용되는 연료 제티슨(Jettison Dump) 계통은 비행 중 연료를 기체 밖으로 배출시켜 항공기 무게를 급속히 감소시키는 장치로서 덤프계통(Dump System)이라고도 하며, 비행 중 항공기 중량을 최대 착륙 중량 이내로 감소시키기 위해 연료의 일부를 대기 중으로 방출시키는 계통이다. 연료를 단시간 내에 방출할 수 있도록 설계되어 있으며, 연료탱크의 잔류 연료량은 제티슨 펌프(Jettison Pump)의 입구 위치나 연료량 지시계통(Fuel Quantity Indicating System)에 의해 남게 되며, 규정상 10,000[FT] 상공에서 45분간 비행 및 1회의 이착륙을 수행할 수 있는 연료량을 남기게 된다.

3) 연료 지시계통

탱크내의 유량을 측정, 지시하는 연료량 지시(Fuel Quantity Indicating)계통과 탱크내 연료의 온도와 엔진에 공급되기 직전의 연료 온도를 측정하여 조종사에게 지시하는 연료 온도 지시(Fuel Temperature Indicating)계통이 있다.

(1) 연료 지시계통의 발달

연료탱크의 연료량 감지장치는 초창기부터 커패시턴스 센서(Capacitance Sensor)를 사용하여 왔으며 현대의 항공기에서도 계속 사용하고 있다. 커패시턴스 센서는 연료탱크 내부에 수직으로 장착되며, 연료 표면의 높이와 기체공간의 유전률 차이를 감지한다. 초창기의 커패시턴스 센서는 밀도의 변화에 따르는 정확도가 떨어졌으나 현재는 밀도 보정장치와 전기적인 신호처리 방법이 개선되어 정확도가 크게 개선되었다. 현대 항공기의 연료 감지장치는 커패시턴스 센서를 대신하는 초음파 센서를 사용하기도 한다. 현대 항공기에 장착되는 연료 제어 컴퓨터(FQIS : Fuel Quantity Indicating System)는 멀티 채널의 프로세싱 과정을 거치도록 설계된다. 즉, 하나의 연료지시 채널이 고장 나더라도 정확한 연료량을 지시할 수 있도록 되어 있으며 실시간으로 연료의 흐름과 상태를 알 수 있도록 한다. 그림 7-24는 연료 제어 컴퓨터와 지시계통의 관계를 보여준다.

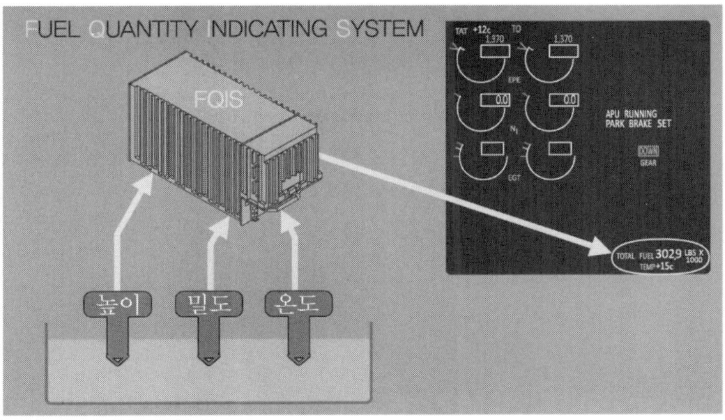

[그림 7-24] 연료 제어 컴퓨터와 지시계통

(2) 연료 지시계통의 구성품과 작동 원리

연료 지시계통은 연료탱크의 연료 저장량과 엔진으로 유입되는 연료량의 상태 및 정보를 조종사에게 알려 주는 역할을 한다. 항공기의 연료는 고도 및 온도 변화에 따라 부피 및 밀도의 증감이 크게 차이 나므로, 일반적으로 항공기의 연료 지시계통이 지시하는 연료량은 연료의 중량을 의미한다. 즉, 항공기 연료량은 온도 변화에 따르는 밀도가 보정된 중량을 의미한다. 날개를 연료탱크로 사용하는 항공기는 날개 끝으로 향할수록 면적이 좁아지고 위로 쳐들려 있으며, 운항 중에는 날개의 상반각 및 항공기의 자세가 계속적으로 변하므로 정확하게 연료량을 지시하는 과정은 매우 복잡하고 어렵다.

① 연료의 부피변화를 감지하는 장치

㉠ 커패시턴스 센서 : 연료탱크내의 여러 위치에 다량으로 장착되며 연료의 높이 변화를 측정한다.

㉡ 커패시턴스 센서 보정장치(Compensator) : 커패시턴스 센서 하단에 장착되며, 항상 연료에 잠기도록 하여 유전율을 계산하기 위한 기준 자료를 제공한다.

[그림 7-25] 커패시턴스 센서(예)

[그림 7-26] 덴시토미터(예)

㉢ 덴시토미터(Densitometer) : 연료의 밀도 변화를 감지하며, 체적을 중량으로 변환하기 위한 보정 값을 제공한다.

㉣ 온도 센서 : 덴시토미터의 결함이 발생하면 밀도를 보정하는 역할을 하며, 연료의 현재온도와 사용한계 온도를 감지하여 알려 준다.

㉤ 딥 스틱 : 항공기 연료탱크에는 연료 표면 높이의 변화를 부력으로 감지하여 연료량을 알려주는 마그네틱 타입의 센서(Magnetic Level Indicator)가 장착되어 있으며, 지상에서 연료 높이를 알 수 있도록 막대모양(stick)으로 되어 있다. 딥 스틱(Dip Stick)은 드립 스틱(Drip Stick) 또는 마그네틱 연료 지시계(Magnetic Level Indicator)라고도 하며 탱크 하부에서 스틱을 뽑아낸 후 연료 면과 일치하는 스틱의 눈금을 읽고 환산표를 이용하여 무게를 산출한다. 환산할 때는 항공기의 자세 및 연료의 밀도나 비중 값을 대입하여야 하며, 연료 지시계통의 고장 시, 지상에서 연료량을 확인하기 위하여 사용한다.

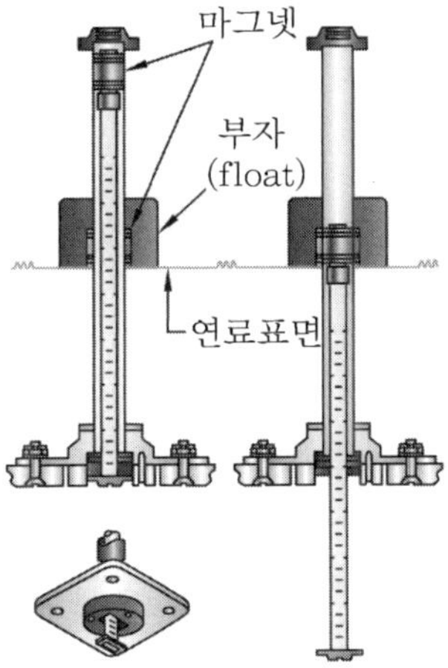

[그림 7-27] 마그네틱 연료 센서

② 최저, 최고 연료 높이 경고 센서

최저 연료 높이 경고 센서는 운항 중 연료탱크의 유량 높이가 일정 이하로 감소하면 착륙 경고 메시지를 보내는 역할을 한다. 최고 연료 높이 경고 센서는 급유시의 과적 탑재를 차단하는 역할을 한다.

③ 연료 흐름을 감지하는 장치

엔진으로 유입되는 연료 흐름을 감지하는 장치(Fuel Flowmeter)는 연료탱크에 장착되는 센서와는 별도의 독립된 프로세스로 연료량을 산출하며, 단위 시간당 연료의 소모율을 알 수 있게 한다. 연료흐름 감지장치는 연료탱크의 연료량 센서와 연료 소모량을 실시간으로 비교하여 비정상적으로 소모되는 연료의 정보를 제공하기도 한다.

④ 연료 제어 컴퓨터와 화면 표시

현대 항공기의 중요한 연료 제어장치는 멀티 채널로 구동하는 연료 제어 컴퓨터이다. 연료 제어 컴퓨터는 다른 계통의 컴퓨터와 정보를 주고받으면서 연료량에 대한 정보와 경고 메시지를 조종석과 급유 판넬에 알려준다.

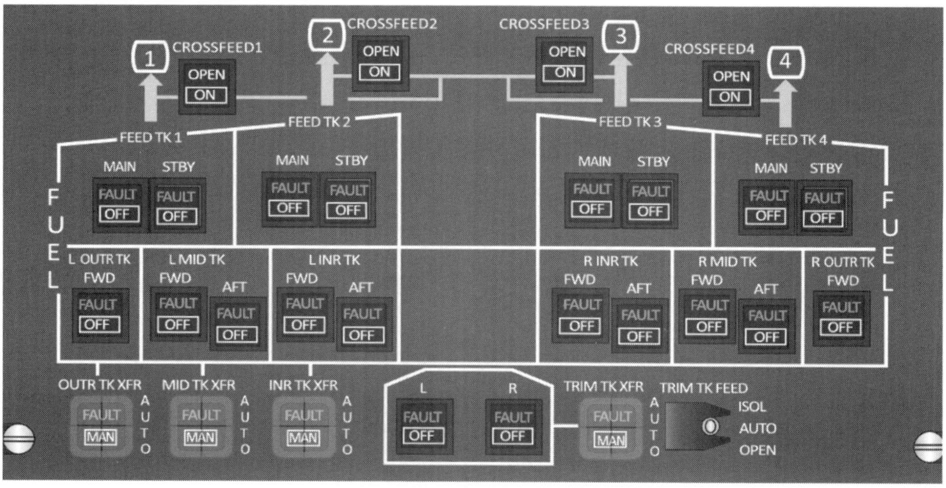

[그림 7-28] 대형 항공기의 조종석 천정 연료계통 제어 판넬

연료 제어 컴퓨터는 각 탱크별 연료 소모량을 조절하고 무게중심의 균형을 유지하기 위하여 연료 펌프와 밸브들을 자동으로 제어한다. 연료 제어 컴퓨터의 대표적인 기능은 아래와 같다.

㉠ 급유 시 사전 설정된 연료량에 도달하면 자동으로 급유 밸브를 차단한다.
㉡ 항법 관련 컴퓨터의 정보를 받아 연료 소모율을 제어하고, 연료 소모에 따르는 무게중심의 변화를 감지하여 각 연료탱크 별로 연료 소모율을 균형있게 조절한다.
㉢ 연료량의 상태와 연료계통의 이상 유.무에 대한 정보를 조종사에게 알려준다.

일반적으로 조종석의 천정에는 연료 펌프와 각종 밸브를 조작할 수 있는 연료계통 제어 판넬이 있으며, 조종석의 전면에 표시되는 지시화면과 함께 연료계통의 작동 상태를 시각적으로 보여준다. 그림 7-28, 7-29은 현대 항공기의 대표적인 연료계통 제어 판넬과 지시화면을 나타낸 것이다.

연료계통의 지시화면에서 알 수 있는 정보는 아래와 같다.

① 총 탑재 연료량(FOB ; Fuel on Board)
② 엔진 시동 후 소모된 연료(F. USED)
③ 각 연료탱크의 연료량과 온도 및 연료펌프, 밸브의 작동상태
④ 항공기의 전체 중량과 무게중심(GW, GWCG)

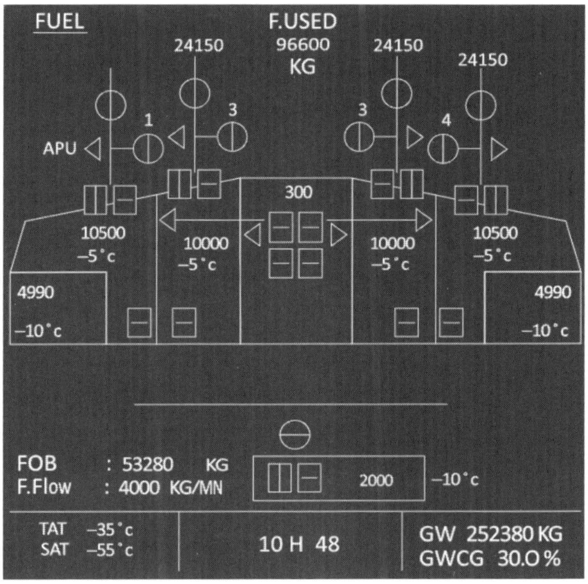

[그림 7-29] 연료계통의 지시화면(A340-600)

연료계통의 결함이 발생하면 경고 또는 상태를 알리는 메시지가 지시화면에 결함의 경중에 따라 붉은색-주황색-흰색으로 표시된다.

5 연료계통의 작동 점검 및 조절

1) 연료계통의 작동 점검 개념

소형 왕복엔진의 연료계통이나 대형 제트엔진의 연료계통에 대한 접근방법은 근본적으로 큰 차이가 없으므로 대형 제트 항공기의 연료계통을 종합적으로 살펴보고 작동 점

검과 고장 진단에 필요한 개념을 갖도록 한다.

그림 7-30은 현대 항공기의 연료계통에 대한 구조와 작동개념을 알 수 있도록 도해한 그림이다. 아래의 내용은 그림 7-30의 연료계통에 대한 기본 개념과 작동점검을 수행하기 위해 필요한 사항을 요약한 것이다.

① 2개 이상의 엔진이 장착된 항공기의 연료탱크는 최소한 엔진별로 독립된 연료탱크가 필요하다.

② 연료탱크 내부는 배플 책 밸브 역할을 하는 격벽으로 구분되어 있으며, 장거리 용도의 항공기는 동체 중앙이나 후방에 보조탱크를 장착한다.

③ 연료탱크에 장착되어 있는 연료 펌프는 엔진에 의해 구동되는 연료 펌프 입구까지 이송하는 역할을 하며 부스트 펌프라고 한다.

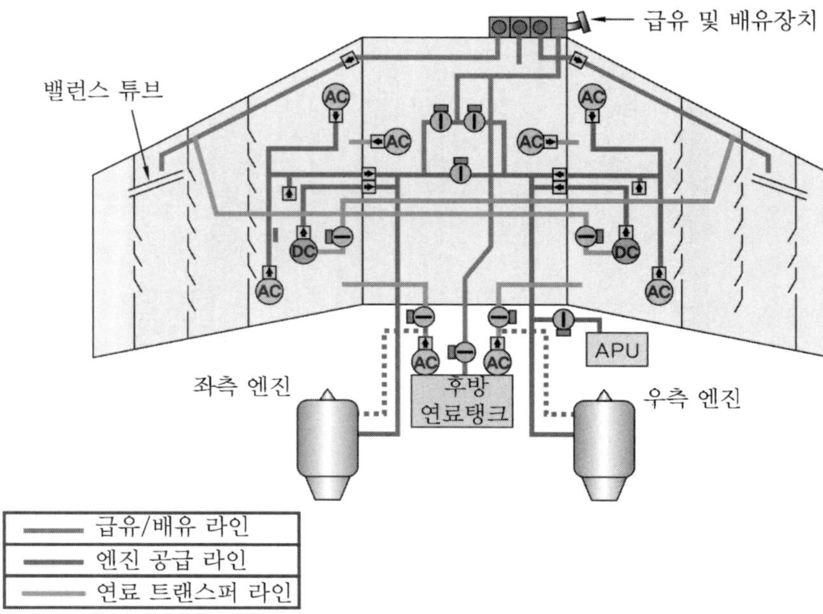

[그림 7-30] 대형 항공기의 연료계통(예)

④ 엔진의 연소실로 들어가는 연료는 엔진에 의해 구동되는 연료 펌프가 담당한다.

⑤ 부스트 펌프는 일반적으로 원심력식 임펠러에 의하여 연료를 가압하게 되고 임펠러는 교류나 직류 모터에 의하여 구동된다.

⑥ 연료탱크의 크로스피드 밸브는 일반적으로 닫힌 상태이며 각 연료탱크는 지정된 엔진으로 연료를 공급하게 된다. 한쪽 연료탱크의 결함이 발생하여 다른 쪽 연료탱크의 연료를 해당 엔진에 공급할 필요가 있는 경우에는 크로스피드 밸브를 수동으로 열어서 공급한다.

⑦ 날개의 피로파괴에 의한 저항력을 증가시키기 위하여 연료탱크별로 연료를 공급하는 순서가 정해져 있으며, 동체 중앙에 위치한 보조탱크의 연료가 먼저 소모되고 날개의 양끝에 위치한 연료탱크가 가장 나중에 소모된다.

⑧ 연료탱크 간의 연료 소모율이 달라 무게의 불균형이 발생하면 각 연료탱크간의 연료를 이송할 수 있도록 트랜스퍼 밸브가 장착되어 있다.

⑨ 연료탱크의 연료 온도가 내려가서 작동 한계치에 다다르면 엔진에 의하여 데워진 연료를 연료탱크로 순환시킨다.

⑩ 이러한 계통의 작동 상태와 정보는 조종석에서 연료 제어 판넬과 지시화면을 통하여 실시간으로 확인할 수 있으며 주요 기능에 대한 작동점검을 수행할 수 있다.

2) 연료계통의 작동점검

연료계통의 작동상태는 연료 계기판, 연료 제어 판넬과 지시화면을 통하여 알 수 있으며, 제어판넬과 지시화면에서 기능별 작동점검을 수행할 수 있다. 연료계통의 중요한 점검 사항은 연료가 정상적으로 엔진으로 유입되는 상태를 확인하는 것이다. 연료계통은 연료 계기판을 통하여 연료가 엔진으로 유입되는 상태와 제어 판넬의 연료펌프 작동 상태를 보고 고장 부위를 추정할 수 있다. 엔진으로 유입되는 연료의 유량이 급속하게 줄어들거나 연료계통의 구성품이 정상적으로 작동하지 않는다면 기본적으로 다음과 같은 점검이 필요하다.

(1) 연료계통의 누유점검

운항 중 연료 소모율이 비정상적으로 증가한다면 연료계통의 누유현상을 의심할 수 있다. 연료계통의 누유현상은 먼저 외부 점검을 통하여 확인하며 외부의 누유 흔적이 없으면 내부 구성품의 누유 가능성을 점검하여야 한다.

연료가 누유되어 30분 사이에 적셔진 표면의 크기를 누유 상태 분류의 기준으로 삼는다. 누유 부위를 깨끗한 면 걸레로 닦아내고 건조시킨 후 30분 경과 시의 누유 상태를 4 종류로 구분한다.

- 얼룩(Stain): 젖어있는 부위의 크기가 누유 근원지 주위를 따라 직경 3/4"를 넘지 않는 상태
- 침투(Seep): 젖어있는 부위의 크기가 누유 근원지 주위를 따라 직경 3/4"-1$\frac{1}{2}$"사이
- 과대침투(Heavy Seep): 젖어있는 부위의 크기가 누유 근원지 주위를 따라 직경 1$\frac{1}{2}$"-3" 사이
- 누유상태(Running Leak) : 연료가 누유되어 표면에서 떨어지거나 수직으로 흐르거나 손가락이 닿았을 때 타고 흐르는 상태이며 매우 위험한 상태로 비행을 중단하고 수리를 해야 한다.

Stain, Seep, Heavy Seep 상태의 항공기를 수리할 시기를 판정할 때는 해당 기종의 정비 지침서를 참조하여야 한다.

누유 위치에 따라 이 판정은 바뀌며 일정 장소의 누유 부위의 수도 판정 요소가 된다. Running Leak는 누유 위치에 관계없이 비행을 중단하고 수리하여야 한다.

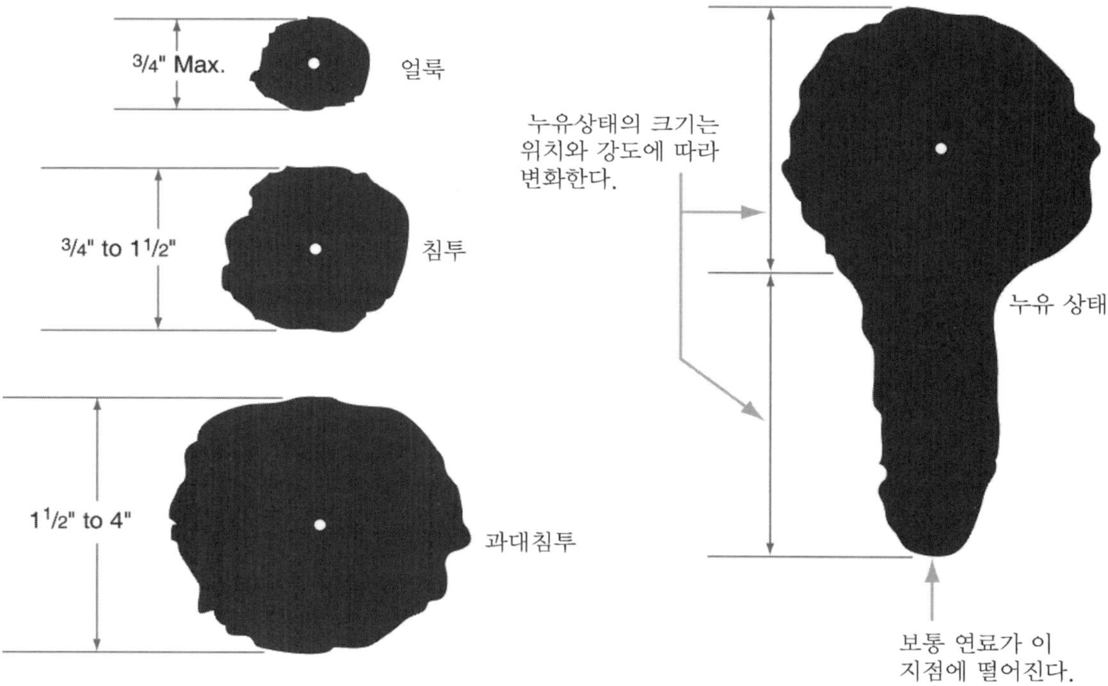

[그림 7-31] 항공기 연료 누유 상태의 종류

① 외부 점검 사항

㉠ 항공기를 주기한 바닥의 누유 흔적

㉡ 외부 누유로 의심되는 연료 냄새 감지

㉢ 연료 라인의 연결부위 누유 흔적

㉣ 개스킷(Gasket), 실, 패킹(Packing)이 들어 있는 구성품의 누유 흔적 등

② 내부 점검 사항

외부 점검에서 누유를 확인할 수 없는 경우에는 연료계통을 정상적으로 작동한 상태에서 구성품에 대한 작동상태와 연료 흐름 상태를 확인한다.

㉠ 모든 연료펌프에 대하여 차례로 작동상태 확인

㉡ 유로 선택 밸브의 작동 상태 확인

㉢ 트랜스퍼 밸브, 크로스피드 밸브, 연료 차단 밸브의 작동 상태를 차례로 확인

누유점검에서 연료탱크가 새는 것이 확인되면 연료를 완전히 배출하고 연료탱크의 기밀 작업이나 수리작업을 하여야 한다. 대형 항공기의 연료탱크 작업은 화재와 질식의 가능성이 있으므로 정비교범의 주의사항을 준수하여야 한다.

(2) 연료 누유 부위의 수리

인테그럴 연료탱크(Integral Fuel Tank)의 누유 근원지를 탐지하려면 탱크로 들어가 예상되는 누유 부위에 대해 필렛(Fillet)의 균열(Crack)이나 접착력의 약화, Pinhole의 발생, 패스너(Fastener)의 헐거워짐 등을 육안 검사한다. 잘 보이지 않는 부위는 거울을 이용한다.

필렛(Fillet)로부터 1/2[Inch] 떨어진 위치에 노즐(Nozzle)을 대고 100[psig] 이내의 공기압을 가하여 누유 부위를 찾아낸다.

이때는 탱크 외부 표면의 예상되는 부위에 비눗물을 발라주면 효과적이다. 접착력이 약화된 필렛(Fillet)은 즉시 제거되어야 한다. 들고 일어난 부위의 필렛(Fillet)은 딱딱한 플라스틱(Hard Plastic)이나 목제 칼로 자르고 끊어져 분리될 때까지 한쪽 끝을 잡고 구조에서 잡아당겨 떼어낸다. 밀폐제(Sealant)가 제거된 부위는 알루미늄 천(Al Wool)로 문질러 밀폐제(Sealant) 흔적을 완전히 없앤다. 진공 장치(Vacuum Source)를 이용하여 부스러기를 빨아내고 MEK나 아세톤(Acetone)으로 적신 천으로 닦아낸다.

깨끗하고 완전히 건조되었을 때만 밀폐제를 바르게 되며 밀폐제의 혼합과 밀폐(Sealing) 작업은 생산자나 항공기 제작사가 권고하는 절차에 따른다.

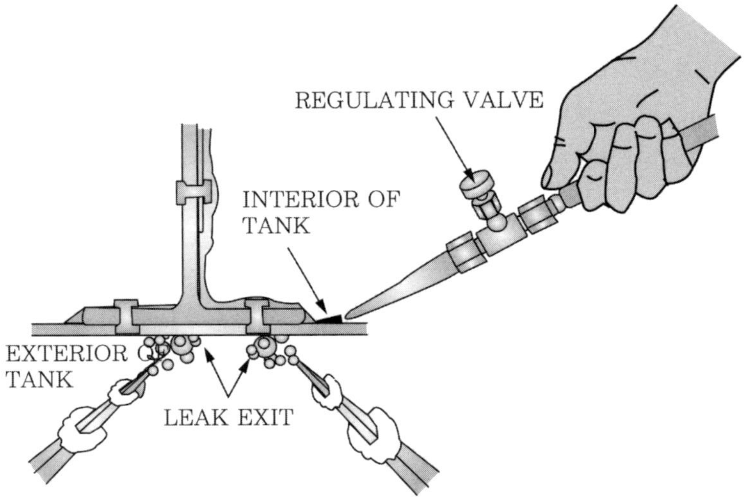

[그림 7-32] 연료누유 근원지의 탐지

(3) 연료탱크 출입(Tank Entry)

정비 작업을 위해 연료탱크에 들어 갈 때는 반드시 탱크 내부를 Purging(탱크 내부 가스를 뽑아내는 작업)해야 한다. 연료탱크내의 증기(Vapor)는 매우 위험하다. 이 가스는 인체에는 유독성이 있으며, 쉽게 폭발을 야기할 수 있다.

연료탱크내로 들어 갈 때는 방독면(Respirator)을 착용해야 하며 탱크 외부에는 안전을 위해 한 사람이 반드시 대기해야 한다.

(4) 연료계통의 이물질 검사

항공기의 연료에 포함될 수 있는 이물질은 수분, 연료 펌프나 밸브에서 떨어져 나오는 금속 부스러기, 가는 모래나 먼지의 침전물, 유기화합물 등이 있으며, 섬프 드레인이나 연료 여과기를 통하여 주기적으로 유입상태를 확인한다. 현대 항공기의 연료계통에 사용되는 구성품은 매우 정밀하여 아주 작은 크기의 이물질에도 손상될 수 있으므로 주기적으로 연료 여과기와 연료 필터의 상태를 확인하고 이물질의 유입에 대한 원인을 분석하여야 한다. 또한, 항공기의 연료는 수분이 유입될 수 있는 환경에 노출되어 있으므로, 급유를 할 때나 항공기를 운영한 후에는 수분의 포함 상태를 확인하기 위하여 섬프 드레인 작업을 하는 것이 일반적이다.

참고문헌

1. Airframe Fundamentals (Ⅰ), Federal Aviation Agency, office of personnel and training.
2. Airframe Fundamentals (Ⅱ), Federal Aviation Agency, office of personnel and training.
3. A&P Technician Airframe Textbook, 1992, IAP. Inc.
4. Aviation maintenance Technician Handbook-General, 2008, FAA-H-8083-30.
5. Aviation maintenance Technician Handbook- Airframe, FAA-H-8083-31.
6. Aircraft Weight and Balance Handbook, FAA-H-8083-1A.
7. Helicopter Instructor's Handbook, FAA-H-8083-4.
8. Helicopter Flying Handbook, FAA-H-8083-21A.
9. FAA, AC NO. 43.13-1A, Aircraft Inspection and repair (Acceptable methods, techniques, and Practices), 1988, IAP. Inc.
10. 교육과학부(2011), 항공기 기체, 두산 동아(주)
11. 문교부(1985), 항공기 기체, 서울: 대한교과서(주)
12. 이봉준 외1(1980), 항공기체, 서울: 한신문화사

찾아보기

| ㄱ |

가속력(Acceleration Forces) / 9
강도(Strength) / 125, 128
강체 완충장치 / 261
거품(Foam)형 / 22
경제수명 / 159
고강도 알루미늄 합금 / 153
고무완충장치 / 261
고양력장치(High Lift Device) / 36
고장 탐구 / 117
고정식 착륙장치 / 259
고정형 회전날개 / 87
고주파 담금질법(High-Frequency Quenching) / 147
고주파수 진동 / 107
고탄소강 / 138
공기 압축식 완충장치 / 261
공기(Air) / 164
관성력(Inertial Force) / 14
관성력(Inertial Forces) / 9
구리 합금 / 156
굽힘(Bending) / 11
극한 강도(Ultimate Strength) / 128
극한강도(極限强度 / 219
금속 깃 / 90
금속 침투법 / 147
급유(Refueling) / 390
기둥의 좌굴 / 250
기준선(Datum Line) / 237
꼬리 회전 날개 / 118
꼬리날개(Empennage) / 7
꼬리날개(Tail Wing) / 15

| ㄴ |

나셀(Nacelle) / 41
나셀 / 44
날개(Wing) / 14
날개의 뒷전(Trailing Edge) / 36
날개의 앞전(Leading Edge) / 35
날개치기(Flapping Wing) / 7
납땜 이음 / 326
내부 라이너(Inner Liner) / 286
내부 세척 / 175
내식 알루미늄 합금 / 152
내열 알루미늄 합금 / 154
네가티브(Negative) / 162
노타(Notar) / 77
니켈 합금 / 156
니켈 / 141
니켈크롬 강 / 143
니코프레스 / 326

| ㄷ |

다경로 구조(Redundant Structure) / 18
다운 락 스트럿(Over-Center Link) / 266
다중 날개보(Multi-Spar) / 29
단순 플랩(Plain Flap) / 37
단조(Forging) / 133
담금질(Quenching) / 145
대치 구조(Back-up Structure) / 19
도금(Plating) / 174
도심(Centroid) / 240
독립 브레이크 계통 / 274

동력 구동축 / 119, 122
동력 부스터 브레이크 계통 / 274
동력 브레이크 조종계통 / 274
동력장치 / 7
동체 위치선 / 46
동체(Fuselage) / 14
동체구조 / 73
뒷전 고양력 장치 / 36
뒷전플랩 / 309
드럼 브레이크 / 278
등분포하중 / 204
디스크 식 브레이크 / 279
뜨임(Tempering) / 146

| ㄹ |

래치 장치(Latch System) / 266
레오나르도 다빈치(Leonardo da Vinci) / 7
롤링(Rolling) / 14

| ㅁ |

마그네슘 식별 / 155
마그네슘 합금 / 155
망간 / 140
매트(Mats) / 191
모넬(Monel) / 156
모노코크(Monocoque) / 74
모멘트(Moment) / 209, 238
목재 깃 / 89
몰리브덴 / 141
무게(Weight) / 12
미부동체(Empennage) / 23
미생물 부식 / 168
밀도 / 131, 372

| ㅂ |

바나듐 / 141
바이어스(Bias) / 190
반 관절형 회전날개 / 87
방향키(Rudder) / 308
방향키 / 350
배유(Defueling) / 390
버턱선(B.L) / 47
번지 스프링(Bungee Spring) / 267
벌집(Honeycomb)형 / 22
벌크헤드(Bulkhead) / 8
베어링리스 회전날개 / 88
벤트 관 / 382
벤트 서지탱크 / 382
변속기(Transmission) / 97, 119
변형률(Strain) / 215
보론(Boron) / 188
보잉(Boeing) / 184
보조 브레이크 장치 / 277
보조 스트럿 / 264
보조날개(Aileron) / 306
복선식 연결법 / 330
부스터 / 347
부식(Corrosion) / 125
부식손상 / 159
분포하중 / 204
불림(Normalizing) / 144
브레이커(Breaker) / 284
브레이크 미터링 밸브 / 275
브레이크 페달 / 275
블래더형 연료탱크(Bladder Fuel Tank) / 35
비 열처리 합금(Non-Heat-Treatable Alloys) / 151
비상 바이패스 밸브 / 293
비틀림(Torsion) / 11
빗놀이(Yaw) / 358

| ㅅ |

사이드월(Sidewall) / 286

선택밸브 / 384
선택적 배치 / 194
세라믹(Ceramic) / 188
세로대(Longeron) / 26
세미모노코크(Semi-Monocoque) / 16
셔틀 밸브 / 275
소성(Plasticity) / 132
소성변형(塑性變形 / 219
소성변형 / 219
손상 허용 설계(Damage Tolerance Design) / 20
솔벤트 세제 / 175
수동 급유 / 391
수위선(W.L) / 46
수은(Mercury) / 164
수직꼬리날개 / 40, 303
수평 안정판 / 40
수평꼬리날개 / 303
스웨이징 방법 / 325
스케벤지 펌프 / 380
스테인레스 강 / 143
스톱퍼(Stopper) / 338
스트링거(Stringer) / 8
스트링어(Stringer) / 26, 29
스티어링 미터링 밸브 / 290
스티어링 실린더 / 293
스티어링 휠 / 290
스포일러 / 314, 362
스플릿 플랩(Split Flap) / 37
스피드브레이크 레버 / 354
슬랫(Slat) / 313
슬롯(Slot) / 360
승강키(Elevator) / 308
시미 댐퍼(Shimmy Damper) / 291
실리콘 / 140
실링(Sealing) / 174

| ㅇ |

아라미드 / 187
아크릴 래커 / 172
아크릴 우레탄 / 173
안전여유(Margin of Safety) / 229
안정판 / 74
알로다인 / 169
알크래드 판(Alclad Aluminum) / 151
알크래드(Alclad) 판 / 31
압연(Rolling) / 133
압축(Compression) / 11
압축하중 / 204
압출(Extrusion) / 134
앞전 고양력 장치 / 36
앞전 플랩 / 311
양극산화처리 / 168
양력(Lift) / 12
어깨(Shoulder) / 284
어는점 / 369
에어버스(Airbus) / 185
엔진 마운트 / 43
엔티 스키드 밸브 / 276
연료탱크 / 376
연성 / 130
열가소성(Thermoplastic) 수지 / 195
열경화성(Thermoset) 수지 / 195
열전도성 / 130
열처리 합금(Heat-Treatable Alloys) / 151
열팽창 / 131
염분(Salt) / 163
염색 침투 검사 / 177
영구변형 / 219
오토 브레이크 제어장치 / 277
오토자이로(Autogyro) / 69
올레오 완충장치 / 261

와이어 비드(Wire Bead) / 285
완전 관절형 회전날개 / 85
완충 스트럿 / 263
외부 세척 / 174
외팔보 식 날개(Cantilever Wing) / 33
외피(Skin) / 24, 29
용융도 / 131
운용시간(Operational Life) / 22
워렌(Warren)형 / 24
워프(Warp) / 190
유압 작동기 / 345
유압 퓨즈 / 276
유압계통 / 41
유압모터 / 352
유용 하중(Useful Load) / 243
유화 세제 / 176
응력 부식 / 167
응력 집중 / 248
응력(Stress) / 10, 211
이중 구조(Double Structure) / 19
인공 시효 / 158
인발(Drawing) / 134
인장(Tension) / 11
인장강도 / 129
인장하중 / 204
인조고무 / 180
인코넬 / 156
인터플라이 복합재 / 194
인테그널 연료탱크(Integral Fuel Tank) / 34
입자간 부식(Inter-Granular Corrosion) / 167

ㅈ

자기 무게(Empty Weight) / 243
자기 변태 / 127
자동 급유 / 391
자유회전 장치 / 97
자이로콥터(Gyrocopter) / 69
잭스크루 / 353
저주파수 진동 / 106
저탄소강 / 138
전기계통 / 41
전기도금 / 170
전기전자장치 / 7
전단 탄성 계수(Shear Modulus) / 128
전단(Shear) / 11
전단강도 / 129
전단하중 / 204
전도성 / 130
전압(Voltage) / 162
점 부식(Pitting Corrosion) / 166
접개들이식 / 254
접이들이식 착륙장치 / 260
정형재(Former) / 26
제동평형로드(Brake Equalizing Rod) / 266
제트연료 / 372
조종간 / 349
조종계통(Control Linkage) / 41
주회전 날개 / 108, 117
중간 주파수 진동 / 107
중탄소강 / 138
증기압 / 369
지압강도 / 129
지주식 날개(Braced Type Wing) / 33
질화법(Nitriding) / 147

ㅊ

착륙장치 지지대 / 254
착륙장치(Landing Gear) / 7
찰과 부식 / 167
천연고무 / 180
청동(Bronze) / 157
체이퍼(Chafer) / 286

초음파 검사 / 177
충격력(Impulsive Forces) / 9
충전재(Fillers) / 199
취성 / 130
측정 장비 무게(Tare Weight) / 243
침탄법(Carburizing) / 146

ㅋ

카울링(Cowling) / 15, 41
커플링(Coupling) / 97
케블라(Kevlar) / 187
케이블(Cable) / 322, 337
켈밋(kelmet) / 157
코아 물질(Core Material) / 199
쿼드란트(Quadrant) / 351
크로스피드 밸브 / 386
크리프(Creep) / 13, 247
키놀이(Pitch) / 359

ㅌ

타이어 / 283
탄성(彈性) / 218
탄성한도(Elastic Limit) / 218
탄소 / 140
탭(Tab) / 315
턴버클 / 330
텅스텐 / 142
토션 링크 / 293
토크 링크(Torque Link) / 265
토크(torque) / 77
트러니언(Trunnion) / 265
트러스 구조 / 28
트러스(Truss)구조 / 16
트럭 / 266
트레드 강화 층(Tread Reinforcement) / 284
트레드(Tread) / 284
트림(Trim) / 355
티타늄 / 141

ㅍ

파괴역학(Fracture Mechanics) / 22
파손안전(Fail Safe) / 18
파울러 플랩(Fowler Flap) / 37
파일론(Pylon) / 41
판재(Plate) / 205
팽창 튜브 브레이크 / 278
퍼지 문 / 381
페네스트론(Fenestron) / 79
페더링 힌지 / 86
페어리드(Fairlead) / 328
페인트(Paint) / 172
평판 스프링식 완충장치 / 260
폴리우레탄 / 173
폼(Foam) / 202
풀리(Pulley) / 323
풀림(Annealing) / 144
프라이머 / 173, 385
프레스(Press) / 133
프렛형(Pratt)형 / 24
플라스틱(Plastic) / 179
플래핑 힌지 / 85
플랩 레버 / 352
플랩(Flap) / 360
플로트 형 / 255
피로 부식 / 167
피로 응력(Fatigue Stress) / 14
피로 파괴 / 249
피로손상 / 159
필리폼 부식 / 168

ㅎ

하강(Descent) / 14

하니캄(Honeycomb) / 200
하중 배수 / 225
하중강도 / 204
하중이 / 204
항공휘발유(AVgas) / 371
항력(Drag) / 12
항복 강도(Yield Strength) / 128
항복강도(降伏强度) / 129, 219
항복점이 / 218
허용도(Tolerance) / 50
호버링(Hovering) / 75
화염 차단 장치 / 383
황 / 140
회전날개(Main Rotor) / 8
휠(바퀴) / 281

| 기타 |

Hooke의 법칙 / 217

Airframe

항공기 기체

2020년 2월 20일 발행

공저자 / 김귀섭 · 백형식 · 안정호 · 한용희
발행자 / 김 천 수
발행처 / 大 英 社

주 소 / 서울특별시 성동구 성수동2가 3동 277-17
등 록 / 제9-204호
전 화 / 02-393-0417~8
F A X / 02-313-0104
E-mail / dypub@naver.com

정가 23,000 원

ISBN 978-89-7163-347-2 93560
